化学工业出版社"十四五"普通高等教育规划教材

 国家级一流本科专业建设成果教材　　 高等院校智能制造人才培养系列教材

智能制造系统建模与仿真

周俊　等　编著

Modeling and Simulation of Intelligent Manufacturing System

化学工业出版社

·北京·

内 容 简 介

本书是"高等院校智能制造人才培养系列教材"之一，面向智能制造相关专业，以培养适应智能制造发展需求的人才。

本书以离散型智能制造系统等作为主要研究对象，在分析智能制造的定义、特点与关键技术的基础上，介绍智能制造系统的发展过程、智能制造系统建模与仿真的概念和原理，阐述智能制造系统建模与仿真的模型元素、建模方法及其应用步骤，分析智能制造系统建模与仿真中的关键技术，介绍主流仿真软件的功能、特点及其使用过程。书中提供了多个智能制造（生产）系统建模与仿真的研究案例，通过案例展现了智能制造系统建模与仿真技术的功能及应用。本书不仅配有丰富的思考题和习题，还配套相关电子资源，以满足读者需求。

本书是高等院校智能制造相关专业的教材，也可供智能制造系统设计、新产品研发、企业运营管理、设施规划等领域的技术人员和管理人员参考。

图书在版编目（CIP）数据

智能制造系统建模与仿真/周俊等编著. —北京：
化学工业出版社，2024.4
高等院校智能制造人才培养系列教材
ISBN 978-7-122-45178-1

Ⅰ.①智⋯ Ⅱ.①周⋯ Ⅲ.①智能制造系统-高
等学校-教材 Ⅳ.①TH166

中国国家版本馆 CIP 数据核字（2024）第 051702 号

责任编辑：金林茹 文字编辑：张 琳
责任校对：宋 夏 装帧设计：韩 飞

出版发行：化学工业出版社（北京市东城区青年湖南街 13 号 邮政编码 100011）
印 装：大厂聚鑫印刷有限责任公司
787mm×1092mm 1/16 印张 20½ 字数 524 千字 2024 年 6 月北京第 1 版第 1 次印刷

购书咨询：010-64518888 售后服务：010-64518899
网 址：http://www.cip.com.cn
凡购买本书，如有缺损质量问题，本社销售中心负责调换。

定 价：69.00 元

高等院校智能制造人才培养系列教材
建设委员会

序

党的二十大报告指出，要建设现代化产业体系，坚持把发展经济的着力点放在实体经济上，推进新型工业化，加快建设制造强国、质量强国、航天强国、交通强国、网络强国、数字中国。实施产业基础再造工程和重大技术装备攻关工程，支持专精特新企业发展，推动制造业高端化、智能化、绿色化发展。推动战略性新兴产业融合集群发展，构建新一代信息技术、人工智能、生物技术、新能源、新材料、高端装备、绿色环保等一批新的增长引擎。其中，制造强国、高端装备等重点工作都与智能制造相关，可以说，智能制造是我国从制造大国转向制造强国、构建中国制造业全球优势的主要路径。

制造业是一个国家的立国之本、强国之基，历来是世界各主要工业国高度重视和发展的重要领域。改革开放以来，我国综合国力得到稳步提升，到 2011 年中国工业总产值全球第一，分别是美国、德国、日本的 120%、346% 和 235%。党的十八大以来，我国进入了新时代，发展的格局更为宏大，"一带一路"倡议和制造强国战略使我国工业正在实现从大到强的转变。我国不但建立了全球最为齐全的工业体系，而且在许多重大装备领域取得突破，特别是在三代核电、特高压输电、特大型水电站、大型炼化工、油气长输管线、大型矿山采掘与炼矿综采重点工程建设项目、重大成套装备、高端装备、航空航天等领域取得了丰硕成果，补齐了短板，打破了国外垄断，解决了许多"卡脖子"难题，为推动重大技术装备高质量发展，实现我国高水平科技自立自强奠定了坚实基础。进入新时代的十年，制造业增加值从 2012 年的 16.98 万亿元增加到 2021 年的 31.4 万亿元，占全球比重从 20% 左右提高到近 30%；500 种主要工业产品中，我国有四成以上产量位居世界第一；建成全球规模最大、技术领先的网络基础设施……一个个亮眼的数据，一项项提气的成就，勾勒出十年间大国制造的非凡足迹，标志着我国迎来从"制造大国""网络大国"向"制造强国""网络强国"的历史性跨越。

最早提出智能制造概念的是美国人 P.K.Wright，他在其 1988 年出版的专著 *Manufacturing Intelligence*（《制造智能》）中，把智能制造定义为"通过集成知识工程、制造软件系统、机器人视觉和机器人控制来对制造技工们的技能与专家知识进行建模，以使智能机器能够在没有人工干预的情况下进行小批量生产"。当然，因为智能制造仍处在发展阶段，各种定义层出不穷，国内外有不同专家给出了不同的定义，但智能机器、智能传感、智能算法、智能设计、解决制造过程中不确定问题的智能方法、智能维护是智能制造的核心关键词。

从人才培养的角度而言，实现智能制造还任重道远，人才紧缺的局面很难在短时间内扭转，相关高校师资力量也不足。据不完全统计，近五年来，全国有 300 多所高校开办了智能制造专业，其中既有双一流高校，也有许多地方院校和民办高校，人才培养定位、课程体系、教材建设、实践环节都面临一系列问题，严重制约着我国智能制造业未来的长远发展。在此情况下，如何培养出适应不同行业、不同岗位要求的智能制造专业人才，是许多开设该专业的高校面临的首要任务。

智能制造的特点决定了其人才培养模式区别于其他传统工科：首先，智能制造是跨专业的，其所涉及的知识几乎与所有工科门类有关；其次，智能制造是跨行业的，其核心技术不仅覆盖所有制造行业，也适用于某些非制造行业。因此，智能制造人才培养既要考虑本校专业特色，又不能脱离社会对智能制造人才的需求，既要遵循教育的基本规律，又要创新教育体系和教学方法。在课程设置中要充分考虑以下因素：

- 考虑不同类型学校的定位和特色；
- 考虑学生已有知识基础和结构；
- 考虑适应某些行业需求，如流程制造，离散制造，混合制造等；
- 考虑适应不同生产模式，如多品种、小批量生产、大批量生产等；
- 考虑让学生了解智能制造相关前沿技术；
- 考虑兼顾应用型、技能型、研究型岗位需求等。

改革开放 40 多年来，我国的高等教育突飞猛进，高等教育的毛入学率从 1978 年的 1.55%提高到 2021 年的 57.8%，进入了普及化教育阶段，这就意味着高等教育担负的历史使命、受教育的对象都发生了深刻的变化。面对地方应用型高校生源差异化大，因材施教，做好智能制造应用型人才培养，解决高校智能制造应用型人才培养的教材需求就是本系列教材的使命和定位。

要解决好这个问题，首先要有一个好的定位，有一个明确的认识，这套教材定位于智能制造应用人才培养需求，就是要解决应用型人才培养的知识体系如何构造，智能制造应用型人才的课程内容如何搭建。我们知道，应用型高校学生培养的主要目的是为应用型学科专业的学生打牢一定的理论功底，为培养德才兼备、五育并举的应用型人才服务，因此在课程体系、基础课程、专业教育、实践能力培养上与传统综合性大学和"双一流"学校比较应有不同的侧重，应更着眼于学生的实用性需求，应培养满足社会对应用技术人才的需求，满足社会实际生产和社会实际发展的需求，更要考虑这些学校学生的实际，也就是要面向社会发展需求，为社会各行各业培养"适销对路"的专业人才。因此，在人才培养的过程中，对实践环节的要求更高，要非常注重理论和实践相结合。据此，在应用型人才培养模式的构建上，从培养方案、课程体系、教学内容、教学方式、教材建设上都应注重应用型人才培养的规律，这正是我们编写这套智能制造相关专业教材的目的。

这套教材的突出特色有以下几点：

① 定位于应用型。这套教材不仅有适应智能制造应用型人才培养的专业主干课程和选修课程教

材，还有基于机械类专业向智能制造转型的专业基础课教材，专业基础课教材的编写中以应用为导向，突出理论的应用价值。在编写中引入现代教学方法和手段，结合教学软件和工业仿真软件，使理论教学更为生动化、具象化，努力实现理论课程通向专业教学的桥梁作用。例如，在制图课程中较多地使用工业界成熟设计软件，使学生掌握比较扎实的软件设计能力；在工程力学教学中引入有限元软件，实现设计计算的有限元化；在机械设计中引入模块化设计的概念；在控制工程中引入 MATLAB 仿真和计算机编程内容，实现基础教学内容的更新和对专业教育的支撑，凸显应用型人才培养模式的特点。

② 专业教材突出实用性、模块化、柔性化。智能制造技术是利用先进的制造技术，以及数字化、网络化、智能化等知识和控制理论来解决制造过程中不确定和非固定模式的问题，使得制造过程具有智能的技术，它的特点是综合性和知识内涵的丰富性以及知识本身的创新性。因此，在教材建设上与以前传统的知识技术技能模式应有大的区别，更应注重对学生理念、意识、认知、思维方式和系统解决问题能力的培养。同时考虑到各行业、各地和各校发展阶段和实际办学水平的不同，希望这套教材尽可能为各校合理选择教学内容提供一个模块化、积木式结构，并在实际编写中尽量提供项目化案例，以便学校根据具体情况做柔性化选择。

③ 本系列教材注重数字资源建设，更多地采用多媒体的互动方式，如配套课件、教学视频、测试题等，使教材呈现形式多样化，数字内容更为丰富。

由于编写时间紧张，智能制造技术日新月异，编写人员专业水平有限，书中难免有不当之处，敬请读者及时批评指正。

高等院校智能制造人才培养系列教材建设委员会

■ 前　言

　　智能制造——制造业的数字化、网络化、智能化，是我国制造业创新发展的主要技术路线，是我国制造业转型升级的主要技术路径，是加快建设制造强国的主攻方向。

　　新一轮科技革命和产业变革与我国加快转变经济发展方式形成历史性交汇，智能制造是一个关键的交汇点。中国制造业要抓住这个历史机遇，创新引领高质量发展，建设现代化产业体系，实现从"制造大国"向"制造强国"转变。坚持把发展经济的着力点放在实体经济上，推进新型工业化，加快建设制造强国、质量强国、航天强国、交通强国、网络强国、数字中国。实施产业基础再造工程和重大技术装备攻关工程，支持专精特新企业发展，推动制造业高端化、智能化、绿色化发展。

　　智能制造系统是利用现代数字技术实现自动化、优化生产过程的一种系统，与传统的生产系统相比具有众多的优势，因此，其迅速地被作为制造企业绩效提升的一种策略而得到了广泛的应用。新一代智能制造人才有必要全面理解和掌握建模与仿真这一基本技术，并能在智能制造系统实践中灵活运用。我们要坚持教育优先发展、科技自立自强、人才引领驱动，加快建设教育强国、科技强国、人才强国，坚持为党育人、为国育才，全面提高人才自主培养质量，着力造就拔尖创新人才，聚天下英才而用之。

　　随着计算机科学的不断发展，建模与仿真技术可以再现复杂系统动态行为、分析系统配置及参数是否合理、预测瓶颈工位、判断系统性能是否满足规定要求，为智能制造系统的设计和运行提供决策支持。目前，智能制造系统建模与仿真技术已经广泛用于企业选址、制造系统设计、产品研发与性能优化、生产计划与调度、供应链管理等领域，成为提升智能制造系统性能的有效手段。

　　本书以离散型智能制造系统为研究对象，在分析智能制造系统定义和特征的基础上，阐述智能制造系统建模与仿真的概念、原理和方法，介绍主流系统建模与仿真软件的功能、特点及其应用。本书既提供了完整的智能制造系统建模与仿真体系架构，也注重理论方法与工程应用的结合。在各个章节，给出了多个建模与仿真研究及应用案例。全书共分为9章。第1章讨论了智能制造技术的产生及发展，包括：我国制造业的发展趋势，智能制造的概念、特征及关键技术，推进智能制造对制造企业的价值，等等。第2章介绍了智能制造系统的发展过程，智能制造系统特征、基本架构以及智能生产系统的组成和功能。第3章介绍了系统、模型与仿真的相关概念及关系，指出了系统仿真的必要性，讨论了离散事件系统建模与仿真中的共性问题，分析了离散事件系统的模型分类、元素组成以及仿真程序结构，阐述了系统仿真的调度策略，并给出了离散型智能制造的特点，以及建模与仿真理论和应用案例。第 4 章以制造系统为对象，介绍了系统建模的主要方法，包括面向对象技术、IDEF 建模与设计、Petri 网建模理论、排队系统模型、库存系统模型以及基于 Agent 的智能制造系统中的应用，并给出制造系统建模与分析案例。第 5 章介绍了建模与仿真的概念、特点，在制造系统中的作用，以及仿真模型的校核、验证与确认的概念和基本方法等。第 6 章介绍了虚拟制造的定义、特点以及分类，虚拟制造系统体系结构、组成和建模方法，虚拟样机的概念以及关键使能技术。第 7 章介绍了信息物理系统的定义、特征、体系结构，以及在智能制造系统中的建模与仿真。第 8 章介绍了数字孪生的概念、模型、构建准则以及理论体系等；分析了数字孪生车间的概念模型、运行机制和特点；探讨了数字孪生在智能制造系统中的应用及制造企业数字孪生模型的组成和在装配线的应用；讨论了数字孪生和 CPS，以及虚拟仿真的关联与区别。第 9 章阐述了仿真语言和仿真软件的分类及其发展历程，介绍了主流系统建模与仿真软件的功能、特点及其应用领域；以 Witness 软件为重点，分析了软件的建模元素和建模、仿真流程，并以柔性生产线建模与仿真案例为例，根据仿真结果分析优化方案。

　　本书内容结构完整、脉络清楚，主体内容深入浅出、好学易懂，同时配有大量智能制造（生产）系统建模与仿真案例和丰富的练习题，以满足读者的需求。

　　本书由上海工程技术大学机械与汽车工程学院周俊编著，教材的编写工作得到了学院智能制造工程专业张海峰、张立强等的大力支持。研究生薛梓明、李奥、贾宁、王宙彪等在智能制造系统建模与仿真案例整理等方面做出了贡献，在此谨表感谢。在教材编写过程中参考了大量文献，在此谨向原文献作者表示感谢。

　　由于笔者水平有限，书中难免有不足之处，敬请读者批评指正。

编著者

扫码获取

本书电子资源

目 录

第3章　离散事件系统基础　　47

第4章　制造系统的建模方法　　91

第 5 章　建模与仿真技术　　165

第 8 章　面向智能制造的数字孪生　　　238

第 9 章　智能制造系统的仿真应用　　　266

第 1 章

智能制造技术的产生及发展

 思维导图

扫码获取

本书电子资源

```
                                    ┌ 发展历程
                                    │                      ┌ 面临严峻的挑战
                     智能制造的产生 ┤ 我国制造业发展形势 ┤          ┌ 高质量发展的强烈需求
                                    │                      └ 目前状况 ┤
                                    │                                 └ 创新发展的历史性机遇
                                    └ 智能制造是建设制造强国的主攻方向


                                    ┌ 定义
                                    │         ┌ 数字化
                                    │ 特征    ┤ 数字化、网络化           ┌ 智能生产
                                    │         └ 数字化、网络化、智能化 ┤ 智能产品
                     智能制造的概念 ┤                                   └ 智能服务
  智能制造技术的      及特征        │
  产生及发展                        │         ┌ 识别技术
                                    │         │ 实时定位系统
                                    └ 关键技术┤ 信息物理融合系统
                                              │ 网络安全技术
                                              └ 系统协同技术


                     推进智能制造对制造企业的价值


                                      ┌ 我国制造业现状典型案例
                     智能制造发展的    │ 我国智能制造发展的应用案例
                     应用案例        ┤ 智能制造对制造企业的价值案例
```

内容引入

智能技术不断发展和应用，目前已经渗透到人们的生活中，为生活带来了很多便利和改变，如图 1-0 所示。

智能家居是通过智能设备的联网和远程控制，实现了家居设备的智能化管理。比如，智能家居可以实现智能开关灯、智能控制温度、智能监控和智能安全等功能，让家庭更加智能化、舒适化和安全化。

智能医疗是通过智能医疗设备的监测、诊断和治疗，为患者提供更加准确和便捷的医疗服务。比如，智能医疗可以实现远程医疗、智能化诊断和手术机器人等功能，为患者提供更加精准的医疗服务。

智能交通是通过智能交通系统的建设和运营，实现交通管理的智能化。比如，智能交通可以实现智能信号灯、智能电子收费、智能出行等功能，提高交通效率和安全性。

智慧教育是通过智能教育设备的建设和运营，实现教育过程的智能化。比如，智慧教育可以实现智能化教学、智能化评估、智能化管理和智慧课堂等功能，提高教育质量和效率。

智慧农业是通过智能农业设备的监测和控制，实现农业生产的智能化管理。比如，智慧农业可以实现智能化种植、智能化灌溉、智能化施肥等功能，提高农业生产的效率和质量。

智能物流通过智能物流系统的建设和运营，实现物流管理的智能化。比如，智能物流可以实现智能仓储、智能配送、智能路线规划等功能，提高物流效率和准确性。

智能制造技术是智能技术发展的重要基础之一，其产生及发展对智能技术的发展至关重要。

(a) 智能家居　　　　　(b) 智能医疗　　　　　(c) 智能交通

(d) 智慧教育　　　　　(e) 智慧农业　　　　　(f) 智能物流

图 1-0　智能技术在各领域的应用

学习目标

1. 了解智能制造产生的背景，以及智能制造的发展历程；
2. 掌握我国制造业的发展趋势；
3. 知晓"中国制造 2025"的战略目标及深远意义；
4. 掌握智能制造的概念、特征和关键技术；
5. 了解推进智能制造对企业的重要意义。

随着数字化技术、工业自动化技术、网络化技术以及人工智能技术的迅速发展，制造业步入智能制造时代，制造企业将逐步实现降本增效、节能减排、更加敏捷地应对市场波动、高效决策。为进一步推进智能制造技术的应用，首先需要全面了解其产生的背景、意义及相关概念等。本章对智能制造发展历程、全球制造业转型升级策略及我国制造业存在的问题、智能制造的内涵和特点、推进智能制造对企业的价值，以及我国智能制造技术的发展战略等相关概念进行阐述。

1.1　智能制造的产生

1.1.1　智能制造的发展历程

制造业是国民经济的主体，是立国之本、兴国之器、强国之基，是决定国家发展水平的最基本因素之一。从机械制造业发展的历程来看，经历了从工业 1.0 到工业 4.0 的四次工业革命阶段，由机械化、规模化、自动化到智能化时代的转变，如图 1-1 所示。

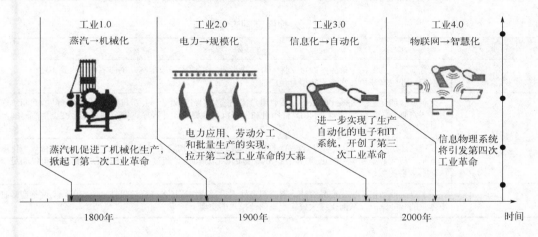

图 1-1　四次工业革命的转变

自第三次工业革命以来，工业自动化技术取得了长足发展。1948 年，诺伯特·维纳（Norbert Wiener）发表了《控制论》，奠定了工业自动化技术发展的理论基础。从可编程控制器（programmable logic controller，PLC）的诞生到分布式控制系统（distributed control system，DCS）、人机界面、PC-Based，从工业现场总线到工业以太网，从历史数据库到实时数据库，从面向流程行业的过程自动化到面向离散制造业的工厂自动化，从单机自动化到产线的柔性自动化，从工业机器人的广泛应用到自动导引小车（automated guided vehicle，AGV）和全自动立体仓库的物流自动化，工业自动化技术的蓬勃发展为智能制造奠定了坚实的基础。

就制造自动化而言，大体上每十年上一个台阶：20 世纪 50～60 年代是单机数控，20 世纪 70 年代以后则是 CNC（计算机数控）机床，以及由它们组成的自动化孤岛。20 世纪 80 年代出现了世界性的柔性自动化热潮，与此同时出现了计算机集成制造，但与实用化相距甚远。随着计算机的问世和发展，机械制造也沿着两条路线发展：一是传统制造技术的发展，二是借助计算机和自动化科学的制造技术与系统的发展。20 世纪 80 年代以来，传统制造技术得到了不同程度的发展,但存在很多问题,先进的计算机技术和制造技术向产品、工艺和系统的设计人员和管理人员提出了新的挑战。传统的设计和管理方法不能有效地解决现代制造系统中所出现的问题,这就促使我们借助现代的工具和方法,利用各学科最新研究成果,通过集成传统制造、计算机及人工智能等技术发展一种新型的制造技术与系统,这便是智能制造技术与智能制造系统。

随着社会生产力的提升和科学技术的发展,以及数字化网络化时代的来临,制造业竞争日益激烈,在此种社会环境下,将传统的制造技术与信息技术、现代管理技术相结合的先进制造技术得到了发展,计算机集成制造、大批量(大规模)定制、敏捷制造、网络化制造、产品服务系统等新技术新概念不断涌现。

计算机集成制造(computer-integrated manufacturing,CIM)是指借助计算机,基于数字化制造,将企业中各种与制造有关的技术系统集成起来,进而提高企业适应市场竞争的能力。

大规模定制(mass customization,MC)的基本思路是基于产品族零部件和产品结构的相似性、通用性,利用标准化、模块化等方法降低产品的内部多样性;增加顾客可感知的外部多样性,通过产品和过程重组将产品定制生产转化或部分转化为零部件的批量生产,从而迅速向顾客提供低成本、高质量的定制产品。表1-1是大规模定制应用的案例。

表1-1 大规模定制应用案例

行业	创新成果
家电	以青岛海尔为例,一条生产线可支持500多个型号的柔性大规模定制,生产节拍缩短到10s/台,是全球冰箱行业生产节拍最快、承接型号最广的工厂
服装	某企业智能化工厂 Speed Factory,按照用户需求选择配料和设计,并在机器人和人工辅助的共同协作下完成定制。工厂内的机器人、3D 打印机和针织机由计算机设计程序直接控制,这将减少生产不同产品时所需要的转换时间
服装	红领集团运用工业 4.0、大数据、3D 打印等理念和技术,构建了包含 20 多个子系统的平台数字化运营系统,其大数据处理系统已拥有超过 1000 万亿种设计组合、超过 100 万亿种款式组合,可以满足全球 99%人群的需求
家居	某家居企业通过模块化产品设计、智能制造技术、智能物流技术、自动化技术的应用,实现制造端制造体系的智能集成,从而支撑大规模定制商业模式的实现

敏捷制造的目的是:"将柔性生产技术,有技术、有知识的劳动力与能够促进企业内部和企业之间合作的灵活管理(三要素)集成在一起,通过所建立的共同基础结构,对迅速改变的市场需求做出快速响应。"从这一目标中可以看出,敏捷制造实际上主要包括三个要素:生产技术、管理和人力资源。敏捷制造的核心思想是:要提高企业对市场变化的快速反应能力,满足顾客的要求。除了充分利用企业内部资源外,还可以充分利用其他企业乃至社会的资源来组织生产。

网络化制造是按照敏捷制造的思想,采用 Internet(互联网)技术,建立灵活有效、互惠互利的动态企业联盟,有效地实现研究、设计、生产和销售各种资源的重组,从而提高企业的市场快速反应和竞争能力。实现企业间的协同和各种社会资源的共享与集成,高速度、高质量、低成本地为市场提供所需的产品和服务。

拓展阅读

从深刻影响全球制造业的计算机集成制造、大批量定制、敏捷制造、网络化制造等先进理念,到工业自动化、工业软件的长足发展,以及在工业实践中蓬勃发展的工业工程和精益生产方法,都成为智能制造蓬勃发展的基石。而互联网、物联网的兴起,人工智能技术的实践应用,又为智能制造理念的落地实践提供了有力支撑。

2019年5月于北京举行的第七届智能制造国际会议上，中国机械工程学会荣誉理事长周济院士介绍了新一代智能制造，提出面向新一代智能制造的人-信息-物理系统（human-cyber-physical systems，HCPS）的新概念。周济院士认为，智能制造的发展经历了数字化制造、智能制造1.0和智能制造2.0三个基本范式的制造系统的逐层递进。智能制造1.0系统目标是实现制造业数字化、网络化，最重要的特征是在全面数字化的基础上实现网络互联和系统集成。智能制造2.0系统的目标是实现制造业数字化、网络化、智能化，实现真正意义上的智能制造。

工业和信息化部在《智能制造发展规划（2016—2020年）》中定义，智能制造是"基于新一代信息通信技术与先进制造技术深度融合，贯穿于设计、生产、管理、服务等制造活动的各个环节，具有自感知、自学习、自决策、自执行、自适应等功能的新型生产方式"。实际上，智能制造是制造业价值链各个环节的智能化，是融合了信息与通信技术、工业自动化技术、管理技术、先进制造技术、人工智能技术五大领域的全新制造模式，它实现了企业的生产模式、运营模式、决策模式和商业模式的创新。

智能制造技术是计算机技术、工业自动化控制、工业软件、人工智能、工业机器人、智能装备、数字孪生（digital twin，DT）、增材制造（additive manufacturing，AM）、传感器、互联网、物联网、通信技术、虚拟现实/增强现实（VR/AR）、云计算，以及新材料、新工艺等相关技术蓬勃发展与交叉融合的产物。智能制造并不是一种单元技术，而是企业持续应用的先进制造技术、现代企业管理技术，以及数字化、自动化和智能化技术，提升企业核心竞争力的综合集成技术。

1.1.2 我国制造业的发展形势

近几十年，中国制造业靠大规模、低成本、低端制造迅速发展起来，并取得了举世瞩目的成就。当前中国制造业的总产值已占世界总产值的1/3以上，成为全球第一制造大国。从2010年开始，我国制造业增加值成为世界第一；2019年，我国制造业增加值约为4万亿美元，在全球制造业占比超过28%，是名副其实的世界制造大国。近年我国制造业发展情况如图1-2所示。

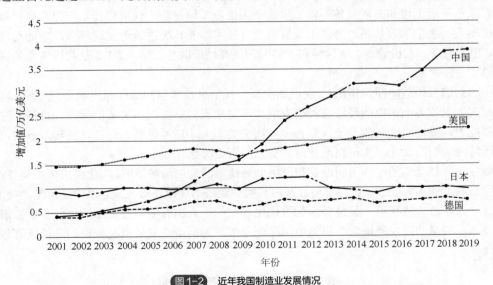

图1-2　近年我国制造业发展情况

但整体来看，我国制造业大而不强，存在着突出的问题，面临着严峻的挑战：
①自主创新能力不强。②产品质量问题突出。③劳动生产率低。④资源和环境的挑战严峻。

⑤产业结构转型升级刻不容缓。

整体而言，中国制造业整体竞争力还不强；中国制造业和发达国家相比大而不强，特别是高端制造业严重匮乏。从"制造大国"迈向"制造强国"，中国制造业任重而道远。

目前中国制造业的发展主要体现在如下两个方面：

① 中国制造业高质量发展的强烈需求。新时代经济发展的特征，就是我国经济发展已由高速增长阶段转向高质量发展阶段。制造业是国民经济的主体，中国制造业也由高速增长阶段转向高质量发展阶段。如何实现制造业高质量发展？"科技是第一生产力""创新是引领发展的第一动力"，创新是制造业高质量发展的根本动力。智能制造将成为中国制造业创新发展的核心驱动力。智能制造成为推进制造强国战略的主要技术路线，是中国制造业转型升级、高质量发展的内在的强烈需求。

② 中国制造业创新发展的历史性机遇。制造业发展依靠科技创新，科技创新驱动制造业发展，制造业发展和科技创新的最重要的一个交汇点是智能制造。数字化、网络化、智能化技术与先进制造技术深度融合形成的智能制造技术，特别是新一代人工智能技术与先进制造技术深度融合所形成的新一代智能制造技术，成为新一轮工业革命的核心技术，成为第四次工业革命的核心驱动力。

推进制造强国战略，包括了推进智能制造工程、产业体系现代化工程、产业基础高级化工程、质量与品牌工程、绿色制造工程、服务型制造工程、高端装备创新工程等重大工程。其中，智能制造——制造业数字化、网络化、智能化是推进制造强国战略的制高点、突破口和主攻方向。

拓展阅读

1.1.3 智能制造是建设制造强国的主攻方向

2015 年 3 月，政府工作报告中提出要实施"中国制造 2025"，涵盖了五大工程和十大重点领域。五大工程是制造业创新中心（工业技术研究基地）建设工程、智能制造工程、工业强基工程、绿色制造工程和高端装备创新工程。十大重点领域是新一代信息技术产业、高档数控机床和机器人、航空航天装备、海洋工程装备及高技术船舶、先进轨道交通装备、节能与新能源汽车、电力装备、农机装备、新材料和生物医药及高性能医疗器械。表1-2 是我国主要先进制造业集群。

中国制造强国战略明确指出："要以加快新一代信息技术与制造业深度融合为主线，以推进智能制造为主攻方向，以满足经济社会发展和国防建设对重大技术装备的需求为目标，强化工业基础能力，提高综合集成水平，完善多层次多类型人才培养体系，促进产业转型升级，培育有中国特色的制造文化，实现制造业由大变强的历史跨越。"

该行动计划就是通过利用制造业和网络信息技术的叠加倍增效应，深化供给侧结构性改革，推动中国制造业由大变强。着力推动互联网与实体经济的深度融合发展；以信息流带动技术流、资金流、人才流、物质流，促进资源配置优化。党的十八届五中全会提出的"创新、协调、绿色、开放、共享的新发展理念"引领中国深刻变革，为制造业发展以及智能制造长远规划指明了方向。

表1-2　我国主要先进制造业集群

先进制造业领域	集群地域	集群产业
新一代信息技术	深圳电子信息产业集群	全球重要的电子信息产业基地

续表

先进制造业领域	集群地域	集群产业
新一代信息技术	武汉芯屏端网产业集群	中国光电子产业基地
	合肥智能语音产业集群	中国智能语音产业基地
高端装备制造	西安航空航天产业集群	中国大中型飞机研制生产的重要基地
	长沙工程机械产业集群	中国工程机械行业的"母体"
	株洲轨道交通产业集群	中国最大轨道交通装备制造产业基地
先进材料制造	宁波石化产业集群	规模居全国七大石化产业基地前列
	苏州纳米新材料产业集群	全球最大的纳米技术应用产业集聚区
生物医药制造	北京中关村生物医药产业集群	领跑全国生物医药产业
	上海张江生物医药产业集群	全球瞩目的生物医药产业创新集群
	江苏泰州生物医药产业集群	中国唯一的国家级医药高新区

当前我国制造业面临着严峻的竞争环境,我国制造业亟待转型升级,其路径主要有三个方向:寻求新的成本优势、培养建立差异化的能力和实现商业模式创新。第一个方向是保持成本优势。这需要把产能向我国西部或者东南亚等低成本地区转移,但这受到管理能力、资本力量、产业配套、战略规划的限制;需要拥有在效率驱动基础上新的成本竞争能力,这种效率驱动不是简单地通过机器换人、自动化、无人工厂来实现的,而是通过系统的、多维度的、全价值链的数据与应用集成而提高效率。第二个方向是培养建立差异化的能力,向高端制造转型。这需要缩短产品与服务的开发周期并提高质量,推动产品智能化与技术差异化,而这需要漫长的积累、投入才能厚积薄发。第三个方向是商业模式创新,要创造以用户为中心的新的经营模式,以更高效率把产品传递给用户,给用户带来新的价值。这三个方向也是智能制造的目标。

拓展阅读+案例

利用互联网、大数据及人工智能提升制造业水平,使"中国制造"转变为"中国智造",既能应对国际竞争,也有助于解决人民日益增长的美好生活需要和不平衡不充分的发展之间的矛盾。互联网是驱动产业变革的主导,也是促进制造业转型升级的主要推动力。互联网在我国从无到有、从小到大、从大到强,全方面渗透社会经济发展的各个领域,成为重要的新型基础设施和创新要素,推动产业深刻变革。

案例

1.2　智能制造的概念及特征

1.2.1　智能制造的定义

"智能制造"可以从制造和智能两方面来理解。首先,制造是指把原材料变成产品的过程。广义的制造不限于加工和生产。对于一个制造企业来说,制造活动包含一切"把原材料变成使用的产品"的相关活动,如市场调研、产品研发、工艺制造、设备运维、装配检验、产品回收等。其次,智能是由"智慧"和"能力"两个词组成。从感觉到记忆再到思维这一过程,称为"智慧",智慧的结果产生了行为和语言,将行为和语言的表达过程称为"能力",两者合称为"智能"。因此,将感觉、记忆、回忆、思维、语言、行为的整个过程称为智能过程,它是智力和能力的表现。

通过表 1-3 可以看出，智能制造与传统制造有明显区别。这些区别主要体现在四个方面：一是智能制造设计更突出客户需求导向，在技术手段上可以做到虚拟与现实相结合，可实现需求与设计的实时动态交互，设计周期更短；二是加工过程柔性化、智能化，生产组织方式更加个性化，检测过程在线化、实时化，人机交互网络化，加工成形方式多样化；三是制造管理更加依赖信息系统，例如更多借助计算机信息管理技术，更多人机交互的指令管理模式，涵盖上下游企业甚至整个产业链的数据交互和管理沟通等；四是智能制造的产品服务可以做到涵盖整个产品生产周期，真正实现产品从制造到终结的全闭环管理，能够极大提高产品适应市场的能力，更充分满足客户的个性化需求。

表 1-3　智能制造与传统制造的异同

分类	传统制造	智能制造	智能制造的影响
设计	常规产品 面向功能需求设计 新产品周期长	个性化产品 虚实结合的个性化设计、面向客户需求设计 数值化设计，周期短，可实时动态改变	设计理念与使用价值观变化 设计方式变化 设计手段变化 产品功能变化
加工	加工过程按计划进行 半智能化加工与人工检测 生产高度集中组织 人机分离 减材加工成形方式	加工过程柔性化，可实时调整全过程 智能化加工与在线实时监测 生产组织方式个性化 网络化人机交互智能控制 减材、增材多种加工成形方式	劳动对象变化 生产方式变化 生产组织方式变化 加工方法多样化 新材料、新工艺不断出现
管理	人工管理为主 企业内管理	计算机信息管理技术 机器与人交互指令管理 延伸到上下游企业	管理对象变化 管理方式变化 管理手段变化 管理范围扩大
服务	产品本身	产品全生命周期	服务对象范围扩大 服务方式变化 服务责任增加

目前，关于智能制造国际和国内尚没有准确的定义。

美国 Wright 和 Bourne 在其《制造智能》中将智能制造定义为"通过集成知识工程、制造软件系统、机器人视觉和机器人控制来对制造技工们的技能与专家知识进行建模，以使智能机器能够在没有人工干预的情况下进行小批量生产"。今天能够用于制造活动的智能技术不只是上述定义中所列举的，此外智能制造显然不局限于小批量生产。

在我国《智能制造科技发展"十二五"专项规划》中，定义智能制造是面向产品全生命周期，实现泛在感知条件下的信息化制造，是在现代传感技术、网络技术、自动化技术、拟人化智能技术等先进技术的基础上，通过智能化的感知、人机交互、决策和执行技术，实现设计过程智能化、制造过程智能化和制造装备智能化等。此说法中实现设计过程、制造过程和制造装备的智能化，只是智能制造的现象。或者说，智能化设计装备等是制造的手段，而非目标。

李培根院士在《智能制造导论》一书中指出，智能制造是把机器智能融合于制造的各种活动中，以满足企业相应的目标。企业的制造活动包括研发、设计、加工、装配、设备运维、采购、销售、财务……融合意味着并非完全颠覆以前的制造方式，通过融入机器智能，进一步提高制造的效能。定义中指出了智能制造的目的是满足企业相应的目标，目标是指提高效率、降低成本、绿色环保等。

拓展阅读

1.2.2 智能制造的特征

广义而论，智能制造是一个大概念，也是一个不断演进的大系统，本质上是先进制造技术与新一代信息技术不断深度融合的产物。自 20 世纪 90 年代智能制造提出开始，智能制造经历了长期实践演化过程，出现了精益制造、柔性制造、并行制造、敏捷制造、数字化制造、计算机集成制造、网络化制造、云制造、智能化制造等不同类型，但归纳起来，任何一种类型的智能制造，都具备数字化、网络化和智能化制造三个最基本的特征。如图 1-3 所示。

（1）数字化

20 世纪中叶以后，随着制造业对于技术进步的强烈需求，以及计算机、通信和数字控制等信息化技术的发明和广泛应用，制造系统进入了数字化制造（digital manufacturing）时代，以数字化为标志的信息革命引领和推动了第三次工业革命。第三次工业革命最典型的产品是数控机床。与手动机床相比，数控机床发生的本质变

图 1-3　智能制造的三种基本范式（特征）

化是：在人和机床实体之间增加了数控系统。操作者只需根据加工要求，将加工过程中需要的刀具与工件的相对运动轨迹、主轴速度、进给速度等按规定的格式编成加工程序，计算机数控系统即可根据该程序控制机床自动完成加工任务，如图 1-4 所示。

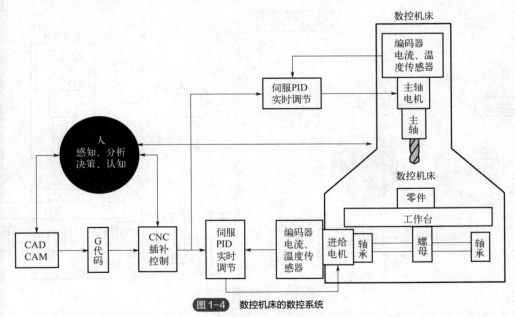

图 1-4　数控机床的数控系统

CAD—计算机辅助设计；CAM—计算机辅助制造；CNC—计算机数控；PID—比例积分微分

数字化制造是通过对产品信息、工艺信息和资源信息进行数字化描述、集成、分析和决策，进而快速生产出满足用户要求的产品。数字化制造聚焦于提升企业内部的竞争力，提高产品设计和制造质量，提高劳动生产率，缩短新产品研发周期，降低成本和提高能效。

数字化制造的主要特征表现为：

第一，数字技术在产品中得到普遍应用，形成"数字一代"创新产品。

第二，大量采用 CAD/CAE（计算机辅助工程）/CAPP（计算机辅助工艺规划）/CAM 等数字化设计、建模和仿真方法；大量采用数控机床等数字化装备；建立信息化管理系统，采用 MRPII（制造资源计划）/ERP（企业资源计划）/PDM（产品数据管理）等，对制造过程各种信息与生产现场实时信息进行管理，提升各生产环节的效率和质量。

第三，实现生产全部过程各环节的集成和优化运行，产生了以计算机集成制造系统（CIMS）为标志的解决方案。在这个阶段，以现场总线为代表的早期网络技术和以专家系统为代表的早期人工智能技术在制造业得到应用。

（2）数字化、网络化

20 世纪末 21 世纪初，互联网技术快速发展并得到广泛普及和应用，"互联网+"不断推进制造业和互联网融合发展，制造技术与数字技术、网络技术的密切结合重塑制造业的价值链，推动制造业从数字化制造向数字化、网络化制造的范式转变。

与数控机床相比，互联网+数控机床增加了传感器，增强了对加工状态感知的能力；更重要的是，它实现了设备的互联互通，实现了机床状态数据的采集和汇聚，如图 1-5 所示。

"互联网+制造"的实质是有效解决了"连接"这个重大问题：在数字化制造的基础上，用网络将人、流程、数据和事物连接起来，联通企业内部和企业间的"信息孤岛"，通过企业内、企业间的协同和各种社会资源的共享与集成，实现产业链的优化，快速、高质量、低成本地为市场提供所需的产品和服务。

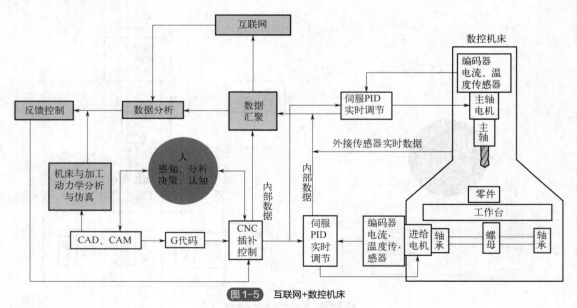

图1-5　互联网+数控机床

"互联网+制造"主要特征表现为：

第一，在产品方面，数字技术、网络技术得到普遍应用，产品实现网络连接。

第二，在制造方面，实现横向集成、纵向集成和端到端集成，打通整个制造系统的数据流、信息流。企业能够通过设计和制造平台实现制造资源的全社会优化配置，开展与其他企业之间的业务流程协同、数据协同、模型协同，实现协同设计和协同制造。

第三，在服务方面，企业与用户通过网络平台实现连接和交互，掌握用户的个性化需求，将产业链延伸到为用户提供产品健康保障等服务，企业生产开始从以产品为中心向以用户为中心转型，企业形态也逐步从生产型企业向生产服务型企业转型。

案例

（3）数字化、网络化、智能化

智能化主要体现在智能生产、智能产品和智能服务三个方面。

① 智能生产：面向定制化设计，支持多品种小批量生产模式，通过使用智能化的生产管理系统与智能装备，实现生产过程全生命周期的智能化管理，以及状态自感知、实时分析、自主决策、自我配置、精准执行的自组织生产。

案例

② 智能产品：一方面是产品本身的智能化提升，如提供友好的人机交互、语言识别、数据分析等智能功能；另一方面，生产过程中的每个产品和零部件都是可标识、可跟踪的，甚至产品了解自己被制造的细节以及将被如何使用。

案例

③ 智能服务：利用互联网、云计算、大数据分析等新技术，提供远程检测诊断、运营维护、技术支持等售后智能服务。从"以产品为中心"向"以用户为中心"的根本性转变，完成了深刻的供给侧结构性改革。

数字化、网络化、智能化是保证智能制造的有效手段。数字化确保产品从设计到制造的一致性，并且在制样前对产品的结构、功能、性能乃至生产工艺都进行仿真验证，极大地节约了开发成本和缩短了开发周期。网络化通过信息横纵向集成实现研究、设计、生产和销售各种资源的动态配置以及产品全程跟踪检测，实现个性化定制与柔性生产，同时提高了产品质量。智能化将人工智能融入设计、感知、决策、执行、服务等产品全生命周期，提高生产效率和产品核心竞争力。

案例

1.2.3　智能制造的关键技术

智能制造就是面向产品全生命周期，实现泛在感知条件下的信息化制造。

智能制造所要解决的核心问题是知识的产生与传承过程，其关键技术分别为：

① 识别技术。识别功能是智能制造环节中关键的一环，需要的识别技术主要有射频识别技术、基于深度三维图像识别技术，以及物体缺陷自动识别技术。基于深度三维图像识别技术的任务是识别出图像中有什么类型的物体，并给出物体在图像中所反映的位置和方向，是对三维世界的感知理解。在结合了人工智能科学、计算机科学和信息科学之后，基于深度三维图像识别技术是在智能制造系统中识别物体几何情况的关键技术。

② 实时定位技术。实时定位技术可以对多种材料、零件、工具、设备等资产进行实时跟踪管理。在生产过程中，需要监视在制品的位置行踪，以及材料、零件、工具的存放位置等，这样，在智能制造系统中需要建立一个实时定位系统，以完成生产全过程中资产的实时位置跟踪。

③ 信息物理融合技术。信息物理融合系统也称为"虚拟网络-实体物理"生产系统，它将彻底改变传统制造业逻辑。在这样的系统中，一个工件就能算出自己需要哪些服务。通过数字化逐步升级现有生产设施，生产系统可以实现全新的体系结构。

④ 网络安全技术。数字化推动了制造业的发展，在很大程度上得益于计算机网络技术的发展，与此同时也给工厂的网络安全带来了威胁。以前习惯于纸质文件的工人，现在越来越依赖于计算机网络、自动化机器和无处不在的传感器，而技术人员的工作就是把数字数据转换成物

理部件和组件。制造过程的数字化技术资料支撑了产品设计、制造和服务的全过程，必须予以保护。

⑤ 系统协同技术。这需要大型制造工程项目复杂自动化系统的整体方案设计技术、安装调试技术、统一操作界面和工程工具的设计技术、统一事件序列以及报警处理技术、一体化资产管理技术等相互协同来完成。

1.3　推进智能制造对制造企业的价值

当前，由于经济与社会环境的不稳定性与不确定性，我国制造企业正面临着很大的转型压力，需要从低成本竞争策略转向建立差异化竞争优势，需要均衡产能，提升产品质量，实现降本增效，不断缩短产品研制和上市周期。

推进智能制造是企业发展战略的支撑手段，而非目标。推进智能制造，可以给制造企业带来多方面的价值，主要包括以下几方面。

① 快速应对市场波动，缩短产品上市周期。激烈的市场竞争以及客户需求的不断变化导致市场频繁波动，给市场带来了诸多不确定性，同时，产品生命周期越来越短，因此，制造企业快速应对市场变化，用最短的时间推出符合市场需求的产品，才能在竞争中取胜。通过智能制造技术的应用，可以帮助企业大幅缩短产品的研制周期。例如，在产品的研发环节，利用 CAD 工具建立产品数字模型，借助仿真技术驱动产品优化设计，借助 PLM（产品生命周期管理）系统提高并行设计和协同的能力。

② 促进企业降本增效，实现少人化。工业机器人、传感器、人工智能技术在工业场景开展应用，通过智能化手段提升自动化能力，实现少人化，提高生产效率，通过机器视觉技术与工业机器人技术结合，实现了工业机器人的智能化应用和人机协作。

③ 实现企业运作的可视化、透明化，实时洞察企业运营状态。通过工业软件的应用、设备互联以及数据采集，实现核心业务数字化、制造过程透明化、物料输送自动化，可以显著提升生产效率和生产质量。

④ 提高生产效率，缩短交货期。通过准确把控企业的实际产能、加工工时，及时采购，并运用高级计划与排程（advanced planning and scheduling，APS）等技术，实现科学排产，显著提升设备综合效率。并通过精益改善、动作分析、数字化工厂仿真等技术，提高自动化产线的生产节拍。在此基础上，智能制造技术的应用可以帮助企业显著提升产品的按期交货率。

⑤ 提高企业质量管控水平。不断提升产品质量水平、高质量发展，已成为制造企业转型的基本诉求。当前，随着技术的大力发展，质量检验的智能化程度越来越高，机器视觉、人工智能与大数据等技术的融合应用，不仅大幅提升检测效率，还能将一线人员从重复单调的劳动中解脱出来；结合质量管理系统（quality management systems，QMS）等的应用，实现数字化质量管控，利用实时的质量数据，及时发现问题，及时调整优化，有助于企业形成质量管理的闭环。

⑥ 助力企业节能降耗。可持续发展正在倒逼制造业走绿色发展之路，很多国际领先企业已在绿色、节能、环保、循环利用方面取得明显成效。

推进智能制造是一个持续改善、持续变革和持续见效的过程，需要企业内部各个业务部门，尤其是信息技术、自动化、规划、工艺和精益部门的密切配合，还需要引入各类

案例

解决方案提供商、实施服务商和第三方咨询服务机构，才能规避各种风险。企业不仅需要关注和应用各种新兴技术，更需要结合每个企业的发展愿景、发展现状、盈利能力和行业竞争力，制订明确的规划和路线图。推进智能制造不是简单地实施一个又一个的信息化和自动化项目，而是需要有高层的引领和多种类型的人才队伍，有周密的计划和 PDCA（计划、实施、检查、处理）的循环机制。企业应当将智能制造作为实现企业发展战略目标的重要支撑手段，三年一规划，一年一滚动，才能真正实现价值创造，达到预期的目标。

案例

 本章小结

　　本章通过智能制造相关的一些背景资料，介绍了从工业 1.0 到工业 4.0 阶段智能制造的发展历程，指出了我国制造业的发展形势。对中国制造 2025 的战略目标进行了阐述，明确智能制造是我国建设制造强国的主攻方向。

　　智能制造的概念目前还没有统一的定义，随着时代的进步，概念在不断的完善中。本章从数字化、网络化和智能化三个方面阐述了智能制造的特征，并介绍了智能制造的发展离不开的关键技术，指出推进智能制造对制造企业有重大意义。

 思考题与习题

1. 简述智能制造的发展过程。
2. 我国制造业目前存在的主要突出问题与挑战有哪些？
3. 我国制造业转型升级路径有哪几条？
4. 简述智能制造与传统制造的区别。
5. 根据智能制造的概念及特征，调研先进企业的智能制造发展现状。
6. 智能制造的特征有哪些？其关键技术分别是什么？
7. 推进智能制造能够给企业带来哪些方面的价值？

第 2 章

智能制造系统基础

 思维导图

扫码获取

本书电子资源

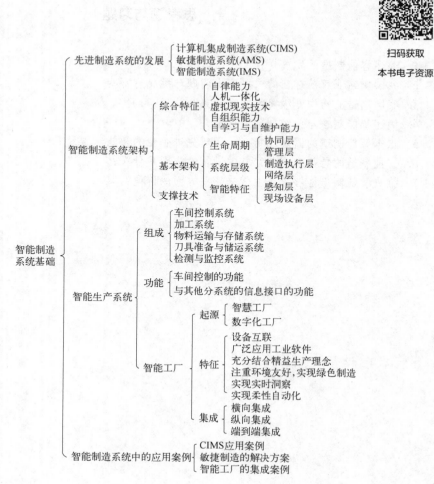

内容引入

　　罗罗公司成立于 1906 年，是世界知名的航空发动机制造商之一，也是欧洲最大的航空发动机制造商，其研制的各种喷气式发动机被民用和军用飞机广泛采用。

　　航空发动机作为航空领域的核心装备之一，是装备制造业的尖端，也是一个国家科技水平和经济实力的综合体现。在工业互联网、云计算和人工智能等先进科学技术的推动下，以"数字化"为特征的产品研制理念和发展模式，已经成为国际先进制造业技术创新发展的主流方向。随着数字技术和物联网的快速发展，罗罗公司认为新一代数据服务具备了深度发掘传统航空发动机行业潜在价值的可能性，并计划借此开创航空发动机数字化转型的新格局。

　　1997 年，罗罗公司推出了按飞行小时单价计算维修费用的"全面呵护"（total care）服务（图 2-0），客户按照每台发动机的飞行小时支付费用，发动机的管理和维修交给罗罗公司，由此解决了航空公司财务规划的问题，同时调整了客户与罗罗公司之间的商业模式。表面上，total care 服务将发动机在役和返厂维修的风险转移到罗罗公司。实际上，罗罗公司可利用已有知识和经验，融入先进的发动机健康监测（engine health monitoring，EHM）等新技术，能够在早期进行干预、规避和化解发动机的问题，提高了发动机的耐久性和可靠性，延长检修间隔，同时提高了航空公司和发动机制造商的财务回报。

图 2-0　罗罗公司的智能服务

　　20 多年来，罗罗公司推出的 total care 服务在全球范围内取得了成功，超过 90% 的此发动机的客户选择了这种服务，同时，total care 服务也给罗罗公司带来了良好的效益。

　　罗罗公司推出的"智能发动机"愿景在一定程度上描绘了航空动力的未来发展：借助数字化，通过更强的互联性、情境感知以及理解力，进一步提升发动机的可靠性和效率。

 学习目标

　　1. 了解先进制造系统的发展历程；
　　2. 掌握计算机集成制造系统、敏捷制造系统及智能制造系统的定义及特性；
　　3. 掌握智能制造系统的特征、架构及支撑技术；
　　4. 了解智能生产系统的概念及组成；
　　5. 了解智能工厂的发展及特征。

　　随着计算机技术、信息技术及传感器技术等的快速发展，社会和用户对于产品需求愈发趋于多样化、个性化和动态化，企业间的竞争越来越激烈，企业制造模式由大量生产向小批量甚至单件定制化生产的方式转变，极大地推动制造企业生产制造模式的创新。

本章首先介绍先进制造系统的发展过程、先进制造模式，其次介绍智能制造系统架构，最后介绍智能生产系统的组成和功能，以及工业 4.0 时代智能工厂的发展和特征等。

2.1 先进制造系统的发展

2.1.1 计算机集成制造系统（CIMS）

计算机集成制造（computer-integrated manufacturing，CIM）是制造企业生产组织管理的一种新理念，是借助以计算机为核心的信息技术将企业中各种与制造有关的技术系统集成起来，使企业的各个职能与功能得到整体的优化，以提高企业响应市场竞争的能力。

（1）计算机集成制造系统的定义

计算机集成制造系统（computer-integrated manufacturing system，CIMS）是基于 CIM 理念而组成的制造系统，概括地讲，就是将企业所有的经营生产活动集成为一体。CIMS 的核心在于集成，不仅综合集成企业内各生产环节的有关技术，更重要的是将企业内的人/机构、技术和经营管理三要素进行有效的集成，以保证企业内的工作流、物质流和信息流畅通无阻。

如图 2-1 所示，CIMS 使企业中人/机构、技术和经营管理三要素相互作用、相互制约，解决了企业内部众多集成的问题：

图 2-1 CIMS 三要素

① 经营管理与技术的集成。通过计算机技术、制造技术、自动化技术以及信息管理等各种工程技术的应用，支持企业达到预期的经营管理目标。

② 人/机构与技术的集成。应用各种工程技术，支持企业内不同类型的人员或机构的工作，使之相互配合、协调作业，以发挥出最大的工作效能和创造力。

③ 人/机构与经营管理的集成。通过人员素质的不断提高和组织机构的不断改进，不断提高企业经营管理的水平和效率。

④ 企业综合信息集成。CIMS 将企业内的人/机构、技术和经营管理三要素进行综合集成，便有可能使企业经营管理的综合效率实现整体最优。在 CIMS 所涉及的诸要素中，"人"的作用是第一要素，企业经营策略得到正确的贯彻执行，首先需要由企业内的所有员工来实现。先进技术的作用能否在企业得到有效的发挥，归根结底也取决于人。

正确认识 CIM 的理念，使企业的全体员工同心同德地参与 CIMS 过程的实施，建立合适的组织机构，严格执行管理制度和员工的培训，是保证 CIMS 集成的重要条件。

（2）CIMS 结构组成

从系统功能角度考虑，一般认为 CIMS 是由经营管理信息系统（也称管理信息系统，management information system，MIS）、工程设计自动化系统（也称工程设计系统，engineering design system，EDS）、制造自动化系统（manufacturing automation system，MAS）和质量保证系统（quality assure system，QAS）四个功能分系统，以及计算机网络系统（network system，

NETS）和数据库系统（database system，DBS）两个支撑分系统组成，如图 2-2 所示。然而，由于各企业的产品对象、生产方式、现有基础和技术条件的不同，其 CIMS 组织结构也会有所差异，并不要求企业在 CIMS 具体实施时必须同时实现所有的系统功能，可根据自身发展需求和现有条件在 CIM 思想指导下分步实施，逐步延伸，最终实现 CIMS 的工程目标。

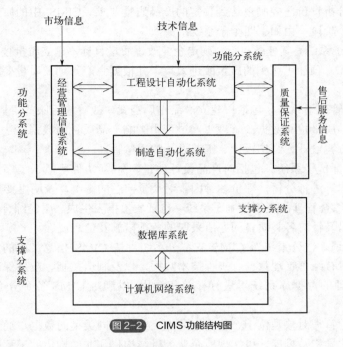

图 2-2　CIMS 功能结构图

下面就 CIMS 各个组成部分的基本功能做简要介绍。

① 经营管理信息系统。该分系统担负着企业的计划与管理，是 CIMS 神经中枢，使企业的产、供、销、人、财、物等按照统一计划相互协调作业，以实现企业生产经营目标。其基本功能如下：

a．信息处理，包括信息的收集、传输、加工和查询；

b．事务管理，包括计划管理、物料管理、生产管理、财务管理、人力资源管理等；

c．辅助决策，归纳分析已收集的企业内外信息，应用数学分析工具预测未来，为企业经营管理过程提供决策依据。

② 工程设计自动化系统。该分系统用于企业产品开发设计部门，是通过计算机以及相关软件系统的应用，使产品开发设计过程得以高效、优质、自动地进行。产品开发设计过程包括产品的概念设计、结构分析、详细设计、工艺设计及编程等产品设计和制造准备阶段中的一系列工作。

③ 制造自动化系统。该分系统作用于企业车间层，负责完成生产车间各种生产活动的基本环节。制造自动化系统不追求全盘自动化，关键在于信息的集成。制造自动化系统是由机械加工自动化系统、物料储运自动化系统以及控制和检测系统组成。机械加工自动化系统包括数控机床、加工中心、柔性制造单元和柔性制造系统等加工设备，用于对产品的加工和装配过程；物料储运自动化系统担负着对物料的装卸、搬运和存储的功能；控制系统实现对机械加工自动化系统和物料储运自动化系统的自动控制；检测系统担负着生产加工过程的自动检测、加工设备运行的自动监控。

制造自动化系统的目标可归纳为：柔性化生产，可满足多品种、小批量产品自动化生产需求；提高生产效能，可实现优质、低耗、短周期、高效率生产，以提高企业的市场竞争能力；改进工作环境，为现场生产人员提供安全而舒适的工作环境。

④ 质量保证系统。该分系统以保证企业产品质量为目标，通过产品质量的控制规划、质量监控采集、质量分析评价与控制以达到预定的产品质量要求。CIMS 中的质量保证系统覆盖产品生命周期的各个阶段，由如下四个子系统组成。

a. 质量计划子系统。其任务包括：确定企业改进质量目标，建立质量技术标准，计划可达到质量目标的途径，预计可达到的质量改进效果，并根据生产计划及质量要求制订检测计划和检测规范。

b. 质量检测管理子系统。包括：建立产品出厂档案，改善售后服务质量；管理进厂材料、外购件和外协件的质量检验数据；管理生产过程中影响产品质量的数据；建立设计质量模块，做好项目决策、方案设计、结构设计、工艺设计的质量管理。

c. 质量分析评价子系统。包括对产品设计质量、外购/协件质量、工序控制点质量、供货商能力、质量成本等进行分析，评价各种因素对质量问题的影响，查明主要原因。

d. 质量信息综合管理与反馈控制子系统。包括质量报表生成、质量综合查询、产品使用过程质量综合管理以及针对各类质量问题所采取的各项措施及信息反馈。

⑤ 数据库系统。该分系统为 CIMS 支撑分系统，是 CIMS 信息集成的关键技术之一。在 CIMS 环境下，所有经营管理数据、工程技术数据，以及制造控制、质量保证等各类数据，需要在一个结构合理的数据库系统里进行存储和调用，以满足 CIMS 各个分系统信息的交换和共享。

数据库系统的管理对象是位于企业网络节点上各种不同类型的数据，通过互联的企业网络体系，采用分布式异构数据库，以实现对企业大量结构化和非结构化的工程数据调用和分布式的事务处理。

⑥ 计算机网络系统。计算机网络是以信息交流和资源共享为目的而连接起来的众多计算机设备的集合，它在协调的通信协议管理与控制下实现企业数据信息的交流和共享。

通常，企业是由若干个地理位置分散的厂区组成，为此企业实施 CIMS 工程需借助于 Internet（互联网）、Intranet（内联网）和 Extranet（外联网）不同类型的网络和网络协议，以构建一个互联的企业网络系统。CIMS 在数据库和计算机网络两个支撑分系统的支持下，可方便地实现各个功能分系统的信息交换和数据共享，有效地保证了整个系统的功能集成，如图 2-3 所示。

（3）CIMS 递阶控制结构

CIMS 是一个复杂的企业工程系统，通常采用递阶控制结构。所谓递阶控制，即将一个复杂的控制系统按照其功能分解成若干层次，各层次独立进行控制与处理，完成各自的功能，层与层之间保持信息的沟通和交换。上层对下层发出管理和生产指令，下层向上层反馈命令执行结果。这种递阶控制模式减小了系统的开发和维护难度，已成为重大复杂系统的一种惯用的控制模式。

根据一般制造企业多级管理的结构层次，美国国家标准与技术研究院（NIST）将 CIMS 分为五层递阶控制结构，即工厂层、车间层、单元层、工作站层和设备层，如图 2-4 所示。这种控制结构包括了制造企业全部的功能和活动，体现了集中和分散相结合的控制原则，已被国际社会广泛认可和引用。在这种递阶控制结构中，各层分别由独立的计算机进行控制与管理，功能单一，易于实现；其层次越高，控制功能越强，所处理的任务越多；层次越低，则所处理的实时性要求越高，控制回路内部的信息流速度越快。

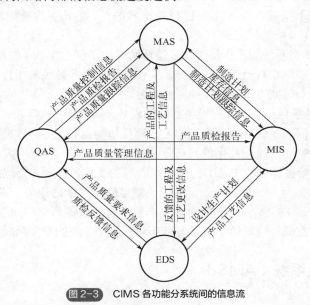

图 2-3　CIMS 各功能分系统间的信息流

MIS—管理信息系统；EDS—工程设计系统；MAS—制造自动化系统；QAS—质量保证系统

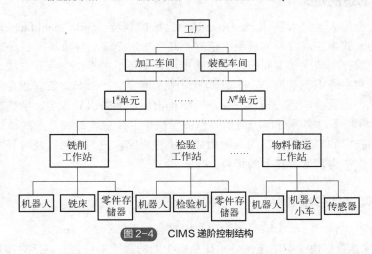

图 2-4　CIMS 递阶控制结构

① 工厂层。工厂层是企业最高的管理决策层，具有市场预测、制订长期生产计划和资源计划、产品开发、工艺过程规划以及成本核算、库存统计、用户订单处理等厂级经营管理的功能。工厂层的规划周期一般为几个月到几年时间。

② 车间层。车间层是根据工厂层的生产计划，协调车间生产作业和资源配置，包括从设计部门的 CAD/CAM 系统中接收产品物料单（BOM）和数控加工程序，从 CAPP 系统获得工艺流程和工艺过程数据，并根据工厂层的生产计划和物料需求计划，进行车间各加工单元的作业管理和资源分配。作业管理包括作业订单的制订、发放及管理，安排加工设备、机器人、物料运输等设备任务；资源分配是将设备、托盘、刀具、夹具等根据生产作业计划分配给相应工作站。车间层的规划周期一般为几周到几个月。

③ 单元层。单元层主要完成本单元的作业调度，包括确定加工对象在各工作站的作业顺序、发放作业指令、管理协调各工作站间的物料运输、分配及调度机床和操作者的工作任务，并将产品生产的实际数据与技术规范进行比较，将生产现场的运行状态与允许的状态条件进行比较，以便在必要时采取措施以保证生产过程的正常进行。单元层的规划时间为几小时到几周时间范围。

④ 工作站层。制造系统的工作站有加工工作站（如车削工作站、铣削工作站等）、检验工作站、刀具管理工作站、物料储运工作站等。工作站层的任务是负责指挥和协调各工作站内设备小组的活动，其规划时间可以从几分钟到几小时。

⑤ 设备层。设备层包括各种加工设备和辅助设备，如机床、机器人、三坐标测量机、AGV等。设备层执行单元层的控制命令，完成加工、测量和输运等任务，并向上层反馈生产设备现场工作状态信息。其响应时间从几毫秒到几分钟。

在上述 CIMS 递阶控制结构中，工厂层和车间层主要负责计划与管理的任务，确定企业生产什么，需要什么资源，确定企业长期目标和近期的任务；设备层是一个执行层，执行上层的控制命令；而企业生产监控管理任务则由车间层、单元层和工作站层来共同完成，这里的车间层兼有计划和监控管理的双重功能。

案例

2.1.2　敏捷制造系统（AMS）

（1）敏捷制造的定义

这一概念的创始人里海大学 Rick Dove 认为：敏捷制造（agile manufacturing，AM）是企业以高速低耗的方式来完成自身的调整，依靠不断开拓创新来引导市场、赢得市场竞争。

可以认为，敏捷制造是企业在快速变化的市场竞争环境中求得生存和发展、取得竞争优势的一种经营管理和生产组织新策略，是 21 世纪市场竞争的主导模式。它要求企业不仅能够快速响应市场的变化，而且要求通过技术创新，不断推出新产品去引导市场。敏捷制造强调在"竞争-合作-协同"机制下，实现对市场需求做出灵活快速的反应，提高企业的敏捷性，通过动态联盟、先进生产技术和高素质员工的全面集成，快速响应客户的需求，及时开发新产品投放市场，提高企业竞争能力，赢得竞争的优势。

（2）敏捷制造的特征

由敏捷制造内涵看出，一个敏捷制造企业应具有如下特征：

① 快速响应速度。快速响应速度是敏捷制造企业的最基本特征，包括对市场反应速度、新产品开发速度、生产制造速度、信息传播速度、组织结构调整速度等。

② 全生命周期让用户满意。用户满意是敏捷制造企业的最直接目标，通过并行设计、质量功能配置、价值分析等技术，借助虚拟制造使能技术，可让用户方便地参与设计，尽快生产出满足用户要求的产品，产品质量的跟踪将持续到产品报废，使产品整个生命周期内的各个环节使用户感到满意。

③ 灵活动态的组织结构。在企业内部，敏捷制造以"项目团队"为核心的扁平化管理模式替代传统宝塔式多层次管理模式。在企业外部，以动态组织联盟形式将企业内部优势和企业外部不同公司的优势集成起来，将企业之间的竞争关系转变为联盟互赢的协作关系。

④ 开放的基础结构和优势的制造资源。敏捷制造企业通过开放性的通信网络和信息交换基

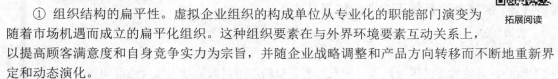

础结构，将分布在不同地点的优势企业资源集成起来，保证相互合作协同的企业生产系统正常稳定地运行。

虚拟企业有以下特征：

① 组织结构的扁平性。虚拟企业组织的构成单位从专业化的职能部门演变为随着市场机遇而成立的扁平化组织。这种组织要素在与外界环境要素互动关系上，以提高顾客满意度和自身竞争实力为宗旨，并随企业战略调整和产品方向转移而不断地重新界定和动态演化。

② 合作性。虚拟企业是一个由核心单元和非核心单元组成的伙伴性合作企业联盟，核心企业集中力量发现新的市场机会，开展有市场远景的宣传；非核心企业则根据核心企业的要求进行生产与销售，并及时提出改进意见，从而缩短新产品上市的时间，降低整个服务过程的成本，所以虚拟企业从产生到"死亡"，整个生命过程都充满了合作。

③ 虚拟性。虚拟企业只保留和执行系统本身的关键功能，把其他功能委托给外部企业来实现。

④ 动态性。虚拟企业往往是为了某一具体的市场机会，通过签订契约而组成的契约联盟，合作的对象往往是分别在各自从事的活动方面最具核心能力的企业，所以虚拟企业是经济活动在企业层次上能力分工的结果，各合作成员随着市场机会的更迭及生产过程的变化而进入或退出，甚至整个企业因合作使命的完成而消亡。从一段使用时间来看，虚拟企业具有动态性。

⑤ 全球性。根据供应链管理理论，虚拟企业基于全球供应链并以价值链的整体实现为目标，强调以互联网为基础的全球性的信息开放、共享与集成，整合全球资源。虚拟企业把企业系统的空间扩展到全球，通过信息高速公路，从全球供应链上有选择地添加合作伙伴，组成动态公司，进行企业的大整合。要建设敏捷制造环境，必须将各企业内部局域网络通过 Internet 连接起来，如图 2-5 所示。

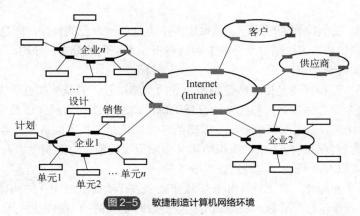

图 2-5　敏捷制造计算机网络环境

⑥ 市场机遇的快速应变性。能够快速地聚焦实现市场机遇所需要的资源，从而抓住市场机遇。这种快速应变性不仅使企业能够快速适应可预见的市场机遇，也可以适应未来不可预知的市场环境。

⑦ 企业文化的多元性。组成虚拟企业的成员可能来自世界各地，每一个企业都有自己独特的价值观念和行为。这些成员企业中，并没有资本的直接参与和控制，不存在一个成员对另一个成员强制支配的纵向从属关系。它们是为了一个共同的目标而合作的非命令性联盟组织，所以在合作过程中，只有充分了解和尊重各成员企

拓展阅读

业的文化差异,在相互沟通、理解、协调的基础上求同存异,努力形成一个共同认可的、目标一致的联盟文化,从而消除成员之间的习惯性防卫心理和行为,才能建立良好的信赖合作关系。

(3)敏捷制造系统下企业的体系结构

敏捷制造系统(agile manufacturing system,AMS)是企业的新型制造模式,对其体系结构可用功能、组织、信息、资源和过程五视图模型进行描述,如图 2-6 所示。该模型是以过程视图为核心,其他视图是围绕过程视图发挥着各自的作用,其基础为社会环境和各类先进技术对敏捷制造企业的支撑。

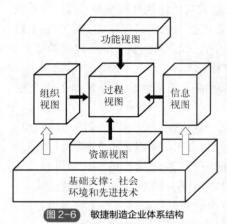

图 2-6 敏捷制造企业体系结构

① 功能视图。功能视图是指敏捷制造企业的各种功能模块。各功能模块的开发设计应以敏捷的管理思想、敏捷的设计方法和敏捷的制造技术为指导,即制订符合全球竞争机制的企业经营战略,组建捕捉市场机遇的企业快速响应体系,构建企业间优势互补的动态联盟;应用集成化设计方法进行企业产品设计,应用虚拟仿真技术进行产品性能分析,引入知识推理工具提高设计过程的敏捷性;按分布自治要求进行企业资源和工艺过程的重组,采用相似性原理和即插即用的总线技术实现企业生产制造过程。

② 组织视图。组织视图描述敏捷制造企业的组织构成和管理方式。敏捷制造企业是以动态联盟作为其组织结构形式,以项目团队为核心的扁平化矩阵式结构作为企业的管理模式。

③ 信息视图。信息视图是描述敏捷制造企业的信息组成、信息流动和信息处理过程。敏捷制造企业的信息系统是由若干自治独立又相互协同的信息子系统优化组合而成,具有快速构建和快速重组的能力。

④ 资源视图。在敏捷制造环境下,制造资源不再是单一企业的资源,而是由不同地域、不同企业的资源共同组成。敏捷制造企业应针对自身资源所呈现的分布、异构、不确定性等特征,进行资源的合理配置和重组。

⑤ 过程视图。过程视图是描述敏捷制造企业的实施过程,其具体实施步骤如下。

a. 敏捷制造企业总体规划。包括企业目标的确定、战略计划的制订以及实施方案选择等。

b. 企业敏捷化建设。主要有企业经营策略的转变以及相关技术准备等内容,包括企业员工敏捷化培训、经营过程分析与重组、组织结构及企业资源调整、企业制度以及文化建设、敏捷化信息系统建设,以及产品设计与制造技术准备等。

c. 敏捷制造企业构建。在上述 a 和 b 步骤基础上进行敏捷制造企业的构建和实施。

d. 敏捷制造企业运行与管理。敏捷制造企业是以跨企业的动态联盟进行运营,以项目团队为核心的扁平化管理模式进行企业的管理,通过敏捷评价体系对企业运营结果进行评价,适时进行动态调整。

⑥ 社会环境。敏捷制造企业除了加强内部改革和重构之外,还需有一个良好的社会环境,包括政府的政策法律、市场环境和社会基础设施等。政策法律的制定要有助于提高企业的积极性,有助于企业直接、平等地参与国际竞争;市场环境要保证企业的物料流、能量流、信息流和人才流等畅通无阻;社会基础设施包括通信、交通、环保等应有利于敏捷制造企业的发展。

⑦ 先进技术。敏捷制造企业的技术支撑是实现敏捷制造的保障。其关键技术归纳为信息服务、敏捷管理、敏捷设计及敏捷制造四大类。信息服务包括信息技术、计算机网络与通信、数

据库技术等；敏捷管理包括集成化产品与过程的管理、决策支持系统、经营业务过程重组等；敏捷设计是指集成化产品设计与过程开发技术；敏捷制造包括虚拟制造、快速原型、柔性制造等可重构、可重用的制造技术。

案例： 华为坚持以业务和用户体验为中心的创新理念，在 2013 华为云计算大会（HCC 2013）上宣布，率先将敏捷网络架构（SDN）引入制造业网络设计，为制造企业精细化业务管理打造坚实 IT（信息技术）基础。精细化网络旨在通过 SDN 精细化业务识别，提升业务运营效率，以解决业务流识别和故障实时定位这两个目前精细化网络管理亟待解决的问题。华为敏捷制造解决方案如图 2-7 所示。

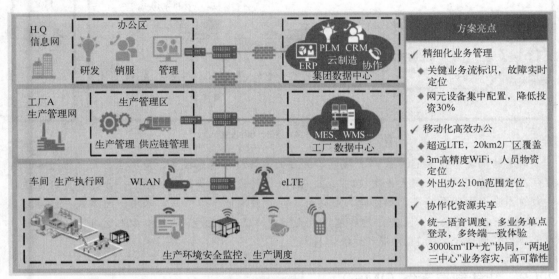

图 2-7　华为敏捷制造解决方案

CRM—客户关系管理；WLAN—无线局域网；LTE—长期演进；IP—互联网协议

针对业务流多，业务难识别和故障难定位的问题，采用精细化业务识别方案，如图 2-8 所示。

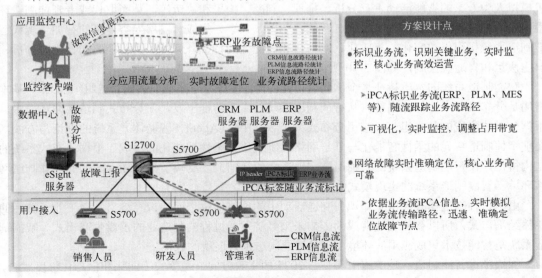

图 2-8　精细化业务识别

针对网元多、配置繁杂、成本攀升的困难，采用融合设备，集中配置的策略，如图2-9所示。

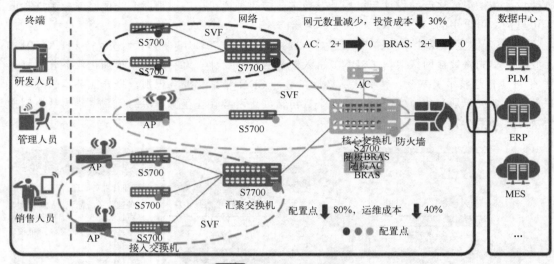

图2-9　融合设备，集中配置

采用移动网络技术 LTE 工厂无线铺盖的方式，解决了传感线多、监测点分布、布线难、监控存在盲区的问题。采用无线定位的方法，解决了设备物资多、存放零散、分拣补货过程耗时耗力的困难。面对系统多、难协同、难整合、生产效率低下的问题，采用一网承载办公协同，eSDK 整合业务模式。以上方法的实施，达到至少降低 30%投资成本和 40%运维费用的效果，大大减少了制造企业的 IT 投资和运维消耗。

2.1.3　智能制造系统（IMS）

智能制造系统（intelligent manufacturing system，IMS）是一种由智能机器和人类专家共同组成的人机一体化智能系统，它在制造过程中能以一种高度柔性与高集成度的方式，借助计算机模拟人类专家的智能活动进行分析、推理、判断、构思和决策等，从而取代或者延伸制造环境中人的部分脑力劳动，同时收集、存储、完善、共享、集成和发展人类专家的智能。现代智能制造系统呈现出数字化、集成化、网络化和智能化的特征，其特点为智能感知、实时分析、自主决策和自适应控制，如图 2-10 所示。

智能制造系统的本质特征是个体制造单元的"自主性"与系统整体的"自组织能力"，基本格局是分布式、多智能体系统。从智能制造系统的本质特征出发，在分布式制造网络环境中，根据分布式集成的基本思想，应用分布式人工智能中多 Agent（智能体）系统的理论与方法，实现个体制造单元的柔性智能化与基于网络的制造系统柔性智能化的集成。根据分布式系统的结构特征，在智能制造系统的一种局域实现形式的基础上，反映了基于 Internet 的全球制造网络环境下智能制造系统的实现模式。

由于这种制造模式突出了知识在制造活动中的价值地位，而知识经济又是继工业经济后的主体经济形式，所以智能制造就成为影响未来经济发展过程的制造业的重要生产模式。智能制造系统是智能技术集成应用的环境，也是智能制造模式展现的载体。

加快推进智能制造，是实施中国制造 2025 的主攻方向，是落实工业化和信息化深度融合，打造制造强国的战略举措，更是我国制造业紧跟世界发展趋势，实现转型升级的关键所在。为解决标准缺失、滞后及交叉重复等问题，指导当前和未来一段时间内智能制造标准化工作，根据"中国制造 2025"的战略部署，工业和信息化部、国家标准化管理委员会共同组织制定了《国家智能制造标准体系建设指南》。该指南重点研究了智能制造在两个领域的幅度与界定：一个是指基于装备的硬件智能制造，即智能制造技术；另一个是基于管理系统的软件智能制造管理系统，即智能制造系统。

拓展阅读

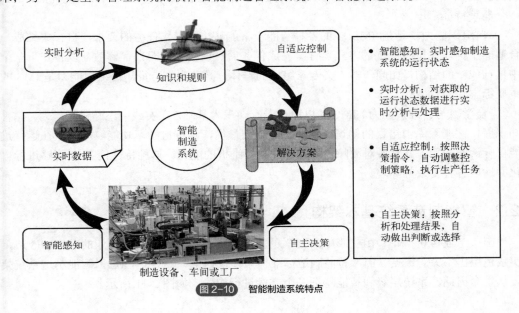

图 2-10　智能制造系统特点

2.2　智能制造系统架构

2.2.1　智能制造系统的综合特征

和传统的制造相比，智能制造系统（IMS）具有以下特征：

① 自律能力。IMS 能根据周围环境和自身作业状况的信息进行监测和处理，并根据处理结果自行调整控制策略，以采用最佳行动方案。这种自律能力使整个制造系统具备抗干扰、自适应和容错等能力。具有自律能力的设备称为"智能机器"。"智能机器"在一定程度上表现出独立性、自主性和个性，甚至相互间还能协调运作与竞争。强有力的知识库和基于知识的模型是自律能力的基础。

② 人机一体化。IMS 不单纯是"人工智能"系统，而是人机一体化智能系统，是一种混合智能。基于人工智能的智能机器只能进行机械式的推理、预测、判断，它只能具有逻辑思维（专家系统），最多做到形象思维（神经网络），完全做不到灵感（顿悟）思维，只有人类专家才真正同时具备以上三种思维能力。因此，想以人工智能全面取代制造过程中人类专家的智能，独立承担起分析、判断、决策等任务是不现实的。人机一体化一方面突出人在制造系统中的核心地位，同时在智能机器的配合下更好地发挥出人的潜能，使人机之间表现出一种平等共事、相互"理解"、相互协作的关系，使二者在不同层次上各显其能，相辅相成。

因此，在 IMS 中，高素质、高智能的人将发挥更好的作用，机器智能和人的智能将真正地集成在一起，互相配合、相得益彰。

③ 虚拟现实技术。这是实现虚拟制造的支持技术，也是实现高水平人机一体化的关键技术之一。虚拟现实（virtual reality，VR）技术是以计算机为基础，融合信号处理、动画技术、智能推理、预测、仿真和多媒体技术于一体，借助各种音像和传感装置，虚拟展示现实生活中的各种过程、物体等，因而也能模拟实际制造过程和未来的产品，从感官和视觉上使人获得如同真实的感受。其特点是可以按照人们的意愿任意变化，这种人机结合的新一代智能界面，是 IMS 的一个显著特征。

④ 自组织能力。是指 IMS 中的各种智能设备能够按照工作任务的要求，自行集结成一种最合适的结构，并按照最优的方式运行。完成任务后，该结构随即自行解散，以备在下一个任务中集结成新的结构，如同一群人类专家组成的群体，具有生物特征。自组织能力是 IMS 的一个重要标志。

⑤ 自学习与自维护能力。IMS 能以原有专家知识为基础，在实践中不断进行学习，完善系统知识库，并删除库中错误的知识，使知识库趋向最优，具有自学习功能。同时，在运行过程中能自行诊断故障，并具备对故障自行排除、自行维护的能力。这种特征使 IMS 能够进行自我优化并适应各种复杂的环境。

2.2.2 智能制造系统基本架构

德国"工业 4.0"和"中国制造 2025"的概念被提出后，围绕着制造业的升级和改造，各种实践也层出不穷。根据《国家智能制造标准体系建设指南》（2018 年版），智能制造系统架构主要从生命周期、系统层级和智能特征三个维度进行构建，如图 2-11 所示。

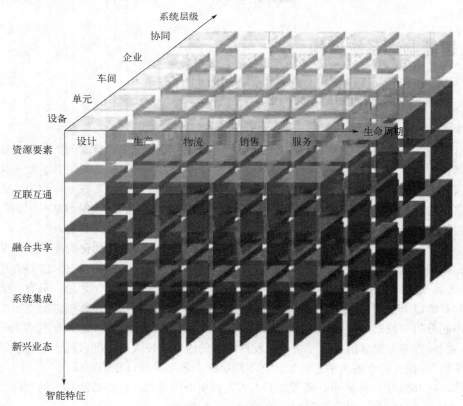

图 2-11　智能制造系统构架

（1）生命周期

生命周期是指从产品原型研发开始到产品回收再制造的各个阶段，包括设计、生产、物流、销售、服务等一系列相互联系的价值创造活动。生命周期的各项活动可进行迭代优化，具有可持续性发展等特点，不同行业的生命周期构成不尽相同。

- 设计是指根据企业的所有约束条件以及所选择的技术来对需求进行构造、仿真、验证、优化等研发活动过程；
- 生产是指通过劳动创造所需要的物质资料的过程；
- 物流是指物品从供应地向接收地的实体流动过程；
- 销售是指产品或商品等从企业转移到客户手中的经营活动；
- 服务是指提供者与客户接触过程中所产生的一系列活动的过程及其结果，包括回收等。

（2）智能特征

智能特征是指基于新一代信息通信技术使制造活动具有自感知、自学习、自决策、自执行、自适应等一个或多个功能的层级划分，包括资源要素、互联互通、融合共享、系统集成和新兴业态 5 层智能化要求。

- 资源要素是指企业在生产时所需要使用的资源或工具及其数字化模型所在的层级；
- 互联互通是指通过有线、无线等通信技术，实现装备之间、装备与控制系统之间、企业之间相互连接及信息交换功能的层级；
- 融合共享是指在互联互通的基础上，利用云计算、大数据等新一代信息通信技术，在保障信息安全的前提下，实现信息协同共享的层级；
- 系统集成是指企业实现智能装备到智能生产单元、智能生产线、数字化车间、智能工厂，乃至智能制造系统集成过程的层级；
- 新兴业态是企业为形成新兴产业形态进行企业间价值链整合的层级。

（3）系统层级

系统层级自上而下分为协同层、企业层、车间层、单元层和设备层。通过研究各类智能制造应用系统，提取其共性抽象特征，构建一个从上到下分别是协同层、管理层（含企业资源计划与产品全寿命周期管理）、制造执行层、网络层、感知层及现场设备层六个层次的智能制造系统层级架构，如图 2-12 所示。

系统层级的体系结构及各层的具体内容简要描述如下。

① 协同层。协同层的主要内容包括智能管理与服务、智能电商、企业门户、零售管理及供应商选择与评价等。其中智能管理与服务是利用信息物理系统（cyber-physical system，CPS），全面地监管产品的状态及产品维护，以保证客户对产品的正常使用，通过产品运行数据的收集、汇总、分析，改进产品的设计和制造。而智能电商是根据客户订单的内容分析客户的偏好，了解客户的习惯，并根据订单的商品信息及时补充商品的库存，预测商品的市场供应趋势，调控商品的营销策略，开发新的与销售商品有关联的产品，以便开拓新的市场空间。该层将客户订购（含规模化定制与个性化定制）的产品，通过智能电商与客户及各协作企业交互沟通后，将商务合同信息、产品技术要求及问题反馈给管理层的 ERP 系统处理。

② 管理层。IMS 的管理层，位于总体架构的第二层，其主要功能是实现 IMS 资源的优化管理，该层分为智能经营、智能设计与智能决策三部分，其中智能经营主要包括企业资源计划

（enterprise resource planning，ERP）、供应链管理（supply chain management，SCM）、客户关系管理（customer relationship management，CRM）及人力资源管理等系统；智能设计则包括CAD/CAPP/CAM/CAE/PDM等工程设计系统、产品生命周期管理（product lifecycle management，PLM）、产品设计知识库、工艺知识库等；智能决策则包括商业智能、绩效管理、其他知识库及专家决策系统，它利用云计算、大数据等新一代信息技术能够实现制造数据的分析及决策，并不断优化制造过程，实现感知、执行、决策、反馈的闭环。

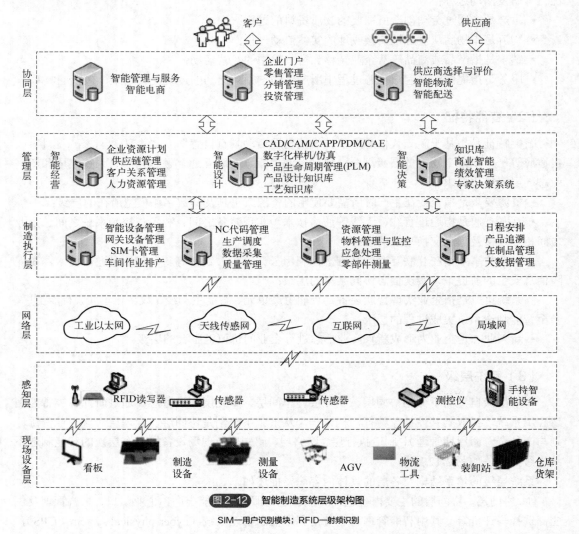

图 2-12 智能制造系统层级架构图

SIM—用户识别模块；RFID—射频识别

为了实现产品的全生命周期管理，本层 PLM 必须与 SCM 系统、CRM 系统及 ERP 系统进行集成与融合。SCM 系统、CRM 系统及 ERP 系统在统一的 PLM 管理平台下协同运作，实现产品设计、生产、物流、销售、服务与管理过程的动态智能集成与优化，打造制造业价值链。该层的 ERP 系统将客户订购定制的产品信息交由 CAD/CAE/CAPP/CAM/PDM 系统、财务与成本控制系统、供应链管理（SCM）系统和客户关系管理（CRM）系统进行产品研发、成本控制、物料供给的协同与配合，并维护与各合作企业、供应商及客户的关系；产品研发制造工艺信息、物料清单（bill of material，BOM）、加工工艺、车间作业计划交由下层的制造执行层的制造执行系统（manufacturing execution system，MES）执行。此外，该层获取下层制造执行层的制造信息进行绩效管理，同时将高层的计划传递给下层进行计划分解与执行。

③ 制造执行层。负责监控制造过程的信息，并进行数据采集，将其反馈给上层 ERP 系统，经过大数据分析系统的数据清洗、抽取、挖掘、分析、评估、预测和优化后，将优化后的指令或信息发送至现场设备层精准执行，从而实现 ERP 与其他系统层级的信息集成与融合。

④ 网络层。该层首先是一个设备之间互联的物联网。由于现场设备层及感知层设备众多，通信协议也较多，有无线通信标准（WIA-FA）、RFID 的无线通信技术协议 ZigBee、针对机器人制造的 ROBBUS 标准及 CAN 总线等，目前单一设备与上层的主机之间的通信问题已得到解决，而设备之间的互联问题和互操作性问题尚没有得到根本解决。工业无线传感器 WIA-FA 网络技术，可实现智能制造过程中生产线的协同和重组，为各产业实现智能制造转型提供理论和装备支撑。

⑤ 感知层。该层主要由 RFID 读写器，条形码扫描枪，各类速度、压力、位移传感器，测控仪等智能感知设备构成，用来识别及采集现场设备层的信息，并将设备层接入上层的网络层。

⑥ 现场设备层。该层由多个制造车间或制造场景的智能设备构成，如 AGV、智能搬运机器人、货架、缓存站、堆垛机器人、智能制造设备等，这些设备提供标准的对外读写接口，将设备自身的状态通过感知层设备传递至网络层，也可以将上层的指令通过感知层传递至设备进行操作控制。

智能制造系统中架构分层的优点如下：

① 智能制造系统是一个十分复杂的计算机系统，采取分层策略能将复杂的系统分解为小而简单的分系统，便于系统的实现。

② 随着业务的发展及新功能集成进来，便于在各个层次上进行水平扩展，以减少整体修改的成本。

③ 各层之间应尽量保持独立，减少各个分系统之间的依赖，系统层与层之间可采用接口进行隔离，达到高内聚、低耦合的设计目的。

④ 各个分系统独立设计，还可以提高各个分系统的重用性及安全性。

在 IMS 的六个层次中，各层次系统之间存在信息传递关系以智能经营为主线，将智能设计、智能决策及制造执行层集成起来，最终实现协同层的客户需求及企业的生产目标。各层次主要系统之间的关联关系如图 2-13 所示。

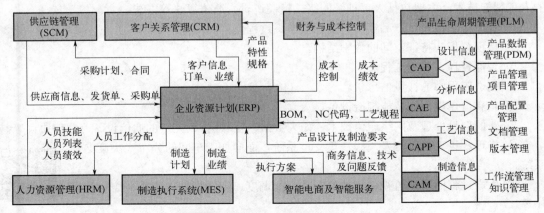

图 2-13　IMS 架构主要系统之间的关联关系

2.2.3 智能制造系统研究的支撑技术

拓展阅读

① 人工智能技术。IMS 的目标是用计算机模拟制造业人类专家的智能活动，取代或延伸人的部分脑力劳动，而这些正是人工智能技术研究的内容。因此，IMS 离不开人工智能技术（包括专家系统、人工神经网络、模糊逻辑等）。IMS 智能水平的提高依赖于人工智能技术的发展。

② 并行工程。针对制造业而言，并行工程作为一种重要的技术方法学，应用于 IMS 中，将最大限度地减少产品设计的盲目性和设计的重复性。

③ 虚拟制造技术。用虚拟制造技术在产品设计阶段就模拟出该产品的整个制造过程，进而更有效、更经济、更灵活地组织生产，达到产品开发周期最短、产品成本最低、产品质量最优、生产效率最高的目的。虚拟制造技术应用于 IMS，为并行工程的实施提供了必要的保证。

④ 信息网络技术。是制造过程的系统和各个环节"智能集成"化的支撑技术，也是制造信息及知识流动的通道。

⑤ 人机一体化。IMS 不单纯是"人工智能"系统，而是人机一体化智能系统，是一种混合智能。人机一体化一方面突出人在制造系统中的核心地位，同时在智能机器的配合下，更好地发挥出人的潜能，使人机之间表现出一种平等共事、相互理解、相互协作的关系。

⑥ 自组织与超柔性。IMS 中的各组成单元能够依据工作任务的需要，自行组成一种最佳结构，使其柔性不仅表现在运行方式上，而且表现在结构形式上，所以称这种柔性为超柔性，如同一群人类专家组成的群体，具有生物特征。

目前，随着互联网、大数据、人工智能等的迅猛发展，智能制造正加速向新一代智能制造迈进。虽然其内涵在不断地演进，但其追求的根本目标是固定不变的，而且从系统构成的角度看，智能制造系统始终都是由人、信息系统和物理系统三部分协同集成的人-信息-物理系统（HCPS）。HCPS 既能揭示智能化的技术原理，又能形成智能化的技术架构。由此可以得出结论，智能制造的本质是在不同的情况下，在不同的层次上设计、构建和应用 HCPS，随信息技术不断地演进。

智能制造系统所涉及的研究热点如下：

① 制造知识的结构及其表达，大型制造领域知识库，适用于制造领域的形式语言、语义学。

② 计算智能在设计与制造领域中的应用。计算智能是一门新兴的与符号化人工智能相适应的人工智能技术，主要包括人工神经网络、模糊逻辑、遗传算法等方法。

③ 制造信息模型（产品模型、资源模型、过程模型）。

④ 特征分析、特征空间的数学结构。

⑤ 智能设计、并行工程。

⑥ 制造工程中的计量信息学。

⑦ 具有自律能力的智能制造设备。

⑧ 新的信息处理及网络通信技术，如大数据、互联网+、先进的通信设备、通信协议等。

⑨ 推理、论证，预测及高级决策支持系统，面向加工车间的分布式决策支持系统。

⑩ 生产过程的智能监视、智能诊断、智能调度、智能规划、仿真、控制与优化等。

拓展阅读

⑪ 智能制造管理与服务体系的建设。

2.3 智能生产系统

智能生产系统的核心或基础是制造自动化系统（manufacturing automation system，MAS），根据产品工程技术信息、车间层加工指令，结合车间物流和刀具管理系统，完成对零件毛坯加工的作业调度及制造，使产品制造活动得以优化，具有周期短、成本低、柔性高的特点。

2.3.1 智能生产系统的组成

智能生产系统是工厂信息流和物料流的结合点。在现代企业中，智能生产系统由不同的生产车间组成，车间是智能生产系统的核心。智能生产系统由完成产品制造加工的设备、装置、工具、人员、相应信息、数据以及相应的体系结构和组织管理模式等组成，具体包括车间控制系统、加工系统、物料运输与存储系统、刀具准备与储运系统、检测与监控系统等。

（1）车间控制系统

车间控制系统由车间控制器、单元控制器、工作站控制器和自动化设备本身的控制器以及车间生产、管理人员组成。

根据美国国家标准与技术研究院的自动化制造研究实验基地（Automated Manufacturing Research Facility，AMRF）提出的四层递阶控制结构参考模型，将车间控制系统分为车间层、单元层、工作站层和设备层，如图 2-14 所示。

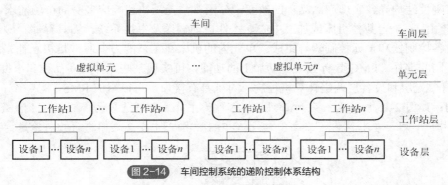

图 2-14　车间控制系统的递阶控制体系结构

车间层是车间控制系统的最高级，主要任务是根据工厂下达的生产计划进行车间作业分解和作业调度，并反馈车间有关的生产信息。车间控制器是车间控制系统与外界交换信息的核心与枢纽，具有计划、调度、监控三大功能。

① 计划：根据信息管理系统下达的主生产作业计划和工程设计系统提供的生产工艺信息，制订车间某时期内的生产计划。

② 调度：根据各生产单元的计划完成情况，对单元之间的生产任务和资源分配做适当的调整，保证车间任务按期完成。

③ 监控：监视各单元在生产过程中出现的各种异常现象，并将异常信息及时反馈给调度模块，供其决策。

单元层同时兼有计划和调度的功能，其控制周期从几小时到几周，完成任务的实时分解、调度、资源需求分析，向工作站分配任务及监控任务的执行情况，并向车间控制器报告作业完成情况和单元状态。单元控制器在向单元内的各加工设备分配任务时，必须考虑各设备的加工能力和加工任务的均衡分配。单元控制器遇到无法解决的故障时，则向上一级的车间控制器实时反馈信息，进行单元间的任务调整。

工作站层负责指挥和协调车间中某个设备小组的活动，如加工工作站、毛坯工作站、刀具工作站、夹具工作站、测量工作站和物料存储工作站等。其控制周期可以从几分钟到几小时，其主要功能是根据单元控制器下达的命令完成各种加工准备、物料和刀具运送、加工过程监控和协调、加工检验等工作。

设备层包括机床、加工中心、机器人、坐标测量机、自动引导车等设备的控制器。控制周期一般从几毫秒到几分钟，是车间控制系统中实时性要求最高的一级。设备控制器的功能是将工作站控制器命令转换成可操作的、有顺序的简单任务运行各种设备，完成工作站层指定的各类加工、测量任务，并通过各种传感器监控这些任务的执行信息。

（2）加工系统

加工系统是制造自动化系统的硬件核心。常见的加工系统类型有：刚性自动线、柔性制造单元（flexible manufacturing cell，FMC）、柔性制造系统（flexible manufacturing system，FMS）、柔性制造线（flexible manufacturing line，FML）和柔性装配线（flexible assembly line，FAL）等。

刚性自动线一般由刚性自动化加工设备、工件输送装置、切削输送装置和控制系统等组成。加工设备有组合机床和专业机床，它们针对某一种或某一组零件的加工工艺而设计、制造，可以采用多面、多轴、多刀，对固定一种或少数几种相似的零件同时加工，所以自动化程度和生产效率均很高。应用传统的机械设计和制造工艺方法，采用刚性自动线可以进行大批量生产。但是，其刚性结构导致实现产品品种的改变十分困难，无法快速响应多变的市场需求。

FMC 由 1～3 台数控机床或加工中心，工件自动输送及更换系统，刀具存储、输送及更换系统，设备控制器和单元控制器等组成。单元内的机床在工艺能力上通常是相互补充的，可混合加工不同的零件。FMC 具有独立自动加工的功能，可实现某些零件的多品种和小批量加工。FMC 具有单元层和设备层两级计算机控制，对外具有接口，可以组成 FMS。

案例： 如图 2-15 所示为一个加工回转体零件为主的柔性制造单元。它包括 1 台数控车床，1 台加工中心，用于在工件装卸工位 3、数控车床 1 和加工中心 2 之间进行物料输送的 2 台运输

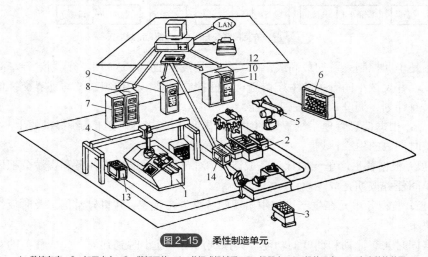

图 2-15　柔性制造单元

1—数控车床；2—加工中心；3—装卸工位；4—龙门式机械手；5—机器人；6—机外刀库；7—车床数控装置；

8—龙门式机械手控制器；9—小车控制器；10—加工中心控制器；11—机器人控制器；12—单元控制器；13，14—运输小车

小车,用来为数控车床装卸工件和更换刀具的龙门式机械手4,在加工中心刀具库和机外刀库6之间进行刀具交换的机器人5。控制系统由车床数控装置7、龙门式机械手控制器8、小车控制器9、加工中心控制器10、机器人控制器11和单元控制器 12 等组成。单元控制器负责单元组成设备的控制、调度、信息交换和监视。

FMS 是在加工自动化的基础上实现物料流和信息流的自动化,其基本组成有:加工系统(如数控机床、程控自动机床等)、运输系统、刀具存储库、可编程控制系统等。其原理框图如图 2-16 所示。此外,FMS 的组成还可以扩展为:自动清洗工作站、自动去毛刺设备、自动测量设备、集中切削运输系统、集中冷却润滑系统等。FMS 能够根据制造任务或生产的变化迅速进行调整,具有柔性高、工艺互补性强、可混合加工不同的零件、系统易于局部调整和维护等特点,适合于多品种、中小批量零件的生产。

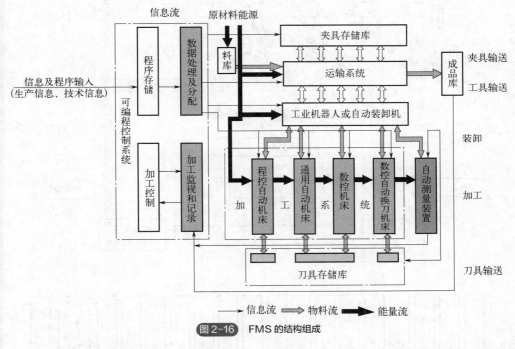

图 2-16 FMS 的结构组成

FML 由自动化加工设备(如数控机床、可换主轴箱机床等)、工件储运系统和控制系统等组成。FML 同时具有刚性自动线和 FMS 的某些特征。在柔性上接近 FMS,在生产率方面则接近刚性自动线。

FAL 通常由装配站、物料输送装置和控制系统等组成。装配站可以是可编程的装配机器人、不可编程的自动装配装置和人工装配工位。物料输送装置由传送带和换向机构组成。根据装配工艺流程,FAL 将不同的零件或已装配好的半成品输送到相应的装配站。

案例:如图 2-17 为一加工箱体零件的 FML 示意图,它由 2 台对面布置的数控铣床、4 台两两对面布置的转塔式换箱机床和 1 台循环式换箱机床组成,采用辊道传送带输送工件。这条自动线看起来和刚性自动线没有什么区别,但它具有一定的柔性。

(3)物料运输与存储系统

物料运输与存储系统由物料运输设备、存储设备和辅助设备等组成。运输设备与存储设备负责制造过程的各种物料（如工件、刀具、夹具、切屑、冷却液等）的流动，它们将工件毛坯或半成品及时准确地送到指定的加工位置，并将加工好的成品送进仓库或装卸站，它们为自动化加工设备服务，使自动化系统得以正常运行，以发挥其整体效益。辅助设备是指立体仓库与运输小车、小车与机床工作站之间的连接或工件托盘交换装置。托盘交换装置在 MAS 中实现工件自动更换，缩短消耗在更换工件上的辅助时间。图 2-18 是物料运输与存储系统的组成设备。

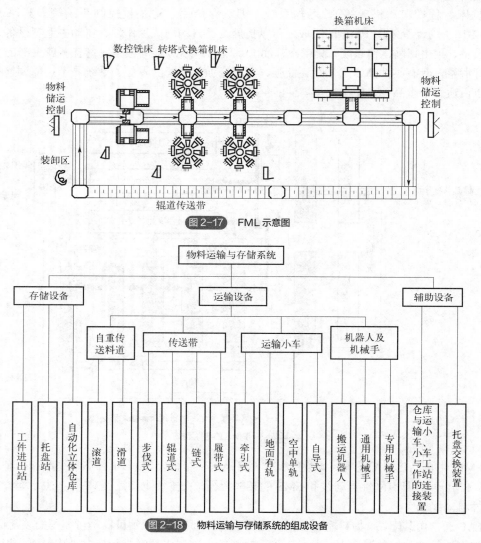

图 2-17　FML 示意图

图 2-18　物料运输与存储系统的组成设备

运输设备包括传送带、运输小车、机器人及机械手、托盘及自重传送料道。传送带广泛用于 MAS 中工件或工件托盘的输送，传送带有步伐式、链式、辊道式、履带式等形式。运输小车有地面有轨小车、自导式小车、牵引式小车和空中单轨小车四种。运输小车能运输各种轻重和各种型号的零件，具有控制简单、可靠性好、成本低等特点。机器人是一种可编程的多功能操作器，用于搬运物料、工件和工具，或者说是一种通过不同的编程，以完成各种不同任务的设备。机器人有焊接机器人、喷漆机器人、搬运机器人、装配机器人等几种。托盘是工件和夹具与输送设备和加工设备之间的接口，有箱式、板式等多种结构。

物料存储设备包括工件进出站、托盘站和自动化立体仓库。自动化立体仓库主要由库房、货架、堆垛起重机、外围输送设备、自动控制装置等组成。自动化立体仓库是一种先进的仓储设备，目的是将物料存放在正确的位置，以便于随时向制造系统提供物料。自动化立体仓库的特点有：利用计算机管理，物资库存账目清楚，物料存放的位置准确，对 MAS 物料需求响应速度快；与搬运设备（如 AGV、有轨小车、传送带等）衔接，可靠及时地提供物料；减少库存量，加速资金周转；充分利用空间，减少厂房面积；减少工件损伤和物料丢失；可存放的物料范围广；减少管理人员，降低管理费用；耗资比较大，适用于具有一定规模的生产。

（4）刀具准备与储运系统

刀具准备与储运系统为加工设备及时提供所需的刀具，能按照要求在各个机床之间进行刀具交换，对刀具具有运输、管理和监控的能力。刀具准备与储运系统由刀具组装台、刀具预调仪、刀具进出站、中央刀库、机床刀库、刀具输送装置和刀具交换机构、刀具计算机管理系统等组成，如图 2-19 所示。

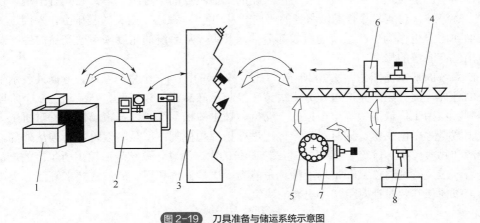

图 2-19　刀具准备与储运系统示意图

1—刀具组装台；2—刀具预调仪；3—刀具进出站；4—中央刀库；

5—机床刀库；6—刀具输送装置；7—加工中心；8—刀具交换机构；

←——→ —刀具输送；⇔ —刀具交换

在组合机床和加工中心上广泛使用模块化结构的组合刀具。组合刀具由标准化的刀具组件构成，在刀具组装台完成组装。组合刀具可以提高刀具的柔性，减少刀具组件的数量，降低刀具成本。刀具预调仪由刀柄定位机构、测量头、Z/X 轴测量机构、测量数据处等几部分组成。组装好一把完整的刀具后，上刀具预调仪按照刀具清单进行调整，使其几何参数与名义值一致。刀具经预调和编码后，送入刀具进出站，以便进入中央刀库。中央刀库用于存储 FMS 加工所需的各种刀具及备用刀具。中央刀库通过刀具输送装置与机床刀库连接起来，构成自动刀库供给系统。机床刀库用来装载当前工件加工所需的刀具，刀具来源可以是刀具室、中央刀库和其他机床刀库。刀具输送装置和刀具交换机构的任务是为各种机床刀库及时提供所需的刀具，并将磨损、破损的刀具送出系统。刀具输送装置主要有带有刀具托盘的有轨或无轨小车、高架有轨小车、刀具搬运机器人等类型。

（5）检测与监控系统

检测与监控系统的功能是保证 MAS 正常可靠运行及加工质量。检测和监控的对象有加工设备、物料运输与存储储运系统、刀具准备及储运系统、工件质量、环境及安全参数等。在现代制造系统中，检测和监控的目的是要主动控制质量，防止产生废品，为质量保证体系提供反馈信息，构成闭环质量控制回路。

检测设备包括传统的工具（如卡尺、千分尺、百分表等），或者自动测量装置（如三坐标测量机、测量机器人等）。检测设备通过对零件加工精度的检测来保证加工质量。零件精度检测过程可分为工序间的循环检测和最终工序检测。采用的检测方法可以分为接触式检测（如采用三坐标测量机、循环内检测技术和机器人辅助测量技术等）和非接触式检测（如采用激光技术和光敏二极管阵列技术等）。

2.3.2 智能生产系统的功能

按照国际生产工程科学院（Collège International pour la Recherche en Productique，CIRP）对生产系统所下的定义，生产系统是"生产产品的制造企业的一种组织体，它具有销售、设计、加工、交货等综合功能，并有提供服务的研究开发功能"。在这一定义的基础上，人们进一步地把供应商和用户也作为生产系统的组成部分纳入其中。从系统的角度来考察产品的生产过程，也能得出生产系统的概念。

生产系统的基本框图如图 2-20 所示，方框内表示的即为一个生产系统，方框外表示生产系统所处的外界环境。整个生产过程分为决策和控制、产品设计和开发、产品制造三个阶段。决策和控制阶段由工厂最高决策层根据生产动机、技术知识、经验以及市场情况，对所生产的产品类型、数量等做出决定，同时对生产过程进行指挥与控制；产品制造阶段必须从外部输入必要的能源和物质（如材料等）。经过上述三个阶段的生产活动，系统最后输出所生产的产品。产品输出后，应及时地将产品在市场上的竞争能力、质量评价和用户的改进要求等信息反馈到决策机构，以便使其及时地对生产作出新的决策。

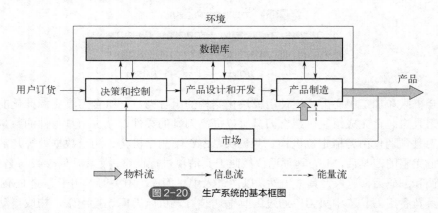

图 2-20 生产系统的基本框图

整个系统由信息流、物料流和能量流联系起来。信息流主要是指计划、调度、设计和工艺等方面的信息；物料流主要是指从原材料经过加工、装配到成品的过程，包括检验、油漆、包装、储存和运输等环节；能量流主要是指动力能源系统。

根据企业生产经营活动各方面的具体目标和活动内容，生产系统一般又可划分为供应保障子系统、计划与控制子系统和加工制造子系统等。

以上是传统生产系统的概念。在传统生产系统的基础上增强了状态感知、决策处理为主体的智能处理过程，我们认为是智能生产系统。如图 2-21 所示，车间产线生产什么、生产多少、生产状态如何等等，都是由计算机控制和决策。

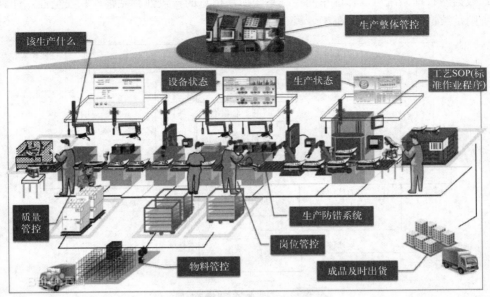

图 2-21　智能生产系统概念图

从制造业发展回顾中可以看出，生产形态、制造模式、制造系统的演变是一个继承和发展的过程，智能制造模式也必然是在柔性制造、计算机集成制造、敏捷制造的基础上演变完善的。智能生产系统是在继承和综合了柔性化、集成化、敏捷化制造系统特征基础上，进一步扩展和增强互联互通、智能处理、并行协同能力，使制造过程体现出智能特征，以满足多品种、变批量、异地协同乃至个性化的产品研制需求。

接下来介绍智能生产系统中车间控制系统的功能和与其他分系统的信息接口。

（1）智能生产系统中车间控制系统的功能

车间控制系统的主要功能是车间生产作业计划的制订与调度、刀具管理、物料管理、制造与检验、质量控制、监控功能等。

图 2-22 是车间控制系统的数据流模型。车间控制系统功能的实现有赖于与其他分系统的配合，具体体现在以下几个方面。

① 车间生产作业计划的制订必须以主生产作业计划为依据。生产作业计划的制订必然使用由工程设计系统（EDS）提供的许多工艺信息，而加工过程采用的控制规律以及精度检查方面的信息则由质量管理系统（QMS）提供。

② 车间生产资源的管理均与 MIS、EDS、QMS 等系统密切相关。车间生产资源的状态是MIS 制订生产计划的依据，CAPP 系统根据车间资源情况制订加工工艺，而车间量具、检验夹具的可用性取决于 QMS 的定检计划。

③ 车间制造所需的工艺规程，NC 代码都来自 EDS，检验规程或检验 NC 代码则来自 QMS，作为质量管理的依据。

④ 车间控制系统一方面保证车间生产计划顺利进行；另一方面，为 EDS、MIS、QMS 提供车间的实时运行状态，以便根据实际加工情况更改有关计划，检查、追踪出现质量事故的原因。

⑤ 车间控制系统要实现上述功能，需要分布式数据库管理系统和计算机网络系统的支持。分布式数据库管理系统可以保证车间控制系统所需信息的一致性、完整性和安全性。计算机网络系统则是数据交换和共享的桥梁。

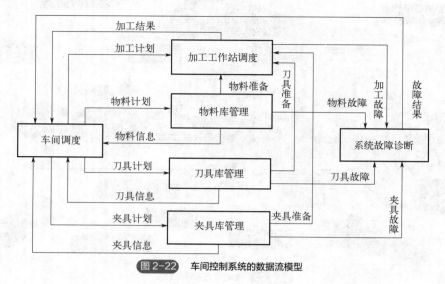

图 2-22　车间控制系统的数据流模型

（2）智能生产系统（MAS）与其他分系统的信息接口的功能

MAS 与其他分系统的信息联系按照性质可分为静态信息和动态信息；按照信息的来源和去向可分为输入信息和输出信息（图 2-23）。MAS 信息的特点是在车间范围内具有局域实时性。信息类型包含文字、数据、图形等。根据不同企业的实际情况，从这些信息中可以分别抽象出以下不同的实体。

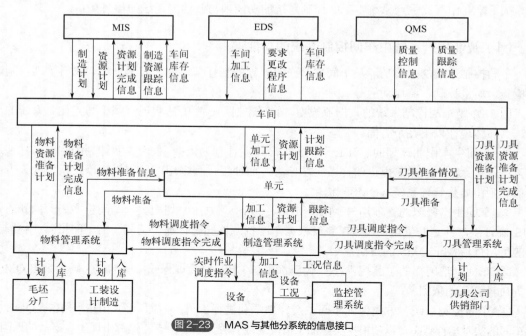

图 2-23　MAS 与其他分系统的信息接口

① 车间作业计划类。包含的实体有生产调度计划、计划修改要求、车间工作指令要求、生产能力、工作令优先级因素、操作优先级、工作指令报告、车间工作令、物料申请、操作顺序、工作令卡等。

② 生产准备类。包含的实体有生产准备数据、物料计划、产品批号、工位点文件、设备分组、负荷能力、质量综合考核信息等。

③ 生产控制类。包含的实体有最终计划修改要求、设备分配情况表、工作进程表、材料传送报告、生产制造活动报告、生产状态信息报告、车间作业调度、日产任务通知单、日产进度、产品制造工艺卡、工（量）卡信息、NC 文件、设备开动记录、质量分析信息、申请检验信息、工艺试验信息、新工装调用信息等。

④ 库存记录类。包含库存计划事项、库存调整、安全存储、库存查询、库存记录、成品入库报告、成品出库报告、库存报警、物料信息、废品信息、量具需求计划等实体。

⑤ 仿真数据类。包含生产计划仿真参数、生产过程仿真命令、仿真算法、仿真数据文件、仿真图形文件等实体。

2.3.3　智能工厂

智能生产是智能制造的主要组成部分，而智能生产的主要载体是智能工厂。智能工厂是智能制造重要的实践领域，已引起了制造企业的广泛关注和各级政府的高度重视。在工业 4.0、物联网、云计算等热潮下，全球众多优秀制造企业纷纷开展智能工厂建设实践。

（1）智能工厂的发展

智能工厂的概念起源于早期的智慧工厂/数字化工厂模型。智慧工厂/数字化工厂概念首先由美国 ARC 顾问集团于 2006 年提出，智慧工厂/数字化工厂实现了以制造为中心的数字制造、以设计为中心的数字制造和以管理为中心的数字制造，并考虑了原材料供应、能源供应、产品销售的销售供应，提出从工程（面向产品全生命周期的设计和技术支持）、生产制造（生产和经营）和供应链这 3 个维度描述智慧工厂全部的协同制造与管理（collaborative manufacturing management，CMM）活动。如图 2-24 所示为早期智慧工厂的概念模型（来源于美国 ARC 顾问集团提出的智慧工厂/数字化工厂模型）。

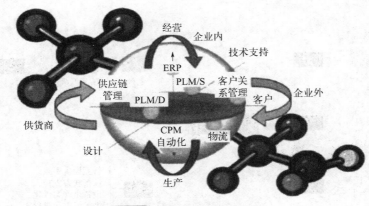

图 2-24　早期智慧工厂的概念模型

智慧工厂拥有三个层次的基本架构，分别为顶层的计划层、中间层的执行层以及底层的设备控制层,大致可对应为企业资源计划(ERP)、制造执行系统(MES)以及过程控制系统(PCS),如图 2-25 所示。

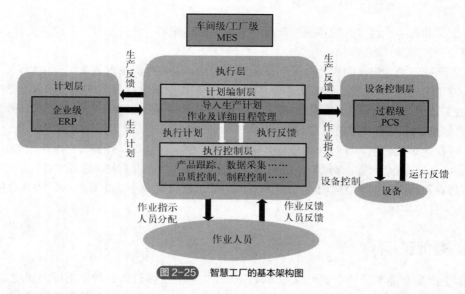

图 2-25   智慧工厂的基本架构图

　　智慧工厂是实现智能制造的重要载体,主要通过构建智能生产系统、网络化分布式生产设施,实现生产过程的智能化。智慧工厂已经具有了自主能力,可采集、分析、判断、规划等;通过整体可视技术进行推理预测,利用仿真及多媒体技术,利用实景扩增展示设计与制造过程。系统中各组成部分可自行组成最佳系统结构,具备协调、重组及扩充特性,已具备了自我学习、自行维护能力。因此,智慧工厂实现了人与机器的相互协调合作,其本质是人机交互。

　　人、机、料、法、环体系构架如图 2-26 所示。人、机、料、法、环是全面质量管理理论中五个影响产品质量的主要因素的简称:"人"指制造产品的人员;"机"指制造产品所用的设备;"料"指制造产品所使用的原材料;"法"指制造产品所使用的方法;"环"指产品制造过程中所处的环境。而智能生产就是以智慧工厂为核心,将人、机、料、法、环连接起来,多维度融合的过程。

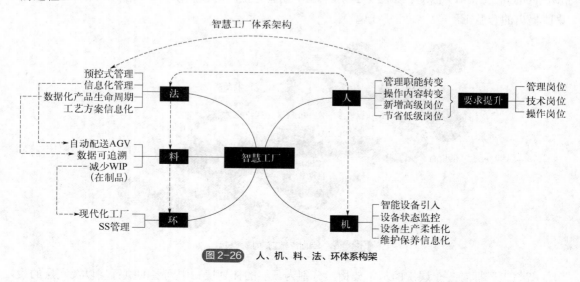

图 2-26   人、机、料、法、环体系构架

　　数字化工厂作为支撑"工业 4.0"现有的最重要国际标准之一，是国际电工委员会工业过程测量控制和自动化技术委员会（IEC/TC65）的重要议题。

　　IEC 给出的定义是：数字化工厂是数字模型、方法和工具的综合网络（包括仿真和 3D 虚拟现实可视化），通过连续的、没有中断的数据管理集成在一起。它是以产品全生命周期的相关数据为基础，在计算机虚拟环境中对整个生产过程进行仿真、评估和优化，并进一步扩展到整个产品生命周期的新型生产组织方式。

　　IEC 数字化工厂的概念模型分为图 2-27 所示的 3 个层次：底层是包含产品构件（如汽车车灯、发动机等）和工厂生产资源（如传感器、控制器和执行器等）的实物层；第二层是虚拟层，对实物层的物理实体进行语义化描述，转化为可被计算机解析的"镜像"数据，同时建立数字产品资源库和数字工厂资源库的联系；第三层是涉及产品全生命周期过程的工具应用层，包括设计、仿真、工程应用、资产管理、物流等各个环节。

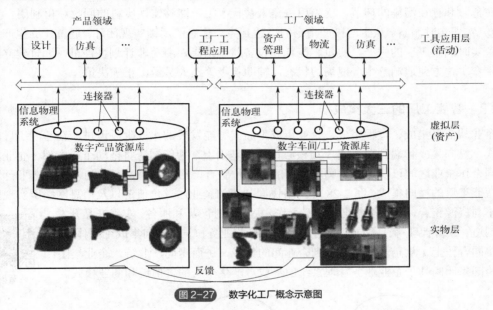

图 2-27　数字化工厂概念示意图

　　数字化工厂概念的最大贡献是实现虚拟（设计与仿真）到现实（资源分配与生产）。通过连通产品组件与生产系统，将用户需求和产品设计通过语义描述输入数字产品资源库，再传递给数字车间资源库，制造信息也可以反馈给数字产品资源库，从而打通产品设计和产品制造之间的"鸿沟"。更进一步，实现了全网络统筹优化生产过程的各项资源，在改进质量的同时减少设计时间，缩短产品开发周期。

（2）智能工厂的特征

　　智能工厂有六大特征，具体如下。

　　① 设备互联。能够实现设备与设备互联，通过与设备控制系统集成，以及外接传感器等方式，由数据采集与监视控制系统实时采集设备的状态、生产完工的信息、质量信息，并通过应用 RFID、条码（一维和二维）等技术，实现生产过程的可追溯。

　　② 广泛应用工业软件。广泛应用 MES、APS、能源管理、质量管理等工业软件，实现生产现场的可视化和透明化。如在新建工厂时，可以通过数字化工厂仿真软件，进行设备和产线

布局、工厂物流、人机工程等仿真，确保工厂结构合理；在推进数字化转型的过程中，确保工厂的数据安全以及设备与自动化系统的安全；在通过专业检测设备检出次品时，能够通过统计过程控制等软件，分析出现质量问题的原因。

③ 充分结合精益生产理念。充分体现工业工程和精益生产的理念，能够实现按订单驱动，拉动式生产，尽量减少在制品库存，消除浪费。推进智能工厂建设要充分结合企业产品和工艺特点，在研发阶段也需要大力推进标准化、模块化和系列化，奠定推进精益生产基础。

④ 实现柔性自动化。结合企业的产品和生产特点，持续提升生产、检测和工厂物流的自动化程度。产品品种少、生产批量大的企业可以实现高度自动化，乃至建立黑灯工厂；小批量、多品种的企业则应当注重少人化、人机结合，不要盲目推进自动化，应当特别注重建立智能制造单元。

⑤ 注重环境友好，实现绿色制造。能够及时采集设备和产线的能源消耗，实现能源高效利用。在危险和存在污染的环节，优先用机器人替代人工，能够实现废料的回收和再利用。

⑥ 实现实时洞察。从生产排产指令的下达到完工信息的反馈实现闭环。通过建立生产指挥系统，实时洞察工厂的生产、质量、能耗和设备状态信息，避免非计划性停机。通过建立工厂的数字孪生，方便地洞察生产现场的状态，辅助各级管理人员做出正确决策。

（3）智能工厂的三大集成

企业从信息集成、过程集成、企业集成不断向智能发展的集成阶段迈进，在智能工厂的横向集成、纵向集成和端到端集成 3 项核心特征的基础上，智能制造将推动企业内部、企业与网络协同合作企业之间以及企业与顾客之间的全方位整合，形成共享、互联的未来制造平台。

智能工厂的横向集成（图 2-28）：网络协同制造的企业通过价值链以及信息网络所实现的信息共享与资源整合，确保各企业间紧密合作，提供实时产品和服务，实现产品开发、生产制造、经营管理等在不同企业间的信息共享和业务协同。横向集成主要体现在网络协同合作上，从企业集成过渡到企业间的集成，进而走向产业链、企业集团、甚至跨国集团间基于企业业务管理系统的集成，产生全新的价值链和商业模式。

案例

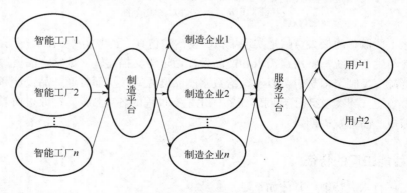

图 2-28　智能工厂的横向集成

智能工厂的纵向集成（图 2-29）：基于智能工厂中网络化的制造体系，实现贯穿企业内部管理、运行、控制及现场等多个层级的企业内部业务流程集成，是实现柔性生产、绿色生产的途径，主要体现在工厂内的科学管理从侧重于产品的设计和制造过程到产品全生命周期的集成过程，最终建立有效的纵向生产体系。

案例

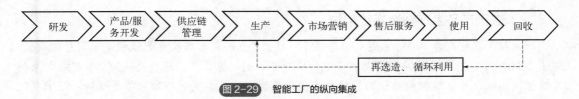

图2-29　智能工厂的纵向集成

智能工厂的端到端集成（图2-30）：贯穿整个价值链的工程化信息集成，以保障大规模个性化定制的实施。端到端集成是基于满足用户需求的价值链的集成，通过价值链上不同企业间及每个企业内部的资源的整合及协作，是实现个性化定制服务的根本途径。端到端集成可以是企业内部的纵向集成，可以是产业链中的横向集成，也可以是两者的交互融合。

图2-30　智能工厂的端到端集成

案例

综合案例：

航天智能工厂实践

航天产业发展关系到国家安全，代表着国家自主进出空间的能力和科技水平。运载火箭、神舟飞船、空间站等航天器产品作为航天基础运输工具和空间载体，是所有航天计划得以实现的基础保障。

航天制造是国家安全与国民经济发展的重要基石。上海某航天设备制造总厂有限公司承担我国军事、气象、海洋、地质、通信以及国际商业发射任务，由于有效载荷、空间轨道等不同，每个航天器的结构件都会有所变化，显现出航天产品的个性化定制的特点。面对航天高密度发射和快速进入空间的新形势，多型号交叉并行生产、生产量不均衡等导致研制周期长、效率低、成本高、质量低等问题日益突出。

（1）航天产品生产制造特征

航天产品制造技术具有先进性、复杂性、集成性及极端制造等特征，这些技术特征决定了其必然向制造智能化的方向发展。上述航天制造的一些关键特征，使得在现有材料技术、设计技术、工艺技术的发展水平基础上，如要进一步提高产品的技术水平和可靠性，则必须广泛应用自动控制、信息化技术来进行制造过程的质量保障、可靠性保证，这是未来航天制造的发展方向。航天制造具有单件小批量多品种研产混合生产、更高的质量与可靠性要求、生产与技术发展不均衡等特征。这些特征带来了诸如资源利用不合理、研制周期过长等问题。

综上所述，航天制造作为国家制造业的重要组成部分，关系国家安全与国民经济发展，具有重要地位。航天制造由于自身产品的特点，智能制造的应用已成为其发展的必然趋势。

（2）航天产品生产制造系统架构

针对航天器结构件单件小批量、分布式等特征，建立航天器结构件智能制造车间总体框架，如图 2-31 所示，通过多源异构状态和环境的感知与识别、智能工艺规划及决策、智能数控系统与智能伺服驱动等关键智能特征的开发，实现工艺智能设计、实时感知与信息反馈，以满足航天器结构件高效可靠的加工制造。

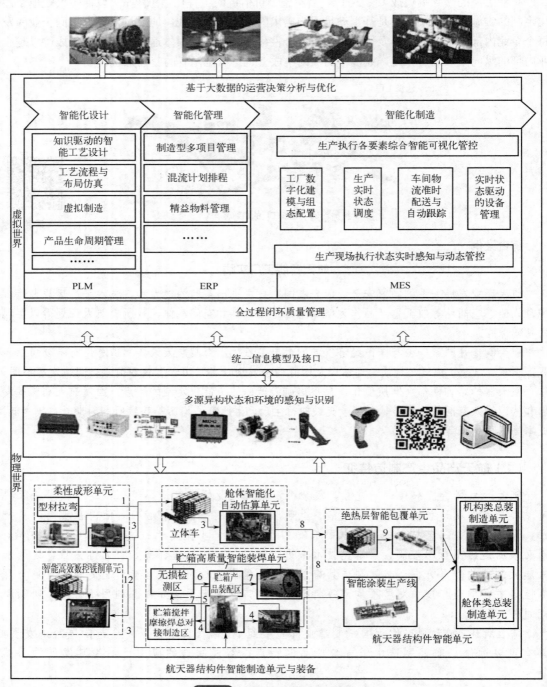

图 2-31 航天产品生产制造系统架构

　　构建快速响应、灵活柔性的航天器结构件智能制造模式，构建相互协调、交互、动态控制的一体化物理-信息融合制造车间。
- 基于虚拟仿真技术的智能制造车间系统总体规划；
- 以智能数控系统为重点的车间智能单元和生产线；
- 自主可控的智能管理系统；
- 实现虚实结合实时互动的 CPS。

（3）航天智能制造总体思路

　　面向航天器结构件的生产和工艺流程特点，车间总体设计、工艺流程及布局数字化建模的总体技术路线是通过对物理车间和虚拟车间的虚实对应和融合、循环优化和提升，实现航天器结构件的智能车间总体设计和布局仿真，如图 2-32 所示。

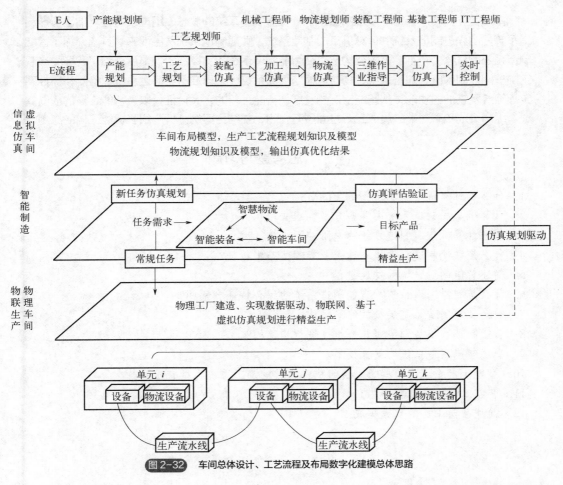

图 2-32　车间总体设计、工艺流程及布局数字化建模总体思路

　　其中，在物理车间对人、机、料、法、环进行设计规划，实现信息流（互联网）、物料流（物联网）和业务流（务联网）的协同融合，基于智能装备、智慧物流构建智能车间，最终基于 CPS 实现智能制造。智能车间由若干智能生产单元构成，根据航天器结构件制造任务需求，进行工艺流程规划，由生产单元中的设备组合成所需要的生产线，实现面向任务的柔性布局方式。在软件平台上对物理车间中的人、机、料、环等设备资源进行建模，构建与物理车间一致的虚拟

车间，对物理车间中的一切生产业务活动，基于虚拟车间进行规划、评估及验证。通过建模与仿真，降低车间和生产线从设计到实施转化中的不确定性，压缩和提前生产制造过程，提高航天器结构件智能制造系统的成功率和可靠性，缩短从设计到实施的转化时间，容易发现问题并及时调整，将制造成本降低到最低。

同时将 CPS 向上反馈的物流车间的真实数据代入虚拟车间数字化模型中，实现制造执行过程的实时数据的三维可视化，形成从以虚拟车间指导物理车间的规划、布局，到将实时生产数据反馈虚拟车间，实现逆向反馈，并为进一步的优化提升提供基础数据。

- 通过对车间物理车间和虚拟车间的虚实对应和融合，实现工艺流程的循环优化和提升。
- 在虚拟车间对航天器结构件的智能车间开展总体设计和布局仿真。
- 在物理车间基于虚拟仿真规划和 CPS 进行精益生产。

 本章小结

　　本章首先介绍了计算机集成制造系统、敏捷制造系统的概念、组成及特性，指出智能制造系统是由先进制造系统的计算机集成制造系统、敏捷制造系统发展而来。其次介绍了智能制造系统的概念、特征、基本架构及研究智能制造系统的支撑技术。最后介绍了智能生产系统由车间控制系统、加工系统、物料运输与存储系统、刀具准备与储运系统、检测和监控系统等组成及它们的功能；从智能工厂的发展、智能工厂的六大特征，以及智能工厂的横向集成、纵向集成和端对端的集成三个方面展开介绍，并结合案例分析介绍了智能工厂的应用。

 思考题与习题

1. 什么是计算机集成制造系统（CIMS）？
2. 计算机集成制造系统由哪些分系统组成？
3. 简述计算机集成制造系统的递阶控制结构。
4. 什么是敏捷制造？敏捷制造企业有哪些基本特征？
5. 简述智能制造系统的发展过程。
6. 什么是智能制造系统？智能制造系统的综合特征有哪些？
7. 简述智能制造系统层级的体系结构。
8. 智能制造系统是围绕哪几个维度进行构建的？
9. 简述智能制造系统的支撑技术。
10. 智能生产系统由哪些子系统组成？常见的加工系统类型有哪些？
11. 智能工厂的特征有哪些？
12. 简述智能工厂的三大集成。

第 3 章

离散事件系统基础

 思维导图

扫码获取

本书电子资源

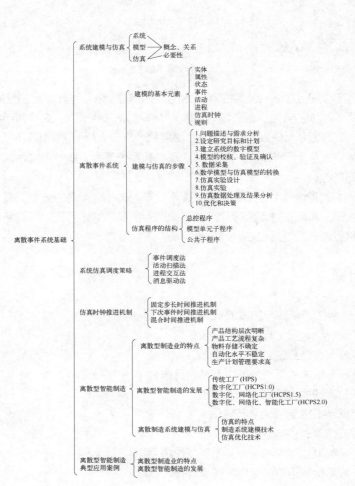

内容引入

在我国古代的工程建设上，都江堰最具代表性和系统性。都江堰于公元前256年由蜀郡太守李冰父子组织建造，至今仍发挥着重要作用。该工程由鱼嘴（岷江分流）、飞沙堰（分洪排沙）和宝瓶口（引水）三大设施组成，整个工程具有总体目标最优化、选址最优、自动分级排沙、利用地形并自动调节水量、就地取材及经济方便等特点，如图3-0所示。

图3-0　都江堰图示

都江堰不仅是我国古代水利工程技术的伟大奇迹，也是世界水利工程的璀璨明珠。2250多年来发挥着巨大的效益。都江堰的创建，以不破坏自然资源、充分利用自然资源为人类服务为前提，变害为利，使人、地、水三者高度和谐统一，开创了中国古代水利史上的新纪元，在世界水利史上写下了光辉的一章。都江堰水利系统工程，是中国古代人民智慧的结晶，是中华文化的杰作。

时代的步伐走进21世纪，系统工程不仅是解决社会问题的重要工具，还广泛应用于航空、航天、军工和电子等制造产业，并将推广到更多领域。系统工程与新一代信息及网络技术结合，将会有新的发展和较好的前景。

学习目标

1. 了解系统、模型与仿真的概念；
2. 了解系统、模型与仿真的关系；
3. 了解系统仿真的必要性；
4. 掌握离散事件系统的概念及基本元素；
5. 掌握离散事件系统仿真的步骤；
6. 了解系统仿真的调度策略；
7. 理解仿真时钟推进机制；
8. 了解离散型制造的特点及智能制造的发展；
9. 了解离散制造系统建模与仿真的技术基础。

智能制造系统建模与仿真

48

系统工程是组织管理系统的规划、研究、设计、制造、试验和使用的科学方法，是一种对所有系统具有普遍意义的科学方法。

近年来，系统工程在工业生产和企业管理等领域的应用得到快速发展，从生产制造、设施布局、设备调度和物流管理等方方面面都得以拓展和应用。本章主要介绍系统、模型和仿真的概念以及它们之间的关系；从产业类型和生产工艺组织方式的角度，可以将制造业分为离散型和流程型，本章接下来介绍离散事件系统、系统仿真的调度策略、仿真时钟推进机制以及离散型智能制造的发展等的相关问题。

3.1　系统建模与仿真

3.1.1　系统、模型与仿真的概念

（1）系统

现实世界由多种多样的系统构成，这些系统具有各自的特征和运行模式，系统之间相互独立、相互依赖，构造出纷繁复杂的世界，系统多样性使得现实世界丰富多彩。

一般我们认为，系统是由诸多相互作用、相互依存的要素按照一定规律构成的集合体，它们共同组成具有特定结构和功能的整体。系统具有以下特点：

① 集合性：系统是由两个或两个以上要素组成的整体。这些要素可以是实体，如零件、设备；可以是概念，如法律、制度；可以是自然的，如太阳、月亮；也可以是人工的，如机床、刀具。例如，机械加工系统是由机床、刀具、夹具和操作人员等实体组成。

② 关联性：构成系统的要素之间具有一定的联系，并在系统内部形成特定的结构。例如在生产系统中，生产量、库存和销售量之间存在一定的关联性。最后库存=原有库存 + 生产量-销售量。

③ 目的性：系统具有特定的功能，具有存在的价值和作用，并且系统功能受到系统结构和环境的影响。例如生产系统以最大效益为目标，把生成对象转换为产品。

④ 系统具有边界：边界确定了系统的范围，也将系统和周围环境区别开来。

⑤ 环境适应性：任何系统都必须适应外部环境，否则就难以生存。凡是能在外部环境变化时控制自身，并始终保持最优状态的系统称为自适应系统。

系统与环境之间存在物质、能量和信息的交流，通常将边界外部（即环境）对系统的作用称为系统的输入，将系统对环境的作用称为系统的输出。

系统可以通过图 3-1 所示的系统框图来描述。框图描述法不研究系统内部的构成，只考虑系统周围环境及系统边界（环境与系统的分界叫作系统边界）对系统的影响，分析系统的输入和输出。

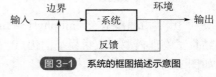

图 3-1　系统的框图描述示意图

利用系统的思想解决现实生活中的问题变得越来越重要。对于复杂的生产系统而言，必须对物料的采购、生产、库存、销售和分配等环节加以识别和分析，才能实现生产的目标。

（2）模型

模型是对实际或设计中系统的某种形式的抽象、简化与描述，通过模型可以分析系统的结构、状态、动态行为和能力。模型的分类方法有很多种，在此将模型分为物理模型、数学模型和半物理模型。

拓展阅读

① 物理模型（physical model）：一类是采用几何外观相似原理而建立的实体模型，如沙盘模型，以及用于水洞、风洞流场实验的各种缩比实物模型等，它们能够反映系统外在静态特征，但不能作为仿真实体接入仿真系统，如图 3-2、图 3-3 所示；另一类是物理效应设备，如转台、负载模拟器、人感系统等，它们能够反映某种物理模型的特征，可以接入仿真系统，参加动态运行。

图 3-2　沙盘建筑模型　　图 3-3　帆船模型

② 数学模型（mathematical model）：采用符号、数学方程、数学函数或数据表格等方法定义系统各元素之间的关系和内在规律，再利用对数学模型的实验以获得现实系统的性能特征和规律。例如，国际或地区人口增长模型、经济增长预测模型、数控机床可靠性模型等，如图 3-4、图 3-5 所示。

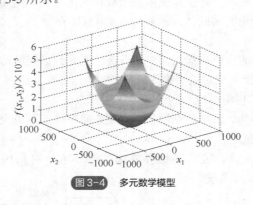
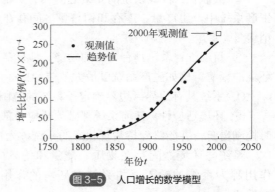

图 3-4　多元数学模型　　图 3-5　人口增长的数学模型

③ 半物理模型（semi-physical model）：也称物理-数学模型，它是一种混合模型，有机地结合了物理模型和数学模型的优点。例如，航空航天仿真训练器、发电厂调度仿真训练器等，如图 3-6、图 3-7 所示。

基于模型的实验受到人们重视。为达到系统研究的目的，系统模型用来收集系统有关信息和描述系统有关实体。系统模型是对相应的真实对象和真实关系中有用的和令人感兴趣的特性的抽象，是对系统某些本质的描述，它以各种可用的形式提供被研究系统的描述信息。在模型研究中，被研究的实际系统成为原型，而原型的等效替身则称为模型。这种模型能够反映原型的表征和特性，且具有如下主要性质：

图 3-6　某航空飞行训练器

图 3-7　轨道交通仿真训练系统

① 普遍性，也称等效性，即一种模型与多个系统具有相似性；
② 相对精确性，模型近似度和精确性都不可超出应有限度和许可条件；
③ 可信性，具有良好的置信度；
④ 异构性，同一个系统的模型具有不同的形式和结构；
⑤ 通过性，模型可视为"黑箱"，通过研究其输入和输出外特性获取内部结构信息。

如前所述，建立系统模型的目的在于通过模型分析和研究系统的性能。

科学实验是人们改造自然和认识社会的主要、基本活动。在实际系统上进行实验叫作实物实验或物理实验。人们往往希望在实际系统产生之前能预测它们的功能和性能，或者由于某种原因（如有毒、有危险、造价高等）不易在现实系统上完成实验时，借助模型代替系统本身，在模型上进行实验，于是产生了模型与模型研究的概念（图 3-8）。

图 3-8　模型与模型研究

（3）仿真

仿真就是通过对系统模型的实验，研究已存在的或设计中的系统性能的方法及其技术。也就是，仿真就是一种基于模型的活动。

仿真可以再现系统的状态、动态行为及性能特征，用于分析系统配置是否合理、性能是否满足要求，预测系统可能存在的缺陷，为系统设计提供决策支持和科学依据。

根据仿真模型的不同，仿真可以分为物理仿真、数学仿真以及物理-数学仿真。物理仿真是通过对实际存在的模型进行实验，以研究系统的性能，如飞机的风洞实验、建筑模型的抗震实验、新汽车研发中的碰撞实验等。数学仿真是利用系统的数学模型代替实际系统进行实验研究，以获得现实系统的特征和规律，如基于有限元分析和虚拟现实技术的汽车碰撞实验等。物理-数学仿真是前两者的有机结合。显然，如果采用数学仿真可以研究实际系统的性能，将能显著地降低模型实验的时间及成本。

无论采用何种建模方法，基于计算机的建模与仿真过程都可用图 3-9 来描述。该过程是一个迭代的过程。计算机仿真属于数学仿真，它的实质是仿真过程的数字化，因此也被称为数字化仿真。

3.1.2　系统、模型与仿真的关系

系统、模型和仿真三者之间有着密切的关系（图 3-10）。系统是研究的对象，模型是系统在

某种程度上和层次上的抽象，而仿真是通过对模型的实验以便分析、评价和优化系统，以达到研究系统的目的。

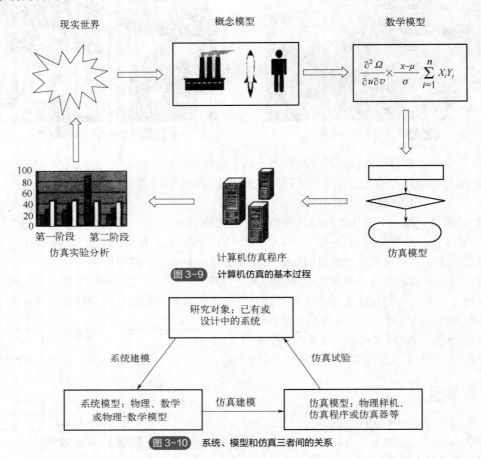

图 3-9　计算机仿真的基本过程

图 3-10　系统、模型和仿真三者间的关系

从应用的角度来看，仿真是一个设计和建立实际系统或所设想系统的计算机模型的过程，以便通过数值实验来更好地理解系统在给定条件下的行为。

现代仿真技术大多是在计算机支持下进行的，因此，系统仿真也往往被称为计算机仿真，即借助于专门的计算机软件来模仿实际系统的运作或特征（通常随时间变换），进而来研究各种不同的系统模型的方法。尽管也可以用它来研究一些简单系统，但只有研究复杂系统时，其威力才能真正地充分发挥出来。计算机仿真包含了系统建模、仿真建模和仿真实验三个基本活动。联系这三个活动的是系统仿真的三要素，即系统、模型和计算机（包括硬件和软件）。

3.1.3　系统仿真的必要性

通常为了强调所提及的仿真是针对一个系统，采用术语"系统仿真"。系统仿真技术是以相似原理、控制理论、计算技术、信息技术、机器应用领域的专业技术为基础，以计算机和各种物理效应设备为工具，利用系统模型对实际的或设想的系统进行动态实验研究的一门综合性技术。

如果某些系统可以直接用于实验或测试，或者系统可以进行复制，复制后的系统可用于实验，这样所开展的实验效果是最理想的，如汽车碰撞实验、武器系统实验等。但是还有一些系统，由于存在成本、风险、可能性、可行性等各方面的限制，不能进行现场实验，那么就需要通过建立模型的方式，间接地进行系统的验证和测试，这种方法就是采用模型的系统研究方法，这样的系统有水坝、核武器、航天实验等。对于模型的研究需要进行有效性验证，即确保所建立的模型与真实系统具有本质上的一致性，否则不能保证实验结果的价值性。

系统仿真方法可以用于求解复杂的现实系统问题，这类系统一般具有灰箱性或黑箱性，求解成本很高或者基本无法使用解析法求解，甚至对于某些复杂系统我们根本无法建立有效的数学模型，因此使用仿真方法就成为可行的选择，甚至是唯一可行的选择。

系统仿真方法具有如下优势：

① 对于尚处于研发或者未建成的真实系统（实体），通过系统仿真方法可以对其开展全方位的性能指标评价，用于指导和修正设计过程。

② 某些情况下，实验会对现实系统造成破坏，可以借助系统仿真模拟实验过程，达到同样的检测效果。

③ 真实系统实验的成本过高，可以借助系统仿真实现。

④ 现实世界中难以找到实验所需环境，仿真方法可以辅助解决。

⑤ 现实系统改进方案很多，无法一一尝试从中寻找最优方案，可以通过仿真方法解决。

⑥ 通过仿真手段，可对现实系统中的因素、流程、瓶颈进行分析，从而获得有效分析结果。

实践证明，仿真是复杂系统和体系工程的基础性工具，也几乎是必需的工具。但仿真不是万能的"魔法棒"，会同时受到费用和其他约束。仿真只有运用合理、得当，才能得到高质量的结果。

3.2　离散事件系统

系统仿真按照不同的类型可以进行不同的划分，例如，按照系统所处环境的不同，可以分为静态型和动态型；按照系统是否包含不确定性因素或随机因素，还可以分为确定型和随机型；按照系统状态变量的取值形态，可以分为连续型和离散型。

连续系统仿真是一种基于活动的仿真模式，仿真时钟将时间轴分成很多细小的连续的碎片，时钟沿着碎片有序地推进，系统变量在每个事件碎片上依据活动的动态变化进行相应的取值。连续系统仿真中，经常会使用微分方程，对系统变量在某时刻的变化率进行记录和推演。

离散系统仿真也称离散事件仿真（discrete-event simulation，DES）或离散事件系统仿真。离散系统仿真属于动态类型仿真，是由事件驱动，事件的发生是离散且随机的，系统状态变量的取值是依时间轴离散且随机分布的，此类系统无法使用数学方法来描述，此类系统称为离散事件系统或离散系统。

DES 是最常用的一种仿真方式，在工业工程领域应用最广泛，绝大部分的工业工程问题都可以借助 DES 解决。DES 往往与排队论相结合，解决工厂中的生产排程问题、码头堆场的集装箱装卸问题、呼叫中心的人员排班问题，以及生产安排中的调度问题。

与连续系统相比，离散事件系统的建模存在不少困难，主要表现在如下几方面。

① 离散事件发生在某个时刻，具有离散性，不连续性是它的本质特征。

② 离散事件系统的性能指标具有离散性，如制造系统的产量、零件的加工时间、故障间隔、维修时间等。

③ 系统中随机性因素和概率化特性普遍存在。

④ 复杂离散事件系统常具有分层和递阶特征。例如：企业的生产计划可以分为长期、中期和短期，按组织结构制造企业可以分为集团、公司、分公司、车间、班组、操作员工等层级。对于复杂离散事件系统，为降低系统建模和分析的难度，通常将系统分解为若干个既相对独立又相互作用的子系统，在完成局部和子系统建模与分析的基础上，再构建系统级模型，完成系统整体性能的分析。

⑤ 存在状态爆炸性和计算可行性问题。离散事件系统状态的数量与系统变量之间具有复杂的排列组合关系。一般地，系统状态会随着系统规模呈指数方式增加，在"状态空间爆炸"，导致模型的解空间和计算问题。

3.2.1　离散事件系统建模的基本元素

离散事件系统的状态只在离散的时间点上发生变化，而且这些离散的时间点是不确定的。这里我们先来看一个典型离散事件系统的例子。

如图 3-11 所示一个简单加工系统。零件毛坯到达数控加工中心，在仅有的单台加工设备上加工，然后离开。

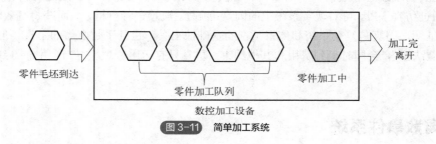

图 3-11　简单加工系统

下面结合此例引入离散事件系统模型的一些基本概念。

（1）实体

实体是系统的组成部分，是系统中的任何对象和要素，如用来加工零件的设备、刀具、工件以及操作人员等。

在离散事件系统中，实体可分为临时实体和永久实体两类。只在系统中存在一段时间的实体称为临时实体，它们在建模和仿真的某一时刻出现，并在仿真结束前从系统中消失，即实体的生命不会贯穿于整个仿真过程中。例如，在上述简单加工系统中，待加工零件的毛坯就是临时实体，当毛坯到达系统时，实体被创建出来，然后在系统中通过一系列被加工流程，成为产品（或半成品）后离开系统。永久实体指始终驻留在系统中的实体，即只要系统处于运行状态，此类实体就始终存在。例如，简单加工系统中的数控加工设备、操作人员等。一般地，离散事件系统运行时，临时实体按一定规律产生并进入系统，在永久实体的作用下改变状态，并相继离开系统，由此导致系统状态和性能参数的动态变化。在建立系统模型时，首先要确立系统中的实体。

（2）属性

属性是对实体特征的描述，不同的实体具有不同的属性。例如，在上述简单加工系统中，数控加工设备具有名称、加工范围、加工精度、加工效率等属性；待加工的零件具有零件名称、零件编号、所属材料、几何尺寸和加工工艺等属性。

对于客观存在的实体来说，其属性往往很多，在仿真建模过程中，应根据具体情况和研究的目的确定所需要的属性，而忽略其他次要的或无关的属性。一般可参照下列原则：

① 便于实体的分类；

② 便于实体行为的描述；

③ 便于排队规则的确定。

但需要强调的是，属性与具体的实体是不可分割的。不同的实体在同一属性上一般具有不同的取值，正像不同的零件会有不同的交货期、优先级和颜色编码等一样。与传统的计算机编程相类比，可以把属性看作是"仅仅局限于"各个实体内部的变量。

（3）状态

在任意时刻，系统中所有实体的属性的集合就构成系统的状态，它包含了描述系统在任何时间所必需的所有信息。在生产系统中，状态变量可以是正在进行作业的操作工人数、等待服务队列中的工件数，或正在加工处理中的工件数以及下一个工件到达加工设备的时间等。此外，加工设备的忙、闲或设备故障等也可能是一种状态变量。

（4）事件

事件是引起系统状态变化的行为和起因，是系统状态变化的驱动力。正是在事件的驱动下，离散事件系统状态才不断地发生变化。例如，在上述简单加工系统中，可以把"一个新的待加工零件毛坯的到达"定义为一类事件，由于该零件的到达，系统的状态——数控加工设备的"状态"可能从"闲"变到"忙"（如果没有等待加工的零件），或者另一个系统的状态——等待加工的零件队列的长度（即等待加工的零件数目）发生变化（增加 1）。此外，也可以定义"一个零件加工完毕离开系统"为另一类事件，由于零件的离开，设备的"状态"可能由"忙"变成了"闲"。再如，仓储系统中物品的入库到达是一个事件，物品的出库离去是另一个事件。

一个系统往往存在不同类型的事件，它们交替出现使得系统状态不断发生变化。除系统中的真实事件外，仿真模型中还存在程序事件，即根据需要设定的事件。例如，仿真时为了使仿真结束，通常需要定义一个事件，作为仿真程序终止运行的条件。

事件之间、事件与实体之间存在关联关系。事件的发生与实体类型相关联，一类事件的发生可能会引起其他事件的发生，也可能是其他事件发生的条件。

在系统建模与仿真时，为了对系统中的事件有效地跟踪、描述和管理，通常要建立事件表，表中记录每个已发生和将要发生的事件及其发生时间、结束时间等，并记录与事件相联系的实体的相关属性等。事件表是调度仿真模型和统计系统特性的基础和依据。

（5）活动

活动表示实体在两个事件之间的持续过程，它标志着系统状态的转移。活动开始和结束都是由事件引起的。活动总是与一个或几个实体的状态相对应。例如，在上述的简单加工系统中，一个零件从"开始加工"到"加工结束"可看作是一个"加工"活动。在该活动中，数控中心处于"加工"的状态。又如，仓储系统中的"物品到达"是一个事件，该事件的发生可能会使仓储系统的货位从"空闲"状态变为"占用"状态。从"物品到达"直到"物品取出"，物品都处在货位中存储的状态，即处于"存储"活动中。因此，"存储"活动的开始和结束标志着物品的"到达"和"离开",标志着货位的"空闲"与"占用"两种状态的转变。

(6) 进程

进程由与某类实体相关的若干有序事件及活动组成,它描述了相关事件及活动之间的逻辑和时序关系。以上述简单加工系统为例,可以把一个零件到达系统、等待加工(排队)、开始加工、加工结束离开系统的过程看作是一个进程。

事件、活动和进程之间的关系可用图 3-12 来描述。

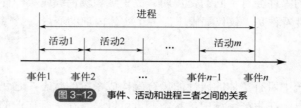

图 3-12　事件、活动和进程三者之间的关系

(7) 仿真时钟

仿真时钟用于显示仿真时间的变化,是仿真模型运行时序的控制机构。仿真模型以仿真时钟来模拟实际系统运行所需的时间,而不是指计算机执行仿真程序所需的时间。在离散事件系统中,由于引起系统状态变化的事件的发生时间是随机性的,因此仿真时钟的推进也具有一定的随机性,并不是连续推进、均匀取值的。而且,因为在两个相邻发生的事件之间系统状态不会发生任何变化,所以也就没有必要来考虑这两个事件之间的过程。因此,仿真时钟可以跨过这些"不活动"的周期,从当前事件的发生时间跳跃到下一个事件的发生时间。

仿真时钟可以按固定长度向前推进,也可以按变化的节拍向前推进。具体的推进机制将在本章 3.4 节详细介绍。

(8) 规则

离散事件的发生具有随机性,但是它们的发生可以按照一定的规则加以约束和定义。规则用于描述实体之间的逻辑关系和运行策略的逻辑语句和约定。例如,在上述简单加工系统中,当数控加工设备空闲时,它可以按照一定的规则去选择待加工的零件,如先到先加工(first in first out,FIFO,也称先进先出)、后到先加工(last in first out,LIFO,也称后进先出)、加工时间最短(shortest processing time,SPT)的先加工或优先级最高的先加工等。同样地,当有多台加工设备空闲时,待加工零件也可以按照一定的规则去选择加工设备,如选择距离最近的加工设备、选择加工效率最高的加工设备、选择加工精度最高的加工设备、选择加工成本最低的加工设备等。

采用不同规则将对系统性能产生重要影响。在系统建模和编制仿真程序时,可以有意识地设计一些调度规则,用来评价不同规则对系统的影响,从中选择出有利于系统性能优化的规则,这也正是建模与仿真研究的优势所在。

3.2.2　离散事件系统建模与仿真步骤

本书的主要研究对象是智能生产系统,属于离散事件系统。离散事件系统是指只有在某个时间点上有事件发生时,系统状态才会发生改变的系统。

拓展阅读

由于离散事件系统的复杂性，目前尚未有统一的建模方法。当采用数学模型研究此类系统的性能时，模型求解大致可有两类方法，即解析法和数值法。

解析法采用数学演绎推理的方法求解模型，例如，采用 ABC 法优化库存成本；采用单纯形法求解最佳运输路线问题等。与解析法不同，数值法在一定假设和简化的基础上建立系统模型，通过运行系统模型来"观测"系统的运行状况，通过采集和处理"观测"数据分析和评价实际系统的性能指标。采用离散事件系统仿真求解模型的方法可归类为数值法。图 3-13 分析了系统实验、模型以及数学模型求解方法之间的关系。

系统建模和仿真研究的目的是分析实际系统的性能特征。图 3-14 给出了系统建模和仿真的应用步骤，总体上可分为系统分析、数学建模、仿真建模、仿真结果分析以及模型确认等步骤，以下对各步骤进行细化并对其基本功能进行分析。

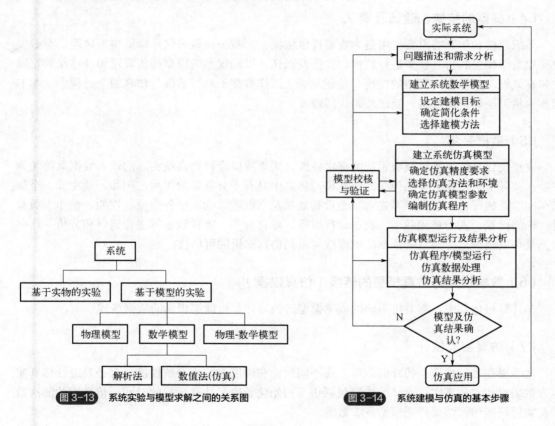

图 3-13 系统实验与模型求解之间的关系图

图 3-14 系统建模与仿真的基本步骤

（1）问题描述与需求分析（系统分析）

建模与仿真的应用源于系统研发需求，因此，首先明确被研究系统的组成、结构、参数和功能等，划定系统的范围和运行环境，提炼出问题的主要特征和元素，以便对系统建模和仿真研究做出准确的定位和判断。

（2）设定研究目标和计划

优化和决策是系统建模与仿真的目的。根据研究对象的不同，建模和仿真的目标包括性能最好、产量最高、成本最低、效率最高、资源消耗最小等。根据研究目标，确定拟采用的建模与仿真技术，制订建模与仿真研究计划，包括技术方案、技术路线、时间安排、成本预算、软硬件条件以及人员配置等。

（3）建立系统的数学模型（数学建模）

为保证所建模型符合真实系统、反映问题的本质特征和运行规律，在建立模型时要准确把握系统的结构和机理，提取关键的参数和特征，并采取正确的建模方法。按照由粗到精、逐步深入的原则，不断细化和完善系统模型。需要指出的是，数学建模时不应追求模型元素与实际系统的一一对应关系，而应通过合理的假设来简化模型，关注系统的关键元素和本质特征。此外，应以满足仿真精度为目标，避免使模型过于复杂，以降低建模和求解的难度。

（4）模型的校核、验证及确认

系统建模和仿真的重要作用是为决策提供依据。为减少决策失误，降低决策风险，有必要对所建数学模型和仿真模型进行校核、验证及确认，以确保系统模型与仿真逻辑及结果的正确性和有效性。实际上，模型的校核、验证及确认工作贯穿于系统建模与仿真的全过程中。本书第5章将讨论模型的校核、验证及确认问题。

（5）数据采集

要想使仿真结果能够反映系统的真实特性，采集或拟合符合系统实际的输入数据显得尤为重要。实际上，数据采集工作在系统建模与仿真中具有十分重要的作用。例如，要完成一个制造车间效益的评估，就必须事先对制造设备数量及其性能、物流设备数量及性能、操作人员数量、车间面积、人力资源成本、设备运行成本、零件种类、零件数量等进行调研和分析。这些数据是仿真模型运行的基础数据，也直接关系到仿真结果的可信性。

（6）数学模型与仿真模型的转换（仿真建模）

在计算机仿真中，需要将系统的数学模型转换为计算机能够识别的数据格式。

（7）仿真实验设计

为了提高系统建模与仿真的效率，在不同层面和深度上分析系统性能，有必要进行仿真实验方案的设计。仿真实验设计的内容包括仿真初始化长度、仿真运行的时间、仿真实验的次数以及如何根据仿真结果修正模型及参数等。

（8）仿真实验

仿真实验是运行仿真程序、开展仿真研究的过程，也就是对所建立的仿真模型进行数值实验和求解的过程。不同的仿真模型有不同的求解方法。离散事件系统的仿真模型通常是概率模型。因此，离散系统仿真一般为数值实验的过程，即测试当参数符合一定概率分布规律时系统的性能指标。值得指出的是，不同类型的离散事件系统具有不同的仿真方法。

（9）仿真数据处理及结果分析

从仿真实验中提取有价值的信息，以指导实际系统的开发，是仿真的最终目标。早期仿真软件的仿真结果多以大量数据的形式输出，需要研究人员花费大量时间整理、分析仿真数据，以便得到科学的结论。

目前，仿真软件中广泛采用图形化技术，通过图形、图表、动画等形式显示被仿真对象的各种状态，使得仿真数据更加直观、丰富和详尽，这也有利于人们对仿真结果的分析。另外，应用领域及仿真对象不同，仿真结果的数据形式和分析方法也不尽相同。

（10）优化和决策

根据系统建模和仿真得到的数据和结论，改进和优化系统结构、参数、工艺、配置、布局及控制策略等，实现系统性能的优化，并为系统决策提供依据。

3.2.3　离散事件系统仿真程序的结构

离散事件系统仿真的核心问题是建立描述系统行为的仿真模型。总体上，仿真模型都可分为三个层次：仿真总控程序、模型单元子程序和公共子程序。它们之间的关系如图 3-15 所示。

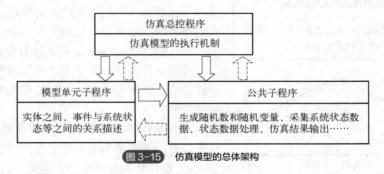

图 3-15　仿真模型的总体架构

第一层是总控程序，负责安排下一事件的发生时间，并确定在下一事件发生时完成正确的操作。也就是说，第一层对第二层实施控制。采用某些仿真平台编程实现仿真模型时，总控程序已隐含在仿真语言的执行机制中；但是，如果仿真程序设计语言采用 C/C++ 等计算机通用语言，用户就要自己编写一套仿真模型的总程序。

第二层是模型单元子程序（基本模型单元），描述了事件与系统状态之间的影响关系及实体间的相互作用关系，是建模者所关心的主要内容。采用不同的仿真策略时，仿真模型的第二层具有不同的构造，也就是说组成仿真模型的基本单元各不相同。比如，事件调度法和活动扫描法的基本模型单元是事件处理和活动处理，进程交互法的基本模型单元是进程。

第三层是一组供第一层和第二层使用的公共子程序，用于生成随机变量、产生仿真结果报告、收集统计数据等。

尽管离散事件系统种类繁多，建模与仿真分析的目标各异，所采用的建模与仿真方法也不尽相同，但在编制仿真程序或采用商业化软件建立仿真模型时还是存在一定的共性特征。离散事件系统仿真程序的基本结构如图 3-16 所示。

在这个结构中通常具有下列部件：

① 系统状态：由一组系统状态变量构成，用来描述系统在不同时刻的状态。

② 仿真时钟：提供仿真时间的当前值，作为仿真过程的时序控制。

③ 事件表：仿真过程中所发生事件名称与时间按顺序对应的一张二维表。事件表可以想象为一个记录发生事件的"笔记"，在仿真运行中事件的记录不断列入或移除事件表。每一事件应

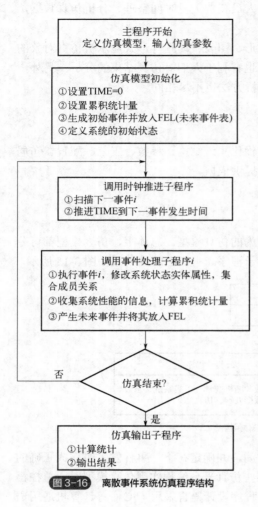

图 3-16 **离散事件系统仿真程序结构**

记录事件的标识、发生的时间两部分，有时还会有参与事件的实体名称等信息。

④ 统计计数器：计算机仿真中用于信息统计的计数工作单元。

⑤ 主程序：调用和管理各子程序，控制整个仿真过程。

⑥ 初始化子程序：在仿真开始对系统进行初始化工作。

⑦ 时钟推进子程序：根据事件表确定下一事件，并把仿真时钟推进到对应的发生时间。

⑧ 事件处理子程序：每种类型的事件都对应一个事件处理的子程序，在相应事件发生时就转入该子程序运行。在这个过程中有三类典型活动发生：修改系统状态以记下第 i 类事件已经发生过这一事实；修改统计计数器以收集系统性能的信息；生成将来事件发生的时间并将该信息加到事件表中。

⑨ 仿真输出子程序：用来计算和输出仿真结果。

离散事件系统仿真是在"产生事件、安排事件、时钟推进、处理事件、再产生新的事件"的循环过程中实现的。

为将系统模型转换为一个能在计算机上运行的仿真模型，还需要完成三项工作：

① 设计仿真算法或仿真策略，即确定仿真模型的控制逻辑和时钟推进机制；

② 构造仿真模型，即确定模型的结构与操作；

③ 仿真程序的设计与实现。

3.3 系统仿真的调度策略

仿真策略是仿真模型的核心与本质反映。与连续系统不同，离散事件系统中的重要概念是事件、活动、进程，离散事件的状态变化与这三者紧密相关。这三个概念分别对应事件调度法、活动扫描法、进程交互法三种离散事件系统仿真策略，这三种策略是最早出现，也是最基础的仿真策略。

3.3.1 事件调度法

事件调度法最早出现于 1963 年兰德公司的 Markowite 等人推出的 SIMSCPRIPT 语言的早期版本中。其基本思想是：以事件作为仿真模型的基本单元，通过定义事件及每个事件发生引起系统状态的变化，按时间顺序确定和执行每个事件发生时有关的逻辑关系，并策划新的事件来驱动模型的运行。

以事件调度法作为仿真策略建立仿真模型时，所有事件均存放于事件表中。模型中设有时间控制成分，该模块从事件表中选择具有最早发生时间的事件，并将仿真时钟置为该事件发生的时间，再调用与该事件对应的事件处理模块，更新系统状态，并策划未来将要发生的时间，处理完该事件后返回时间控制成分。这样，时间的选择与处理不断地进行，直到仿真终止的条件产生为止。事件调度法的仿真过程（图 3-17）如下。

① 系统初始化：

a. 设置仿真的开始时间 t_0 和结束时间 t_f；

b. 设置各实体的初始状态；

c. 事件表初始化。

② 设置仿真时钟 TIME=t_0。

③ 如果 TIME$\leqslant t_f$，执行④，否则转至⑥。

④ 事件处理：

a. 在事件表中取出发生时间最早的事件 E，推进仿真时钟 TIME=t_E。

b. {Case 根据事件 E 的类型；

$E \in \boldsymbol{E}_1$；执行 E_1 的事件处理子程序；

$E \in \boldsymbol{E}_2$；执行 E_2 的事件处理子程序；

…

$E \in \boldsymbol{E}_n$；执行 E_n 的事件处理子程序；

Endcase }

c. 更新系统状态，策划新的事件，修改事件表。

⑤ 转至步骤③。

⑥ 仿真结束。

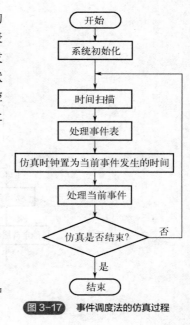

图 3-17　事件调度法的仿真过程

对于面向事件的仿真模型，总控程序必须完成如下三项工作：

① 时间扫描：

a. 扫描事件表，确定下一事件发生时间；

b. 推进仿真时钟至下一事件发生时间；

c. 从事件表中产生当前事件表（current event list，CEL），CEL 中包含所有当前发生事件的时间记录。

② 事件辨识：正确地辨识当前要发生的事件。

③ 事件执行：正确执行当前发生的事件。

依序安排 CEL 中各个事件的发生，调用相应的事件例程。一旦某一事件发生，就将其事件记录从 CEL 中移出。

事件表是面向事件的仿真模型总控程序的核心。它是一个用来记录将要发生事件的动态数据列表，随着仿真过程的进行，事件不断被列入或移出事件表。对每一个事件而言，至少要记录事件的标识和事件的发生时间等信息。系统不断地从事件表中取出具有最早发生时间的事件记录，将仿真时钟推进到该事件发生时刻，并转向该事件处理子程序执行，仿真的执行机制如图 3-18 所示。

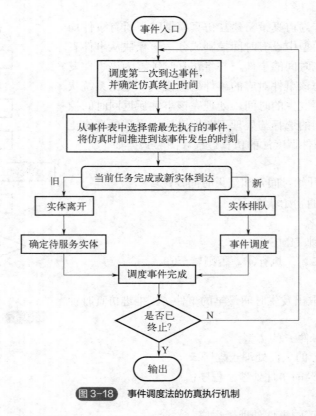

图 3-18 事件调度法的仿真执行机制

在事件调度法中，事件发生条件的测试需要在该事件处理程序内部进行。如果条件满足，则事件发生；如果不满足，则推迟或取消该事件的发生权。

如果仿真模型复杂，事件表中可能会存放很多事件，为减少事件表扫描和操作所占的时间，常采用表处理技术，如顺序分配法和链表分配法等。

面向事件的仿真模型的第二层由事件例程组成，事件例程是描述事件发生后完成的一组操作的处理程序，包括对将来事件的安排。如果某一事件例程中安排了将来事件，就应将该事件的记录添加到事件表中。

从本质上来说，事件调度法是一种预定事件发生时间的策略。这样，仿真模型中必须预定系统中最先发生的事件，以便启动仿真进程。在每一类事件处理子程序中，除修改系统的有关状态外，还应预定本类事件的下一事件将要发生的时间。这种策略对于活动持续时间确定性较强的系统比较方便。事件的发生不仅与时间有关，而且与其他条件有关，即事件只有满足某些条件时才会发生的情况下，采用事件调度法策略将会显示出其弱点。原因在于这类系统的活动持续时间是不确定的，无法预定活动的开始或终止时间。

例题 1：单服务台排队系统，如单窗口的售票站。

设：

$A_i = t_i - t_{i-1}$，为第 $i-1$ 个与第 i 个顾客到达时间的间隔；

S_i 为服务员为第 i 个顾客服务的时间长度；

D_i 为第 i 个顾客排队等待的时间长度；

$C_i = t_i + D_i + S_i$，为第 i 个顾客离去的时间；

t_i 为第 i 个顾客到达的时间；

b_i 为第 i 个任何一类事件发生的时间；

q_i 为第 i 个事件发生时的队长；

z_i 为第 i 个事件发生时服务员的状态，其中 $z_i=1$ 表示忙，$z_i=0$ 表示闲。

定义系统事件类型：类型 1 顾客到达；类型 2 顾客接受服务；类型 3 顾客服务完毕并离去。

定义程序事件：仿真运行到 150 个时间单位（例如分钟）结束。

假定已经得到到达时间间隔随机变量的样本值为：

$$A_1=15，A_2=32，A_3=24，A_4=40，A_5=22$$

$$S_1=43，S_2=36，S_3=34，S_4=28$$

系统初始状态：$q_0=0$，$z_0=0$

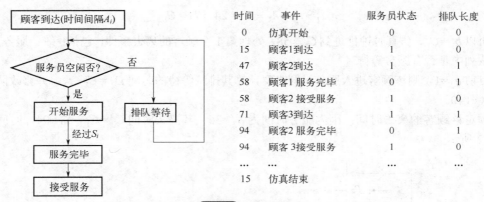

时间	事件	服务员状态	排队长度
0	仿真开始	0	0
15	顾客1到达	1	0
47	顾客2到达	1	1
58	顾客1 服务完毕	0	1
58	顾客2 接受服务	1	0
71	顾客3到达	1	1
94	顾客2 服务完毕	0	1
94	顾客 3接受服务	1	0
…	…	…	…
15	仿真结束		

图 3-19　推进过程

分析仿真时钟的推进过程如图 3-19 所示，初始值：TIME=$b_0=t_0$，则下一最早发生事件为第 1 个顾客到达，发生时刻为 b_1，即：

$$t_1=b_1；t_1=t_0+A_1=15$$

因 $t_1<150$，仿真时钟推进到 t_1，然后处理该事件。事件类型为到达事件，$z_0=0$，为立即服务，即 $D_1=0$，服务台状态由 $z_0=0$ 变为 $z_0=1$；

预定该顾客的离去时间：服务时间为 $S_1=43$，则其应为：

$$C_1=t_1+S_1+D_1=15+43+0=58$$

时间轴如图 3-20 所示。

图 3-20　事件调度法仿真时钟推进 1

下一最早发生事件：因为 $t_2=t_1+A_2=15+32=47<C_1$，仍是到达事件，所以 $t_2=b_2$，仿真时钟推进到 t_2，处理该到达事件；

因 $z_1=1$，顾客排队等待，队长 $q_2=q_1+1=1$，所以该顾客开始等待时间为 t_2。时间轴如图

3-21 所示。

图 3-21 事件调度法仿真时钟推进 2

下一最早发生事件应是第 1 个顾客离去事件，因为下一到达事件发生时间为：

$$t_3 = t_2 + A_3 = 47 + 24 = 71 > C_1$$

所以 $b_3 = C_1$，仿真时钟推进到 $C_1 = 58$，处理第 1 个顾客的离去事件，包括：统计服务人数，观察队列中是否有顾客等待。

目前 $q_2 = 1$，则该顾客进入服务，同时要计算其排队等待的时间 $D_2 = C_1 - t_2$，并修改队长为 $q_3 = q_2 - 1 = 0$。

预定该顾客的离去时间：因为服务时间为 $S_2 = 36$，其离去时间 $C_2 = C_1 + S_2 = 94$，时间轴如图 3-22 所示。

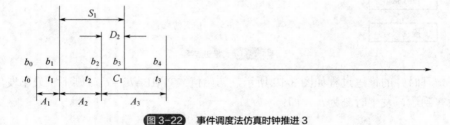

图 3-22 事件调度法仿真时钟推进 3

下一最早发生事件：由 $C_2 > t_3$，所以下一事件应是到达事件，仿真时钟推进到 $b_4 = t_3$，依次下去，直到下一事件为仿真结束的程序事件为止，如图 3-23 所示。

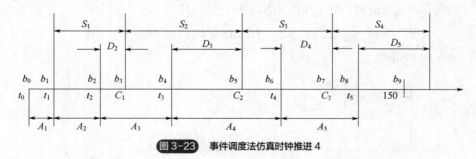

图 3-23 事件调度法仿真时钟推进 4

3.3.2 活动扫描法

活动扫描法最早出现于 1962 年 Buxton 和 Laski 发布的 CSL 语言中。活动扫描法认为仿真系统在运行的每一个时刻都由若干活动构成，每一活动对应一个活动处理模块，处理与活动相关的事件。在活动扫描法中，除设置系统全局仿真时钟外，每一个实体都带有标志自身时钟值的时间元，时间元的取值由所属实体的下一确定时间刷新。

活动扫描法的基本思想是：用各实体时间元的最小值推进仿真时钟；将仿真时钟推进到一个新的时刻点，按优先级执行可激活实体的活动处理，使测试通过的事件得以发生，并改变系统的状态和安排相关确定事件的发生时间。

如同事件调度法中的事件处理模块一样，活动处理是活动扫描法的基本处理单元。只有主动实体才可以主动产生活动，而被动实体受其作用会随之发生状态变化。一个实体可以有几个活动处理，活动的激发与终止都是由事件引起的，每一个事件都有相应的活动处理。活动处理的操作能否进行取决于一定的测试条件，该条件一般与时间和系统的状态有关，而且时间条件须优先考虑。事件的发生时间事先可以确定，因此其活动处理的测试条件只与时间有关，事件的处理测试条件与系统状态有关。活动扫描法的仿真过程（图 3-24）如下：

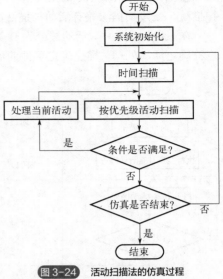

图 3-24　活动扫描法的仿真过程

① 系统初始化。

a．设置仿真的开始时间 t_0 和结束时间 t_f；

b．设置各实体的初始状态；

c．设置各个实体时间元 $time-cell[i]$ 的初值（ $i=1,2,\cdots,n,n$ 为实体个数）。

② 设置仿真时钟 $TIME = t_0$。

③ 如果 $TIME \leqslant t_f$，执行④，否则转至⑥。

④ 活动处理扫描（假设当前有 n 个活动处理）；

$for\ j = 1\ to\ n$ （优先级从高到低）

处理模块 A_j 隶属于实体 E_{ni}

$if\left(time-cell[i] \leqslant TIME\right)then$

执行活动处理 A_j；

若 A_j 中安排了 E_{ni} 的下一事件则刷新 $time-cell[i]$；

$endif$

若处理模块 A_j 的测试条件 $D[j] = true$，则退出当前循环重新开始扫描；

$endfor$

⑤ 推进仿真时钟 $TIME = \min\{time-cell[i]|time-cell[i]>TIME\}$；转至③。

⑥ 仿真结束。

在面向活动的仿真模型中，总控程序的主要任务是进行时间扫描和活动扫描。

时间扫描是通过时间元完成的，时间元的取值方法有绝对时间法和相对时间法两种。绝对时间法将时间元的时钟值设定为相应实体确定事件发生时刻；相对时间法将时间元的时钟值设定相应实体确定事件发生的时间间隔。

活动扫描要求在某一仿真时刻点上对所有当前（$time-cell[i] = TIME$）可能发生的和过去（$time-cell[i] < TIME$）应该发生的事件反复进行扫描，直到确认已没有可能发生的事件时才推进仿真时钟。

在面向活动的仿真模型中，处于仿真模型第二层的每个活动处理流程由探测头和动作序列两部分构成。探测头测试是否执行活动例程中操作的判断条件。动作序列是活动例程所要完成的具体操作，只有测试条件通过后才可执行。

由于活动扫描法将确定事件和条件事件的活动同等对待，都要通过反复扫描来执行，因此效率较低。1963 年，Tocher 借鉴事件调度法的某些思想对活动扫描法进行了改进，提出了三段扫描法。三段扫描法兼有活动扫描法简单和事件调度法高效的优点，因此被广泛采用。

在三段扫描法中，活动被分为 B 类活动和 C 类活动两类。B 类活动（"B"源于英文 bound），也称确定活动处理，描述确定事件的活动处理，在某一确定时刻必然会被执行；C 类活动（"C"源于英文 condition），也称条件活动处理或合作活动处理，描述条件事件的活动处理，在协同活动开始（满足状态条件）或满足其他阶段特定条件时被执行。

显然，B 类活动处理像事件调度法中的事件处理一样可以在排定时刻直接执行，只有 C 类活动处理才需扫描执行。三段扫描法的仿真过程如图 3-25 所示，基本描述如下。

A 阶段：找到下一最早发生的事件，并把仿真时钟推进到该事件预期发生的时间。

B 阶段：执行所有预期在此时刻发生的 B 类确定活动处理。

C 阶段：尝试执行所有的 C 类活动，此类活动的发生与否取决于资源或实体的状态，而这些状态可能在 B 阶段已发生改变。

这三个阶段不断循环直至仿真结束。

实现上述算法的简单方法是，给每个实体都分配一个含有三项内容的记录：第一项是实体的时间元，标明实体发生状态变化的确切时间；第二项是该时间所要执行的一个 B 类活动例程或等待测试的一个 C 类活动例程的标号，C 类活动例程带有特殊标志；第三项给出实体上次所完成的活动例程标志。同样，C 类活动例程也带有特殊标志。

时间扫描时，总控程序检查实体记录格式中的第二项内容是否为 B 类，若是则比较其他时间元的值，从中找到最小值作为仿真时钟的未来值；然后，产生时间元值等于仿真时钟未来值的实体名表，表中的实体在下一事件发生时必然要改变状态。在将仿真时钟推进到其未来值时，总控程序将实体名表与实体记录相匹配，调用当前时刻执行的 B 类活动例程。B 阶段调用完成后，再对 C 类活动例程进行扫描。

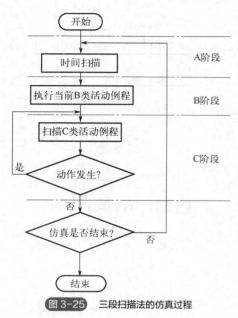

图 3-25　三段扫描法的仿真过程

3.3.3　进程交互法

事件调度法和活动扫描法的基本模型单元是事件例程和活动例程，进程交互法的基本模型单元是进程，进程与例程的概念有着本质的区别，它是针对某类实体的生命周期而建立的，因此一个进程要处理实体流动中发生的所有事件，包括确定事件和条件事件。

单服务台排队系统中的顾客生命周期进程如图 3-26 所示，图中符号"*"或"+"表示进程的复活点。

一个顾客生命周期进程主要包含以下活动：顾客到达；排队等待，直到位于队列首位；进入服务通道；停留在服务通道中，直到接受服务台服务后离开系统。

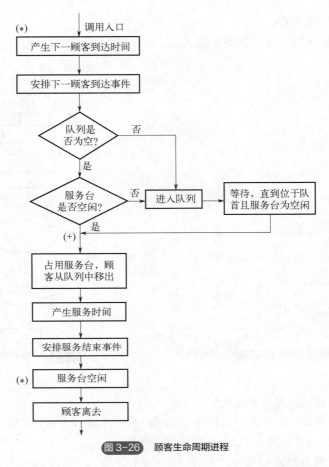

图 3-26 顾客生命周期进程

进程交互法是为每个临时实体建立一个进程，该进程反映某一个动态实体从产生开始到结束为止的全部活动。实体的进程需要不断推进，直到某些延迟发生后才会暂时锁住。一般需要考虑无条件延迟和条件延迟两种延迟的作用：

① 无条件延迟：实体停留在进程中的某一点不再向前移动，直到预先确定的延迟期满。如顾客滞留在服务通道中，直到服务完成。

② 条件延迟：条件延迟期的长短与系统的状态无关，事先无法确定。条件延迟发生后，实体停留在进程的某一点，直到某些条件得以满足后才能继续向前移动。如队列中的顾客一直等到服务台空闲，而且自己处于队首时方能离开队列接受服务。

进程中的复活点表示延迟后实体所到达的位置，即进程继续推进的起点。在单服务台排队系统中，顾客进程的复活点与事件存在对应关系。

由于顾客到达时间和服务台服务时间具有随机性，系统运行时会出现多个进程并存的情况，图 3-27 所示为单队列-两服务台排队系统中顾客排队进程的运行时间示意图。图中，符号"△"表示顾客产生的时刻，也是相应进程开始运行的时刻；符号"□"表示顾客离去的时刻，也是相应进程撤销的时刻；符号"×"表示排队的顾客开始接受服务的时刻（含排队时间为 0 的情况）；虚线为顾客的排队等待时间；波浪线表示顾客接受服务的时间。

进程交互法的基本思想是：通过所有进程中时间最小的无条件延迟复活点来推进仿真时钟；当时钟推进到一个新的时刻点后，如果某一实体在进程中解锁，就将该实体从当前复活点一直推进到下一次延迟发生为止。

进程交互法的仿真过程（图 3-28）如下。

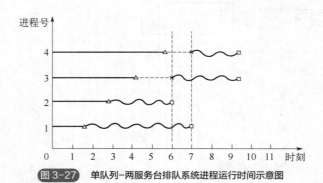

图 3-27 单队列–两服务台排队系统进程运行时间示意图

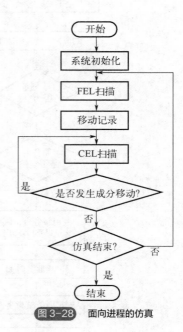

图 3-28 面向进程的仿真

① 系统初始化。

a. 设置仿真的开始时间 t_0 和结束时间 t_f；

b. 设置各进程中每一实体的初始复活点及相应的事件值 $T[i,j](i=1,2,\cdots,m;\ j=1,2,\cdots,n[i]$。其中：$m$ 为进程数；$n[i]$ 是第 i 个进程中的实体个数）。

② 推进仿真时钟 $\text{TIME} = \min\{T[i,j]\,|\,j\ 处于无条件延迟\}$。

③ 如果 $\text{TIME} \leqslant t_f$，执行步骤④，否则转至步骤⑥。

④ for $i = 1$ to m （优先级从高到低）

for $j = 1$ to $n[i]$

if $(T[i,j] = \text{TIME})$ then

从当前复活点开始推进实体 j 的进程 i，直至下一次延迟发生为止；

如果下一延迟是无条件延迟，则设置实体 j 在进程 i 中复活时间 $T[i,j]$；

endif

if $(T[i,j] < \text{TIME})$ then

如果实体 j 在进程 i 中的延迟结束条件满足，则

{从当前复活点开始推进实体 j 的进程 i，直至下一延迟发生为止；

如果下一延迟是无条件延迟，则

{设置 j 在 i 中的复活时间 $T[i,j]$}；

退出当前循环，重新开始扫描}；

endif

endfor

endfor

⑤ 返回到步骤②。

⑥ 仿真结束。

进程交互法仿真策略中，在初始化过程中的 b 步，初始状态处于条件延迟的实体的复活时间置为 t_0。

面向进程的仿真模型总控程序设计的最简单方法是采用未来事件表（future event list，FEL）和当前事件表（current event list，CEL）两个事件表。FEL 存放处于无条件延迟的实体记录；CEL 存放当前可以解锁的无条件延迟的实体记录，或者是处于条件延迟的实体记录。

面向进程的仿真模型的总控程序包含三个基本步骤：

① 将来事件表扫描。从 FEL 的实体记录中检查出复活时间最小的实体，并将仿真时钟推进到该实体的复活时间。

② 移动记录。将 FEL 中当前时间复活的实体记录移至 CEL 中。

③ 当前事件表扫描。如果可能，将 CEL 中实体进程从其复活点开始尽量向前推进，直到锁住进程。如果锁住进程的是一个无条件延迟，则在 FEL 中为对应的实体建立一个新记录，记录中应含有复活点及其时间值；否则，在 CEL 中为该实体建立一个含有复活点的新记录。在上述两种情况下，都要将进程已得以推进实体的原有记录从 CEL 中删除。如果某一时刻实体已完成其全部进程，则将其记录全部删除。对 CEL 的扫描要重复进行，直到任一实体的进程均无法推进为止。

不难发现，无论采用哪种调度策略，仿真时钟的推进都是根据下一事件发生的时刻确定的。仿真的执行都是围绕事件进行的，只不过在活动扫描法中，将事件处理包含在活动例程中；在进程交互法中，将事件的处理包含在实体进程中。表 3-1 对上述三种仿真调度策略从核心概念、运行效率、实现难度、时钟推进方法等几个方面进行了比较，并从面向对象角度进行了评价。

表 3-1　三种仿真调度策略的比较

比较的方面	仿真调度策略		
	事件调度法	活动扫描法	进程交互法
核心概念	事件	活动	实体进程
运行效率	最高	较低	最低
实现难度	易	较难	难
理解难度	从结构化编程角度最容易理解	介于二者之间	从面向对象角度最容易理解
时钟推进方法	下一事件	下一活动	下一进程
从面向对象角度评价	最接近结构化方法，从面向对象角度不易理解	封装程度介于事件调度法和进程交互法之间	最接近面向对象思想，易于理解

3.3.4　消息驱动法

消息驱动法建立在面向对象的程序设计方法和并行计算的基础上。与前述三种仿真调度策略相比，消息驱动法基于能反映现实世界的对象，提供了一个更加贴近实际系统的仿真环境，使用时也更加灵活。

消息是消息驱动法中最重要的概念，它是指具有某种特定含义的一维或者多维数据的集合。在仿真系统中，根据性质不同可以将消息分为四类：事件消息、统计消息、属性消息和状态消息。

① 事件消息。这类消息能引起系统状态发生变化，如一个实体的产生或消失、系统中实体属性值的改变以及一项活动的开始或结束等。事件消息一般包括事件的发生时间和事件类别两个元素。事件消息类的数据结构中含有实体链、消息类型、时间标记和事件执行函数等信息。其中，实体链由参加事件的所有实体连接而成，每个实体都有自己的名称和编号。

② 统计消息。这是指带有统计数值的信息，这类消息主要用于统计分析。在仿真系统中，仿真结果建立在统计分析的基础上，由统计消息可以判断系统性能。统计消息类的数据结构中含有统计值、时间标记和用于计算统计值的函数等信息。

③ 属性消息。这是指有关实体特性的信息，这类消息用于标记实体所携带的各类属性及特征。属性消息类的数据结构中含有实体、属性名称、属性值、时间标记和属性操作函数等信息。

④ 状态消息。这是用来表示系统状态的信息。这类消息用于描述系统在某一时刻的特性，包括某时刻系统中所有实体、属性、活动及系统内各要素之间逻辑关系的描述等。状态消息类的数据结构中含有旧消息状态向量、新消息状态向量、时间标记以及状态更新函数等信息。

上述四类消息具有不同的特性。其中，事件信息是仿真模型中最重要消息，它是推动整个系统仿真运行的主要驱动信息；状态信息是对整个系统状态的描述，系统状态往往影响仿真模型的运行，因此状态信息也是重要的模型驱动信息；统计消息主要用于统计分析；属性消息用于描述实体的特性。统计消息一般需要通过各个实体的属性值计算得出，通常是属性消息的函数。统计消息和属性消息对系统状态的变化影响不大，在设计系统仿真算法时，主要考虑事件消息和状态消息的驱动作用。

下面以排队系统为例加以说明。顾客到达是一个事件消息，该消息包含顾客到达时间、顾客号以及事件类型等信息。平均服务时间、系统内的顾客数、顾客在系统内的平均停留时间等都是统计消息。对顾客实体的特性的描述属于属性消息，它包含实体的时间标记、实体名称、实体编号、实体的到达时间和服务时间等。状态消息是一个多维向量，它包括服务台状态、顾客状态、当前的队列长度、当前系统内的顾客总数等内容。

与传统的仿真调度策略相比，消息驱动法不是主动地查询系统中是否有事件或活动发生，而是被动地等待消息，只有在接收到信息后才做出反应。当仿真模型运行时，它不断地产生各种类型的新消息，根据各自的性质与特点，这些消息以特定的方式汇集到系统的消息池中。在消息池中，消息根据它们被产生的先后顺序排列起来，形成消息队列。消息队列与系统的执行模块之间存在一条通道，形成了一个单队列排队系统。在该系统中，执行模块作为服务台静止地等待接收从消息池中传来的消息。如果消息池中存在信息，则排在最前面的消息将前往执行模块，此时若执行模块处于"闲"状态，则接收前来的消息，并开始处理消息；否则，排在队前的消息处于等待状态，直到执行模块从"忙"状态改为"闲"状态。如果消息池中无消息，则执行模块或者将当前的消息处理完毕后转为"闲"状态或者保持"闲"状态。

执行模块在接收到消息后，首先识别消息的类型，以便采取相应的处理措施。消息识别有两种途径：一种是在前面定义的消息类中增加消息类别元素，在消息产生时，将消息类型标注在消息类别元素上，执行模块通过检查该元素区分接收到的消息的类型；另一种途径是设立消息类型的识别规则，如具有实体链的消息为事件消息、具有多维状态元素的消息为状态消息、具有属性值的消息为属性消息、其余消息为统计消息。

不同类型的消息对仿真系统有不同的驱动作用。系统识别出消息类型以后，要根据不同的消息类型做出相应的反应。

事件消息的驱动作用在于促使执行模块根据事件类型及系统所处的状态，调用相应的事件处理子程序对事件消息进行处理。事件消息的处理将产生新的消息，从而引起实体状态及属性的变化，从而产生新的统计消息。

状态消息的驱动作用是执行模块根据该消息分析现有的系统状态是否要发生变化。如果系统的某个状态发生改变，则可能会改变系统的其他状态，也有可能会改变系统的某些统计属性，此时就应更改原来的系统状态与统计数值，并产生出新的状态消息与统计消息。另外，系统某些状态的改变，有可能使原来条件不满足的事件因条件满足而引起新的事件，此时又将产生新的事件消息。

属性消息的驱动作用是使得执行模块更新或修改实体的属性记录，并进行必要的统计计算。实体属性的变化，也可能产生新的事件消息和状态消息。

统计消息通常对系统状态没有太大的影响，但是当某些统计数值满足特定条件时，系统也会产生新的事件，从而使系统状态发生变化。

图3-29所示为消息驱动法的仿真执行机制示意图。其中，"获取消息"是指当执行模块处于"空闲"状态时，消息池中排在最前面的消息通过消息池与执行模块之间的通道，到达执行模块；"识别消息"是指执行模块对到达的消息类型进行识别，以便对消息做出处理；"处理消息"是指根据消息类型将消息发送到相应的执行子程序中，对到达的消息做出相应的处理；通过"清除消息"对处理后的消息予以消除。不断重复上述过程，直到一个有效的结束消息到达，执行模块终止运行。

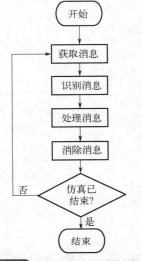

图 3-29 消息驱动法的仿真执行机制

3.4 仿真时钟推进机制

在3.2.1节中，我们曾指出，仿真时钟用来显示仿真时间的当前值，它是仿真模型运行时序的控制机构。时钟推进机制则是指在仿真程序或仿真软件中将仿真时间从一个时刻推进到另一个时刻的方法，以便模拟动态系统的运行过程。

无论是事件调度法、活动扫描法还是进程交互法，系统状态发生变化的时间都是事件发生的时间。事件调度法中要搜索下一最早发生事件的时间；活动扫描法中实体的时间也指向该实体下一事件发生的时间；进程交互法的复活点也对应事件的发生时间。仿真时钟的推进机制不仅直接影响计算机仿真的效率，而且影响仿真结果的有效性。

常用的仿真时钟推进机制有三种：固定步长时间推进机制、下次事件时间推进机制和混合时间推进机制等。

（1）固定步长时间推进机制

固定步长时间推进机制是指在整个仿真过程中维持步长不变，即按固定步长推进仿真时钟，并且每次推进需要扫描此时间区间内有无事件发生，从而得到有关事件的时间参数。固定步长时间推进机制的原理如图3-30所示。

下面以简单排队系统为例说明固定步长时间推进机制的特点。假设某单位服务台排队系统中，顾客按泊松流到达，其到达间隔时间分别为A_1、A_2、A_3等，每个顾客的服务时间服从负指数分布，相应的服务时间分别为 S_1、S_2、S_3 等。A_i 和 S_i 都是在仿真过程中按照其概率分布随机产生的。在这种排队系统中只有两类随机离散事件，即顾客到达系统事件 E_A 和服务结束后顾客离开系统事件 E_D，事件的发生过程如图 3-31（a）所示。

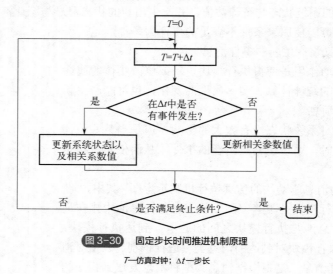

图 3-30　固定步长时间推进机制原理

T—仿真时钟；Δt—步长

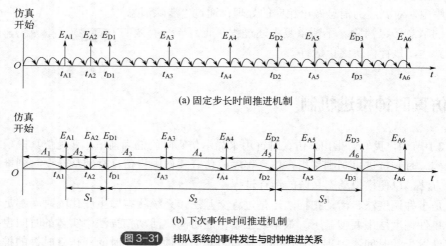

(a) 固定步长时间推进机制

(b) 下次事件时间推进机制

图 3-31　排队系统的事件发生与时钟推进关系

固定步长时间推进机制具有如下特点：

① 开始仿真后，仿真时钟 T 从当前值不断按步长 Δt 向前推进，并不断扫描每个 Δt 中有无事件发生，当有事件发生时，即将 T 更新到与该事件发生的相应时刻。这一过程持续进行，即可实现动态系统的仿真。例如，若在第 n 个 Δt 时间间隔内有 E_{A1}（第一个顾客到达）事件发生，则置 $T = n\Delta t \approx t_{A1}$。由于事件 E_{A1} 将引起 E_{D2}（第一个顾客离开事件）和 E_{A2}（第二个顾客到达事件）两个新的离散事件，所以仿真时钟的推进和对事件的扫描会不断发展下去，直至仿真结束。

② 一旦确定步长，不论在某段时间内是否有事件发生，仿真时钟都只能逐步推进，并同时计算和检查在刚推进的步长中有无事件发生，因而存在大量多余的计算和判断，占用计算机较长的运行时间，影响仿真效率。显然，步长 Δt 取得越小，这种情况越严重。

③ 该机制把发生在同一步长内的事件看作发生在该步长的末尾，并且把这些事件看作同时

事件（实际上并不同时），这势必产生误差，影响仿真的精度，步长Δt取得越大，产生误差越大，精度越低，一旦误差超出某个范围，仿真结果将失去意义。

因此，从提高仿真精度的角度出发，步长Δt越小越好，而从提高仿真效率的角度，步长Δt则越大越好。也就是说，仿真精度和仿真效率之间存在难以调和的矛盾。应用表明：只有当事件发生的平均时间间隔短、事件发生的概率在时间轴上呈均匀分布特征的系统，固定步长时间推进机制才能保证一定仿真精度的同时，获得较高的仿真效率。

（2）下次事件时间推进机制

与固定步长时间推进机制不同，下次事件时间推进机制是指仿真时钟并非按固定步长连续地推进，而是按照下一个事件预计发生的时刻，以不等长的时间间隔向前逐次推进的，即仿真时钟每次都从一个事件发生时间跳跃性地推进到下一最早事件发生的时间。仿真时钟的增量可长可短，取决于被仿真的系统。为此，需要将各事件按发生时间的先后次序排列，仿真时钟则按事件顺序发生的时间推进。每当某一事件发生时，必须立即计算出下一事件发生的时间，以便推进仿真时钟。这个过程不断地重复直到仿真运行满足规定的终止条件时为止。通过这种仿真时钟推进方式，可对有关事件的发生时间进行计算和统计。下次事件时间推进机制的原理如图 3-32 所示。

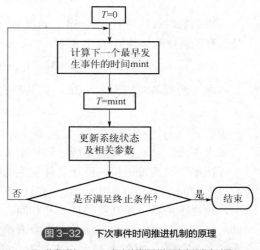

图 3-32　下次事件时间推进机制的原理

T—仿真时钟；mint—每次计算得到的下次事件发生时间

仍以简单排队系统为例说明下次事件时间推进机制的过程和特点。对于下次事件的时间推进方式，令T为仿真时钟的当前值；t_{Ai}为第i个顾客到达系统的时间；W_i为第i个顾客的排队等待时间；t_{Di}为第i个顾客离开系统的时间；q_i为第i个事件发生时的队长；z_i为第i个事件发生时服务员的状态，"1"忙"0"闲。假定已获得随机变量A_i（顾客到达时间间隔）和S_i（服务时间），样本值为

$$A_1 =15 ，A_2 =32，A_3 =24，A_4 =40，A_5 =22，$$
$$S_1 =43，S_2 =36，S_3 =34，S_4 =28，\cdots$$

系统初始状态：$q_0 = 0$，$z_0 = 0$

仿真时钟初始值：$T = t_0 = 0$

若模型按下一最早发生事件推进，则仿真时钟推进过程如图 3-31（b）所示。

在$T = t_0$时刻，下一最早发生事件为到达事件，发生的时刻为t_{A1}，且

$$t_{A1} = t_0 + A_1 = 15$$

仿真时钟推进到t_{A1}，然后处理该事件。由于是到达事件，且$q_0 = 0$，$z_0 = 0$，系统立即为刚到达的顾客服务，即$W_1 = 0$，而该顾客的服务时间$S_1 = 43$，则其离去时间为

$$t_{D1} = t_{A1} + S_1 + W_1 = 15 + 43 + 0 = 58$$

此时服务台状态由$z_0 = 0$变为$z_1 = 1$。

下一最早发生事件仍是到达事件，这是因为

$$t_{A2} = t_{A1} + A_2 = 15 + 32 = 47 < t_{D1}$$

所以仿真时钟推进到 $t_{A2} = 47$，处理该到达事件。由于 $z_1 = 1$，该顾客必须排队等待，使队长

$$q_2 = q_1 + 1 = 0 + 1 = 1$$

该顾客开始等待的时间为 t_{A2}。

紧接着，下一最早发生事件应该是第一个顾客离去事件，因为下一到达事件发生的时间为

$$t_{A3} = t_{A2} + A_3 = 47 + 24 = 71 > t_{D1}$$

所以仿真时钟推进到 $t_{D1} = 58$，处理第一个顾客的离去事件（包括统计服务人数，观察队列中是否有顾客排队等待）。由于 $q_2 = 1$，第二个顾客开始接受服务，而且该顾客的排队等待时间为

$$W_2 = t_{D1} - t_{A2} = 58 - 47 = 11$$

该顾客的服务时间为 $S_2 = 36$，则其离去时间为

$$t_{D2} = t_{D1} + S_2 = 58 + 36 = 94$$

由于 $t_{D2} > t_{A3}$，则下一最早发生事件必是第三个顾客到达事件，仿真时钟推进到 $T = t_{A3}$。依次下去，直到仿真满足规定的终止条件为止。

下次事件时间推进机制能在事件发生的时刻捕捉到发生的事件，也不会导致虚假的同时事件，没有时间误差，仿真精度高。同时，下次事件时间推进机制还能跳过大段没有事件发生的时间，这样也消除了不必要的计算和判断，有利于提高仿真效率。同时还可以看到，采用下次事件时间推进机制时，仿真的效率完全取决于发生的事件数，即完全取决于被仿真的系统，用户无法控制调整。事件数越多，事件发生得越频繁、越密集，仿真效率就越低。下次事件时间推进机制没有调整仿真效率和仿真精度的手段。实践表明，当在一定的仿真时间内发生大量的事件时，采用下次事件时间推进机制的仿真效率甚至比固定步长时间推进机制的仿真效率还要低。

综上所述，固定步长时间推进机制和下次事件时间推进机制各有其优缺点：固定步长时间推进机制适宜对事件的发生在时间轴上呈均匀分布的系统在短时间里的行为进行仿真；下次事件时间推进机制适宜于对事件发生数小的系统进行仿真。

（3）混合时间推进机制

为了兼具上述两种时间推进机制的优点，有些专家学者提出了一种新的时间推进机制——混合时间推进机制。

混合时间推进机制是固定步长时间推进机制和下次事件时间推进机制的结合。在混合时间推进机制中，仿真时钟每次推进一个固定时间步长的整数倍（ $n\Delta t, n \geq 1$ ）。步长 Δt 可以在仿真前确定，并能逐步调整以获得必要的仿真精度和仿真效率。而仿真时钟每次究竟增加几个步长（即 Δt 等于多少），则取决于系统中下次事件的发生时间，即取决于仿真系统或建立的仿真模型。这样，混合时间推进机制也能像下次事件时间推进机制那样，跳过大段没有事件发生的时间，避免多余的计算和判断。

混合时间推进机制的原理是：仿真时钟的值先被初始化，然后计算出在仿真系统当前状态下所有未来事件的发生时间与仿真时钟当前值的差，并取其为步长 Δt 的整数倍。

具体取法是：若某一未来事件的发生时间与仿真时钟当前值的差为 T_i（如前面例子中的 A_i 和 S_i），步长为 Δt，则取事件的发生时间与仿真时钟当前值的差为步长的 $\lceil T_i / \Delta t \rceil$ 倍，即为 $\lceil T_i / \Delta t \rceil \Delta t$。其中，$\lceil T_i / \Delta t \rceil$ 表示不小于 $T_i / \Delta t$ 的最小整数，如 $\lceil 4.2 \rceil = 5$，$\lceil 4.6 \rceil = 5$，$\lceil 5 \rceil = 5$，由于 T_i

不可能为 0，所以按这种取法求得倍数至少为 1。取经过上述处理的最小间隔时间（设为 $m\Delta t$）作为下次事件发生时间与仿真时钟当前值的差，将仿真时钟推进 $m\Delta t$，然后根据 $m\Delta t$ 和与之相对应的下次事件更新系统的状态和有关参数，再进入新的一轮循环，直至满足结束仿真条件。

在仿真模型中，应用混合时间推进机制的基本步骤为：

① 初始化。设置仿真时钟的初值、系统的初始状态以及有关参数的初值，确定仿真终止的条件，确定步长 Δt。

② 根据系统的当前状态和有关参数，计算所有可能发生的未来事件以及事件发生时间与仿真时钟当前值的差，并按前述方法计算步长 Δt 的整数倍。

③ 以 $m\Delta t$ 表示下次事件发生时间与仿真时钟当前值的差。将所有发生时间与仿真时钟当前值的差小于 $m\Delta t$ 的事件作为"下次事件集"。显然，下次事件集中的事件的发生时间包含在区间 $[t+(m-1)\Delta t，\quad t+m\Delta t]$ 中，其中 t 为仿真时钟的当前值。

④ 仿真时钟递增 $m\Delta t$。

⑤ 根据所采用的仿真调度策略，更新系统的当前状态及有关参数。

⑥ 判断是否满足仿真结束条件。若不满足，则转至第②步；若满足，则终止仿真，输出仿真结果。

仍以前述的排队系统为例，采用混合时间推进机制时时间推进过程如图 3-33 所示。

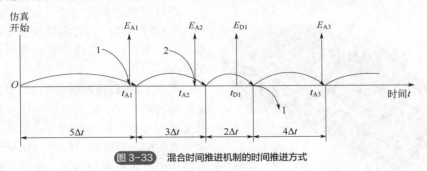

图 3-33　混合时间推进机制的时间推进方式

下面讨论仿真效率和仿真精度问题。仿真效率是指在相同的环境下，对同一个系统同一段时间的行为进行仿真时，所花费的计算机机时的多少。花费的机时越少，仿真效率越高；反之，机时越多，则仿真效率越低。仿真精度是指仿真结果与系统实际行为特性之间的接近程度。仿真结果与实际越接近，则仿真精度越高。

对同一个系统而言，仿真效率和仿真精度与仿真模型、仿真算法以及仿真时钟的推进机制等因素有关。一般地，仿真模型总要做出一些假设和简化，难以百分之百地反映系统的实际特性。通常，人们只要求仿真模型及仿真结果达到一个可以接受的精度范围即可，而将低于一定精度要求的仿真模型和仿真结果视为无效。

对于相同的仿真模型，当仿真时间长度相同时，在三种时间推进机制中，下次事件时间推进机制因能精确捕捉事件的发生时刻，仿真精度最高。下次事件时间推进机制的效率完全取决于仿真时间内发生的事件数，用户无法改变仿真效率。

固定步长时间推进机制和混合时间推进机制则因在确定事件发生时刻存在误差，影响了仿真精度，并且步长 Δt 越大，仿真的精度就越低。此外，对固定步长时间推进机制而言，仿真效率完全取决于步长，步长越长则效率越高，步长越短则效率越低。若要完全消除因步长而造成的误差，则步长趋于 0，此时仿真时间趋于无穷大，仿真效率将急剧下降。

混合时间推进机制的效率不仅与步长有关，而且与事件的时间分布有关。步长越长，事件在时间轴上的分布越不均匀，效率就越高；反之，则仿真效率越低。

此外经过分析还可以得出以下结论：对同一实际系统进行仿真时，采用混合时间推进机制的效率不低于采用下次事件时间推进机制的效率；在同样的仿真精度下，采用混合时间推进机制的效率不低于采用固定步长时间推进机制的效率。

3.5　离散型智能制造

3.5.1　离散型制造业的特点

离散型制造主要是通过对原材料物理形状的改变、组装，使其成为产品并增值。在离散型制造过程中，物质的性质基本上没有发生改变，只是物料的形状和组合发生了改变，即将产品分解成若干个零件，每个零件经过一系列并不连续工序的加工，最后按一定顺序装配而形成产品，并且产品与所需物料之间有确定的数量比例，如一个产品有多少个部件，一个部件有多少个零件，这些物料不能多也不能少，而且生产单位和销售单位是统一的。

拓展阅读

离散型制造业生产过程复杂、产品种类繁多、非标程度高、工艺路线和设备使用灵活、车间形态多样、运营维护复杂等，具有以下几个特点。

① 产品结构层次明晰。离散型制造业的产品结构可以用树状结构进行描述，最终产品一般是由固定数量的零件或部件组成，相互间的关系非常明确和固定。如图 3-34 所示的商用汽车结构图，可分为发动机、车身、底盘以及电子电气设备等部件，其中底盘部件则由传动系、转向系、行驶系和制动系等部件装配而成，而传动系又包括离合器、变速器和联轴器等，每个部件还可以再细分为若干个零件，零、部件之间可通过如图 3-35 所示的树状关系来表示。

图 3-34　商用汽车结构图

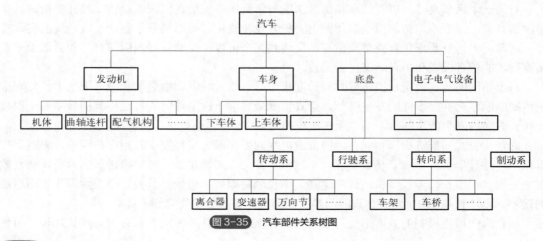

图 3-35　汽车部件关系树图

② 产品工艺流程复杂。离散型制造业的产品生产过程是断续的、离散的，主要的生产工艺方法有铸造、锻造、焊接、机械加工等，不同零件的生产工艺过程有所不同，同一零件产量不同时，其工艺过程也会有较大区别。如一种商用汽车变速器的内部结构，可将其按照树状分解包括壳体、盘齿、轴齿和齿圈等零件。这些零件的加工工艺和所使用的设备均不相同（图 3-36），因此对于离散型制造业而言产品的生产制造工艺流程有较大不同。

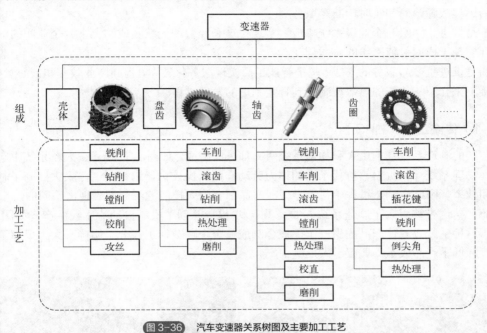

图 3-36　汽车变速器关系树图及主要加工工艺

面向订单的离散型制造业的特点是多品种和小批量，因此，生产设备的布置不是按产品而是按照工艺进行布置的，例如，按车、磨、刨、铣来安排机床的位置。每个产品的工艺过程都可能不一样，而且可以进行同一种加工工艺的机床有多台。因此，需要对所加工的物料进行调度，并且中间品需要进行搬运。面向库存的大批量生产的离散型制造业，例如汽车工业等，是按工艺过程布置生产设备。

③ 物料存储不确定。离散型制造的原材料主要是固体，产品也为固体形状。因此，存储多在室内仓库或室外露天仓库。

④ 自动化水平不稳定。离散型制造由于是离散加工，产品的质量和生产率很大程度依赖于工人的技术水平，自动化主要在单元级，例如数控机床、柔性制造系统等，因此，离散型制造业也是一个人员密集型行业，自动化水平相对较低。

⑤ 生产计划管理要求高。典型的离散型制造企业由于主要从事单件、小批量生产，产品的工艺过程经常变更，需要进行良好的计划。离散型制造业适用于按订单组织生产，由于很难预测订单在什么时候到来，因此，对采购和生产车间的计划就需要很好的生产计划系统，特别需要计算机进行生产计划排产及管理工作，以达到对生产任务快速响应的目的。所以，离散型制造对生产计划管理系统建设的要求较高。

3.5.2　离散型智能制造的发展

企业发展智能制造的核心目的是拓展产品价值空间，离散型智能制造侧重从单台设备自动化和产品智能化入手，基于生产效率和产品效能提升实现价值增长，因此企业智能制造建设要求如下。

一是推进生产设备（生产线）智能化。通过引进各类符合生产所需的智能装备，建立基于CPS的车间级智能生产单元。

二是拓展基于产品智能化的增值服务。利用产品的智能装置实现与CPS的互联互通，支持产品的远程故障诊断和实时诊断等服务。

三是推进车间级与企业级系统集成。实现生产和经营的无缝集成和上下游企业间的信息共享，开展基于横向价值网络的协同创新。

四是推进生产与服务的集成。基于智能工厂实现服务化转型，提高产业效率和核心竞争力。

接下来介绍从传统的离散型制造到智能制造的发展过程。

（1）传统工厂（HPS）

传统的制造系统基本由人和物理系统两大部分所组成，如图3-37所示。人在系统中起主导作用，物理系统（如机器）替代了人的体力劳动，由人操控机器进行制造，大大提高了制造的质量和效率，因此在制造过程中每个零件或产品都会因人技能的不同而表现出不同的质量。

随着传送带被引入了制造系统，如美国亨利·福特开创了机械自动流水线生产，如图3-38所示，这种生产方式使产品的生产工序被分割成一个个环节，工人分工明确，大大提高了生产效率，降低了产品成本，适应于大批量生产。

图 3-37　人-物理系统（HPS）　　　　　图 3-38　福特汽车第一条装配生产线

（2）数字化工厂（HCPS1.0——第一代智能工厂）

20世纪50年代后，随着计算机和数字控制等技术陆续融入制造业中，离散型制造工厂进入了数字化制造时代（HCPS1.0），也称为第一代智能工厂。

与HPS相比，HCPS1.0通过集成人、信息系统和物理系统的各自优势，其能力尤其是计算分析、精确控制以及感知能力等都得以极大提高，其结果是：一方面，制造系统的自动化程度、工作效率、质量与稳定性以及解决复杂问题的能力等各方面均得以显著提升；另一方面，不仅操作人员的体力劳动强度进一步降低，更重要的是，人类的部分脑力劳动也可由信息系统完成，知识的传播利用以及传承效率都得以有效提高。HCPS示意图如图3-39所示。

1952年，美国研制成功世界上第一台三坐标数控铣床；1958年，我国第一台数控铣床也随之研制成功，在后面的几十年当中大量的数控机床等数字化制造装备进入了离散型制造工厂。原先的机械加工都是用手工操作普通机床作业的，精度和效率取决于工人的经验和技术水平，而数控机床能够按照工艺人员事先编好的程序自动加工，精度和效率都得到大大改进，同时产品的一致性也大幅提升。

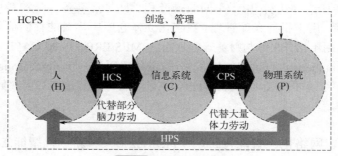

图 3-39　HCPS 示意图

与此同时，20 世纪 60 年代计算机被用来辅助生产管理，物料需求计划（material requirement planning，MRP）被提出，用来解决采购、库存、生产、销售的管理问题，建立了信息化管理系统。到了 20 世纪 80 年代，针对设计加工和管理中存在的信息孤岛问题，采用计算机采集、传递加工处理信息，形成了一系列的信息集成系统，如 CAD/CAPP/MRPI、CAPP/MRPI 等，并且相继在离散型制造企业中使用，对制造过程各种信息与生产现场实时信息进行管理，提升生产各环节的效率和质量。

20 世纪 70 年代初，柔性制造系统（flexible manufacturing system，FMS）进入了生产实用阶段，它由数控加工装备、物流输送系统、电气控制系统及信息软件系统等组成。其中物流输送系统由多种运输装置构成，如传送带、轨道、转盘以及机械手等，完成工件、刀具等的供给与传送；电气控制系统是对加工和运输过程中所需各种信息收集、处理、反馈，并通过计算机或其他控制装置（液压、气压装置等），对机床或运输设备实行分级控制的系统；信息软件系统工具包括设计、规划、生产控制和系统监督等软件，对柔性生产线进行有效管理和生产控制。几十年来，从单台数控机床的应用逐渐发展到加工中心、柔性制造单元、柔性生产线和计算机集成制造系统，工厂的柔性化得到了迅速发展。

数字化的制造装备、产线和管理系统相继应用于离散型制造企业，产品加工质量和效率都得到了显著提升，使得人、信息系统、物理系统构成的数字化制造工厂实现了制造业质的飞跃。

案例

（3）数字化、网络化工厂（HCPS1.5——第二代智能工厂）

随着离散型制造企业从数字化工厂向数字化、网络化工厂转变，互联网和云平台成为信息系统的重要组成部分，一端接入信息系统各部分，另一端连接物理系统各部分，同时还与人进行交互。虽然工厂的组成仍然是人、物理系统和信息系统，但此时的信息系统已经比数字化阶段的信息系统内容丰富了很多，因此可以称为数字化、网络化工厂（HCPS1.5 工厂），也称为第二代智能工厂。

数字化、网络化工厂将信息、网络、自动化、现代管理与制造技术相结合，在工厂形成数字化、网络化制造平台，改善工厂的管理和生产等各环节，从而实现了敏捷制造。管控系统是生产线层级的核心，制造执行系统（manufacturing execution system，MES）是车间层级的核心，企业资源计划（enterprise resource planning，ERP）是工厂层级的核心。MES 通过数字化生产过程控制，借助自动化和智能化技术手段，实现车间制造控制智能化、生产过程透明化、制造装备数控化和生产信息集成化。ERP 系统利用从产品数据管理（product data management，PDM）/ 计算机辅助工艺规划（computer aided process planning，CAPP）系统中获取的信息制订主生产计划。生产计划传递给 MES，用于车间级排产和车间生产准备。与物料相关的信息需传递给数字化立体仓库，用于指导仓库管理。数字化立体仓库中物料的存储信息以及财务信息反馈给 ERP 系统，用于指导采购与财务管理。通过 MES/ERP、PDM/CAPP 系统、分布式数字控制（distributed numerical control，DNC）/制造数据采集（manufacturing data collection，MDC）系统的集成，实现从设计、工艺、管理和制造等多层次数据的充分共享和有效利用。

拓展阅读

（4）数字化、网络化、智能化工厂（HCPS2.0——新一代智能工厂）

21 世纪以来，以新一代人工智能技术、5G、大数据、云计算、区块链、数字孪生等为代表的信息技术，特别是以深度强化学习智能、人机混合智能等为代表的人工智能技术正在与制造技术深度融合，逐渐在形成"人工智能+互联网+数字化制造"的新一代智能工厂（HCPS2.0）。人工智能技术赋予了 HCPS2.0 中信息系统更强的学习认知功能，从而使信息系统中的"知识库"从以前的仅靠人来充实增加为人

案例

和系统自学习来共同完善，一方面提升了制造系统的建模能力，可以真正实现数字孪生；另一方面更加融合了人的智慧与信息系统的自学习能力，促进了人-信息系统-物理系统的三元融合。

总体来说，离散型制造领域的智能制造要素条件包括以下几个方面。

① 车间/工厂的总体设计、工艺流程及布局均已建立数字化模型，并进行模拟仿真，实现规划、生产、运营全流程数字化管理。

② 应用数字化三维设计与工艺技术进行产品、工艺设计与仿真，并通过物理检测与实验进行验证与优化。建立产品数据管理系统，实现产品数据的集成管理。

③ 实现高档数控机床与工业机器人、智能传感与控制装备、智能检测与装配装备、智能物流与仓储装备等关键技术装备在生产管控中的互联互通与高度集成。

④ 建立生产过程数据采集和分析系统，充分采集生产进度、现场操作、质量检验、设备状态、物料传送等生产现场数据，并实现可视化管理。

⑤ 建立车间制造执行系统，实现计划、调度、质量、设备、生产、能效的全过程闭环管理。建立企业资源计划系统，实现供应链、物流、成本等企业经营管理的优化。

⑥ 建立工厂内部互联互通网络架构，实现设计、工艺、制造、检验、物流等制造过程各环节之间，以及与制造执行系统和企业资源计划系统的高效协同与集成，建立全生命周期产品信息统一平台。

⑦ 建有工业信息安全管理制度和技术防护体系，具备网络防护、应急响应等信息安全保障能力。建有功能安全保护系统，采用全生命周期方法有效避免系统失效。

案例：

多品种、小批量航空关键零部件数字化车间

新乡航空工业（集团）有限公司（以下简称新航集团）是中国航空工业所属大型现代化企业集团。新航集团航空产品具有传统离散型制造的特点：在航空产品设计方面，存在研发设计周期长、节点保证困难、缺少各类基础数据、研发难度大、过程反复、技术要求确定困难等问题；在制造方面，存在生产周期长、节点难以保证、制造过程质量把控难度大、不可控因素多等问题；在研发生产组织模式方面，航空产品具有多品种、小批量生产模式下计划排产难、组

织生产难、质量保证难的典型"老大难"问题等。为解决这些问题，建立了数字化车间，新航集团航空关键零部件数字化车间的总体架构图如图 3-40 所示。

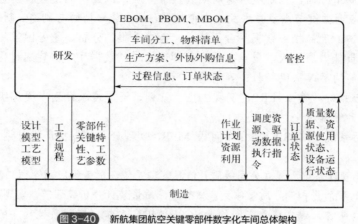

图 3-40 新航集团航空关键零部件数字化车间总体架构

EBOM—设计物料清单；PBOM—计划物料清单；MBOM—制造物料清单

根据新航集团航空关键零部件数字化车间总体架构及企业的信息化建设目标，新航集团研发制造一体化平台建设的总体功能架构如图 3-41 所示，拟解决航空关键零部件产品研发、生产制造、运营管控以及信息化方面的问题。

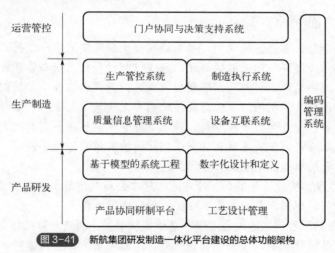

图 3-41 新航集团研发制造一体化平台建设的总体功能架构

（1）产品研发

在航空产品研发设计方面，拟解决研发设计周期长、节点保证困难、缺少各类基础数据、研发难度大、过程反复、技术要求确定困难等问题。

① 基于模型的系统工程（MBSE）。以基于模型的系统工程思想为指引建立需求驱动的正向研发设计流程，包括产品需求分析及捕获、功能模块建模及分析、需求评价及验证等。

② 产品三维数字化设计及仿真工具。引入数字化设计及仿真工具 CATIA，建立材料库、元器件库及标准件库等，开展产品结构/流体仿真及多学科联合仿真，实现设计与仿真协同。

③ PDM 与 CAPP 系统。建立航空产品数据管理（PDM）系统及结构化工艺数据平台 CAPP 系统，实现研发数据全面结构化管控，基于模型的 EBOM-PBOM-MBOM 数据链自上而下贯通。

（2）生产制造

在航空产品制造方面，拟解决制造周期长，节点难以保证，制造过程质量把控难度大，不可控因素多，供应商关键节点及技术关键把控弱，缺少统一协同与制造，制造单元功能单一，仅能实现产品制造，产品相关数据平台不统一，数据采集、分析、统筹困难，关键工序质量控制成本高，受人员能力影响大，重点型号产品调试困难，数据反复，装配过程中重要尺寸缺少监控及积累，不能为后续提供经验，等问题。

① 生产管控系统。建立 ERP，实现主生产计划、资源需求计划、库房实时信息、订单信息等的管理，提升管理水平。

② 制造执行系统（MES）。建立车间级 MES，实现产品计划排产、计划下发、进度跟踪、看板管理等功能。

③ 质量信息管理系统。建立公司级质量信息管理系统，覆盖供应商管理、制造过程质量控制管理、外场服务过程质量控制、质量体系审核管理、质量统计分析等环节，实现质量信息的追溯。

④ 设备互联系统。建立覆盖车间的 DNC 及 MDC 系统，实现数控程序的下发、机床监控和生产现场设备动态数据采集分析。

（3）运营管控

建立门户协同与决策支持系统，实现各项业务的协同管理，为公司领导决策提供支撑。

（4）信息化方面

实现数字化设计、计算及仿真能力，形成面向全生命周期的单一数据源集成管理能力。解决设计制造的上下游关键环节尚未打通问题，形成研制过程技术状态管理能力，以支持产品的系列化和模块化。解决系统工程与产品研制过程未进行有效的结合、欠缺配套的数字化标准规范体系、生产准备困难、车间的信息孤岛及系统间需无缝集成、生产计划与实际生产脱节等问题。解决车间质量管理业务运行不够顺畅，基础质量管理流程得不到有效的落实，不能产生完整的型号产品质量数据包，使质量数据既得不到正向的有效跟踪也不能进行反向的有效追溯，严重影响了产品质量的有效控制及改进等问题。

① 编码管理系统。构建信息编码标准体系，建立公司级信息编码管理系统，实现产品、设备、生产资源等的统一编码，并与航空工业统一代码进行对接。

② 系统集成与互联互通。通过企业服务总线实现研发、制造、管控环节的集成与互通，实现从客户需求到产品设计试制、下单、物料供应、零组件供应、生产排产、制造装配、过程监控、品质确认、物流保障、收货确认、回款及合同闭环的全流程管理。

新航集团通过航空关键零部件数字化车间的实施，探索出了一条适合新航集团自身特点的多品种、小批量科研批产高度交叉的生产运行体系，实现在智能环境下的精益单元管理以及工艺、作业、质控、管理等标准化，达到管理高效、计划调度协调统一、生产状态可控、信息化数据可控等基本目的，有效缩短生产周期、提高准时交付率、提升产品质量与一致性，取得了一系列标志性的成果。

① 申请 6 项软件著作权、10 项实用新型专利、1 项航空工业管理创新成果，形成 2 项行业标准、25 项企业标准、48 项数字化车间规范。

② 建立基于模型的正向研发流程。以客户需求为驱动，利用需求管理、逻辑分析及仿真工具，建立了以模型为中心的正向研发流程，如图 3-42 所示，通过对需求及设计方案进行分析、验证和

迭代，降低了产品研制风险，提高了设计质量和效率，同时使知识和数据得以有效积累和传承。

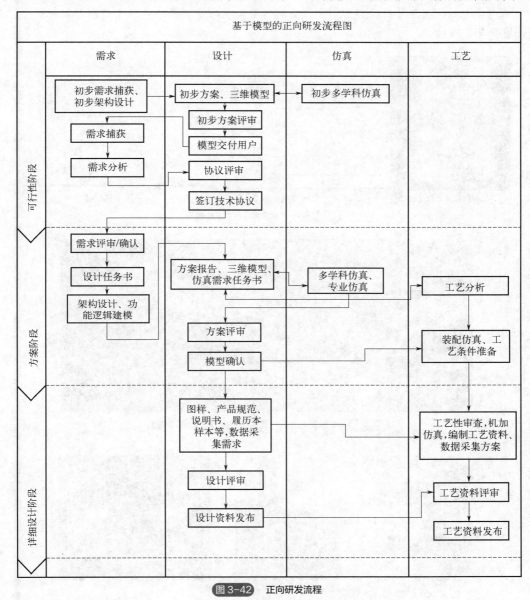

图 3-42　正向研发流程

③ 形成数字化设计及仿真优化能力。以三维数字化设计软件为基础，利用仿真软件实现产品的数字化设计、虚拟仿真分析、验证及优化（如图 3-43 所示），降低了产品研发成本，缩短了研发周期，提高了产品研制质量。

④ 形成生产系统规划与仿真优化能力。与机械工业第六设计研究院有限公司共同完成数字化车间的建模、仿真，对生产准备单元、机械加工单元、装配单元的设备布局、工艺物流生产节拍、产能等方面进行全方位的规划设计、仿真及优化（图 3-44），指导了生产线的建设实施过程，并为持续改善奠定了基础。

⑤ 建立多族混线精益加工单元及柔性精益装配单元（图 3-45、图 3-46）。生产现场功能集群式布局转变为多族混线精益加工单元流程式布局，实现了多品种、小批量离散型产品制造模

式的创新。单元智能化升级，通过引进六轴机械臂、研磨自动调节装置等智能设备，改变了原有人工作业方式，实现了产品装配、测试等过程自动化，在提高生产效率的同时，保证了产品制造质量与一致性。

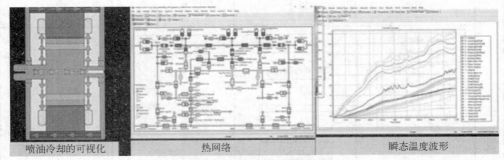

喷油冷却的可视化　　热网络　　瞬态温度波形

图 3-43　产品多学科仿真示意图

图 3-44　机械加工/装配单元建模及工艺物流仿真示意图

(a) 智能回转库　　(b) 对刀仪　　(c) 加工中心

(d) 数控电火花强化机　　(e) 智能折臂吊　　(f) 快换工装

图 3-45　多族混线精益加工单元主要设备

(a) 智能研磨机　　　　　(b) 双端面研磨机　　　　　(c) 伺服压铆机

(d) 非挥发介质自动清洗机　　　(e) 智能装配台　　　　(f) 智能检测台

图 3-46　柔性精益装配单元主要设备

⑥ 建立贯穿产品主价值链的各类信息系统并实现集成（图 3-47）。通过编码管理系统实现物料统一编码管理；通过 PDM、CAPP、ERP 与 MES 的集成，实现产品数字线贯通；通过 MES、编码系统、DNC/MDC、ERP 的集成，进行生产过程信息化管控，实现生产计划的生成下达、生产准备和配送及时、生产进度可监控、设备及检测信息数据自动采集，完成从合同到生产计划、生产、检测、入库发货的闭环。

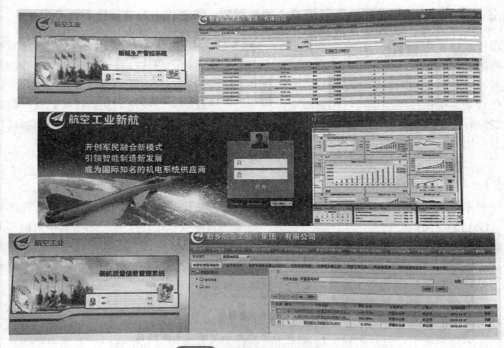

图 3-47　新航集团信息系统示意图

通过项目实施，实现多品种、小批量军用航空产品研制周期缩短 57%，生产效率提升 39%，不合格品率降低 54%，运行成本降低 24%，能源利用率提高 42%。

新航集团航空关键零部件数字化车间项目基于目标产品主价值链系统、全面、全业务流程实施，从研发、制造与业务管控各个维度均有相应的带动作用。

① 研发维度。建立了基于模型的正向研发流程，形成了整套技术规范，有利于缩短产品研制周期，提升产品研发质量，可推广至公司其他产品研发中。

② 制造维度。提出了数字化车间整体规划、工艺与物流规划、设备（软件）选型、系统集成等方面的详细解决方案，使多品种、小批量柔性精益制造的系统解决方案得以真正落地。数字化精益制造系统建设的原则、流程、工具等经验可为公司以及行业内军用航空关键零部件制造车间建设提供思路和参考。

③ 业务管控维度。全面提升了企业信息系统的总体规划能力，提出的方案得到行业系统解决方案供应商的认可，有望在行业内得到推广应用。

目前，在航空关键零部件数字化车间项目应用成功的基础上，通过将基于模型的系统工程思想、工具和方法在新航集团内部子公司推广、应用，显著提升了正向研发效率和产品研发质量。同时，航空关键零部件数字化车间建模技术和工艺物流仿真技术在新航集团豫北转向器子公司智能制造示范生产线建设中得到应用，在建模过程中不断优化设备布局、工艺流程等，通过生产线建设整体规划，为实体线建设打下坚实的基础和支撑。

新航集团航空关键零部件数字化车间项目的建设实施，实现了航空机载附件传统离散型制造模式向数字化精益制造模式的转变，为军用航空关键零部件企业探索出了一条数字化转型的技术路径。下一步将在新航集团节能汽车转向系统智能制造新模式应用项目、节能汽车电动空调智能制造新模式应用项目中进行推广，引领新航集团智能制造新发展。

3.5.3　离散制造系统建模与仿真

现代建模与仿真（modeling & simulation，M&S）技术已经成为对人类社会发展进步具有重要影响的一门综合性技术学科，已被广泛地应用于制造系统的规划、管理和运行中，并逐渐显现出解决大规模复杂问题的优越性。

仿真是实现从传统制造向可预测制造、科学制造转变的关键技术，支持在实际投产前对系统性能进行分析和论证，它在制造系统的规划、设计、运行、分析及改造的各个阶段都可以发挥重要作用。

（1）离散制造仿真的特点

任何系统的状态总是随时间而变化，根据系统状态变化是否连续，制造系统又有连续制造系统（CMS）和离散制造系统（DMS）之分。前者的状态变量是连续的，如化工和炼钢等流程性行业；机械制造系统则是典型的 DMS。相对于 CMS，DMS 中产生的生产过程通常被分解成很多加工任务，每项任务要求占用部分能力和资源。尽管在 DMS 中又可以组织离散或流水生产，但是 DMS 所生产的产品具有明显的个体独立性，产品一般在不同的工作中心上进行不同类型的工序加工，加工工艺路线和设备利用也非常灵活。总体而言，DMS 具有物流灵活分散、生产线简短、设备利用率差异大、存在在制品等显著特点。因此，DMS 对 M&S 提出了通用性、可重用性等建模要求，以及柔性、动态性、全局性的仿真要求，其仿真研究也主要采用离散事件驱动的仿真（discrete event simulation，DES）方法。

DMS 的研发和应用中有两个重大课题：一是规划设计；二是运行与控制。如表 3-2 所示，仿真技术在这些方面都有广阔的应用空间。

表 3-2　仿真技术的应用

应用层面		研究内容
系统设计		布局规划，产能分析，运行规则和计划调度预测
系统运行	系统预测	对非常态的性能指标或敏感因素进行分析，如人员缺勤、设备故障等
	规则控制	选择合适的控制规则或变量，如机床对加工对象的选择、生产订单的选择等
	指标优化	寻求最佳的决策或控制变量，如制造周期、在制品量、产量、机床利用率、容量、生产质量等
	验证	给定性能指标的经验值，进行仿真求解和验证
	展示	以二维或三维可视化的方式展示生产决策过程

上述研究内容中，需要重点解决的问题有：确定系统的布局和设备、人员配置；对生产率、制造周期、产品混合比、瓶颈设备等影响系统性能的指标进行综合优化；针对调度策略、作业计划、在制品库存等指标进行作业过程评估。

DES 仿真软件方面先后经历了仿真语言、仿真器和建模仿真平台的发展过程。随着仿真技术的发展，出现了各种商业化的集成建模与仿真环境，如 Witness、AutoMod、Flexsim、Arena、Extend、Quest 等，早期开发的仿真语言和仿真器均逐步淘汰或集成到仿真平台。这些仿真软件各具特色，在物流和制造领域均得到一定程度的应用。

我国从 20 世纪 70 年代后期开始引进、移植和研制仿真语言，20 世纪 80 年代逐步形成了自己的语言规范，其代表有国防科技大学研制的高级仿真语言 YFMPSS 及 YHSIM 建模/仿真一体化软件环境等。

（2）制造系统建模技术

模型是对建模目标的概念化表示，建模就是系统模型的构建过程。建模技术是仿真技术的基础，两者是同步发展的。从 20 世纪 90 年代起，各种先进制造模式的出现对快速建模和模型重用提出了更高要求，对此研究人员在系统控制结构、智能建模和数据驱动建模等方面进行了大量研究。

① 系统控制结构。控制结构不仅决定了系统模型的适用性，而且直接决定了仿真运行的效率和质量。DMS 在功能和结构组织及其管理模式上具有一定的纵向层次特性，因此对 DMS 控制结构的建模集中在集中式、递阶式、分布式和混合式的递阶控制结构上。随着企业联盟等大型、复杂、集成系统的发展，出现了分布式仿真应用，为此提出高层体系结构（HLA）技术融合的方法，将面向对象和网格技术应用到 HLA 建设，扩展出更复杂、可重用的互操作系统。

上述研究都给出了较完整的硬件、软件结构和控制体系，但是出于模型通用性的考虑，模型结构较为固定，缺少对系统体系结构调整的考虑以及对系统资源能力约束的深入挖掘，因而在实际应用中模型的定制和维护工作量依然较大，其应用范围仍有局限性。

② 智能建模。常用的智能建模方法，如 Petri 网和多智能体，能够有效协调系统通信、分解系统功能、分析系统性能。

如对加工中的物流运输和生产调度等业务流程进行描述，通过扩展神经模糊 Petri 问题，利用自治 Agent 网络动态特性及结构建立制造系统仿真模型，模型中的订单（OA）、工件（PA）、运输（TA）和装载（LA）代理之间可进行业务交互等。

③ 数据驱动建模。为适应动态建模的需求，建模方法与仿真应用的集成是必然趋势。仿真只是一个开放性平台，其数据主要来源于外部，数据驱动建模（data-driven modeling，DDM）实际是系统的数据集成方法，其目的是实现模型自动生成，并驱动仿真运行。

（3）仿真优化技术

建模旨在分析系统运行逻辑，重建系统仿真结构，仿真则对模型正确性加以检验，并对其运行效果加以优化。仿真是一种模拟实验方法，为获得最优或近优解，需要进行反复实验，并采用搜索算法对控制参数和仿真结果进行优化评估。仿真与优化相结合的方法是解决 DMS 等复杂系统参数和性能多目标优化问题的重要途径。

① 系统设计与开发。DMS 有复杂的特点，仿真优化技术是简化和求解这类问题行之有效的重要方法。如在复杂装配生产线的设计中，可以基于仿真平台开发出满足装配线系统规划的仿真环境。目前，很多离散制造仿真软件可将任务、工艺和资源等源头信息与生产规划系统有效集成，提升了仿真系统的应用广度和深度。

② 生产调度仿真。生产调度需要优化算法的支持，是运行 DMS 需要解决的核心问题。仿真优化方法在解决在制品数量、交货期、设备故障等调度问题上具有功能可伸缩、过程透明可控等特点。在仿真应用中，如果视调度过程为黑盒，则可以对调度软件（如 MES）生成的调度方案进行优化评估；如果将其进行开盒设计，则可以直接在仿真系统中开发调度算法，该情况将导致仿真调度完全替代调度软件的功能。

③ 物流规划仿真。物流规划是提高车间仿真真实性的重要方面。针对机械产品灵活多变的运输要求，车间生产中主要使用叉车、电瓶车、自动导引小车（automatic guided vehicle，AGV）以及人工搬运等物流运输设备。相比之下，针对广义物流，如供应链物流和交通运输中的物流规划研究较多，对车间生产物流规划的研究较少。

大型车间生产中，物流通道较多，物流情况复杂，在生产任务很多时，常常发生物流路径阻塞的情况，因此，冲突和死锁等问题也需要在物流规划中加以考虑。但是，相关研究大多事先假设设备之间的物流路线是固定的，对实际生产中灵活的运输路径选择考虑不够。而且，加工与物流是 DMS 中不可分割的整体，仿真中应将两者结合起来进行研究。

④ 布局仿真。经过验证的布局方案，才能付诸实施，通过建模可以建立以布局为背景的系统模型，通过仿真运行可以对当前布局规划方案下的实际生产效果进行模拟，因此，用仿真方法研究布局问题是切实可行的方案。布局仿真研究必须对布局的原则、约束和目标加以考虑，并从生产性能表现等角度对布局进行分析。仿真实验可重复进行，因此采用仿真方法可以对多种布局方案的生产效果进行对比研究。

⑤ 仿真过程控制 DMS。仿真中需要对生产和物流过程加以控制，基于规则的控制是最为常见的仿真控制方法。在生产运行中，主要有设备选择工件、工件选择设备两类规则，控制规则的变化能够带来工件的加工和物流路径的改变，从而实现对生产和物流的逻辑控制。在实际仿真应用中，常用的规则可以组合应用。

（4）未来发展趋势

① 柔性快速建模与仿真技术。大至汽车、飞机，小到电子产品，DMS 行业广泛。实际应用中，首先，在注重强调优化算法稳健性的同时也应该考虑仿真模型的通用性和可重用性，就

仿真模型而言，应该提高模型的模块化程度，针对不同问题采用"即插即用"的方式快速构建仿真模型。仿真优化方面，在提高优化算法稳健性的同时，还需要提高优化算法的参数化、模块化程度和可定制特性。

综合运用各种建模方法以提高仿真模型的模块化程度，例如适合于共发、流程性模型的 Petri 网与适用于自主、协同特性模型的 Multi-Agent 建模技术的融合，为柔性建模打下基础。数据驱动的建模与仿真技术是系统集成技术的实际应用，仿真系统与其他信息系统的结合有助于加强人们对建模和仿真方法通用化、仿真算法优化等方面的认识，也将从另一个层面推进制造系统建模与仿真的研究，提升建模与仿真在制造系统中的地位。数据是建模与仿真的驱动源，它直接服务于柔性、快速、自动建模与仿真的开发、运行和评估过程，数据驱动方法能够保证模型构建时数据源的唯一性和模型运行中数据的一致性。

② 过程与全局仿真优化。传统仿真只能给出预测结果，无法对仿真过程和结果给出精确的解释。DMS 的仿真过程控制离不开对生产调度的研究，仿真控制方法也是模拟实际生产过程控制进行经验或规则调度，并在此基础上采用调度算法，对控制过程进行优化。而越来越多的企业开始采用多品种小批量的生产模式，单一规则应用于所有产品类型显然是不合时宜的。因此，有必要面向具体产品和要求，开发特定的仿真规则和调度算法，并以参数化的方式实现对生产过程的监控和调整。

全局仿真优化方面，针对实验次数多、数据量大、需耗费较多人力和时间、仿真的应用效率和可信度不高等问题，采用人工智能（AI）技术对系统进行求解优化已成发展趋势。仿真系统可以充分吸取 AI 中专家系统面向对象的建模能力和面向目标的推理能力，解决常规方法难以求解的问题，给出专家水平的结论。

③ 动态在线仿真。传统的仿真系统在解决一些复杂多变、实时性要求很高的决策问题时遇到了很大的挑战。大部分仿真模型都建立在静态和确定的环境下，没有考虑动态性和不确定性，仿真与全局调度控制系统间缺乏实时的信息流动，一方面，仿真系统不能从控制系统中获得实时信息来驱动仿真的运行，从而使得仿真的真实可信性受到影响；另一方面，仿真评估的结果又难以实时传给调度决策人员。因此，需要把仿真技术推到生产第一线，形成在线仿真。在线仿真需要建立精细、实时、全物理过程对象的在线仿真模型，同步采集仿真对象实时运行的数据和仿真对象操控状态的数据。运行环境使在线仿真模型与生产系统同步运行，其运行的目的是实时跟踪系统运行、安全运行预警预报，为生产优化和管理优化提供决策数据。

DMS 调度仿真就是动态在线仿真的典型实例。在进行排产时就要考虑各种扰动因素，如设备故障、临时插入新任务、工艺临时变更等。首先在线仿真系统需要与生产管理系统进行集成，从生产管理系统获得实时的任务、工艺等信息；其次根据实时仿真数据，对当前生产计划进行评估与分析，并实施动态调度；最后将仿真结果反馈给生产管理系统。

④ 资源能力约束建模与仿真。离散型制造企业资源能力有限，其生产和运作受有限资源的约束，实现其生产目标是一个复杂约束条件下的多目标优化问题，在 M&S 研究中如果刻意简化或回避这些问题，必然导致"仿而不真"，也势必产生难以令人信服的结果。生产中需加强对资源约束的分析，这也是仿真优化需要深入应用的重要方向。

除了设备数量、设备能力、工人数、运输能力、缓冲区容量等基本约束外，实际生产中遇到的资源约束更多，更为频繁，例如，并行工艺、工艺交叉、机加与装配混合生产、批处理设备建模等。考虑常规约束的系统模型不能很好地适应新的约束，所以，能力约束模型的构建要更多地考虑柔性建模与仿真的要求，提高仿真的应用广度和深度。

⑤ 其他。此外，在大型复杂仿真系统中应用与发展的分布式仿真、网络化仿真、云仿真的

概念和思想，也可纳入对 DMS 的 M&S 研究中。例如，这类系统中的模型结构、模块交互、数据优化等技术均可为 DMS 模型的构建和仿真运行提供指导。

仿真主要面向于应用，对典型应用需要加强建模和仿真过程标准化研究。同时为增强模型的可信度，提高模型的质量，需要采用完整的验证、校核与确认（VV&A）方法对模型进行评估。

 ## 本章小结

> 本章介绍了系统、模型与仿真的概念，三者之间的关系，以及系统仿真的重要性；阐述了离散事件系统建模与仿真的基本概念，讨论了离散事件系统建模与仿真步骤和仿真程序的结构。
>
> 仿真策略是仿真模型的核心与本质反映，本章对系统仿真的调度策略，即事件调度法、活动扫描法、进程交互法和消息驱动法的特点和方法展开了叙述；并介绍了仿真时钟的三种推进机制，仿真时钟的推进机制不仅直接影响计算机仿真的效率，而且影响仿真结果的有效性。
>
> 对离散型制造业进行解读，分析离散型智能制造的发展过程和需要解决的问题，最后概括了离散制造系统建模技术、仿真特点及仿真优化方法等，为后续章节展开做出了铺垫。

 ## 思考题与习题

1. 什么是系统？它有哪些特点？
2. 系统、模型与仿真之间的关系是什么？
3. 系统仿真的作用是什么？可以按照哪些类型进行划分？
4. 什么是离散事件系统？举例说明。
5. 离散事件系统建模的基本元素有哪些？
6. 简述离散事件系统仿真的步骤。
7. 分析事件调度法、活动扫描法、进程交互法和消息驱动法等仿真调度策略的特点，在分析每种调度策略基本原理的基础上，阐述几种仿真调度策略之间的区别与联系，并绘制每种仿真调度策略的流程图。
8. 从系统描述、建模要点、仿真时钟推进机制等层面，比较事件调度法、活动扫描法和进程交互法的异同之处。
9. 什么是仿真时钟？它在系统仿真中有什么作用？什么是仿真时钟推进机制？常用的仿真时钟推进机制有哪些？它们的主要特点是什么，分别适合于怎样的系统？
10. 结合具体的离散事件系统，分析采用固定步长时间推进机制、下次事件时间推进机制或混合时间推进机制时，分别具有哪些优点和缺点，以图形或文字等形式分析时钟推进流程。
11. 如何理解仿真效率和仿真精度？分析影响仿真效率和仿真精度的因素。
12. 从仿真效率和仿真精度的角度，分析和比较三种仿真时钟推进机制的特点，并分析三种仿真时钟推进机制分别适合于什么样的系统。
13. 离散型制造业的特点有哪些？企业智能制造建设要求有哪些？
14. 仿真优化有哪些关键技术？未来发展的趋势是什么？

第 4 章

制造系统的建模方法

思维导图

扫码获取

本书电子资源

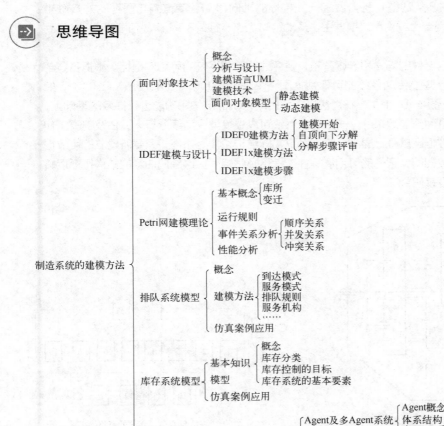

内容引入

系统种类众多，组成要素、结构、参数和性能各异，因此，系统建模的方法并没有统一的模式和固定的算法。

例如，对于制造系统设计和评价而言，为判定数控机床的整体性能，需要将数控机床分为机床本体、伺服系统、数控系统、控制介质等基本部件，并进一步分解成零件，以便通过对机床基本要素的分析，完成对机床整体性能的评价。机床制造企业开发新型数控机床时，需要通过市场调研，获取用户需求、生产成本、开发收益等信息，在此基础上拟定机床零部件组成、结构参数及其接口等，初步拟定新机床开发技术方案，再通过对各技术方案的分析和综合评价，选择综合性能最佳的可行方案。

如图 4-0（a）所示为由齿链无级变速器和行星轮组成的齿链复合传动系统。它的工作原理如下：动力由输入轴 14 输入，部分功率由行星齿轮机构输出，路径为输入轴 14—齿轮 8—太阳轮 9—行星轮 10、11—行星架 12—输出轴 15，其余功率经齿链无级变速器传递，路径为输入轴 14—链轮锥盘 3—齿链 2—链轮锥盘 4—齿轮 5、6、7—中心轮 13—行星轮 10、11—行星架 12—输出轴 15。齿链无级变速器起调速作用，调速原理为：调节调速丝杠 1 使主、从动链轮各自做相向或相悖的轴向移动，使链条与两链轮的接触半径（工作半径）分别变大或变小，根据主、从动链轮工作半径的不同形成不同传动比，达到无级变速的目的。

假定已知系统各部件的寿命和维修分布，要评估该传动系统的可用度指标。根据各零部件之间的连接关系，建立传动系统的可靠性框图（reliability block diagram，RBD），如图 4-0（b）所示。图 4-0（b）是在对齿链复合传动系统的结构和功能进行抽象的基础上，提取系统的本质特征而建立起来的。一旦建立系统可靠性模型，后续分析、评估及仿真工作就可针对系统可靠性框图展开。显然，不论系统实际结构和功能如何，只要所建立的可靠性框图和模型中的参数相同，它们的可用度等性能指标必然相同，这是把抽象的结构概括后转换成通俗易懂的模型来研究。

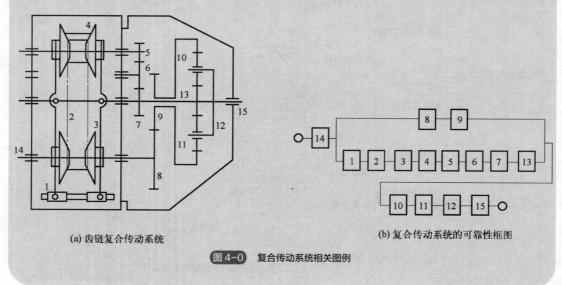

(a) 齿链复合传动系统　　(b) 复合传动系统的可靠性框图

图 4-0　复合传动系统相关图例

1. 了解面向对象技术的概念及应用；
2. 掌握 IDEF 建模与设计的方法；
3. 掌握 Petri 网建模的理论及应用；
4. 掌握排队系统的概念及建模方法；
5. 掌握库存系统的概念及应用；
6. 了解 Agent 在制造系统中的应用。

离散事件动态系统（discrete-event dynamic systems，DEDS）是指受事件驱动、系统状态跳跃式变化、系统状态迁移发生在一串离散时间点上的动态系统。如制造系统的产量、零件的加工时间、故障间隔、维修时间等都是不确定的。DEDS 大多具有比较复杂的变化关系，难以采用常规的微分或差分方程来描述。

随着离散事件动态系统研究的深入，根据建模手段与目标不同，产生了很多新的建模技术与方法。它们分为两大类：形式化建模技术和非形式化建模技术。所谓形式化建模技术是指采用数学工具，通过建立状态方程对系统进行描述和分析，如排队模型、库存模型、Petri 网法和极大代数法等；非形式化建模技术是指采用图形符号或语言描述等较贴近人们思维习惯的方式对系统进行描述和分析，这种分析主要借助计算机程序实现，如面向对象技术、流程图法和活动循环图等。

离散事件动态系统是一门处于发展中的学科，目前还没有形成统一和具有普适性的建模理论与方法。本章以制造系统为主要建模对象，介绍几种工程应用较多的离散事件动态系统建模方法。

4.1　面向对象技术

面向对象技术（object-oriented technology，OOT）是一种软件开发和程序设计技术，直接描述客观世界的对象及其相互关系，是利用面向对象的信息建模概念，如实体、关系、属性等，同时运用封装、继承、多态等机制来构造模拟现实系统的方法。

面向对象技术已经从编程发展到设计、分析，进而发展到整个软件生命周期。面向对象已成为当前计算机领域的主流技术。今天的面向对象技术正朝着更高的抽象层次和更多元化的应用模式迅速发展。

4.1.1　面向对象的基本概念

面向对象技术（方法）是建立在对象概念（对象、类、继承）基础上的方法。通过提供对象、对象间消息传递等语言机制，让分析人员在问题的解空间直接模拟问题空间中的对象及其行为，为需求建模活动提供了直观、自然的语言支持和方法学的指导。因此，可以说面向对象方法不仅仅是一种程序设计技术，更是一种完全不同于传统功能设计的新的思维方式。其最大优点是能够帮助分析、设计人员和用户清楚地描述抽象的概念，相互之间能够更容易地进行信息交流。

对面向对象这一概念的理解，包含以下两个方面的内容：

① 面向对象是一种认识客观世界的世界观，根据这种世界观，可以把客观世界视为由许多对象构成的，每个对象都有自己的内部状态和运动规律，它们相互联系、相互作用的客观世界。

② 面向对象是从结构组织的角度去模拟客观世界的一种方法，该方法着眼于对象这一构成客观世界的基本成分，将现实中的客观对象抽象为一组概念上的对象，再转换成相应的计算机对象。

面向对象的思维方式如图 4-1 所示。

图 4-1 面向对象的思维方式

软件工程学家 Peter Coad 和 Edward Yourdon 在 1991 年提出了如何识别面向对象方法的标准：

面向对象=对象＋类＋继承＋消息通信

如果一个计算机软件系统采用这些概念来建立模型并实现，它就是面向对象的。下面介绍与面向对象有关的几个基本概念和主要特征。

（1）对象

在人类认识客观世界的过程中，从思维科学的角度看，对象是客观世界中具有可区分性的、能够唯一标识的逻辑单元，是现实世界中的一个事物。对象所代表的本体可能是一个有形的物理存在，如具体到一件产品、一个人或一本书；也可能是一个事物或概念存在，如微观世界、宇宙和生产计划等。每个对象都有它自己的属性和操作，即它的静态特征和动态特征：属性是描述它的静态特征，而操作是描述其动态特征。如电视机有颜色、音量、频道等属性；还有一些操作，如切换频道、增减音量等。

从面向对象技术层面来看，面向对象方法是基于客观世界的对象模型化的软件开发方法。在计算机系统中，所谓对象，就是一个属性集（数据）及其专用操作（方法）的封装体。作为计算机模拟真实世界的抽象，一个对象就是一个实际问题论域、一个物理实体或一个逻辑实体。每个对象都有自己的属性值，对象中的属性只能通过该对象提供的操作来进行访问或修改，操作表示对象能够提供的服务。一个对象通常由对象名、属性和操作组成。

对象是问题域或实现域中某些事物的一个抽象，它反映该事物在系统中需要保存的信息和能够发挥的作用。在采用面向对象方法对系统进行抽象时，对象是系统的最小建模单位。从软件的角度来讲，对象是由数据及其操作所构成的封装体，有以下三个方面的特征。

① 每一个对象必须有一个名字以区别于其他对象，称为对象的标识；

② 对象具有某些属性特征，用状态来描述对象的特征，且状态的改变只能通过自身行为实现；

③ 对象具有一定的能力，其能力体现在它所具有的操作上，每一个操作决定对象的一种行为。

（2）类

类是一组具有相同属性和相同操作的对象的集合。类是对象的抽象，它给出了属于该类的全部对象的抽象定义，包括类的属性、操作和其他性质。每个具体的对象只是该类的一个实例。例如"教师"是一个类，"教师"类的实例"王老师""李老师"或"张老师"都是对象。这些对象是针对某一个具体的教师的描述，如"王老师"是一个计算机软件博士、网络信息安全方面的教授，今年只有 30 多岁等。类如同是一个对象的模板，用它可以产生很多个对象，这些对象有不同的属性值。类所代表的是一个抽象的概念或事物，在客观世界中实际存在的只是类的实例——对象，如图 4-2 所示。

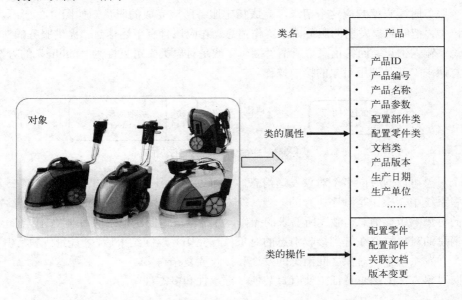

图 4-2　类与对象的关系

例如，对生产系统中一般运输工具（vehicle）的描述，若含有型号、载重量和运行速度等属性，则可以描述为一个 vehicle 类。

类的属性记录了对象类的特征。属性特征是一个类的所有对象都具有的，例如只要是飞机就具有型号、重量、颜色等属性特征。而同一个类的不同对象的属性具有不同的属性值，也就是说不同的对象具有不同的状态。也即同一个类的对象具有相同的变量结构，但其变量的值不同。在类中，属性名必须是唯一的，属性名是在整个类范围内有效的，不同类的属性名可以相同。从实现的角度看，属性指向的是一个内存空间，每一个属性代表了一个内存空间资源。为了保存对象的状态，系统将为同一个类的不同对象分配不同的内存空间。

类的操作又叫方法（method），描述了一个类具有什么样的能力，能够为其他类提供什么样的服务。方法是在类中定义的过程，即对类的某些属性进行操作以达到某一目的的过程。它的实现类似于非面向对象语言中的过程和函数，但方法是与类的属性封装在一起的。从实现的角度讲，方法实际上也是指向一段代码的地址，每一种方法代表了一个指向一段代码的指针。

（3）消息

消息是面向对象系统中实现对象之间的通信和请求任务的操作。对象间不是孤立存在的，它们之间采用消息传递来发生相互作用——互相联系、互发消息、响应消息、协同工作，进而实现系统的各种服务功能。

当发送一个消息给某一对象时，该消息中就包含了要求接收对象去执行某些活动的信息，接到消息的对象将会对这些信息进行解释并予以响应。消息只告诉接收对象需要完成什么操作，并不指示接收对象怎样完成操作。消息完全由接收对象解释：接收对象接收它能识别的消息，并独立决定采用什么方法完成所需的操作。消息只反映发送对象的请求，而消息的识别、解释则取决于接收对象，因此，同样一个消息不同的接收对象将产生不同的执行结果。

对象通过它对外提供的服务在系统中发挥自己的作用。当系统中的其他对象请求这个对象执行某个服务时，它就响应这个请求，完成指定服务所应完成的职责，如图 4-3 所示。在面向对象术语中，把向对象发出的服务请求称作消息。它应该含有下述信息：提供服务的对象标识、服务标识、输入信息、回答信息。所谓"接口"就是对象类中可见性为"public"的方法，所谓的"消息请求"就是调用对象的接口操作。

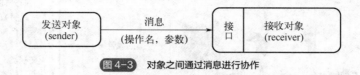

图4-3　对象之间通过消息进行协作

一个对象可以同时向多个对象发送消息，也可以接收多个对象发来的消息。在一个串行操作的顺序系统中，操作是顺序执行的：当一个对象向另一个对象发送消息请求某项服务时，接收消息的对象响应该消息，激发所要求的操作，并把结果返回给请求服务（发送消息）的对象。而发送消息的对象只有在等到接收消息的对象执行完毕并返回结果后，才能继续执行其他操作。而在一个并发系统中，对象之间消息的发送和接收要复杂得多。

面向对象方法的基本特征主要有封装性、继承性和多态性。

（1）封装性

封装性是面向对象方法的一个重要原则和基本特性，其目的是有效地实现信息隐蔽和局部化。

封装是指把对象的属性和操作结合在一起，组成一个独立的对象。其内部信息对外是隐蔽的，用户只能看到对象封装界面上的信息；不允许外界直接访问对象的属性，只能通过有限的接口与对象发生联系；只有对象内部的操作（方法）才能访问和修改该对象的属性。封装是一种信息隐蔽技术，目的是使对象的生产者和使用者分离，使对象的定义和实现分开。

在面向对象方法中，封装的基本单位就是对象，它有一个清楚的边界，接口用来描述该对象与其他对象之间的相互作用，而内部实现意味着必须在定义该对象的类内提供该对象相应的软件功能。

封装的特征是：一个清楚的边界；一个接口；受保护的内部实现。

封装提供了两种保护。首先，封装可以保护对象，防止用户直接存取对象的内部数据或调用其内部操作。也就是说，通过封装对象将自己的"隐私"保护起来，用户只能通过对象提供的接口来访问对象，而不能去关注对象的实现细节，不能去做该对象不允许的操作。

其次，封装也保护了对象的使用者（客户端）。通过封装防止对象实现部分的变化可能产生的副作用，即实现部分的改变不会影响相应客户端的改变。也就是说，用户只需要按照对象提供的接口去操作就可以了，而不需要关心对象的实现细节。

案例：当客户去银行取钱时，客户不能自己跑到银行里面去拿钱，更不能自己去后台数据库修改账户信息，而必须通过接口——银行出纳或者 ATM（自动取款机）的操作界面来完成取钱存款等操作。

在上述银行取款的例子中，用户并不需要关心银行的钱如何保存、账户如何管理、信息如何存储，只需要按照银行提供的接口操作就能满足自己的业务要求。再比如，对于一辆汽车，司机并不需要了解汽车的原理和构造，只要通过转向盘、刹车、离合、油门和仪表盘这些"接口"操纵汽车就可以了。虽然汽车制造技术不断改进，但由于这些接口是稳定的，司机并不需要去重新学习驾驶技术。

（2）继承性

面向对象中的继承是对现实世界中"继承"的模拟。继承性常常用来反映应用领域中的抽象与层次结构。继承机制是面向对象特有的，亦是最有力的机制之一。继承性是两个类之间共享数据和方法的机制，通过继承支持重用，实现软件资源共享、演化、增强和扩充。

继承是指子类（派生类、特化类）可以自动拥有其父类（基类、泛化类、超类）的全部属性与操作，即一个类可以定义为另一个更一般的类的特殊情况，如图4-4所示。

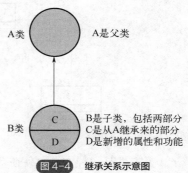

图 4-4　继承关系示意图

继承性分为单重继承和多重继承两类。单重继承时，一个子类只有一个父类。

案例： 汽车类是交通工具类的子类，而公交车类、小汽车类和卡车类分别是汽车类的子类，同时也是交通工具类的子类，如图4-5所示。

继承具有传递性，在多重继承时，一个子类可以有多于一个的父类。

案例： 水陆两栖交通工具从陆上交通工具和水上交通工具两个类继承而来，兼具了水上交通工具和陆上交通工具的特征，如图4-6所示。

单重继承的关系是单一的，体系结构表示为树；多重继承关系复杂，呈现网状结构。多重继承便于构造新类，但继承路径复杂庞大，系统运行时间开销大。

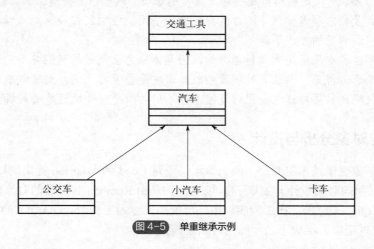

图 4-5　单重继承示例

继承的特征是：子类自动继承父类的所有属性和操作；子类可以有自己独特的属性和操作；父类可以是一个抽象类，抽象类不能有实例；继承具有传递性；子类可多重继承。

（3）多态性

多态来源于希腊语，字面的意思是"多种形状"。多态是一种普遍存在的现象。

案例： 如"水"的三种形态：冰、水、汽；又如加法运算：1+1、1+0.5、1/2+0.5等，两个加数可以呈现不同形态；再如，很多物体，如门、窗、书、盒子、信件、皮包、计算机等都具有名称相同的操作 —— "打开"，但如何打开是由物体本身的性质决定的。

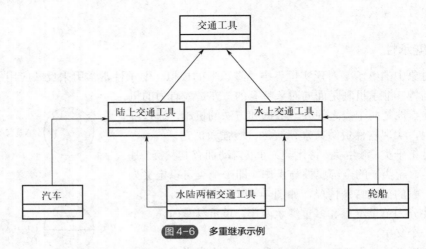

图4-6 多重继承示例

多态性是一种方法，使在多个类中可以定义同一个操作或属性名，并在每一个类中有不同的实现。多态性是指同一个消息被不同的对象接收时，可产生不同的动作或执行结果，即每个对象将根据自己所属类中定义的操作执行。应用多态性，用户就可以发送一个通用的消息给多个对象，而每个对象则根据自身的情况来决定是否响应和如何响应。

案例：例如，汽车是交通工具的一种，汽车是一个类，交通工具也是一个类，而交通工具类包括了汽车类，从而具有更广泛的意义。这种从抽象到具体的关系就是继承关系，我们可以说汽车类继承了交通工具类，汽车类是交通工具类的子类，交通工具类是汽车类的父类。轮船也是一种交通工具，所以轮船类也是交通工具类的子类。汽车作为交通工具，它肯定可以驾驶。同样是驾驶，驾驶轮船和驾驶汽车的方式肯定有所不同。但它们都能够对"驾驶"这一消息进行响应，只是它们响应的方式不同。

又如，现实世界中飞机是有飞行能力的，但具体是怎么飞行的我们并不知道，因为飞机只是一个抽象的概念。但是，对于直升机我们就知道它是垂直起飞的，而喷气机是通过跑道起飞的。这样对于飞机，只要知道它能飞行就够了，不用关心是直升机还是喷气机。

4.1.2 面向对象分析与设计

目前面向对象建模技术主要分为两大流派：一是 Coad 和 Yourdon 提出的以 OOA（面向对象分析）/OOD（面向对象设计）为代表的学院派；二是由 Rumbaugh 提出的对象建模技术（object modeling technique，OMT），在工程实践中广泛使用，称为工程派。OOA/OOD、OMT 与 UML（面向对象的建模语言）组成了当今面向对象建模技术。

（1）面向对象分析

面向对象分析（object-oriented analysis，OOA）是将面向对象的思想应用于系统分析而形成的一种方法论，是建立在处理对象客观运行状态的信息造型（实体-关系图、语义数据模型）和面向对象程序设计语言的概念基础之上的。它从信息造型中汲取了属性、关系、结构以及对象作为问题域中某些事物的、实例的表示方法等概念；从面向对象程序设计语言中汲取了属性和方法的封装以及分类结构和继承性等概念，如图4-7 所示。

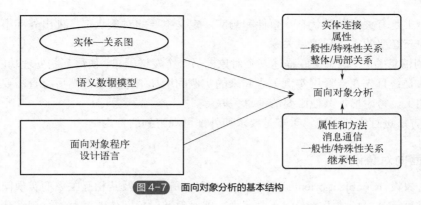

图 4-7　面向对象分析的基本结构

面向对象分析的一般内容和步骤如下。

① 识别对象。识别对象的主要工作是辨别问题空间包含的客观对象,并按研究目的将其抽象和表示出来。通常要考虑以下问题:

a. 去何处找对象。寻找的范围主要有用户的问题域、文本资料和图表等。

b. 哪些可能作为对象。可能成为对象的有结构,相关系统和设备,所观察与记录的事件、人员及组织等。

c. 考察对象哪些内容。包括:该对象是否有实例出现在问题空间,潜在属性是什么,是否有必要对其行为进行分工,能否识别共同的属性和服务等。

d. 怎样为对象命名。应该使用用户熟悉的、易读的和准确的词汇描述实例基本特征。

② 确定结构。结构是指多种对象的组织方式,反映问题空间中的复杂事物和关系。对象结构主要有分类结构和部分整体结构。分类结构描述事物类别之间的继承关系;部分整体结构描述事物的部分与整体之间的组合关系。

③ 认定主题。主题是一种关于模型的抽象机制,它给出了系统分析结果的概貌,易于读者和用户理解对象和结构之间的关联关系。认定的方法如下:

a. 为每个结构相应地追加一个主题;

b. 为每种对象相应地追加一个主题;

c. 如果当前主题的数目超过 7 个,则将已有的主题进行归并,归并的原则是将两个紧密耦合的主题归并成一个主题。

④ 定义属性。属性是数据元素,记录对象的状态信息,为对象及结构提供更多的细节。定义属性的步骤如下:

a. 识别属性。指识别一个对象应用哪些属性来描述。

b. 定位属性。即确定属性在分类结构中的位置。

c. 认定和定义实例关联。实例关联描述了某个对象对其他对象的需求。

d. 根据以上结果,重新修改对对象的认定。

e. 对属性及实例关联进行规范说明。

⑤ 定义方法。首先应定义每一种对象和分类结构应有的行为;其次应定义对象的实例之间必要的通信,即消息关联。这一过程包括下列步骤:

a. 认定基础方法。基础方法包括存在、计算和监控三类。存在方法是指实例的增加、变动、删除和选择;计算方法是指根据一个对象的属性值计算一个结果;监控方法是指监视一个外部系统和装置。

b. 认定辅助方法。辅助方法有两类:一类是对象的生命史,即对象的存在方法之间的顺序关系；另一类是有关对象的状态、事件和响应，定义主要的对象状态，列出外部事件及其需要的响应，扩充必要的方法和消息关联。

c．识别消息关联。消息关联描述一个对象向另一个发送消息，使得某些处理功能得以实现。识别的方法是：首先在已经用实例关联起来的实例间增加消息关联；然后检查需要其他实例负责进行的加工，考虑增加其他必要的消息关联。

d．对方法进行规范说明。重点是要求使外部可观察到的行为。

（2）面向对象设计

面向对象设计（object-oriented design，OOD）解决对象及其相互关系的实现问题，认为系统的设计过程就是将所要求解的问题分解为一些对象及对象间传递消息的过程。从面向对象分析到面向对象设计是一个逐渐扩充模型的过程。面向对象分析主要是对问题域和系统任务进行描述，通过分析得到对象及其相互间的关系；而面向对象设计则主要是增加系统实现所必需的各种组成成分，解决的是这些对象及其相互关系的实现问题。

设计阶段又可划分为概要设计和详细设计两大步骤。概要设计的主要任务是：

① 对象行为和对象间交互作用的进一步细化，加入必要的新对象。由于系统的行为在很大程度上体现为对象间的交互作用，因此应给出交互作用的明确且完全的定义。

② 类的认定。在分析阶段已经把对象组织成一定的层次结构，在此基础上对类加以认定，以得到解空间的结构形式，为实现提供支持。

③ 对重用的支持。类认定以后组成类库以支持重用。在应用时，在类库中选择所需要的类，实例化以后得到对象。

详细设计是进一步细化概要设计的结果，为实现做好准备。编程所需要的主要是有关对象的描述，因此，给出对象描述是这个阶段的主要工作。

（3）对象建模技术

对象建模技术（object modeling technology，OMT）是由兰博（J.Rumbaugh）等人提出的。该方法包含了一整套面向对象的概念和独立于语言的图示符号，主要应用于对问题需求的分析、问题求解方法的设计及其程序设计语言或数据库的实现。OMT 从对象模型、动态模型和功能模型三个既不相同但又相互关联的角度来进行系统建模，如图 4-8 所示。这三种模型从各自不同的角度反映了系统的实质，全面地描述了系统的需求。

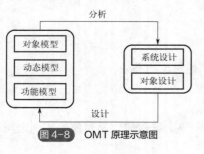

图 4-8　OMT 原理示意图

① 对象模型是对系统中对象结构的描述，包括对象的标识、对象间的关系、对象的属性、对象的操作等。表示了系统数据的静态的、结构化的性质，包括对象的唯一标志、与其他对象的关系和对象的属性等。对象模型可以用含有对象类的对象图来表示。

② 动态模型是对与时间和操作次序有关的系统属性的描述，表示了系统控制的瞬时的行为化的性质，包括触发事件、事件序列、事件状态、事件与状态的组织等。动态模型可以用状态图来表示，表达了一个类中所有对象的状态和事件的正确次序。

③ 功能模型描述的是与值的变化有关的系统属性功能、映射、约束及功能依赖条件等。功能模型可以用数据流图来描述，表示了变化的系统的功能性质。

OMT 的主要特点可简单总结如下：

① 注重并擅长于分析，可很好地用于信息建模，但不适合行为建模。

② 具有丰富、生动的图示和表示法，但有时语义不太清晰。

③ 可贯穿于从分析到实现的整个过程，但缺乏清晰的步骤以降低设计耦合。

面向对象的软件开发过程，关键是建立一个统一的模型——对象模型，并最终用面向对象的语言来实现。对此，面向对象的建模语言（UML）和 Rational Rose 软件是目前最理想的建模环境平台和工具，下面就介绍其中的 UML。

4.1.3　面向对象的建模语言

面向对象的建模语言（unified modeling language，UML）是由世界著名的面向对象技术专家 Grady Booch、Jim Rumbaugh 和 Ivar Jacobson 发起的，在著名的 Booch 方法、OMT 和 OOSE（面向对象的软件工程）的基础上，广泛征求意见，集众家之长，几经修改而完成的。UML 采用了一整套成熟的建模技术，广泛适用于各种应用领域。它得到了软件界的广泛支持，已成为广泛接受的一种标准建模语言。

UML 是一种定义良好、易于表达、功能强大，且普遍适用的建模语言。它融合了软件工程领域的新思想、新方法和新技术，不仅可以支持面向对象的分析与设计，更重要的是能够有力地支持从需求分析开始的软件开发的全过程。

UML 使用图形化的方法描述各种面向对象模型，为软件的开发人员（包括领域分析专家、系统分析员、软件设计人员和编程实现人员）和用户，提供了有力的分析、描述和交流工具。

可以从以下三个方面来认识 UML。

① UML 之 U：U 是指 Unified，表明 UML 是一个规范，是业界"事实上的标准"。它统一了面向对象建模的基本概念、术语及其图形符号，为人们建立了便于交流的共同语言。UML 的最大优势在于其统一性。

② UML 之 M：M 是指 Modeling，表明 UML 是用于建模的，并且主要用于软件系统的建模。使用 UML 可以建立从需求模型、业务模型、设计模型直到实现模型的各种软件模型，为软件开发的不同阶段、不同的软件开发人员提供全面、可视化的建模支持。

③ UML 之 L：L 是指 Language，表明 UML 是一种语言。UML 采用的是一种图形表示法，是一种可视化的建模语言。UML 是一种建模语言，不是一种编程语言，更不是一种建模方法。在原理上，任何方法都应由建模语言和建模过程两部分所构成。其中建模语言提供了这种方法中用于表示设计的符号，建模过程则描述进行设计所需要遵循的步骤。

常用的 UML 图包括以下 7 种。

① 用例图：从用户角度描述系统的功能，并指出各功能的操作者。用例图描述了系统的功能性需求，是进行需求分析的主要工具。

一个用例是从用户的角度对一项系统功能的使用情况所做的描述，它代表了用户希望系统为他们做什么。确切地讲，用例描述的是"使用情况"，而不是"用例"。用例用椭圆表示，如图 4-9 所示。操作员的用例图案例，如图 4-10 所示。

② 类图：定义系统中的类，包括类的内部结构和类之间的关系，描述的是系统中类的静态结构，即它所描述的是一种静态关系，在系统的整个生命周期都是有效的。

③ 对象图：描述类的对象实例，即某一时刻系统可能包含的对象和相互关系。对象图所使用的表示符号与类图基本相同。它们的不同点在于对象图只是显示类的对象实例，而不是实际的类。

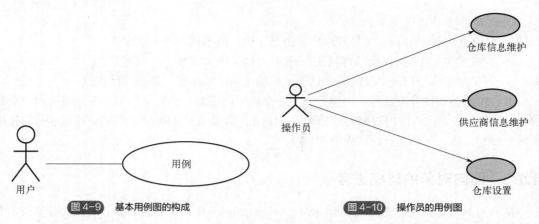

图 4-9 基本用例图的构成   图 4-10 操作员的用例图

案例: 生产过程静态建模是对生产过程中涉及的资源、工艺过程进行全要素系统结构类建模,描述各类的属性以及类与类之间的关联关系。

生产过程静态建模的步骤如下所示。

① 抽象出生产过程的全要素组成对象类,在抽象生产过程的全要素组成对象类的过程中,在生产过程基本的工艺、工步和资源的基础上将工步进一步详细为颗粒度更小的可调度活动,活动能够更加清晰明确地表达生产过程的各个作业步骤。各个活动所关联的资源信息能够更加清楚地明确生产过程中的相关资源情况,且活动与监测数据之间的关系表达了生产过程与物联网感知数据之间的关系。

② 根据生产过程的智能管控和仿真模拟需求,对生产过程中各个类之间的关联关系进行了定义,以保证智能管控系统和仿真模拟系统能够根据各个类之间的关联关系进行信息交互和传递。

③ 根据生产过程中的数据关联关系和数据传递过程,将抽象出的各个类的属性进行定义,定义过程中充分考虑各属性是否能够支撑在生产过程的智能管控和仿真模拟系统中的应用。基于 UML 建模的生产过程系统类图如图 4-11 所示。

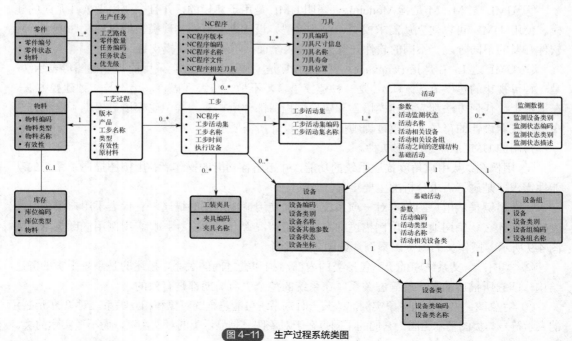

图 4-11 生产过程系统类图

④ 状态图：描述对象所有可能的状态和事件发生时状态转移的条件。通常状态图是对类图的补充。一般并不需要为所有的类绘制状态图，而只需要为那些有多个状态，并且其行为受外界环境影响而会发生改变的类绘制状态图。

图 4-12 给出了状态图的基本图标元素。状态图标由圆角矩形表示，由 3 部分组成：上边写状态名，中间表示状态变量，下边描述状态的活动。实线箭头表示状态迁移，黑点表示起始状态，带圆环的黑点表示结束状态。图 4-13 所示为某订单确定流程的状态图。

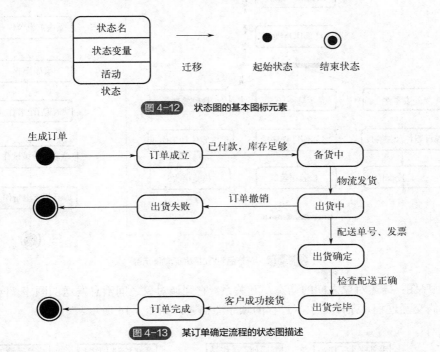

图 4-12　状态图的基本图标元素

图 4-13　某订单确定流程的状态图描述

⑤ 活动图：是 UML 用于系统动态行为建模的图形工具之一，它展示了一个连续活动的进行序列，表现的是从一个活动到另一个活动的控制流程，包含方案的执行和对象的工作情况。活动图描述的是完成系统功能要进行的活动流程和活动之间的约束关系，使用活动图可以很方便地表示并发行为。

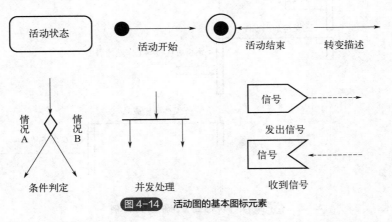

图 4-14　活动图的基本图标元素

图 4-14 给出了活动图的基本图标元素。主要的图标元素有活动状态、活动状态转变、

条件判定、并发处理。活动状态描述内部活动的执行情况，当活动发生时，状态自动发生变化；活动状态转变注明转变原因或内容；条件判定根据所满足的条件执行相应的活动；并发处理同时展开两个以上活动。图4-15为某产品制造过程的活动图描述示例。

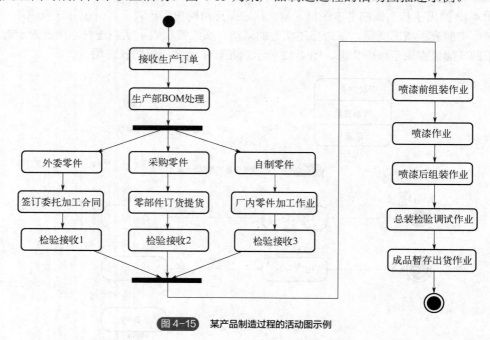

图4-15 某产品制造过程的活动图示例

⑥ 顺序图：描述对象之间的动态交互关系。它强调对象之间消息发送的顺序，同时也显示对象之间的交互过程。某产品生产过程的顺序图描述，如图4-16所示。

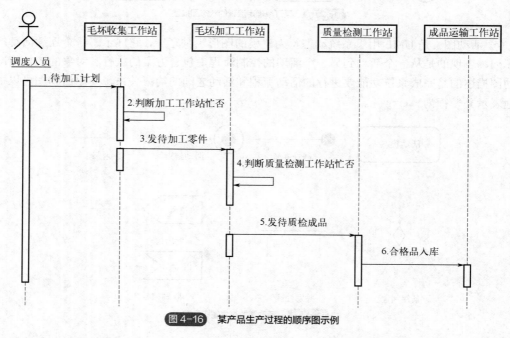

图4-16 某产品生产过程的顺序图示例

⑦ 协作图：描述对象间的协作关系，除显示信息交换外，协作图还显示对象以及它们之间

的关系。如果强调时间和顺序，则使用顺序图；如果强调相互之间的关系，则选择协作图。图 4-17 所示为某生产系统的协作图描述。

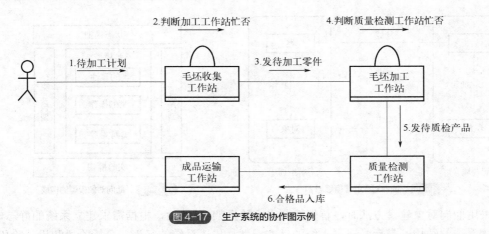

2.判断加工工作站忙否　　　　4.判断质量检测工作站忙否

1.待加工计划　　毛坯收集工作站　　3.发待加工零件　　毛坯加工工作站

5.发待质检产品

成品运输工作站　　　　质量检测工作站

6.合格品入库

图 4-17　生产系统的协作图示例

这些图从不同侧面对系统进行描述，为系统的分析、设计和实现提供了多种图形表示。它们的有机结合使得分析与构造一个一致的系统成为可能。

4.1.4　面向对象的建模技术

无论采用哪种建模方法，在建模过程中都需要遵循一些基本原则。下面介绍这些建模的基本原则。但这里给出的不是所有的建模原则，不同的建模方法可能会提出其他的建模原则，这里给出的原则一般是需要遵守的。

① 基于建模目的对系统进行合理抽象。明确了建模目的，专注于问题的本质方面，合理忽略细节。抽象的过程就是忽略我们不关心的要素的过程。

② 模型要和实际系统在本质上具有相似性。只有模型和实际系统具有相似性，才能通过研究模型认识实际系统。这里的相似主要是指所要研究特性本质上的相似，而不是感觉上的相似。

③ 模型要尽量简单，具有可控性。所给出的假设条件要简单、准确，有利于构造模型。为了便于开展仿真实验，模型还要是可控的。

④ 模型要经过充分的验证，具有足够的可信度。模型必须经过充分的测试、校核、验证和评估，才能够用于仿真分析，在此基础上得到的结论才具有足够的可信度。

⑤ 模型具备多样性。由于建模的目的不同，对实际系统的关注点也不同，所建立的模型也不同。可以建立一个系统的不同层次、不同侧面的多个模型。如对一架飞机进行建模，可以建立它的实物模型、运动学模型、动力学模型、决策模型等不同的模型，以满足不同建模目标的要求。

面向对象是解决问题的一种思维方法，它将观察的焦点放在构成客观世界的成分——对象上，将对象作为需求分析、设计和实现的核心，把问题域中我们所关注的实体作为对象，将对象之间有意义的相互作用作为交互，即把整个问题域抽象成相互交互的一组对象的集合。在此基础上，引用科学方法论中的分类思想，将相似的或相近的一组对象聚合为类。采用各种手段将各种类组织起来，建立相关类之间的关联，实现从问题域到解空间的映射（如图 4-18 所示）。由于采用该方法描述的现实世界模型更符合人们认识世界的思维方式，采用面向对象方法开发出的软件更容易理解和维护。

在建模过程中，面向对象的思想将运用到系统开发的整个生命周期中，尽管在系统开发的后续阶段会加入更多的细节，但是整个过程中建模的方法不变、模型的描述方法不变，后续阶段只是对前一阶段模型的修正和细化。整个建模过程是迭代进行的，模型的构成如图4-19所示。

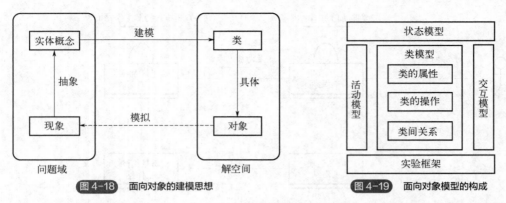

图 4-18　面向对象的建模思想　　　　图 4-19　面向对象模型的构成

采用面向对象建模方法时，首先建立"实验框架"；然后，根据需求建立系统的静态模型，以描述系统的结构；最后是建立系统的动态模型，描述系统的行为。分析阶段和设计阶段都需要建立系统的结构模型和行为模型。只不过，分析阶段建立的是系统的概念模型，设计阶段建立的是系统的仿真模型，设计阶段的模型是对分析阶段模型的细化和完善。需求分析可以采用用例法进行，并使用 UML 中的用例图来描述系统的功能需求；第二步建立的模型是静态的，使用类图和对象图来描述；第三步中所建立的模型或者可以执行，或者表示执行时的时序状态或交互关系，它包括状态图、顺序图和活动图等。因此，面向对象建模的主要内容也可以归纳为静态建模机制和动态建模机制两大类，如图4-20所示。

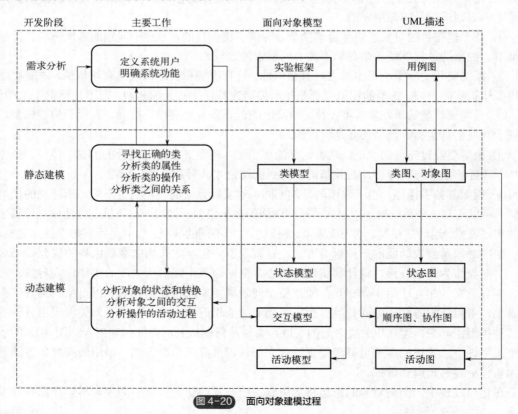

图 4-20　面向对象建模过程

美国亚利桑那大学的 B. P. Zeigler 教授在其基于 DEVS（离散事件系统规范）的仿真理论中提出了实验框架的概念。Zeigler 的实验框架是对系统进行观测或实验时的条件和环境的描述，包括各种假设、目标和限制条件等。

建立实验框架的第一步就是明确要解决的问题以及解决该问题的条件和限制。在明确要通过仿真解决的问题后，确立仿真研究的目标和要求，划分系统边界，明确系统应具备的功能。从而最终形成建模的前提规约和假设条件，明确模型的层次、详细程度、精度指标和适用范围，明确仿真的数据要求和数据来源，为系统的分析和设计奠定基础。

面向对象的主要基本特征，总体概括如下：

① 从问题域中客观存在的事物出发构造系统，用对象作为对这些事物的抽象表示，并以此作为系统的基本构成单位。

② 事物的内部状态（可以用一些数据表达的特征）用对象的属性来表示，事物的运动规律（事物的行为）用对象的方法（也称操作）表示。

③ 对象的属性与方法紧密结合为一体，成为一个独立的实体，对外隐藏其内部细节（称作封装）。

④ 事物能归类，与此对应，把具有相同属性和相同方法的对象归为一类，类是这些对象的抽象描述，每个对象是它的类的一个实例。

⑤ 通过在不同程度上运用抽象的原则，可以得到较一般的类（基类）和较特殊的类（派生类）。派生类继承基类的属性和方法，面向对象支持对这种继承关系的描述与实现，从而简化系统的构造过程。

⑥ 复杂的对象可以用简单的对象作为其构成部分（称为聚合）。

⑦ 通过关联表达对象之间的静态关系。

由上述可见，在面向对象的建模与仿真中，模型的基本构成单位是类的实例对象。这些对象对应着问题域中的各个事物，它们的内部属性与方法描述了事物的内部状态和运动规律。对象类之间的继承关系、聚合关系、消息和关联表达了问题域中事物之间实际存在的各种关系。因此，无论是模型的构成成分还是通过这些成分之间的关系而体现的结构都可直接地映射问题域。

4.2　IDEF 建模与设计

IDEF 的基本概念是在 20 世纪 70 年代提出的结构化分析方法基础上发展起来的。结构化分析方法在许多应用问题中起了很好的作用，在降低项目开发费用、减少系统中的错误、促进交流的一致性及加强管理等方面都产生了效益。1981 年，美国空军公布的 ICAM（integrated computer aided manufacturing，集成化计算机辅助制造）工程中用了名为"IDEF"的方法。IDEF 是 ICAM definition method（ICAM 定义方法）的缩写，后来就称之为 integration definition method。IDEF 由三部分组成：

① IDEF0 功能模型：主要是对系统的功能过程进行建模，并对系统的过程进行逐步分解的结构化建模方式。描述系统的功能活动及其联系，在 ICAM 中建立加工制造业的体系结构模型，其基本内容是结构化分析和设计技术 SADT（structured analysis and design technology）的活动模型。

② IDEF1x 信息模型：描述系统信息及其联系，建立信息模型作为数据库设计的依据。

③ IDEF2 仿真模型设计：用于系统模拟，建立动态模型。

美国 KBSI 公司将此方法发展，IDEF 已逐渐成一个系列，包括 IDEF0 至 IDEF14，从各个方面分析设计复杂系统的方法家族，列写如下：

IDEF3 过程描述获取（process description capture）

IDEF4 面向对象设计（object-oriented design）

IDEF5 本体论描述获取（ontology description capture）

IDEF6 设计原理获取（design rationale capture）

IDEF7 信息系统审定（information system auditing）

IDEF8 人与系统接口设计（human-system interface design）

用户接口建模（user interface modeling）

IDEF9 经营约束的发现（business constraint discovery）

场景驱动信息系统设计（scenario-driven IS design）

IDEF10 信息制品建模（information artifact modeling）

实施体系结构建模（implementation architecture modeling）

IDEF11 信息制品建模（information artifact modeling）

IDEF12 组织设计（organization design）

组织建模（organization modeling）

IDEF13 三模式映射设计（three schema mapping design）

IDEF14 网络设计（network design）

IDEF 的每种模型在系统分析的某一方面都是强有力的分析工具。根据用途可以把 IDEF 族分成两类：第一类 IDEF 的作用是沟通系统集成人员之间的信息交流，主要有 IDEF0、IDEF1、IDEF3、IDEF5，IDEF0 通过对功能的分解、功能之间关系的分类（如按照输入、输出、控制和机制分类）来描述系统功能，IDEF1 用来描述企业运作过程中的重要信息，IDEF3 支持系统用户视图的结构化描述，IDEF5 用来采集事实和获取知识；第二类 IDEF 的重点是系统开发过程中的设计部分，目前有两种 IDEF 设计方法，即 IDEF1x 和 IDEF4，IDEF1x 可以辅助语义数据模型的设计，IDEF4 可以产生面向对象实现方法所需的高质量的设计产品。本节介绍 IDEF0 和 IDEF1x 的基本理论。

4.2.1　IDEF0 建模方法

IDEF0 能同时表达系统的活动（用盒子表示）和数据流（用箭头表示）以及它们之间的联系。它能做到有控制地逐步展开细节，确保精确性及准确性，提供一套强有力的分析和设计词汇。

一个模型由图形、文字说明、词汇表及相互的交叉引用表组成，其中图形是主要成分。IDEF0 图形中同时考虑活动、信息及接口条件。

IDEF0 要求在画出整个系统的功能模型时，具有明确的目的与观点。

案例： 物资管理人员——仓库管理员关心收、发、存；计划人员关心什么时候物料从库存点到采购点；厂长关心哪一个工程项目节约用料，加快进度。对一个企业的 CIMS，必须有明确的站在厂长（或经理）的位置上建模的观点，所有不同层次的作者都要以全局的观点来进行建模工作，或者说就是为厂长而建模。这样才能保证是从全企业的高度来揭示各部分之间的相互联系和相互制约的关系。

IDEF0 的特点就是：

① 运用简单的图形符号和自然语言，清楚全面地描述系统的功能、活动、数据（信息）流；

② 采用严格的自顶向下、逐层分解的结构化方法建立系统模型；

③ 明确系统功能和系统实现之间的差别，即"做什么""如何做"；

④ 通过严格的人员分工、评审、文档管理等程序来控制所建模型的完整性与准确性。

以下展开介绍。

（1）IDEF0 在建模开始

先定义系统的内外关系和来龙去脉，用一个盒子及其接口箭头来表示如图 4-21 所示。由于在顶层的单个方盒代表了整个系统，写在方盒中的说明性短语是比较一般的、抽象的。同样，接口箭头代表了整个系统对外界的全部接口，所以写在箭头旁边的标记也是一般的、抽象的。由活动产生或所需要的数据用名词短语标注在箭头旁边，这些数据可以是信息、对象，或是用名词或短语描述的任何事物。箭头仅限制了活动间的联系，并不表示活动的顺序。活动的一般表示及示例如图 4-22 所示。

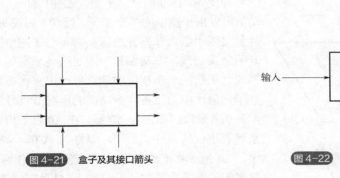

图 4-21 盒子及其接口箭头   图 4-22 活动的一般表示及示例

作用于活动的箭头可以分为四类。

输入：功能需要处理的数据，箭头标注在活动的左边。

输出：功能处理得到的数据，箭头标示在活动的右边。

控制：说明控制变化的条件和环境，或者说约束，箭头标注在活动的上边。

机制：作用在活动底部的是机制，它说明执行活动的事物，可以是人或设备等。

在图 4-23 IDEF0 的生产管理功能模块示例中表示的含义是：生产管理活动输入销售计划、预测、订单及库存信息以后，得到物料需求计划、外协计划、领料单和完工入库，其中约束（控制）条件是排产策略、经营规范和相关法规，由工具软件、相关算法和操作人员负责执行（机制）。

理解输入、控制二者不同的含义，对理解系统的工作是重要的。无法明确区分输入

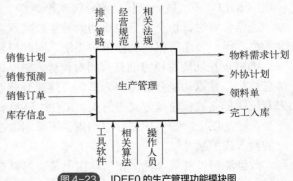

图 4-23 IDEF0 的生产管理功能模块图

与控制时，可将其看作是控制。每个活动至少有一个控制箭头。活动所表示的盒子中，输入/输出箭头表示活动进行的是什么（what），控制箭头表示为何做（why），机制箭头表示如何做（how）。

盒子所表示的活动往往是一组相关的活动，不一定是单一的功能。在不同条件下作用在活动上的输入、输出、控制、机制箭头允许有多个，表示在不同的输入或控制下，执行不同的功能，产生不同的输出。

（2）IDEF0 模型自顶向下分解

用严格的自顶向下地逐层分解的方式来构造模型，使其主要功能在顶层说明，然后分解得到逐层有明确范围的细节表示，每个模型在内部是完全一致的。

IDEF0 模型由一系列图形组成，是对一个复杂事物的抽象和规范化的描述。按照结构化方法自顶向下、IDEF0 逐步求精的分析原则，IDEF0 的初始图形首先描述了系统的最一般、最抽象的特征，确定了系统的边界和功能概貌；然后对初始图形中包含的各个部分按照 IDEF0 逐步分解，形成对系统较为详细的描述并得到较为细化的图形表示；这样经过多次分解，最终得到的图形细致到足以描述整个系统的功能为止。IDEF0 中，一个系统的功能模型可以用一组递阶分解的活动图形来表示，其递阶关系可以表示成树状结构，或类似家族的家谱图，如图 4-24 所示。

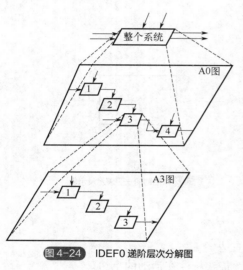

图 4-24　IDEF0 递阶层次分解图

每个详细图是其较抽象图的一个分解，把较抽象图称为父图，详细图称为子图。父图中的一个盒子（活动）可以由子图中的多个盒子（活动）和箭头来描述，并且父图中进入和离开的箭头必须与子图中进入和离开的箭头一致，即父图和子图必须是平衡的。对每张图或盒子赋予一个相应的节点号，用来标志该图形或盒子在层次中的位置。活动图的所有节点号都用字母 A 开头，最顶层图形为 A0 图。在 A0 以上用一个盒子来代表系统的内外关系图，编号为 A-0，从概念上来说，A0 和 A-0 都是顶层，不要把它们看作两个层次。每张图的编号为其父图编号加上父模块在其父图中的序号组合而成，形成"父-子-孙-……"的节点编号方法。例如，A3 图是 A0 图中的第 3 个活动盒子的详细分解；A32 图则是 A3 图中第 2 个活动盒子的详细分解。实际上，每个节点如果需要继续分解，就对应一张下一层的 IDEF0 图，按此树状结构分解就得到整个系统的功能模型图。

通常分解时，每个图形中活动的数量最好不要超过 7 个，这样做一方面可以控制模型的复杂程度，另一方面可以控制抽象的级别，同时符合人们认识问题的思维习惯。

IDEF0 在功能建模方面具有相对优势，它是以图形化过程建模方式描述系统的功能活动和信息结构，并以功能分解原理为基础，逐层分解系统功能活动，降低系统描述的复杂性。接下来介绍图形化过程建模方式中箭头、ICOM 码及节点号的含义。

在活动图上，箭头代表数据约束，不标明顺序和时间。一个活动的输出可以是另外一个活动的输入或控制。

数据流可以有集合性，在活动图上箭头可以有分支，表示多个活动需要同一数据。图 4-25 表示 A 同时进入模块 2 及模块 3。箭头也可以联合，以表示多个活动产生同一类数据（或合成类数据），如图 4-26 所示。

箭头分支可以代表一类东西或同一种类的不同东西。图 4-27 表示 A 进入模块 2，B 进入模块 3。图 4-28 表示 B、C 为 A 的子集，$B \cup C = A$。

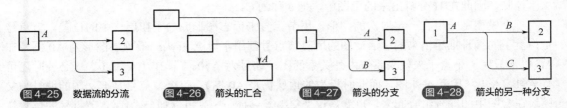

图 4-25　数据流的分流　　　图 4-26　箭头的汇合　　　图 4-27　箭头的分支　　　图 4-28　箭头的另一种分支

箭头有两类：一类称内部箭头，它的两端分别连在图形的盒子上；另一类称边界箭头，它的两端中一端是开的，表示由图形以外的活动所产生，或供图形以外的活动所使用。

有时，在表示活动的盒子底部增加向下指出的机制箭头，称为调用箭头（图 4-29），它指明该活动由什么来完成，它已经在另一个模型中进行了细化，如需要了解细节，可以按调用箭头的图号（或节点）在另一个模型中找到有关图形。

如果把一个箭头在表示活动的盒子的连接端加上括号，这样的箭头称为通道箭头，如图 4-30 所示。箭头上的括号表示该箭头在子图中将不出现，它可能通到模型未定义部分，与该活动的下一个子图无关，也可能是众所周知或有共同理解的可省略的内容，在子图中为简化图而省略了。

图 4-29　调用箭头的表示　　　　　　　　图 4-30　通道箭头的表示

ICOM 码是 "input control output mechanism" 的缩写。ICOM 码是对图形中的每个活动的箭头规定的编号方式，用专门的符号说明父子图中的箭头关系，并把子图中的边界箭头的开端分别用字母来标明是父盒子的输入、控制、输出及机制。再用一数字表示父盒子上箭头的相对位置，编号次序是从上到下、自左到右，如图 4-31 所示。

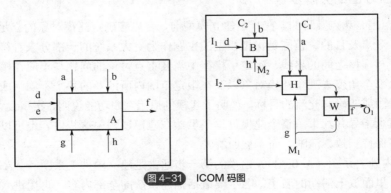

图 4-31　ICOM 码图

图中，父盒子 A 有 a、b、d、e、f、g 和 h 箭头，分解成子图有 B、H 和 W 三个活动块，a、b、d、e、f、g 和 h 构成了子图的边界箭头。这些箭头都必须注上 ICOM 码，分别为 C_1、C_2、I_1、I_2、O_1、M_1 和 M_2，其排列位置按子图需要而定。原有名称标注（a，b，d，…）可写可不写，但 ICOM 码必须写，如果不再写名称标注，则可以根据 ICOM 码追溯到父盒子上去找。ICOM 码只管一代，到下一代就完全要按新父子关系重新标定。子图中，C_1 放到 C_2 右边，这是因为在父盒子中，a 在 b 的左边，故按顺序称 a 为 C_1。但对于盒子 H 来说，a 是从左到右的第二个控制，因此在 H 分解出来的子图中，把 a 称为 C_2。

一个模型是一组有一定层次的图形，用节点号来标志图形或盒子在层次中的位置。节点号是由盒子的编号推导出来的。活动图的所有节点号都用字母 A 开头。最顶层图形为 A0 图，在 A0 以上只用一个盒子来代表系统内外关系的图，编号为 A-0。（读作"A 减 0"）（必要时还可有 A-1、A-2，甚至 A-4 图，而此时模型的顶层仍是 A0 图）。每个节点号是把父图的编号与父模块在父图中的编号组合起来，也就是说"父→子→孙……"每增加一"代"，节点号的位数就增加一位，形成如图 4-32 的节点树。

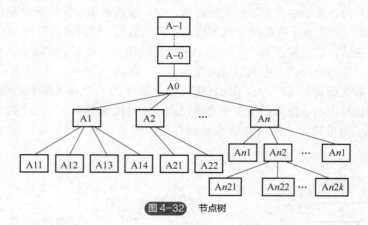

图 4-32　节点树

此外还常用到其他节点号。如"参照图"用"FEO"（for exposition only）表示在层次图形以外的图形。FEO 图一般更为灵活，可以有多于 6 个盒子的图形。只要是作者认为的说明一个问题所必需的内容都可包含入内，此时节点号上要加 F（例如 A2F）。当有多个 FEO 时，可在 F 后面编号（如 A2F1、A2F2 等）。另外，文字说明的文本号应加上 T（如 A2T）。每张图的文字说明一般不要超过一页。

（3）IDEF0 图的分解步骤

① 选择范围、观点及目的。在开始建立模型前，首先应确定建模对象的立足点，它主要包括建模范围、观点及目的。范围是指把模型的主题作为更大系统的一部分来看待，描述了外部接口，区分了与环境之间的界线，确定了模型中需要重点讨论的问题与不应在模型中讨论的问题。观点是从哪个角度去观察建模对象以及在限定范围内所涉及的各个不同组成部分。目的确定了模型的意图或明确其交流的目标，说明了建模的原因，如功能说明、实现设计以及操作等。

这三个概念指导并约束了整个建模过程。虽然在建模过程中这些内容也可以有所变化，但必须自始至终保持一致、清晰，而不被曲解。

② 建立内外关系图（A-0 图）。建模的第一步通常是建立内外关系图——A-0 图。画一个单个的盒子，里面放上活动的名字，名字要概括描述系统的全部内容，再用进入及离开盒子的箭头表示系统与环境的数据接口。这个图形确定了整个模型的内外关系，确定了系统的边界，构成进一步分解的基础。

③ 画顶层（A0 图）。把 A-0 图分解为 3～6 个主要部分，得到 A0 图，A0 图表示了 A-0 图同样的信息范围。A0 图是模型真正的顶层图，是第一个，也是最重要的一个，从结构上反映了模型的观点。A0 图的结构清楚地表示了 A-0 盒子的名字要说明的含义，比 A0 图更低级的图

形用以说明 A0 中各个盒子要说明的内容，如图 4-33 所示。

④ 建立一系列图形。为了形成图形结构，把 A0 图中每个盒子处理得跟 A-0 盒子一样，即把它们分解成几个主要部分来形成一张新图。

⑤ 写文字说明。最后，每张图将附有 1 页（特殊情况可以增加）的叙述性文字说明。文字说明分成两列，左边一列为"说明"，右边一列为"词汇表"。

（4）IDEF0 图的评审

建模人员的分工：IDEF0 功能模型建立的过程中，有作者、评审员、文档管理员、技术委员会和项目负责人参加，他们各自的主要职责如下。

① 作者：是在 IDEF0 上训练有素的系统分析员和设计人员，同时是所分析和设计的目标系统方面的专业人员。作者的主要任务是对系统进行功能分解和设计，在分解中创作出结构化的 IDEF0 图表，通过这些图表和读者（包括评审员、文档管理员、技术委员会、项目负责人和一般读者）进行交流。

② 评审员：通常是与作者同等水平或水平较作者略高一些的专业技术人员。其任务

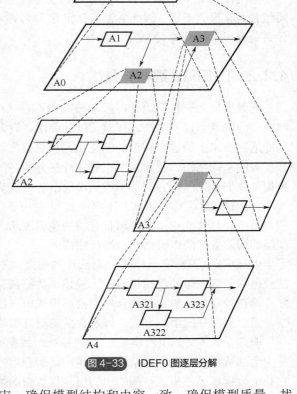

图 4-33 IDEF0 图逐层分解

是对作者的设计思想和分析结论进行书面评审，确保模型结构和内容一致，确保模型质量，找出建模中的问题并提出解决办法。

③ 文档管理员：主要任务是确保作者-读者循环的顺利进行，减少项目中其他各类角色的事务工作量，定期更新文档资料，编写工作日记，管理项目中除 IDEF0 作者初图的其他所有文件，等等。

④ 技术委员会：由有关专家、项目最高层决策人和有经验的作者、评审员组成的实体。主要任务是评判作者与评审员之间的不同意见，制订项目总体规划和策略，协调各系统之间的关联和集成各自的职责。

⑤ 项目负责人：对全局问题负有决策指挥权，是所有技术问题的最高决策人。

评审过程：IDEF0 非常重视评审和不断完善模型的过程，简单的说法是"作者-读者循环"，实际上是把各级评审员和技术委员会、项目负责人都看成广义的读者而进行的交流过程。基本工作方式如下：

① 作者准备好供评审的初图，最好加上封面页形成组表，交文档管理员登记后送评审员。

② 评审员直接在组表上评注意见后退还作者，评注意见的条数在"评注号"栏圈出。

③ 作者对评审意见作修改，并对评注号按同意与否分别加上勾和叉记号，如有意见，需要进行协商讨论或交技术委员会仲裁。初图修改完毕即称为"修正图"。

④ 文档管理员将"修正图"送分系统负责人评审，并经技术委员会审定。若通过，则成为"建议图"。

⑤ "建议图"经过项目负责人批准，就成为最后归档，不再改变，正式交付使用的"完成图"。

因为在 IDEF0 建模过程中有很多主观分析的结果，这使得同一系统的 IDEF0 模型可能因不同作者而有很大差别，因此要强调在作者-读者循环中协商讨论，使模型为大多数人接受，在以后系统分析中能发挥更大的作用。

4.2.2 IDEF1x 建模方法

把数据作为一种资源管理起来是很必要的，其主要原因是：在频繁变化的企业环境中，面对企业间的竞争以及生产过程对柔性的要求，许多公司必须不断改变它们的组织和工艺过程，以能适应技术上的进步和市场的变化，从而使公司能迅速且平稳地发展，各公司必须辨别和管理任务的基础结构，也就是要了解执行任务所必需的数据以及它们之间的关联信息。为了管理数据，我们必须了解它的基本特征，数据（或者数据库）具有三种模式：

外部模式（又称子模式、用户模式），对应于用户级，对应于用户所看到的数据库的数据视图，是与和具体的应用或者项目有关的逻辑表示。简而言之外部模式是数据库用户能够看见和使用的局部数据的逻辑结构和特征的描述。

内部模式（又称存储模式），对应于物理级，它是数据库中全体数据的内部表示或底层描述，是数据库最低一级的逻辑描述，它描述了数据在存储介质上的存储方式和物理结构，对应着实际存储在外存储介质上的数据库。内部模式由内部模式描述语言来描述、定义所有内部记录类型、索引和文件的组织方式，以及数据控制方面的细节。

概念模式（又称逻辑模式），其包括每个数据的逻辑定义以及数据间的逻辑联系。它是数据库中全部数据的整体逻辑结构的描述，是所有用户的公共数据视图，综合了所有用户的需求。它处于数据库系统模式结构的中间层，与数据的物理存储细节和硬件环境无关，也与具体的应用程序、开发工具及高级程序设计语言无关。概念模式是由数据库设计者综合所有用户数据，按照统一的观点构造的对数据库全局逻辑结构的描述。

IDEF1x 是语义数据模型化技术，它主要用来满足下列需要，应具有以下特性：

① 支持概念模式的开发。IDEF1x 语法支持概念模式开发所必需的语义结构，完善的 IDEF1x 模型具有所期望的一致性、可扩展性和可变换性。

② IDEF1x 是一种相关语言。IDEF1x 对于不同的语义概念都具有简明的一致结构。IDEF1x 语法和语义不但比较易于为用户掌握，而且还是强健而有效的。

③ IDEF1x 是便于讲授的。语义数据模型对许多 IDEF1x 用户都是一个新概念。因此，语言的易教性是一个重要的考虑因素，设计 IDEF1x 语言是为了教给事务专业人员和系统分析人员使用，同样也是教给数据管理员和数据库设计者使用的。因此，它能用作不同学科研究小组的有效交流工具。

④ IDEF1x 已在应用中得到很好的检验和证明。IDEF1x 是基于前人多年的经验发展而来的，它在美国空军的一些工程和私营工业中充分地得到了检验和证明。

⑤ IDEF1x 是可自动化的。IDEF1x 图能由一组图形软件包来生成。美国空军已开发出来了一个现行三模式词典，在分布异构环境中，它利用所得的概念模式来进行应用开发和具体事务的处理。商品化的软件还能支持 IDEF1x 模型的更改、分析和结构管理。

IDEF1x 把实体联系方法应用到语义数据模型化中，IDEF1x 除在图形表达和模型化过程方面的改进外，还对语义进行了增强和丰富。IDEF1x 模型的基本结构是：

① 包含数据的有关事物。例如：人、概念、地方和事物等用盒子来表示。

② 事物之间的联系用连接盒子的连线来表示。

③ 事物的特征用盒子中的属性名来表示。

基本结构如图 4-34 所示。

接下来介绍 IDEF1x 模型的基本要素及画法规定。

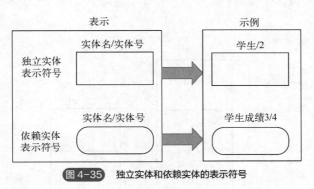

图 4-34 基本模型化概念

（1）实体

实体包括三部分：实体的语义、语法和规则。实体表示具有相同属性或特性的一个现实或抽象事物的集合。实体的实例是实体抽象概念的一个具体的值。实体有独立实体和依赖实体之分，是从数据依存角度给出的划分。独立实体是指从不依赖于其他实体存在的实体；依赖实体是指必须依赖于其他实体才能存在的实体，也称从属实体。独立实体和依赖实体是描述了客观世界中实体之间的种关系。

IDEF1x 用矩形表示实体，其中方角的矩形表示独立实体，圆角的矩形表示依赖实体。在矩形的上方需要标出实体的名称和序号，用"/"分隔。实体的名称必须有实际意义，不允许有二义性，名称相同的实体表示的含义必须一致。通常用名词或名词短语命名。独立实体和依赖实体的表示符号如图 4-35 所示。

图 4-35 独立实体和依赖实体的表示符号

实体规则：

① 每一个实体必须使用唯一的实体名，相同的含义必须总是用于同一实体名。而且相同的含义绝不能用于不同的实体名，别名除外。

② 一个实体可以有一个或多个属性，这些属性可以是它自身所具有的，也可以是通过一个联系而继承得到的。

③ 一个实体应有一个或多个能唯一标识实体每一个实例的属性。

④ 任意实体都可与模型中任意其他的实体有任何联系。

⑤ 如果一个完全外来关键字是一个实体主关键字的全部或部分，那么该实体就是依赖实体。相反地，如果根本没有外来关键字属性用作一个实体的主关键字，那么这个实体就是独立实体。

（2）属性与关键字

属性表示实体的特征或性质。一个属性实例是实体的一个成员的具体特性（也称为属性值）。一个实体的一个或多个属性组成实体的候选关键字，这些候选关键字唯一确定实体中的每一个实例。每一个实体至少有一个候选关键字。如果一个实体存在多个候选关键字，那么必须指定其中一个为"主关键字"，而其他候选关键字为"次关键字"。

在实体框中，每个属性用一行表示。实体被一水平分割线分割，其中主关键字属性位于实体分割线的上方，次关键字属性位于下方。属性及其表示如图 4-36 所示。

属性存在下述规则：

① 每个属性必须有一个唯一的名称，且相同的名称必须描述相同的含义。

② 一个实体可以有多个属性，一个属性只能属于一个实体，这一规则称为"单属规则"（single-owner rule）。

③ 一个实体可以有多个继承属性而每个继承属性都必须是某个相关的父实体或一般实体主关键字的一部分。

④ 实体实例不允许重复，为非重复规则。

（3）连接关系

在 IDEF1x 中，连接关系用来描述实体之间的关系。连接关系包括确定连接关系、非确定连接关系和分类关系三种。

确定连接关系简称连接关系，是实体之间的一种关系，这种连接关系中称为父实体的每个实例与子实体的 0、1 或多个实例相连接；子实体中的每个实例同父实体中的 0、1 或多个实例连接，如图 4-37 所示。

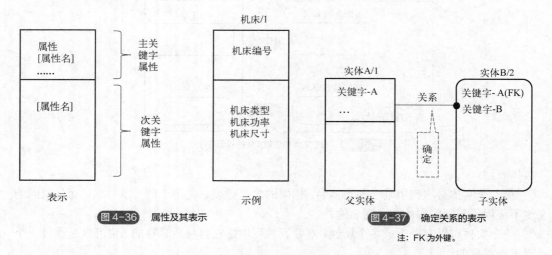

图 4-36　属性及其表示　　　　图 4-37　确定关系的表示

注：FK 为外键。

非确定连接关系又称为"多对多关系"，这种关系描述两个实体实例之间存在的 0、1 或多个对应关系。实体之间非确定连接关系的表示方式是关系连线的两端均有小圆点。图 4-38 示例的语义表示一个项目可以有多个员工参与，同时一个员工也能参与多个项目的工作，则"项目"实体和"员工"实体之间存在非确定连接关系。

非确定连接关系存在下述规则：

① 一个非确定连接关系总是存在于两个实体之间，而不是三个或更多个实体之间。

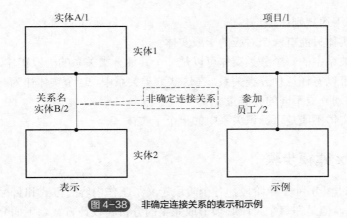

图 4-38 非确定连接关系的表示和示例

② 两个实体中，任意一个实体的实例可以与另一个实体的 0、1 或多个实例相关联。

③ 为完全地设计出一个模型，非确定连接关系必须由确定连接关系确定。

在现实事物中存在某些事物是其他事物的分类。同样，在用实体描述事物时，某些实体可以是其他实体的分类。在语义数据模型中，这种关系称为子类关系；在 IDEF1x 中，这种关系称为分类关系，二者的内涵是相同的。例如，零部件可以分为许多不同种类的工件，如标准件、毛坯、加工件，据此可以得到以下实体，如图 4-39 所示。

图 4-39 零部件实体示例

图 4-39 中的三个实体分别描述零部件的不同种类，而三个实体的语义本质上都是描述零部件这一事物，因此可以增加一个"零部件"实体将它们共有的属性"零部件材质""零部件参数"作为零部件实体的属性，同时增加一个"类型"属性来区别，即用分类关系描述，如图 4-40 所示。

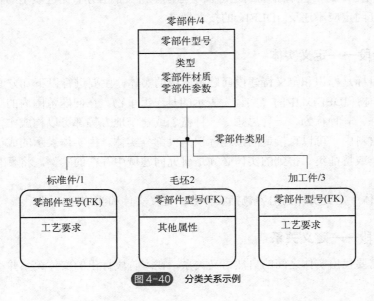

图 4-40 分类关系示例

117

分类关系存在下述规则：

① 一个分类实体只能有一个对应的一般实体。

② 一个分类关系中的一个分类实体可以是一个其他分类关系的一般实体。

③ 一个实体可以有任意种分类关系，在这些分类关系中，这个实体作为一般实体允许一般实体按不同的方式划分成不同的分类集。

④ 一个分类实体不能是可标识关系中的一个子实体。

4.2.3 IDEF1x 建模步骤

IDEF1x 建模过程分为 5 个阶段，各个阶段定义了工作内容、方式和目标。这 5 个阶段的划分并不十分严格，但是在每个阶段必须形成完整的分析和设计方案。下面介绍各个阶段的主要工作内容。

（1）0 阶段——设计开始

本阶段是 IDEF1x 建模的开始，在这个阶段需要对建模的对象及定义系统的边界有明确的划分，制订建模的目标，并着手以下几方面工作。

① 建立建模目标：建模目标包括目标说明和范围说明两个方面，建模目标建立的结果主要回答在模型引用期间的主要事务是一个当前活动模型，还是一个将来改变后的模型。

② 制订建模计划：建模计划概述了要完成的任务和这些任务的开发顺序。计划中一般包括以下几个阶段：项目计划、收集数据、定义实体、定义关系、定义键、定义属性、确认模型和评审验收。

③ 组织队伍：为了科学、合理建模，在任务开发的人员组织上需要多个层次的开发人员协调一致、共同努力，才能得到正确的模型。

④ 收集原材料：一旦确定了建模的目标，就需要进一步收集有关的材料为建模做准备。收集材料可以采用与有关人员交谈、观察、查看实际文件等方法收集各方面的信息，这些材料可以包括调研结果、观察结果、策略和产生过程、系统中的输入和输出报表、数据库和文件说明等。

⑤ 制订约定：制订一些有益的约定可以增强模型含义的表示，促进模型的各个部分能被更好地理解。制订约定应不违反 IDEF1x 的技术规定。

（2）一阶段——定义实体

本阶段的目标是标识和定义待建模问题范围内的实体，主要进行以下几方面工作。

① 标识实体：IDEF1x 中的"实体"表示的是一组事物。在问题范围内的一个物体、一个事件、一种状态、一种行为、一种思想、一种概念或一个地方等都可以构成实体的实例。在前一阶段收集的材料中，可以直接或间接地标识绝大部分实体。由实体表示的成员（实例）集合有共同的属性集或特征集。得到的实体必须是研究问题域中存在的实例，将具有共同特征的属性形成集合。

② 定义实体：定义实体的内容包括实体名、定义实体和实体同义词。

（3）二阶段——定义关系

定义关系需要找出实体之间的自然语义关系，在本阶段标出的实体关系并不作为模型关系的最终表示，需要在以后的阶段中进一步改进。本阶段主要进行以下几方面工作。

① 标识相关实体：为了简洁，一个关系可以定义为两个实体之间的一种关联，即二元关系。用标识相关实体关系的方法构造实体关系矩阵，矩阵中在两个相关实体的交叉位置上画"√"。这里关系的性质并不重要，而关系存在的事实必须是充分的。

② 定义关系：标识实体的关系之后，需要做进一步的细化工作，包括表示依赖、确定关系名称和编写关系说明。在关系所涉及的两个实体间，需要定义它们的依赖关系，实体间的关系必须在两个方面进行检验，通过关系的每一端决定完成这一工作的基数。一旦建立了关系以后，就可以着手对关系名进行定义。关系名通常选择简单的动词或动词短语。定义的关系必须是具体的、简明的和有意义的，同时可以在附加说明中详细说明关系的含义。

③ 构造实体级图：实体级图是简化的模型，用方框表示实体。如果在一张图中可以画出所有的实体，则它可以反映模型的全貌，否则可以画多张图，并保持它们之间的一致性。

（4）三阶段——定义键

第三阶段的主要工作是在原有的基础上进一步细化，并完成以下工作：

① 分解不确定关系：对于模型中的不确定关系，需要分解或确定关系。分解的方法是构造一个新实体，作为两个实体的子实体，新实体与两个父实体之间用确定连接关系代替。

② 标识键属性：实体的属性是其所有实例的该属性值的集合。标识键属性就是找到实体中可以作为键的一个或多个属性。IDEF1x 中有 4 种类型的键：候选键、主键、次键或外键。因此，需要仔细研究实体的实例，选择一个或多个属性，它们的属性的每个可能的值都不存在重复，这样就可以得到实体的一个或多个候选键。如果只有一个候选键，则将其作为主键，否则，根据问题需要选择一个候选键作为主键，其他候选键作为次键。得到实体主键和次键后，在实体关系图中需要将属性标注在实体中，主键放在实体水平分割线的上方，次键放在实体水平分割线的下方，同时给每个键一个适当的编号。

③ 迁移键：对于关系连接的实体，需要在实体之间迁移键，完成外键的定义。

④ 确认键和关系：完成上述工作后，还需要进一步确认和检查。

⑤ 得到阶段数据模型：经过以上工作后，就可以得到 IDEF1x 的阶段数据模型，最后将本阶段的工作在实体关系图上正确反映，并编制相关的说明文件。

（5）四阶段——定义属性

这是模型开发的最后阶段，包括以下几方面工作。

① 标识非键属性：在 0 阶段收集的材料中有很多可以直接作为属性，收集与问题相关的所有属性，并将它们列表形成属性池，给每个属性起一个明确的、有意义的名字。

② 建立实体属性：将每个属性分配到实体中，绝大部分属性可以较明显地属于某个实体，但是，有些属性在分配时可能遇到困难。这时可以参照一下原始材料，慎重考虑以后将属性分配给某个实体，同时需要记录一下分配的情况，以备后面参考。之后，需要确认实体的属性，要求属性的定义必须是精确的、具体的、完整的和完全可理解的。这时也可以给属性定义别名、取值范围、数据格式等。

③ 改善模型：对即将完成的模型做进一步的确认和检查，需要综合运用上述几个阶段的规则来验证模型的正确性。除此之外，还需要检查属性之间的函数依赖关系，根据范式理论将实体分解成范式形式，并重新绘制实体关系矩阵，最后提交技术委员会

案例

专家评审，通过评审后，才最终得到模型。

④ 得到最终模型：在开发得到的最终模型中，需要包括涉及各个阶段形成的图表和文档。其中，实体关系矩阵和相应说明文档是模型的核心，并最终形成完整的模型设计报告。

4.3 Petri 网建模理论

Petri 网是一种形式化的建模与分析方法，用于描述计算机系统中异步并发模块间的通信方式，着重描述了并发事件间的关系。1962 年，由德国学者 C.A. Petri 提出。原始的 Petri 网称为普通网，或 P-T 网。随着 Petri 网研究与应用的不断扩大，在普通网的基础上扩展出许多"扩展 Petri 网"（extended Petri net），其中包括：有色 Petri 网（colored Petri net）、随机 Petri 网（stochastic Petri net）、模块化/递阶 Petri 网（modular/hierarchical Petri net）等。

近年来，Petri 网已广泛地应用于离散事件系统（车间调度、交通控制、过程控制等）的分析、设计和实施过程中，这是因为 Petri 网具有以下优点：

① 采用图形建模方法，使得模型直观，易于理解。

② 可以清楚地描述系统内部的相互作用，如并发冲突等，特别适用于异步并发离散事件系统的建模。

③ 可以用自顶向下的方法（递阶 Petri 网）来建立系统模型，使得所建模型层次分明。

④ 有良好的形式化描述方法，用 Petri 网建立的模型具有成熟的数学分析方法，如可达性、可逆性及死锁分析等。对 Petri 网的仿真也比较简单，甚至可以直接从 Petri 网模型产生仿真模型。

⑤ 用 Petri 网建立的模型，在一定条件下，可以翻译为系统的控制代码。

多年来，学者们对 Petri 网的研究与扩展始终未曾间断，取得了丰硕的研究成果。本节所要介绍的普通网，是 Petri 网中最基础的部分。

4.3.1 Petri 网的基本概念

（1）Petri 网的基本概念

一般地，系统模型主要由两类元素构成：表示系统状态的元素和表示系统变化的元素。与上述两类元素相对应，Petri 网中以库所表示系统中资源的状态、条件或存放资源的场所等，如机床空闲、缓冲区、仓库、工人等；以变迁表示改变系统状态的事件或资源的消耗、使用等，如切削加工、装配、维修、工件安装等操作。

库所和变迁是 Petri 网中用来描述系统的最基本概念。变迁能否发生需要满足一定的条件，受系统状态的限制，而一旦发生变迁，某些前置条件将不再满足，某些后置条件得到满足，系统状态也将随之改变。此外，Petri 网以连接于库所和变迁之间的有向弧线（弧）表示系统状态与事件之间的关系。

除库所、变迁和有向弧线之外，Petri 还用令牌表示库所中拥有的并且以库所中令牌数量的动态变化表示系统的不同状态。此外，当库所用于表示条件时，若库所中有令牌存在，则表示条件为真，后续的变迁可以被激发（fire）；否则，该条件为假，后续变迁不能被激发。Petri 网就是通过令牌在库所之间的移动来模拟系统的动态变化过程。

图形化是 Petri 网的另一种表示方法，一般地，以圆圈（○）表示库所，以短竖线（|）或方框（□）表示变迁，以带箭头弧线（→）表示库所与变迁之间的有向弧线，以库所中的黑点表示库所中拥有资源的数量。图 4-41 为 Petri 网图形化表示的最基本形式。

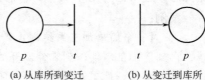

(a) 从库所到变迁　　　(b) 从变迁到库所

图 4-41　Petri 网的图形化表示

（2）Petri 网的定义

定义 4-1： 一个三元组 $N = (P, T; F)$，其中 P 为库所集（place set），$P = \{p_1, p_2, \cdots, p_n\}$，$n$ 为库所的数量；$T = \{t_1, t_2, \cdots, t_m\}$，为变迁集（transition set），$m$ 为变迁数量。它们构成一个 Petri 网的充分必要条件是：

① Petri 网的非空性：$P \cup T \neq \varnothing$，表示网中至少有一个元素。

② Petri 网的二元性：$P \cap T = \varnothing$，表示库所和变迁是两类不同的元素。

③ Petri 网中不能有孤立的元素：F 是由一个 p 元素和一个 t 元素组成的有序偶的集合，称为流关系，它建立了从库所到变迁、从变迁到库所的单向联系，并且规定同类元素之间不能直接联系，即满足 $F \subseteq (P \times T) \cup (T \times P)$。

④ 不与任何变迁相连的资源为孤立的库所，不引起资源流动的变迁为孤立的变迁。若令 $\text{dom}(F)$ 和 $\text{cod}(F)$ 分别为 F 中有序偶的第一个元素和第二个元素组成的集合，分别构成了 F 的定义域和值域，则有 $\text{dom}(F) \cup \text{cod}(F) = P \cup T$，该条件规定了网中不能有孤立的元素。

以上为 Petri 网的形式化定义，它规定了 Petri 网的静态结构和组成，是 Petri 网理论的基础，但还不足以描述系统静态结构的全貌。形式化定义具有严密性、精确性、抽象性和概括性等优点，但是不形象、不直观，也不易于理解。

在 Petri 网的图形化表示方法中，如前文所述，通常采用圆圈"○"和短竖线"|"来分别表示库所和变迁。这样，就可以将 Petri 网看作是由库所和变迁这两类节点通过有向弧线连接而形成的一种有向图。一个包含 6 个库所和 3 个变迁的 Petri 网如图 4-42 所示。

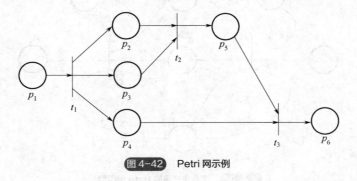

图 4-42　Petri 网示例

在 Petri 网中，以权重数来表示每个变迁发生一次所引起的相关资源数量的变化，它也称为权值（权重值）。分别记由库所 p 指向变迁 t 或者由变迁 t 指向库所 p 的权重数为 $W(p,t)$ 或者 $W(t,p)$，则一般满足 $0 < W(p,t) < +\infty$，$0 < W(t,p) < +\infty$。缺省时通常表示权重数为 1。

Petri 网理论认为发生变迁所需要的资源数量以及库所的容量是有限的，以表示资源有限的事实。在 Petri 网中，用 $K(p)$ 表示库所 p 的容量，称为容量函数。当库所的容量不会对系统的行为构成限制时，也允许某些库所的容量为无穷大。

此外，在 Petri 网中，还经常将库所中拥有的资源（令牌）数量及其分布称为标志（也称标识或标记），通常记为 M，在有向图中用库所中的黑点来表示；将系统开始运行时的标志称为初始标志，通常记为 M_0。显然，标志的数量应小于相应库所的容量，即有 $M(p) \leqslant K(p)$。

案例：

① 对一个简单加工系统，从零件到达开始，然后等待加工、开始加工、正在加工、加工完毕、得到已加工零件，到零件离开的过程，可以建立相应的 Petri 网模型，如图 4-43 所示。变迁 t_1 和 t_2 共享一件工具，两个变迁不能同时启动，但每个变迁可以多次启动。

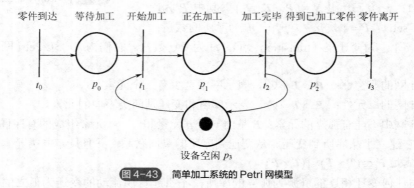

图 4-43　简单加工系统的 Petri 网模型

② 某工业生产线包含两项操作，分别用变迁 t_1 和变迁 t_2 来表示。变迁 t_1 将传入生产线的半成品 p_1、部件 p_2 用两个螺钉 p_3 固定在一起，成为半成品 p_4；变迁 t_2 再将 p_4 和部件 p_5 用 3 个螺钉固定在一起，得到产品 p_6。完成操作 t_1 和 t_2 时都需要用到旋具 p_7。假定由于存放空间的限制，部件 p_2 和 p_5 最多不能超过 100 件，停放在生产线上的半成品 p_4 最多不能超过 5 件，螺钉 p_3 存放最多不超过 1000 件。建立该生产线生产过程的 Petri 网模型，如图 4-44 所示。

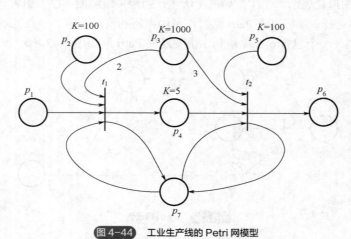

图 4-44　工业生产线的 Petri 网模型

在图 4-44 所示的 Petri 网模型中，弧上的权值即表示了某一变迁对资源的消耗量或产品的生产量，未加标注的弧权值默认为 1。K 表示某一库所的容量值，即该库所中所允许存放资源的最大数量，未加标注的库所容量默认为无穷大。

Petri 网建模方法的主要特点有以下几个。

① 采用图形建模方法，可以清晰地描述系统内部的相互作用，如并发、冲突和因果依赖等关系。模型直观、易于理解。

② 与系统结构关系密切，对系统内部的数据流和物流都可以很好地进行表述，容易在控制模型的基础上直接实现控制系统。

③ 可以采用自顶向下的方法，来分层次建立系统的 Petri 网模型。

④ 具有良好的数学基础和语法，以便模型的形式化描述。

（3）Petri 网的类型

Petri 网有如下四种类型。

① 低级 Petri 网：Petri 网中每一个位置的容量和权重数是大于或等于 1 的任意整数，又称为位置/变迁（P/T）网。

② 基本 Petri 网：其特点是每一个位置的容量为 1，位置称为条件，变迁称为事件，故又称条件/事件（C/E）网。

③ 定时 Petri 网：将网中各事件的持续时间标在位置旁边，于是位置中新产生的标记经过一段时间后才加入 Petri 网的运行；或是将时间标在变迁，于是经过授权的变迁延迟一段时间后发生，或者变迁发生后，立即从输入位置中移去相应的标记，但在输出位置中延迟一段时间产生标记。

④ 高级 Petri 网：谓词/事件网、着色网、层次 Petri 网以及随机网均属于高级 Petri 网，高级 Petri 网可以简化复杂的网络模型，表达更多的信息。

（4）Petri 网的特点

① 具有成熟的数学基础和语义清晰的语法，为形式化分析和描述提供了良好的条件。

② 使用图形描述系统，使模型直观，易于理解，降低了使用难度。

③ 能够清楚地描述离散事件动态系统（DEDS）建模中经常遇到的并行、同步、冲突和因果依赖等关系。

④ 对于分布式递阶结构系统，可采用自顶向下方法分层次建立 Petri 网。

⑤ 适于描述系统组织、结构、状态变化，展现系统内部的数据流和物流关系，容易在控制模型的基础上直接实现控制系统。

4.3.2　Petri 网的运行规则

Petri 网只是系统静态结构的基本描述，要实现对系统动态行为的模拟，还需要定义 Petri 网系统。

定义 4-2：一个六元组 $\Sigma = (P, T; F, K, W, M_0)$ 构成 Petri 网系统，当且仅当：

① $N = (P, T; F)$ 是 Petri 网，称为基网。

② K、W 和 M_0 分别是 N 上的容量函数、权函数和初始标志。$M_0 = (m_1, m_2, \cdots, m_n)$，表示初始状态时库所中令牌的分布，系统运行中的标志用 M 表示。

Petri 网系统增加了库所容量、变迁发生的规则以及资源分布等，具备了完整地描述系统结构和资源静态特征的能力。

为描述系统的动态运行过程，需要首先给出变迁发生的条件和结果，称之为变迁规则，具体描述如下：

设 M 为 Petri 网系统任一状态下的标识，$t \in T$ 为任一变迁，$^*t^* = {}^*t \cup t^*$ 称为 t 的外延（extension），那么 t 在 M 下有发生权（fireable）的条件见定义 4-3。

定义 4-3：变迁发生的条件：

$$\forall p \in {}^*t : M(p) \geqslant W(p,t) \wedge \forall p \in t^* : M(p) + W(p,t) \leqslant K(p) \quad (4-1)$$

此时，称 M 授权 t 发生或 t 在 M 下有发生权，记为 $M[t>0$。

定义 4-4：变迁发生的结果：

若在 M 下有发生权，即 $M[t>0$，则在 M 下可以发生，同时将标志 M 改变为 M 的后续 M'，且对于任一 $p \in P$，有

$$M'(p) = \begin{cases} M(p) - W(p,t) & p \in {}^*W - W^* \\ M(p) + W(t,p) & p \in W^* - {}^*W \\ M(p) - W(p,t) + W(t,p) & p \in {}^*W \cap W^* \\ M(p) & p \notin {}^*W \cup W^* \end{cases} \quad (4-2)$$

由变迁 t 的发生引起标志 M 变为 M'，记作 $M[t>M'$，并称 M' 为 M 的后续标志。

对定义 4-3 和定义 4-4 的解释如下。

① 一个变迁被授权发生，当且仅当该变迁的每一个输入库所中令牌的数量均大于或等于输入弧的权值，并且该变迁的输出库所中已有令牌的数量与输出弧的权值之和小于输出库所的容量，即"前面够用，后面够放"。

② 变迁发生的充分必要条件是：该变迁是有效的。

③ 变迁发生时，从该变迁的输入库所中移出与输入弧的权值数量相等的令牌，在该变迁的输出库所中产生与输出弧的权值数量相等的令牌。

4.3.3 Petri 网的事件关系分析

我们知道，事件是系统的基本构成要素，事件驱使系统状态的改变，而系统状态的改变又可能引发新的事件。在 Petri 网中，以库所来描述系统的局部状态（条件或状况），以变迁来描述改变系统状态的事件，以有向弧描述局部状态和事件之间的关系。Petri 网可以方便地表示事件之间的各种关系，为系统行为的分析奠定了基础。

下面给出 Petri 网系统中事件之间基本关系的定义。其中，$c \in C$ 为系统的任一状态，e_1、$e_2 \in E$ 为系统中的任意两个基本事件，在 Petri 网中分别以 t_1、t_2 表示 e_1、e_2。

定义 4-5：顺序关系。

如果 $c[e_1 >$，但 $\neg c[e_2 >$，而 $c'[e_2 >$，其中 c' 是 c 的后续：$c[e_1 > c'$，则称 e_1 和 e_2 在 c 中具有顺序关系。

图 4-45　顺序事件关系示例

顺序关系是最基本的事件关系。例如，图 4-44 所示的 Petri 网模型中，只有 t_1 发生之后，t_2 在其后续状态下才有发生权。因此，t_1 和 t_2 所代表的事件之间具有顺序关系。图 4-45 中 t_1 和 t_2 之间也具有顺序关系。

定义 4-6：并发关系。

e_1 和 e_2 在状态 c 并发的充分必要条件是 ${}^*e_1 \cap {}^*e_2 = \varnothing$ 且 ${}^*e_1 \cup {}^*e_2 = c$。

当两个事件均有发生权，且它们各自的发生均不影响对方的发生权时，也就是说，它们的发生是相互独立的，则称两个事件之间具有并发关系。并发是以事件发生之间的二元关系来定义的，它只涉及两个事件，并且是在没有冲突的假设下给定的。

例如，图 4-45 中 t_1 和 t_2 之间存在并发关系，表示 t_1 和 t_2 之间存在并发的基本条件。但是，

并不要求 t_1 和 t_2 之间必须同时发生，甚至不保证有了发生权的事件一定会发生。实际上，事件之间最终按何种形式发生完全视实际系统的资源状况而定。此外，在图 4-46（a）中，t_1 和 t_2 之间存在顺序关系。

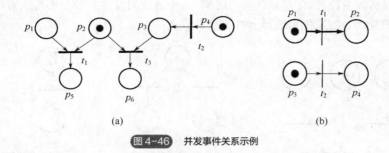

图 4-46　并发事件关系示例

值得指出的是，并发关系不具备传递性。

定义 4-7：冲突关系。

若 $c[e_1>\wedge c[e_2>$，但 $\neg c[\{e_1, e_2\}>$，则称 e_1 和 e_2 在 c 相互冲突。

冲突指的就是这种两者都有发生权，但在同一时刻只能有一个发生的关系。冲突的实质是竞争资源。

例如，图 4-44 中，p_7（旋具）为 t_1 和 t_2 共用，在使用时将会发生冲突关系；图 4-46（a）中，由于只有一个资源 p_2 可供利用，在同一时刻 t_1 和 t_3 只有一个能够发生。因此，t_1 和 t_3 之间竞争使用共享资源 p_2，具有冲突关系。

图 4-47 所示为两种冲突关系。图 4-47（a）中，t_1 和 t_2 竞争使用 p_1 中的资源，t_1 和 t_2 只有一个能发生。图 4-47（b）中，当 p_1 的容量为 1 时，则在同一时刻 t_1 和 t_2 两个变迁中只有一个变迁能够发生。

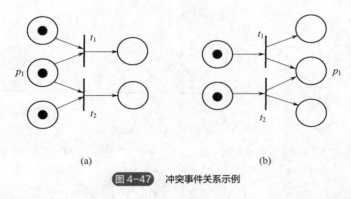

图 4-47　冲突事件关系示例

冲突也称为选择或不确定。冲突双方谁先发生由系统运行环境及状态决定。就系统本身或系统局部而言，谁有优先权是不确定的，它需要从环境中输入一个用于决策的信息，以便解决冲突。

在各种事件关系中，冲突关系对系统性能的影响最大。因此，有必要就 Petri 网模型中的冲突现象做出进一步分析。总体上，产生冲突的主要原因包括：两个或多个进程在同一时刻竞争使用同一资源；一个进程的发生具有多个可供选择的路径或资源。为此，我们可以将 Petri 网模型中的冲突分为三种类型（图 4-48）。

① 共享资源型冲突。这是指一个资源在同一时刻被多个进程所共享而产生的冲突。图 4-48

（a）中的 p_3 为变迁 t_1 和 t_2 所共享资源，该模型的执行过程中有可能发生共享资源型冲突。

② 可选择活动型冲突。这是指一个库所中的实体在同一个时刻有两个或多个可能被激发的变迁。图 4-48（b）的 p_1 在同一时刻可能同时激发变迁 t_1 和 t_2。

③ 可选择资源型冲突。这是指在同一时刻，一个进程的发生有多个可替换的资源可供选择。图 4-48（c）中变迁 t_1 的发生可选择 p_1 中 r_i（$i=1,2,\cdots,n$）。

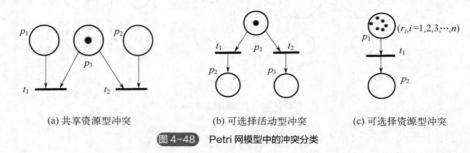

(a) 共享资源型冲突   (b) 可选择活动型冲突   (c) 可选择资源型冲突

图 4-48　Petri 网模型中的冲突分类

在同一 Petri 网模型中，上述几种类型的冲突有可能同时发生。实际上，系统中出现冲突之处正是环境或决策者可以对系统进行控制的地方。如果能够对可能发生的冲突加以判断、分析和控制，并使之消失，就可以实现系统性能的优化；相反地，如果不能预先判断冲突或不能合理地解决冲突，就会给系统分析和控制带来负面影响。

此外，Petri 网还能方便地表示各种逻辑关系，如与、或、非、禁止、补、与非、或非等。图 4-49 所示为常用逻辑关系的 Petri 网模型。其中，图 4-49（a）表示"与"关系，表示只有当 p_1 和 p_2 中都有相应的令牌时，变迁 t_1 才能发生，p_3 中才会有令牌；图 4-49（b）表示"或"关系，表示只要 p_1 或 p_2 中有相应的令牌，变迁 t_1 或 t_2 就会发生，从而 p_3 中就会产生令牌；图 4-49（d）表示"禁止"关系，禁止弧由库所到变迁，当库所中含有禁止弧上所标注数量的令牌时，该变迁将被禁止实施。

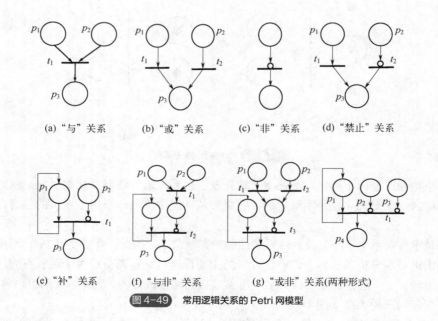

(a)"与"关系   (b)"或"关系   (c)"非"关系   (d)"禁止"关系

(e)"补"关系   (f)"与非"关系   (g)"或非"关系(两种形式)

图 4-49　常用逻辑关系的 Petri 网模型

4.3.4　Petri 网性能分析

采用 Petri 网对离散事件系统建模，进而进行系统性能分析时，就必然要将系统的性能映射到 Petri 网的性能，通过对 Petri 网的性能分析来达到对实际系统性能分析的目的。Petri 网建模是属于逻辑层次的，因此利用 Petri 网主要是从逻辑角度来分析离散事件系统的结构、行为和参数是否满足预期的逻辑关系。

表征 Petri 网性能的指标有可达性、有界性与安全性、活性、死锁与陷阱、可逆性。

（1）可达性（reachability）

若从初始标识 M_0 开始，由变迁激发产生序列标识 M_r，则称 M_r 是从 M_0 可达的。所有从 M_0 可达的标识集合为可达集，记为 $\boldsymbol{R}(M_0)$。变迁序列 S_r 代表系统运行的轨迹，激发向量 u_r 代表所有变迁在变迁序列中出现的次数。

可达性分析理论包括可达树（reachability tree）、可达图（reachability graph）等形式。利用可达树理论也可以分析系统有界性、安全性等特性。

（2）有界性（boundedness）与安全性（safety）

如果某个库所或网模型是有界的，则称该库所或网模型是安全的。安全性是指按照一定的规则分配资源，使得系统的进程都能顺利完成。安全性要求所有可能的状态均具有一定的性质，所有的变化均服从给定的规律。

（3）活性（liveness）

一般地，对于任一变迁 $t \in \boldsymbol{T}$，若对于任何可达标识 $M \in [M_0>$，总有从 M 可以到达的标识 $M' \in [M_0>$，使得 $M'[t>$，则认为是活的，否则认为 t 是死的。对于任一标识 $M \in \boldsymbol{R}$，若存在某一变迁序列 S_r，它的激发可以使变迁 t 使能，则称该变迁是活的。若一个网模型的所有变迁都是活的，则该网模型是活的。

（4）死锁（deadlock）与陷阱

所谓死锁是指，对于给定初始标识 M_0 的 Petri 网中的某一个变迁节点 t，如果在由初始标识 M_0 可达的任一状态标识 $M \in \boldsymbol{R}(N, M_0)$ 下，变迁节点 t 都是不使能的或者说都不具有发射权，则称该变迁节点 t 为死锁。

在实际系统中，死锁是必须尽可能避免的，它会造成系统的瘫痪，Petri 网的死锁分析为此提供分析能力。实际上，对一个 Petri 网的变迁节点来说，如果其所连接的库所节点的输入也是该库所的输出，则会造成死锁；而且，如果该变迁节点的输入库所中包含死锁且未含"托肯"，那么此变迁节点将永远是非使能的，即永远不具有发射权。死锁和陷阱如图 4-50、图 4-51 所示。

相对于变迁节点的死锁，库所节点存在所谓"陷阱"的问题。对于给定初始标识 M_0 的 Petri 网，其中的某一个库所节点的输出同时也是输入，则称该库所节点为陷阱。同样在实际系统中，陷阱也是应该尽量避免的。如果一个库所节点是陷阱，且含有"托肯"，那么在后续可达的状态标识分布下，该库所节点必须始终含有"托肯"。

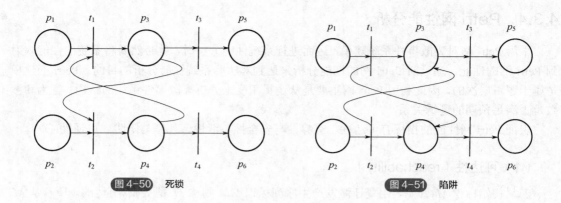

图4-50　死锁　　　　　　　　　　　　　　图4-51　陷阱

（5）可逆性（reversibility）

从 $R(M_0)$ 中的任一标识 M 都可以通过变迁返回 M_r，则此网模型是可逆的，可以自身初始化。

值得指出的是，有界性、安全性、活性以及可逆性之间彼此独立，而活性和死锁之间密切相关。人们常采用不变量理论（invariant theory）分析系统的活性（liveness）、死锁（deadlock）等问题。不变量是网模型的结构特性，它与初始标识无关，又可以分为 P 不变量（P-invariant）和 T 不变量（T-invariant）两种类型。其中，P 不变量是满足以下条件的一个库所集合：在任何一个可达树标识 M 下，集合中所有库所的令牌总数均为常数，即等于初始标识 M_0 下库所中的令牌总数。T 不变量是满足以下条件的一个变迁集合：集合内的变迁在不断激发后会使标识恢复到初始标识状态。

Petri 网模型是一种基于逻辑层次的离散事件系统模型。本节对 Petri 网模型的定义、模型描述方法、变迁规则、基本特性等进行了综述性的介绍。尽管普通 Petri 网模型可用可达树法、矩阵方程分析法等进行一些分析，但由于实际系统的复杂性，普通 Petri 网模型难以完整地进行建模。另外，由于 Petri 网模型是基于状态描述的，对于大规模离散事件系统来说，其模型规模十分庞大，从而带来"维数灾"问题，因此对于时间 Petri 网模型、随机 Petri 网模型往往要将其转换为仿真模型。而对于大规模的离散事件系统，一般不宜采用 Petri 网模型描述。

案例

综合以上分析，基于 Petri 网对过程进行建模，主要优点如下：

① Petri 网的表达直观易懂，因为它是一种图形化的语言。

② Petri 网的表达能力强且具有语义严格性，它是一种基于状态的过程建模方

拓展阅读

法，与基于事件的过程定义相比更具优势。而且基于 Petri 网的过程建模具有柔性，当动态修改过程实例或者实现互操作时，只需要对网中的触发机制和标记做相应的处理即可。

③ Petri 网的分析能力强，经过近五十年的发展，Petri 网可以利用丰富的分析技术，来分析模型的各种特性，如活性、有界性以及不变量等。

④ Petri 网易于计算机实现，它以较少的元素库所、变迁和弧实现了对复杂模型的建模，通过对标记着色、给变迁加上时间属性，容易实现对模型的控制流建模和模型时间的性能分析，通过层次建模可以很容易实现面向对象的特性，因此，易于计算机程序实现基于 Petri 网的过程建模的企业建模系统。

⑤ Petri 网具有良好的抽象性，它能够通过分层技术实现自顶向下的建模，可以实现子系

统之间的复用，易于抽象分离子系统，使系统容易获得面向对象的特性。这些都使得基于 Petri 网的过程建模具有良好的抽象特性。

⑥ Petri 网作为一种图形工具，像软件设计中的结构图、流程图一样直观、形象。而且在这些网中，可以使用标记来模拟系统的动态行为和并发活动，同时作为一种数学工具，它可以建立状态方程、代数方程以及系统行为的其他数学模型。Petri 网既有严格的形式定义，又有直观的图形表示，还有丰富的系统描述手段和系统行为分析技术，很适合于描述具有并发、异步、分布、并行、不确定和随机成分的系统。因此，运用 Petri 网对制造业的动态业务过程进行建模，有利于描述分析业务逻辑关系的复杂性及多变性。

面向对象 Petri 网（object-oriented Petri net，OOPN）结合了面向对象和 Petri 网的优点，利用面向对象技术提供的抽象、封装、分类以及继承机制，简化复杂系统建模。模型的建立基于类结构，使得 Petri 网具有自己的数据结构，类的继承性为 Petri 网引进了层次化的设计思想，从而使系统模型层次清晰，易于理解和维护。

OOPN 模型由对象 Petri 网（OPN）及对象间的联系网（OCN）组成，前者具有模块化、可重复使用性特点；后者能够结构化地描述复杂逻辑关系。每个 OOPN 中包含很多子网对象，每个子网对象包括两个部分：外部结构和内部结构。外部结构主要是消息接口，包括消息输入接口和消息输出接口，输入接口与输出接口是成对出现的。当一个对象同时接收来自不同的对象发送的消息时，那么这些消息在输入接口中自动形成等待处理的消息队列。同理，在输出接口中也可能会产生等待发送的消息队列。处理输入及输出消息队列的分别是输入门变迁和输出门变迁。每个子网对象的内部结构由库所和变迁构成。在 OOPN 中把每个子网对象都看作单独的处理序列，利用一系列的变迁来实现这些功能。每个子网对象内部的变迁序列都不是固定被执行的，而是根据企业实际的需要来执行不同的变迁序列。根据面向对象的特点，对每个子网对象都进行相应的封装。如果业务流程发生变化，则只需要修改子网对象中相应的某个变迁，而无须改动其他部分，以此来实现系统的快速重构。OOPN 中的每个变迁都代表一个动作，它可以定义相应的布尔表达式，用来规定变迁在什么条件下可以发生。每条弧上也可以有相应的弧表达式，用来决定对象中的哪个实例需要移动。

OOPN 的形式化描述：OOPN 应用了面向对象编程中的对象与信息传递的概念，对象根据其输入信息进行相应的活动（方法），对象之间的信息传递控制与协调着不同对象所进行的活动（方法）及其顺序。

案例：以制造业中的核心过程即生产管理过程为例，对其过程进行建模。生产管理的顶层流程首先是根据客户需求记录销售订单，然后根据销售订单及市场信息制订销售预测，在销售预测及销售订单的基础上，制订详细的销售计划。结合销售计划与销售预测信息以及企业经营战略来制订生产计划。根据具体的生产计划同时制订采购计划和作业计划，然后根据计划进行相应的生产，把生产出来的产品进行相应的统计，最后把合格品入库。根据过程的描述，通过 Petri 网进行建模如图 4-52 所示。从图中可以看到，t_4 代表的生产计划又包括子过程，对其继续分解得到主生产计划、物料需求计划及能力需求计划。在分层时，不仅要保证父子网的 I/O（输入/输出）是一致的，而且要保证它们的性质不变，因为只有这样，才可以保证企业流程的系统特性不变。所以 Petri 网分层时，当一个节点替代一个子网（自底向上）或者一个子网替代一个节点（自顶向下）时，子网的结构是要受到限制的，否则父子网的行为可能在分层前后不一致。图中的库所以及变迁的详细说明如表 4-1 所示。

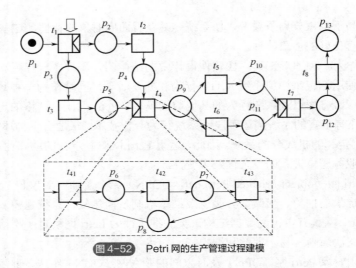

图 4-52　Petri 网的生产管理过程建模

表 4-1　库所与变迁说明表

库所	存放内容	变迁	功能
p_1	销售订单	t_1	录入销售订单
p_2	市场信息	t_2	销售预测
p_3	需求信息	t_3	销售计划
p_4	销售预测信息	t_4	生产计划
p_5	销售计划表单	t_{41}	主生产计划
p_6	主生产计划表单	t_{42}	物料需求计划
p_7	物料需求计划表单	t_{43}	能力需求计划
p_8	能力需求计划表单	t_5	采购计划
p_9	产品结构清单	t_6	作业计划
p_{10}	采购计划表单	t_7	生产统计
p_{11}	作业计划表单	t_8	生产入库
p_{12}	生产统计信息		
p_{13}	入库单		

4.4　排队系统模型

　　排队论即随机服务系统理论，源于 1918 年 Erlang 关于电话系统的研究，其实质是研究服务台与顾客之间的效率问题，进而成为随机运筹学与概率论中最有活力的研究课题。排队论不仅理论体系较为完备，而且在军事、生产经济管理、交通、通信、网络等领域得到了广泛应用。排队系统是典型的离散事件系统，是离散事件系统仿真要研究的重要内容。

4.4.1　排队系统的基本概念

（1）拥挤（或阻塞）现象与排队

　　拥挤（或阻塞）是离散事件中极普遍的现象，是当实体到达要求服务与系统服务能力不适应时导致的必然结果，这种结果形成了服务中的等待线即"排队"。

客观世界中存在着大量需要解决的排队问题，如顾客购买、旅客等车、机场调度、医院就诊、加工流程、交通管理、市场供求、军事作战、线路设计、计算机控制等，如何科学地解决排队问题是人们十分关心的事情。

（2）排队系统定义及组成

由一个或多个服务员（台）构成为随机到达顾客提供某些服务，而顾客视服务员（台）"闲""忙"，并按其接受服务或者排队等待的系统称为排队（服务）系统。这里，顾客和服务员（台）是广义的。

排队系统一般由顾客源、排队和服务机构构成。

在模型中，每个顾客由顾客源（总体）出发，到达服务机构（服务台、服务员）前排队等候接受服务，服务完成后离开。图 4-53 描述了排队过程，排队结构指队列的数目和排列方式，排队规则和服务规则是说明顾客在排队系统中按怎样的规则和次序接受服务。

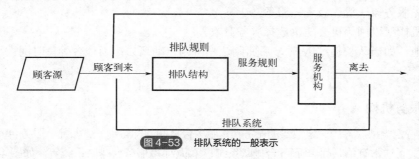

图 4-53　排队系统的一般表示

4.4.2　排队系统的建模方法

排队系统模型描述的基本要素为到达模式、服务模式、排队规则及服务机构。

（1）到达模式

指接受服务的顾客到达系统的模式，常用实体到达时间间隔的概率分布表示。排队系统中，如果两相邻实体先后到达系统的时间完全是随机无关的，即实体在时间 $(t, t+\Delta t)$ 到达的概率正比于 Δt，而与 t 无关，则系统中从 0 到 t 时刻到 n 个实体概率满足泊松分布，其数学表达式为：

$$P_n(t) = \frac{(\lambda t)^n \mathrm{e}^{-\lambda t}}{n!} \tag{4-3}$$

其中，λ 为单位时间内实体到达的平均数。

此时两实体到达的时间间隔 t 也是随机变量，服从指数分布。t 的期望值为

$$E(t) = \frac{1}{\lambda} \tag{4-4}$$

此时称到达模式为指数分布到达模式。

（2）服务模式

用提供服务所需时间的概率分布表示。实际系统中比较常用的服务模式为指数分布服务模式，即服务时间服从指数分布。若服务过程满足以下条件，则服务时间的概率分布为指数分布。

① 在互不重叠的时间区间内，各个服务是相互独立的。

② 服务时间的平均值是一个常数。

③ 在（t，$t+\Delta t$）时间内完成一个实体服务的概率与 t 无关，且正比于 Δt。

其密度函数为

$$g(t) = \mu e^{-\mu t} \tag{4-5}$$

其中，μ 为服务时间的平均值。

（3）排队规则

排队规则是指在服务员完成对当前顾客服务时，从队列中（如果有排队的话）选取下一个顾客的规则。由于顾客到达和服务时间的随机性而产生了多种排队规则。排队规则简称排队律。

常见的排队律如下：

① 先到先服务（或先进先出）律，以 FCFS 或 FIFO 表示。

② 后到先服务（或后进先出）律，以 LCFS 或 LIFO 表示。

③ 优先服务律（优先级者先服务）。

④ 随机律（以同等机会随机选择服务对象）。

⑤ 其他。如当队长超过 N 时，后面到达顾客则自动离去；当顾客等待时间大于 T 时，顾客自动离去等。

（4）服务机构

可提供特定类型服务的一定数量的服务员、服务台之间的配置形式，如几个服务台并行、串行或其他连接方式。通常有单队列-单服务台排队系统、单队列-多服务台排队系统等，如图4-54所示。

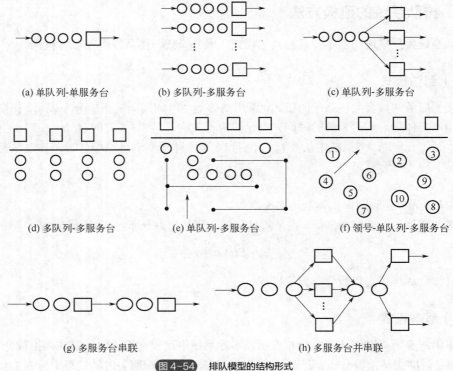

(a) 单队列-单服务台　　(b) 多队列-多服务台　　(c) 单队列-多服务台

(d) 多队列-多服务台　　(e) 单队列-多服务台　　(f) 领号-单队列-多服务台

(g) 多服务台串联　　　　(h) 多服务台并串联

图4-54　排队模型的结构形式

（5）服务过程

对各个顾客服务所需时间形成的服务过程。它描述了服务过程的统计特性，同样具有一定分布特性。通常有如下分布：

① 定长分布服务时间。所有顾客服务时间均为常数，以 D 表示。

② 负指数分布服务时间。各个顾客服务时间彼此独立，具有相同负指数分布，其均值 $\frac{1}{\mu}$ 为平均服务时间，以 M 表示。

③ 爱尔朗分布服务时间。如果顾客的服务必须经过 K 个相串联服务台，每个服务台的服务时间 T_i 彼此相互独立，且均服从均值为 $\frac{1}{k_\mu}$ 的负指数分布，则该顾客的总服务时间为 $T=\sum\limits_{i=1}^{k} T_i$。显然，它将服从于均值为 $\frac{1}{\mu}$、方差为 $\frac{1}{k_\mu^2}$ 的爱尔朗分布，以 E_k 表示，这就是爱尔朗分布服务时间的实际意义。

④ 一般随机分布服务时间。各个顾客的服务时间相互独立，具有相同分布的非负随机变量，对分布函数的分布形式未做进一步假定，以 G_I 表示。

⑤ 其他分布服务时间。如各服务员可具有不同的服务时间分布，服务时间分布依赖队长等。

（6）排队系统的分类符号

我们讨论了排队系统的模型、特征以及性能指标，将这些特征进行组合，可以形成各种类型的排队系统。1953 年，Kendall.D.G 提出了一个排队系统分类方法，他根据排队系统中最主要、影响最大的三个特征进行分类：

① 顾客到达间隔时间的分布；

② 服务时间的分布；

③ 服务台的数目。

按照上述三个特征进行分类，并以一定的符号表示排队系统，称为 Kendall 符号。对于多服务台系统，符号的形式是：

$$X\,/\,Y\,/\,Z$$

其中，X 表示顾客到达间隔时间的分布；Y 表示服务时间的分布；Z 表示服务台的数目。

在表示顾客到达间隔时间的分布和服务时间分布时，以下符号分别表示各种分布：

① M——指数分布。M 为 Marko 的第一个字母。指数分布具有无记忆性，也称为 Markov 性。

② D——确定型（Determinstic）。

③ E_k——k 阶爱尔朗（Erlang）分布。

④ G_I——一般相互独立（General Independent）的间隔时间分布。

⑤ G——一般（General）服务时间分布。

例如，M/M/1 就表示顾客到达间隔时间为指数分布、服务时间为指数分布、单服务台的排队系统模型；M/M/n 表示顾客到达间隔时间为指数分布、服务时间为指数分布、有 n 个并联服务台的排队系统模型；D/M/c 表示确定的到达间隔、服务时间为指数分布、c 个平行服务台（顾客为一个队列）的排队系统模型。

1971 年，在一次关于排队论符号的标准化会议上，以 Kendall 符号为基础进行扩充，形成了排队系统的标准符号：

$$X / Y / Z / A / B / C$$

其中，X、Y、Z 的含义与前面相同；A 表示系统容量的限制，缺省值为 ∞；B 表示顾客的数目 m，缺省值为 ∞；C 表示排队规则，如先到先服务（FCFS）、后到先服务（LCFS）等，缺省值为 FCFS。

例如：$M / D / 2 / N$ 表示顾客到达时间间隔（间隔时间）为指数分布、服务时间确定、2 个并联服务台且系统容量为 N 的排队系统；$D / G / 1$ 表示顾客到达时间间隔确定、一般服务时间、单服务台的排队系统；$M / M / 1 / \infty / \infty /$ FCFS 表示一个顾客到达时间间隔服从指数分布、服务时间服从指数分布、单个服务台、系统容量为无限（等待制）、顾客源无限、排队规则为先到先服务的排队系统；$G_I / E_3 / c / 10 / 10 /$ LIFO 表示相互独立的到达间隔时间、三阶爱尔朗分布的服务时间、c 个并联服务台、系统容量为 10、顾客总量为 10 且按照"后到先服务"规则的排队系统。在排队系统中，一般约定：如果 Kendall 记号中略去后 3 项时，即指 $X / Y / Z / \infty / \infty /$ FCFS 的情形。因此，$M / M / 1 / \infty / \infty /$ FCFS 排队系统也可简记为 M/M/1。

（7）排队系统的性能指标

一旦一个排队系统模型确定以后，可以用以下几个特征量来衡量其性能。

① 服务员利用率：

$$\rho = \frac{\text{平均到达速率}}{\text{平均服务速率}} = \frac{\lambda}{\mu} \tag{4-6}$$

由式（4-6）可知服务员空闲的概率应为（$1 - \rho$）。记顾客到达不需等待即得到服务的概率为 ρ_0，则

$$\rho_0 = 1 - \rho \tag{4-7}$$

② 系统中平均顾客数：系统中平均顾客数包括正在接受服务的顾客数和正在等待的顾客数，用 L 表示：

$$L = \sum_{n=0}^{\infty} n \rho_n \tag{4-8}$$

其中，$\rho_n = \rho^n \rho_0$，为系统中出现 n 个顾客的概率，则

$$L = \sum_{n=0}^{\infty} \rho_0 \rho^n n = \sum_{n=0}^{\infty} n(1-\rho)\rho^n = \frac{\rho}{1-\rho} \tag{4-9}$$

③ 平均队长：也称系统内排队等待的顾客数（不包括正在接受服务的顾客数），用 L_Q 表示：

$$L_Q = \sum_{n=0}^{\infty} (n-1)\rho_n = \frac{\rho}{1-\rho} - \rho = \frac{\rho^2}{1-\rho} \tag{4-10}$$

④ 顾客在系统内停留时间：指单个顾客在系统内停留的总时间，均值用 W 表示。在 W 时间内到达的顾客平均数为 λW。由于这个数与系统内平均顾客数相等，即 $L = \lambda W$，故有

$$W = \frac{L}{\lambda} = \frac{1}{\mu - \lambda} \tag{4-11}$$

⑤ 平均等待时间：指顾客进入系统后在队列中排队等待服务时间的平均值，用 W_Q 表示。

其与队列长度的关系为 $L_Q = \lambda W_Q$，故有

$$W_Q = \frac{L_Q}{\lambda} = \frac{\rho}{\mu - \lambda} = \frac{\lambda}{\mu(\mu - \lambda)} \qquad (4\text{-}12)$$

⑥ 系统中出现大于 n 个顾客的概率：因为已知系统中出现 i 个顾客的概率为 $\rho^i(1-\rho)$。因此，系统中出现大于 n 顾客的概率为

$$1 - \sum_{i=0}^{n} \rho^i(1-\rho) = \rho^{n+1} \qquad (4\text{-}13)$$

以上分析均是基于 M/M/1/∞ 系统而进行的解析运算，实际系统当然不会都那么简单。系统中可能有多个队列、多个服务台，顾客的排队规则可能为优先级规则（优先服务律），平均顾客数会随时间不同而有所改变，服务时间也会随服务方式的不同而有所波动，等等。这些复杂情况很难用解析法求出具体解，或求解过程很复杂，因此对复杂的排队系统问题有必要借助仿真的方法加以解决。

4.4.3　排队系统的仿真案例应用

研究排队系统的目的在于优化排队系统性能。排队系统优化可分为两类：①系统设计的优化，也称静态优化，目的是使服务台效率最高、系统效益最佳或者以最小的投资满足顾客一定的服务要求。②系统控制的优化，也称动态优化，是指对一个给定的排队系统，通过控制系统的运营过程，使给定标函数达到最优。

一般地，服务水平的提高（如用服务质量、服务台数量等）有利于减少顾客的等待时间，降低等待费用，但常常要增加服务系统的运行成本。因此，对排队系统而言，需要在服务水平和费用之间进行平衡，实现以最低的费用达到最佳的服务水平的目标。图 4-55 为服务水平与费用之间的关系。

排队系统的服务水平有多种表现形式，如服务台的服务能力（服务率、服务台的数目、最大队列长度、服务强度等）。在稳定状态下，服务费用成本的计算或估计比较容易，但是顾客的等待费用表现形式不一，如因设备故障维修造成的生产损失、病人因拖延治疗使得病情恶化造成的损失、排队造成的潜在顾客流失等，从而给等待费用的计算带来困难。

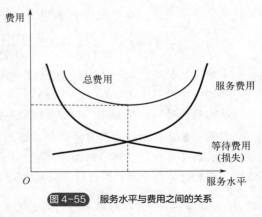

图 4-55　服务水平与费用之间的关系

案例：某家电修理点有 1 名维修工，设顾客到达服从泊松分布，平均 4 人/h；维修时间服从指数分布，均值为 6min。求：①修理点空闲的概率。②修理点内顾客正好为 3 人的概率。③修理点内至少有 1 个顾客的概率。④修理点内的平均顾客数。⑤每位顾客在修理点的平均停留时间。⑥等待服务的平均顾客数。⑦每位顾客平均等待服务的时间。

解：该修理点可以看成个 M/M/1/∞ 的排队系统，其中

$$\lambda = 4, \mu = \frac{1}{0.1} = 10, \rho = \frac{\lambda}{\mu} = \frac{2}{5}$$

① 修理点的空闲率：$\rho_0 = 1 - \rho = 1 - \dfrac{2}{5} = 0.6$

② 修理点内恰好有 3 位顾客的概率：

$$\rho_3 = \rho^3(1-\rho) = \left(\dfrac{2}{5}\right)^3 \times \left(1 - \dfrac{2}{5}\right) = 0.038$$

③ 修理点内至少有 1 个顾客的概率：$\rho\{N \geqslant 1\} = 1 - \rho_0 = \rho = 0.4$

④ 修理点内的平均顾客数：$L = \dfrac{\rho}{1-\rho} = \dfrac{2/5}{1-2/5} = 0.67$ 人

⑤ 每位顾客在修理点的平均停留时间：$W = \dfrac{L}{\lambda} = \dfrac{0.67}{4} \text{h} = 10 \text{min}$

⑥ 等待服务的平均顾客数：$L_Q = L - \rho = \dfrac{\rho^2}{1-\rho} = \dfrac{(2/5)^2}{1-2/5} = 0.267$ 人

⑦ 每位顾客平均等待服务的时间：$W_Q = \dfrac{L_Q}{\lambda} = 0.267/4\text{h} = 4\text{min}$

案例： 已知某汽车维修站有 1 名修理工，维修站内最多可以停放 4 台待修理的汽车。设待修汽车按泊松分布到达维修站，平均每小时到达 1 台；修理时间服从指数分布，平均每 1.25h 可以修理 1 台。试求该汽车维修站性能指标。

解： 该汽车维修站可以看成 M/M/1/4 的排队系统。其中

$$\lambda = 1, \mu = 1/1.25 = 0.8, \rho = \lambda/\mu = 1.25, A = 4$$

$$\rho_0 = \dfrac{1-\rho}{1-\rho^5} = \dfrac{1-1.25}{1-1.25^5} = 0.122$$

顾客损失率为：$\rho^4 = \rho^4 \rho_0 = 1.25^4 \times 0.122 = 0.298$

有效到达率为：$\lambda_e = \lambda(1 - \rho^4) = 1 \times (1 - 0.298) = 0.702$

平均队列长度：$L = \dfrac{1.25}{1-1.25}$ 台 $- \dfrac{(4+1) \times 1.25^5}{1-1.25^5}$ 台 $= 2.44$ 台

平均排队长度：$L_Q = L - (1 - \rho_0) = 2.44$ 台 $- (1 - 0.122)$ 台 $= 1.56$ 台

平均停留时间：$W = L/\lambda_e = 3.48\text{h}$

平均等待时间：$W_Q = W - 1/\mu = 3.48\text{h} - 1/0.8\text{h} = 2.23\text{h}$

案例： 某汽车加油站设有两台加油泵。车辆随时刻到达加油站，若两加油泵被同时占用，形成排队或等待线，每辆车的加油时间亦是随机的。为了建立这种离散事件系统的数学模型，进行了较长时间的观测，所得观测结果如表 4-2 所示。由此而求得的车辆到达模式为泊松分布，即 $P\{x=k\} = \dfrac{\lambda^k e^{-\lambda}}{k!}$。若本站采用先到先服务的排队规则，两台加油泵加油时间的统计概率分布曲线分别为 $f(t)$ 和 $g(t)$。于是，所建立的该系统模型如图 4-56 所示。

表 4-2　某加油站服务系统的离散事件和系统状态

事件发生时刻（t）	车辆到达（E_A）	离散事件	系统状态		
			泵 1（E_{W1}）	泵 2（E_{W2}）	排队（长）
0	—	0	0	0	0
t_1	1	E_{A1}	1	0	0

续表

事件发生时刻（t）	车辆到达（E_A）	离散事件	系统状态		
			泵1（E_{W1}）	泵2（E_{W2}）	排队（长）
t_2	1	E_{A2}	1	1	0
t_3	1	E_{W1}	3	2	4
t_4	0	E_{W2}	3	2	0
...	...	...	...	...	...

注：$E_A=0$ 表示无车辆到达，$E_A=1$ 为有车辆到达。随机离散事件有车辆到达（E_A）、泵1加油完毕车辆离去（E_{W1}），泵2加油完毕车辆离去（E_{W2}）。

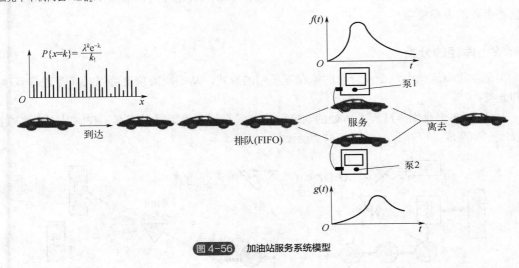

图 4-56　加油站服务系统模型

4.5　库存系统模型

在日常的生产经营活动中，不论是工厂生产所需的原材料仓库库存，销售所需的成品仓库库存，还是商场经营中所需的商品仓库库存，都需要对其进行严格的控制、管理。库存过多会造成资金积压，库存过少会影响生产或销售的正常进行。

生产系统中如果库存过多，则会造成积压浪费以及保管费的上升；如果库存过少，则会造成缺货。如何选择库存和订货策略，是一个需要研究的问题。

4.5.1　库存系统的基本知识

（1）库存的概念

库存（inventory）是指企业在生产经营过程中为现在和将来的耗用或销售而储备的资源。包括原材料、材料、燃料、低值易耗品、在产品、半成品、产成品等。从客观上来说，库存是指企业用于今后生产、销售或使用的任何需要而持有的所有物品和材料。

在企业物流活动的各个环节中，合理的库存起着一定的缓冲作用，并可以缩短物流活动的实现时间，加快企业对市场的反应速度。在企业接到顾客订单后，当顾客要求交货时间比企业从采购材料、生产加工，到运送货物到顾客手中的时间（供应链周期）要短时，就必须预先储存一定数量的该物品，来填补这个时间差。

案例

一般来说，企业在销售阶段，为了能及时满足顾客的要求，避免发生缺货或延期交货现象，需要有一定的成品库存；在生产阶段，为了保证生产过程的均衡性和连续性，需要有一定的在制品库存、零部件库存；在采购阶段，为了防止供应市场的不确定性给生产环节造成的影响，保证生产过程中原材料、材料以及外购件的供应，需要有一定的原材料、外购件库存。

从另外一个方面来看，库存物品要占用资金，发生库存维持费用，并存在库存积压而产生损失的可能。因此，既要利用库存加快企业物流各环节的快速实现，又要防止库存过量，占用大量不必要的库存资金。

（2）库存的分类

在企业物流活动中，企业持有的库存有不同的形式，从不同的角度可以对库存进行多种不同的分类：

① 按其在企业物流过程中所处的状态分类：库存可分为原材料库存、在制品库存、维护/维修库存和产成品库存等，如图4-57所示。

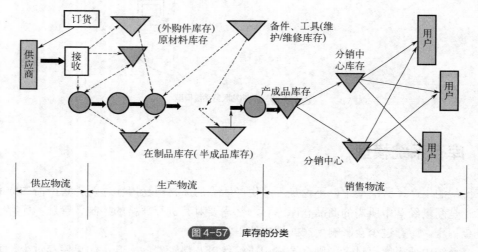

图 4-57 库存的分类

a．原材料库存（raw material inventory）。是指企业通过采购和其他方式取得的用于制造产品并构成产品实体的物品，以及供生产耗用但不构成产品实体的辅助材料、修理用备件、燃料以及外购半成品等，是用于支持企业内制造或装配过程的库存。这部分库存可能是符合生产者自己标准的特殊商品。

b．在制品库存（work-in-process inventory）。是指已经过一定生产过程，但尚未全部完工、在销售以前还要进一步加工的中间产品和正在加工中的产品，包括在产品生产的不同阶段的半成品，它存在于企业的生产物流阶段中。

c．维护/维修库存（maintenance/repair inventory）。是指用于维修与养护的经常消耗的物品或部件，如石油润滑脂和机器零件。不包括产成品的维护活动所用的物品或部件，它也存在于企业的生产物流阶段中。

d．产成品库存（finished goods inventory）。是指准备运送给消费者的完整的或最终的产品。

这种库存通常由不同于原材料库存的职能部门来控制，如销售部门或物流部门。它存在于企业的销售物流阶段中。

这几种库存可以存放在一条供应链上的不同位置。原材料库存可以放在两个位置，即供应商或生产商之处。原材料进入生产企业后，依次通过不同的工序，每经过一道工序，附加价值都有所增加，从而成为不同水准的在制品库存。当在制品库存在最后工序被加工完后，变成产成品。产成品也可以放在不同的储存点，如生产企业、装配中心、零售点，直至转移到最终消费者手中。

② 按库存的目的分类：

a．经常库存（cycle stock）。是指企业在正常的经营环境下为满足日常的需要而建立的库存。这种库存随着每日的需要不断减少，当库存降低到订货点时，就要订货来补充库存。这种库存补充是按照一定的规律反复进行的。

b．安全库存（safety stock）。是指为了防止不确定因素而准备的缓冲库存，不确定因素有：大量突发性订货、交货期突然提前、生产周期或供应周期等可能发生的不测变化以及一些不可抗力因素等等。例如，供货商没能按预订的时间供货、生产过程中发生意外的设备故障导致停工等。

c．在途库存（in-transit stock）。是指正处于运输以及停放在相邻两个工作地之间或相邻两个组织之间的库存，这种库存是一种客观存在，而不是有意设置的。在途库存的大小取决于运输时间以及该期间内的平均需求。

d．季节性库存（seasonal stock）。是指为了满足特定季节出现的特定需要（如夏天对空调的需要）而建立的库存，或指对季节性出产的原材料（如大米、棉花、水果等农产品）在出产的季节大量收购所建立的库存。

（3）库存控制的目标

① "零库存"的境界："零库存"的观念在20世纪80年代成为一个流行的术语。如果供应部门能够紧随需求的变化，在数量上和品种上都及时供应所需物资，即实现供需同步，那么，库存就可以取消，即达到"零库存"。

但由于需求的变化往往随机发生，难以预测，故完全实现供需同步是不易做到的，而且由于生产运营管理部门、供应部门、运输部门的工作也会不时出现某些故障，使完全的"零库存"只能是一种理想的境界。

案例

② 库存控制的目标：现代管理要求在充分发挥库存功能的同时，尽可能地降低库存成本。这是库存控制的基本目标，具体如下：

a．保障生产供应。库存的基本功能是保证生产活动的正常进行，保证企业经常维持适度的库存，避免因供应不足而出现非计划性的生产间断，这是传统库存控制的主要目标之一。现代的库存控制理论虽然对此提出了一些不同的看法，但保障生产供应仍然是库存控制的主要任务。

b．控制生产系统的工作状态。一个精心设计的生产系统，均存在一个正常的工作状态，此时，生产按部就班地有序进行，生产系统中的库存情况，特别是在制品的数量，与该系统所设定的在制品定额相近。反之，如果一个生产系统的库存失控，该生产系统也很难处于正常的工作状态。因此，现代库存控制理论将库存控制与生产控制结合为一体，可通过对库存情况的监控，达到生产系统整体控制的目的。

c．降低生产成本。控制生产成本是生产管理的重要工作之一。无论是生产过程中的物资消耗，还是生产过程中的流动资金占用，均与生产系统的库存控制有关。在工业生产中，库存资金常占企业流动资金的 60%～80%，物资的消耗常占产品总成本的 50%～70%。因此，必须通过有效的库存控制方法，使企业在保障生产的同时，减少库存量，提高库存物资的周转率。

（4）库存系统的基本要素

一个库存系统最基本的两个概念是"需求"和"订货"。

① 需求。这是库存系统的输出，如原材料的"消耗"、商品的"销售"。需求量的变化有确定性和随机性两种。

② 订货。这是库存系统的输入。由于订货，库存量得到补充，以满足系统的需求。一般从发出订货要求到所订货物进入仓库需要一段时间，这段时间称为滞后时间。由于滞后时间的存在对管理者来说需要提前一段时间订货，这段时间称为提前期。提前期也分为确定性与随机性两种。

库存系统一般要研究的问题是在不同需求下的库存策略。其内容包括：每隔多少时间需要订一次货、每次订货的订货量为多少等。库存策略的优劣一般以采用此策略后在管理上所需的费用作为衡量的标准。所需费用少，这一策略就好。库存管理所需费用一般包括以下几项：

① 保管费。保管费是指使用仓库、货物保管及因货物损坏变质等所需的支出费用，一般与货物的数量成正比。

② 订货费。订货费包括订货所需的手续费、货物本身的价格和运输费，以及货物的管理费等。如果缺货时不是向其他厂家或商家去订货而是自己生产，则这部分费用为生产费用以及生产管理费用。其中采购费用（或生产费用）与订货量成正比；管理费用与订货次数（或生产次数）成正比，与订货量（或生产量）无关。

③ 缺货费。缺货费是指由于货物不足、供不应求所造成的损失。如失去销售机会、停工待料等损失。缺货费与所缺货物的数量成正比。

④ 由于需求和订货均有确定性和随机性两种情况，因此，库存系统大致可分为确定性库存系统和随机性库存系统两类。

4.5.2 确定性库存模型

所谓确定性，是指需求量及订货的提前期是一个已知的确定量。这类问题的最优库存方案是使库存各项费用之和最少。为使总费用最少，关键要解决什么时候订货、订多少货、如果允许缺货允许的缺货量为多少等问题。

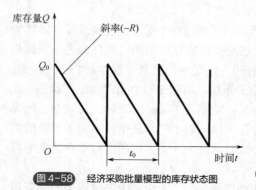

图 4-58 经济采购批量模型的库存状态图

（1）不允许缺货的经济采购批量模型

经济采购批量模型是种常用的库存模型。该模型建立在下述假设基础上：①单一的存储资源；②不允许缺货，即缺货费用为无穷大；③采购时间近似为零，一旦缺货库存可立即得到补充；④每次采购费用为常数，不随采购数量的多少而改变；⑤需求是连续、均匀的，即需求速度 R 为常数，t 时间的需求量为 Rt；⑥单位资源在单位时间的存储费用为常数。在上述假设下，库存状态变化如图 4-58 所示。

假定每隔时间 t 补充一次库存，则订货量必须满足 t 时间的需求 Rt；设订货量为 Q，则 $Q = Rt$，订货费用为 C_3，货物单价为 K，则订货费用为 $C_3 + KRt$。t 时间的平均订货费用为 $C_3 / t + KR$，t 时间内的平均库存量为：

$$\frac{1}{t}\int_0^t RT\mathrm{d}t = \frac{1}{2}Rt \tag{4-14}$$

设单位时间存储费用为 C_1，则 t 时间内的平均存储费用为 $1/2RtC_1$。t 时间内总库存费用的平均值为 $C(t)$：

$$C(t) = \frac{C_3}{t} + KR + \frac{1}{2}C_1Rt \tag{4-15}$$

余下的问题是 t 取何值 $C(t)$ 最小。

式（4-15）求导，令：

$$\frac{\mathrm{d}C(t)}{\mathrm{d}t} = -\frac{C_3}{t^2} + \frac{1}{2}C_1R = 0$$

得

$$t_0 = \sqrt{\frac{2C_3}{C_1R}} \tag{4-16}$$

即每隔 t_0 时间订一次货，可使 $C(t)$ 最小。

订货批量为：

$$Q_0 = Rt_0 = \sqrt{\frac{2C_3R}{C_1}} \tag{4-17}$$

上述模型是库存研究中最基本的模型，式（4-17）就是库存论中著名的经济采购批量（economic ordering quantity，EOQ）公式，也称经济批量（economic lot size）公式。

由于 Q_0、t_0 均与 K 无关，因此可以在费用函数中略去 KR 项，将式（4-15）改写为：

$$C(t) = \frac{C_3}{t} + \frac{1}{2}C_1Rt \tag{4-18}$$

将 t_0 代入式（4-18），得出最小总库存费用为：

$$C_0 = C(t_0) = C_3\sqrt{\frac{C_1R}{2C_3}} + \frac{1}{2}C_1R\sqrt{\frac{2C_3}{C_1R}} = \sqrt{2C_1C_3R} \tag{4-19}$$

图 4-59 所示为相应的费用关系曲线。其中，存储费用曲线为 $\frac{1}{2}C_1Rt$，订货费用曲线为 $\frac{C_3}{t} + KR$，总费用曲线为 $C(t) = \frac{C_3}{t} + \frac{1}{2}C_1Rt$。

因此，应当每隔时间 t_0 补充库存 Q_0，使得总费用最低为 C_0。

案例

141

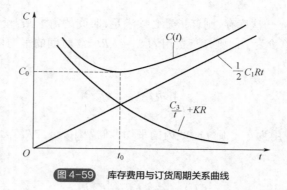

图 4-59　库存费用与订货周期关系曲线

（2）允许缺货的经济采购批量模型

允许缺货的经济采购批量模型的假设与前述模型的假设基本相同，但是它允许缺货，并将缺货损失定量化。由于允许缺货，企业可以在库存降至零后，再等一段时间后订货，从而，减少每次订货的固定费用，减少一些存储费用。一般地，当顾客遇到缺货时不受损失，或者损失很小，而且企业除支付少量的缺货费外也无其他损失，这时发生缺货现象是对企业最有利的。

设单位存储费用为 C_1，每次订货费用为 C_3，单位缺货损失（缺货费）为 C_2，R 为需求速度。求最佳存储策略，使得平均总费用最小。

设最初库存量为 S，可以满足 t_1 时间的需求，t_1 时间的平均存储量为 $0.5S$，在 $t-t_1$ 时间的存储为零，平均缺货量为 $\dfrac{1}{2}R(t-t_1)$。由于 S 只能满足 t_1 时间的需求，$S=Rt_1$，有 $t_1=S/R$。

在 t 时间内存储费用为：$C_1\dfrac{1}{2}St_1=\dfrac{1}{2}C_1\dfrac{S^2}{R}$

在 t 时间内的缺货费用为：$C_2\dfrac{1}{2}R(t-t_1)^2=\dfrac{1}{2}C_2\dfrac{(Rt-S)^2}{R}$

订购费用为：C_3

平均总费用为：$C(t,S)=\dfrac{1}{t}\left[C_1\dfrac{S^2}{2R}+C_2\dfrac{(Rt-S)^2}{2R}+C_3\right]$

利用对多元函数求极值的方法求 $C(t,S)$ 的最小值，可以得到：

$$t_0=\sqrt{\frac{2C_3\left(C_1+C_2\right)}{C_1RC_3}} \tag{4-20}$$

$$S_0=\sqrt{\frac{2C_2C_3R}{C_1\left(C_1+C_2\right)}} \tag{4-21}$$

因此，

$$\min C(t,S)=C_0\left(t_0,S_0\right)=\sqrt{\frac{2C_1C_2C_3R}{C_1+C_2}} \tag{4-22}$$

当 C_2 很大（即不允许缺货）时，$C_2\to\infty$，$\dfrac{C_2}{C_1+C_2}\to 1$，则有：

$$t_0\approx\sqrt{\frac{2C_3}{C_1R}},\qquad Q_0=Rt_0\approx\sqrt{\frac{2C_3R}{C_1}},\qquad C_0\approx\sqrt{2C_1C_3R}$$

在不允许缺货的情况下，为满足 t_0 时间内的需求，订货量为 $Q_0 = Rt_0$；而在允许缺货的情况下，存储量只要达到 S_0 即可。显然 $Q_0 > S_0$，两者之间的差值为 $Q_0 - S_0 = \sqrt{\dfrac{2RC_1C_3}{C_2(C_1+C_2)}}$ 表示在 t_0 时间内的最大缺货量。

在允许缺货的条件下，最优存储策略为间隔 t_0 时间订一次货，订货量为 Q_0，用 Q_0 中的一部分补足所缺货物，剩余部分 S_0 进入库存。因此，在相同的时间内，允许缺货的订货次数比不允许缺货时的订货次数要少。

允许缺货的经济采购批量模型的图形如图 4-60 所示。它的图形部分地出现在水平线以下，负库存可以表示已经"出售"但还未"交付"的货物。

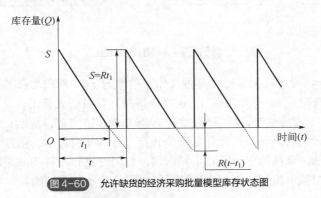

图 4-60　允许缺货的经济采购批量模型库存状态图

除上述模型外，还有在允许缺货和不允许缺货条件下补货时间较长的库存模型，以及考虑货物价格与订货批量之间关系的库存模型等。工程应用时，库存模型中是否允许缺货或者补充是否需要时间，完全取决于实际问题。值得指出的是，绝对意义上的不允许缺货或补充不需要时间的假设并不存在，需要根据具体情况进行客观分析。

4.5.3　随机性库存模型

在市场经济条件下，库存模型中的参数大多不是固定不变的常量。例如，某产品的市场需求量、原材料的采购价格、采购周期以及生产费用等。它们的统计规律（如概率分布、参数等）可以通过对历史资料的统计分析来确定。

随机性库存模型就是指需求或补货时间等参数为随机性因素的库存模型。显然，对于随机性库存模型，有必要采用新的库存策略。常用的库存策略有以下几种。

（1）定期订货法

是按预先确定的订货间隔时间进行补充的库存管理方法。每次的订货数量需要根据上一个周期末剩下货物的数量决定。若剩下的数量少，就可以多订货；若剩下的货物数量较多，就可以少订或不订货。

$$订货量=最高库存量-订货未交量-现有库存量$$

$$最高库存量 = (采购期间+订货周期)\times 平均日需求量 + 保险储备量$$

$$保险储备量 = (订货周期T+订货提前期L)\times 平均日需求量 + \alpha S$$

其中，α 为服务水平保证的供货概率在正态分布表对应的 t 值；S 是订货周期加提前期内的需求变动的标准差。若给出需求的日变动标准差 S_0，则：$S = S_0 \times \sqrt{\text{订货周期}T + \text{订货提前期}L}$。

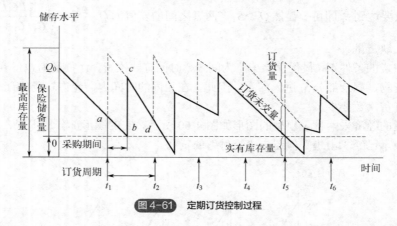

图 4-61　定期订货控制过程

如图 4-61 所示，设时间为零时，存量（库存量）为 Q_0，随着生产的进行，存量做线性递减。到达第一个订货期 t_1 时，存量降到 a，这时就得按订货量公式算出订货量去订购。经过采购期间，存量降到 b，这时新货已到，存量增到 c 点。到达第二个订货期 t_2 时，又需要进行存量检查，查得实有存量为 d，于是再按订货量公式算出订货量去订购。用这种订货方式控制库存量，即为定期订货法。此法的优点是订货期固定，可同时进行多种物品采购，减少了订购和运输费用，且容易获得数量折扣。不足之处是不能采用经济批量去订购。

（2）定量订货法

当库存降低到某一规定的数量时即订货，不再考虑间隔时间，每次订货数量一定（按已算得的经济批量订购），订购时间则不定，即当存量降到一定水准（订购点 R）时，便以已经算得的固定数量去订购，如图 4-62 所示。

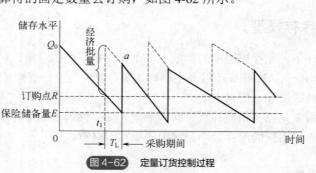

图 4-62　定量订货控制过程

设时间为零时，存量为 Q_0，随着生产的进行，存量做线性递减。到时间 t_1 时，存量降到订购点 R 水平，此时便以已经算得的经济批量去采购。经过时间 T_L 后，新货运到，存量升到 a 点，以后继续提取材料，直到存量又降到 R 时，便又以经济批量去订购。这种以订购点控制存量进行订货的方式，称为订购点控制法，也叫定量订货法。此法的优点是控制库存较严格，保险储备量可较小，订购能按经济批量进行，经济效益高；缺点是订货期不定，很多物品不能同时去订货。

在运用此法时，要求账物时时相符，以便在库存账中很容易看出库存量是否已到达订购点或保险储备量。

（3）分仓控制法

分仓控制法是定量订货法的一个分支，由于定量订货法要求账物随时相符，以便在账中及时看出存量是否到达订购点或保险储备量，这就需建立严密而持续的库存记录，致使管理麻烦，业务费用高。分仓控制法就避免了这些不足，此法又有双仓法和三仓法两种。双仓法是将某种物品分成两部分堆放：第一部分是订购点存量；第二部分是其余存量，使用时先用第二部分，这部分用完，即表示物品已用到订购点，应去订购了。三仓法是将双仓法中第一部分再分出保险储备量为另一仓。此法的优点是不需要持续的库存记录，明显减少了事务性工作。分仓控制法适用于价格低、采购期短、耗用量稳定而又不需经常盘点的物品，如办公用品、螺钉、垫圈等。

（4）混合订货法

将定期订货和定点订货法综合起来，隔一段时间检查一次库存，如果库存量高于数值 s，则不订货；若库存量低于 s，则订货补充库存，订货量要使得库存量达到 S，这种策略也可以简称为 (s, S) 库存策略。这种补给策略有一个固定的检查周期 t、最大库存量 S、固定订货点水平 s。当经过一定的检查周期 t 后，若库存低于订货点，则发出订货，否则，不订货。订货量的大小等于最大库存量减去检查时的库存量。

4.5.4　库存系统的仿真

前面所述的随机性库存系统（模型），原则上可用解析法求出最佳订货点和库存水平，但采用期望值获得随机变量和随机变量的概率分布函数很困难，一般需借助计算机仿真来实现。

案例：某装备仓库管理人员采取一种简单的订货策略，当库存量降低到 P 件时就向厂家订货，每次订货 Q 件，如果某一天的需求量超过库存量，会发生兵力损失和信誉损失，但如果库存量过多，将会导致资金积压和保管费增加。若现在已有表 4-3 所列的五种库存策略，试比较选择一种策略以使总费用最少。

表 4-3　五种库存策略比较

方案编号	重新订货点	重新订货量
方案 1	P_1	Q
方案 2	P_2	Q_2
方案 3	P_3	Q_3
方案 4	P_4	Q_4
方案 5	P_5	q_5

问题假设条件：
① 订货到收货需间隔 N 天。
② 每件装备每天的保管费、缺货费以及每次的订货费已知。
③ 每天的需求量是 $0 \sim L$ 之间均匀分布的随机数。
④ 原始库存为 Q_0，并假设第一天没有发出订货。

这一问题用解析法讨论比较麻烦，但用计算机按天仿真仓库货物的变动情况很方便。以总天数 M 为例，依次对五种方案进行仿真，最后比较各方案的总费用，从而做出决策。

库存系统仿真流程图如图 4-63 所示。输入一些常数和初始数据后，以一天为时间步长进行仿真：

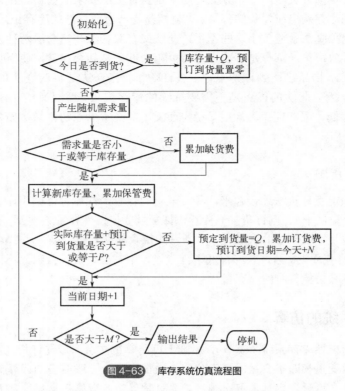

图 4-63　库存系统仿真流程图

首先检查这一天是否为预定到货日期，如果是，则把原有库存量加 Q，并把预订到货量清零；否则，库存量不变。

其次仿真随机需求量，这可用计算机语言中的随机函数得到。若库存量大于需求量，则新的库存量减去需求量；反之，将新库存量清零，并且在总费用上加一次缺货损失费。

然后检查实际库存量加上预订到货量是否小于重新订货点 P，如果是，则需要重新订货，这时加一次订货费。

如此重复运行 M 天，即可得所需费用总值。

按照该流程图编写程序并运行，就可得到五种库存策略的总费用，见表 4-4。

表 4-4　订货方案仿真结果

方案编号	方案 1	方案 2	方案 3	方案 4	方案 5
总费用	$A1$	$A2$	$A3$	$A4$	$A5$

案例：某制造公司组装安全监视器，每年以 65 美元的单价购买 3600 个单色阴极射线管。订货成本是 31 美元，年持有成本占购买价格的 20%。计算最佳订货批量，以及订购与持有库存的年总成本。

解：每年订货量 $R = 3600$ 个/年

订货成本 $C_3 = 31$ 美元

单位时间存储费用 $C_1 = 0.2 \times 65 = 13$ 美元

最佳订货量 $Q_0 = \sqrt{\dfrac{2C_3 R}{C_1}} = \sqrt{\dfrac{2 \times 31 \times 3600}{13}} = 131$ 个

全年总成本=持有成本+订货成本$= \dfrac{Q_0}{2}C_1 + \dfrac{C_3}{Q_0}C_1 = \dfrac{131}{2} \times 13 + \dfrac{3600}{131} \times 31 = 1704$ 美元

案例：销售某种产品的一家企业，已知市场对该产品需求时间间隔 D_m 为服从均值为 0.1 个月的指数分布，需求量 D 也是随机变量，其概率密度函数为

$$D = \begin{cases} 1, & \text{概率为} \dfrac{1}{6} \\ 2, & \text{概率为} \dfrac{1}{3} \\ 3, & \text{概率为} \dfrac{1}{3} \\ 4, & \text{概率为} \dfrac{1}{6} \end{cases}$$

该企业的订货策略是按月订货，每月月初检查库存水平。若库存水平 I 超过下限 l，则不订货，若低于下限则订货。订货量 Z 为库存上限 S 与 I 之差，即

$$Z = \begin{cases} S - I, & I < l \\ 0, & I \geqslant l \end{cases}$$

若订货，则从订货到货物入库的时间 M 也是随机变量，称为订货延迟时间，它服从 $U(0.5,1)$ 的均匀分布。

已知表 4-5 的 9 种订货策略，试通过仿真确定何种订货策略的费用最少。

表 4-5 随机性库存系统的订货策略

l	20	20	20	20	40	40	40	60	60
S	40	60	80	100	60	80	100	80	100

首先，建立费用数学模型，包括订货费、存储费及缺货费。

① 订货费。设每个订货费用为 m，订货附加费用为 $K(K=0$，表示未订货)，则每月订货费 C_1 为

$$C_1 = K + mZ$$

② 存储费。设 h 为每件每月的存储费，C_2 为平均每月的保管费，n 为仿真运行的月数。因为只有当库存水平 $I(t) > 0$ 时才需要计算 C_2，所以有

$$C_2 = \int_0^n hI(t)\mathrm{d}t \frac{1}{n}$$

③ 缺货费。设 P 为每件缺货费，C_3 为每月缺货费，当 $I(t) < 0$ 时才需要计算 C_3，则有

$$C_3 = \int_0^n P|I(t)|\mathrm{d}t \frac{1}{n}$$

其次，系统仿真模型的建立，包括随机变量模型的建立和事件的定义。针对随机变量模型的建立，本系统有三个随机变量，它们是需求时间间隔、需求量及订货延迟时间。

① 需求时间间隔 D_m。由题意 D_m 服从均值为 0.1 个月的指数分布，其概率密度函数为

$$f\left(D_m\right) = \frac{1}{0.1} e^{\frac{D_m}{0.1}}$$

应用反变换法可得

$$D_m = -0.1 \ln u$$

式中，u 为 $U(0,1)$ 分布随机数。

② 需求量 D。由于 D 为离散型随机变量，应由任意离散分布反变换法产生 D。具体方法如下：

a. 由需求量 D 的概率密度函数画出分布函数，如图 4-64 所示。

b. 产生 $U(0,1)$ 分布的随机数 u。

c. 用 u 对 D 的分布函数进行抽样。

若 $u \leqslant \frac{1}{6}$，令 $D=1$；若 $\frac{1}{6} < u \leqslant \frac{1}{6} + \frac{1}{3}$，令 $D=2$；若

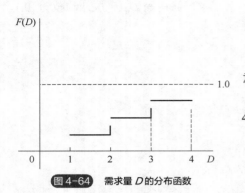

图 4-64 需求量 D 的分布函数

$\frac{1}{2} < u \leqslant \frac{1}{6} + \frac{2}{3}$，令 $D=3$；若 $u > \frac{5}{6}$，令 $D=4$。

③ 订货延迟时间 M。M 服从 $U(0.5,1)$ 的均匀分布，其概率密度函数为

$$f(M) = \begin{cases} \dfrac{1}{1-0.5}, & 0.5 \leqslant M \leqslant 1 \\ 0, & \text{其他} \end{cases}$$

其分布函数为

$$F(M) = \begin{cases} 0, & M < 0.5 \\ \dfrac{M-0.5}{1-0.5}, & 0.5 \leqslant M \leqslant 1 \\ 1, & M > 1 \end{cases}$$

根据反变换法，可得 M 的抽样公式为

$$M = 0.5 + (1-0.5)u = 0.5 + 0.5u$$

4.6 基于 Agent 的智能制造系统中的应用

随着云计算、"互联网+"、大数据、人工智能、移动互联等新一代信息技术的发展与应用，制造业呈现出智能化、数字化、网络化、全球化的发展趋势。传统建模和仿真方法往往基于概率论和生产系统"金字塔"式的静态层次结构模型，按照一定的"剧本"进行仿真，是从上至下的建模思路，难以描述分布式自治网络结构中个体的自主性及个体间的动态交互行为。基于 Agent 的现代制造系统，利用 Agent 具有的自处理、自适应和自学习能力，通过多个 Agent 的协商和通信，解决协同设计与制造的协作策略、知识共享和冲突消解等问题，Agent 技术已经被广泛应用于智能制造系统中。

4.6.1　Agent 及多 Agent 系统

（1）Agent 概念及属性

Agent 的概念、属性及研究方法都是从人工智能学科领域发展起来的，计算机科学研究者从广义角度认为，Agent 是基于软硬件的计算机系统，它同时具有自治性、反应性、社会性和主动性等属性，并从软件设计方法的演化角度提出了从面向对象的软件工程到基于 Agent 的软件工程的演变过程，提出了复杂软件系统的分解与抽象方法、分布计算能力与交互协作机制、计算模型与软件体系结构等。Agent 的四个基本属性，具有以下特征。

① 自治性：Agent 运行时不直接受其对象控制，对自己的行为与内部状态有一定的控制力。

② 反应性：Agent 能够感知所处的环境，并通过行为对环境中相关事件做出适当反应。

③ 社会性：Agent 可能处于由多个 Agent 构成的社会环境中，通过某些交互途径与其他 Agent 交换信息，协同完成自身问题求解或者帮助其他 Agent 完成相关活动。

④ 主动性：Agent 对环境做出的反应是目标引导下的主动行为，即行为是为了实现其目标。在某些情况下 Agent 能够主动地产生目标，采取主动的行为。Agent 并不是简单地针对周围环境和其他 Agent 的信息做出反应，而是主动地与环境交互。

Agent 除了以上基本属性外，还具有适应性、协同性、学习性、进化性等多重属性，这为计算机科学和人工智能解决复杂问题的求解提供了新的途径。

（2）Agent 的体系结构

Agent 体系结构是从规约到实现这一中间步骤的表示。

根据 Agent 行为驱动方式的不同，可以将 Agent 的体系结构分为慎思型 Agent、反应型 Agent 和混合型 Agent 三种类型。

慎思型 Agent 是一个基于知识的系统，是从符号人工智能领域中直接沿袭而来的，这种 Agent 中包含显式表示的符号模型，并且其决策过程是通过逻辑推理、模式匹配和符号操作实现的。反应型 Agent 中没有实际的模型和规划，仅有一些简单的行为模式，这些行为模式以刺激—反应的方式对环境的改变做出反应。混合型 Agent 结构融合了经典人工智能和基于行为主义的系统的特点，将慎思型和反应型两种结构综合起来，形成了混合型的体系结构。

上述三种模型结构各有优势，但不论采用哪种结构，都可以认为 Agent 由三部分组成：每个 Agent 自己的状态；每个 Agent 都拥有一个感知器来感知周围的环境；每个 Agent 都有一个效应器作用于环境，也就是改变状态的方法。

Agent 的通用模型如图 4-65 所示，Agent 通过感知器感知环境，通过效应器作用于环境，行为控制机制根据感知的环境确定要执行的行为。

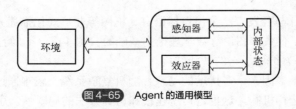

图 4-65　Agent 的通用模型

由于 Agent 的特性，基于 Agent 的系统应是一个集灵活性、智能性、可扩展性、鲁棒性、组织性等诸多优点于一身的高级系统。

（3）多 Agent 系统（multi-Agent system，MAS）

多 Agent 系统是由多个 Agent 组成的松散系统，单个 Agent 并不具有解决问题的全部知识，Agent 通过通信、协商和协作达到集群智慧。

Agent 定义为具备特定功能的软件或实体，但对于现实中复杂的、大规模的问题，只靠单个的 Agent 无法描述和解决。因此，一个应用系统中往往由多个 Agent 组成。这些 Agent 不仅具备自身的问题求解能力与行为目标，而且会为了某一共同目标而通过一定的组织管理策略及协议进行相互协作，这样就构成了多 Agent 系统（MAS）。MAS 一般至少具有如下特征：

① 社会性。在 MAS 中，Agent 可能处于由多个 Agent 构成的社会环境中，拥有其他 Agent 的信息和知识，并能通过某种 Agent 通信语言与其他 Agent 实施灵活多样的交互和通信。例如产品制造过程生产管理系统中，代表客户、销售、生产管理、物料采购、质量检测部门的多个 Agent 相互合作共同完成产品生产的任务。

② 自治性。在 MAS 中，一个 Agent 发出服务请求后，其他 Agent 只有同时具备提供此服务的能力与兴趣，才能接受动作委托。因此，一个 Agent 不能强制另一个 Agent 提供某项服务。

③ 协同性。在 MAS 中，具有不同目标的各个 Agent 通过相互协作、协商来协同完成问题的求解。通常的协同有资源共享协同、生产者/消费者关系协同、任务/子任务关系协同等。

MAS 理论建立在单 Agent 模型与结构之上，它在单 Agent 理论的基础上重点研究 Agent 间的互操作性、协商与协作等问题。MAS 中的协商与协作的实现以社会组织理论和建模与实现理论为基础。社会组织理论提供关于集成、交互、通信与协同的面向社会的概念模型；而建模与实现理论则消除面向社会的概念模型与现实间的距离。总体来看，构建 MAS 的过程中，主要包括以下几个方面的基本问题。

① Agent 模型。在满足个体自主性、群体交互性和环境的要求下，对 Agent 进行建模，在一定抽象层次上描述 Agent 组织结构、知识构成与运行机制。

② MAS 体系结构。体系结构的选择影响 Agent 异步性、一致性、自主性和自适应性的程度，选择何种体系结构直接决定了单 Agent 内部智能协同行为的信息传输渠道和传输方式。

③ 交互与通信。交互是多 Agent 能够相互协同的基本要求，通信是交互的基础。通信包括两个方面：一是底层通信机制的构建；二是 Agent 通信语言的构造或选择。

④ 一致性与协同性。一致性描述分布式人工智能系统行为的总体特性，协同性则描述智能体之间的行为和交互模式。良好的协同性是实现系统整体行为稳定性和一致性的重要保障。高效的 MAS 应该能从较少次数的学习中快速地趋向总体一致性。

⑤ MAS 规划。MAS 中的规划是适应性规划，可反映环境的持续变化过程。

⑥ 冲突处理。MAS 在协同过程中出现冲突问题是必然现象。冲突大致可以分为三种：资源冲突、目标冲突和结果冲突。

目前 MAS 的设计与开发广泛采用自然语言、框图等非形式化描述方法。而形式化建模方法是以逻辑、自动机、代数和图论等数学理论为基础的。图 4-66（a）给出了基于 MAS 的分布仿真平台，图 4-66（b）给出了它的智能结构。

离散制造系统属于多因素、多扰动的动态、随机复杂系统，较难通过自顶向下的宏观顶层设计来描述和研究其运行机制，这也是传统建模和仿真方法的局限性。引入 Agent 思想，对制造系统元素建立 Agent 模型，通过研究 Agent 个体间相互通信、竞争和协作等微观现象来描述和研究系统的宏观行为和规律，为解决此类随机动态问题提供了新的思路。

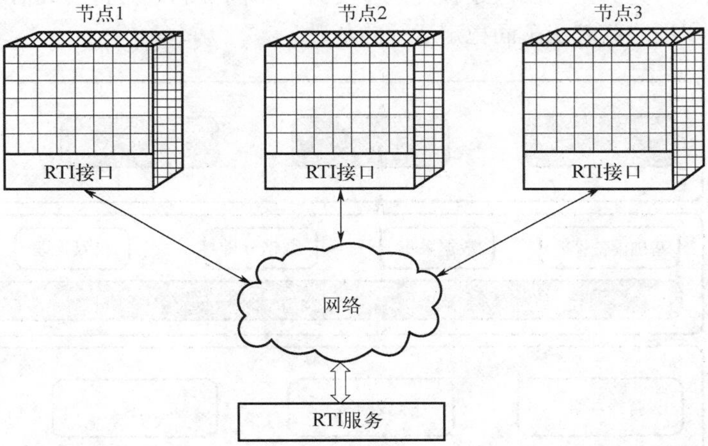

(a) 仿真平台

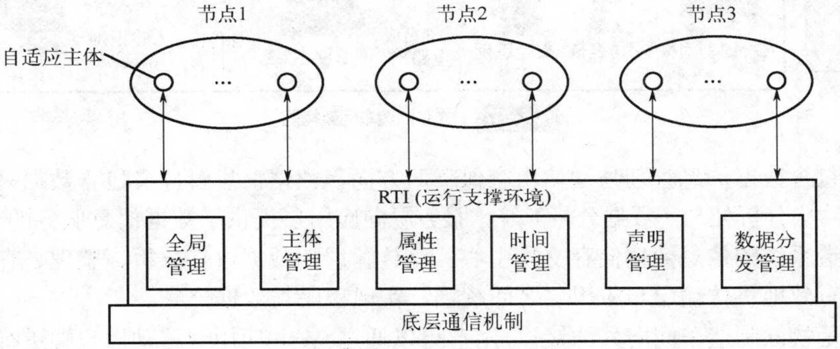

(b) 智能结构

图 4-66　基于 MAS 的分布仿真平台与智能结构

4.6.2　基于 Agent 的智能制造车间设计

智能制造是以制造为基础，通过智能决策、数据分析、自我控制等手段调整系统状态。而基于 Agent 的智能制造融合了传感识别技术、网络通信技术与嵌入式技术等，实现了对资源、环境、产品等状态信息的感知、处理与控制。本节主要介绍智能制造车间中设备与人员的基于 Agent 的建模设计。

（1）智能制造车间基本结构

物联（智能）制造车间架构图如图 4-67 所示，物联制造车间的整体结构从下至上，由 4 个主要部分组成，分别是感知层、传输层、服务层与应用层。感知层通过物理设备内置传感设备与外置传感设备感知获取自身与环境的状态信息，通过 RFID、条形码、二维码等识别技术感知获取工件信息参数，同时车间人员也可以操作设备通过人机接口交换信息，感知层承担了物联制造车间的信息数据采集任务。

传输层主要由路由器、交换机等设备组成，通过现场总线、工业以太网等传输介质，组成车间局域网络，承担了车间信息交换的任务。在物联制造车间进行任务处理时，设备的实时状态信息数据量庞大，尤其是当制造过程复杂多变时，车间信息数据将会成倍增长，保证可靠稳定的数据传输是保证物联制造车间稳定运行的基础。

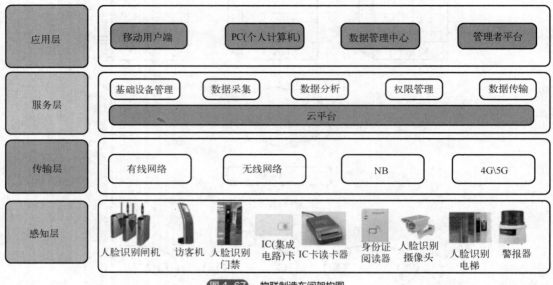

图4-67　物联制造车间架构图

服务层包含数据信息管理与通信内容保障两方面，数据信息管理又包含数据采集与持久化存储、数据结构分析处理（数据分析）等。服务层向应用层提供了数据信息服务的支撑与渠道，它是物联制造系统的信息数据储存交换中心，将传输层的数据进行分析、整理、存储，并传输给应用层，有效地将传输层与应用层之间解耦，实现程序与数据分离。

应用层是物联制造车间向外的接口，用户可以通过 Web 应用或移动用户端进行访问并下达订单，管理人员可以通过应用程序远程查看物联制造车间内的实时状态信息，也可以进行人为干预调整车间生产计划。如出现有人闯卡时，报警器发出警报信息并发送短信至管理者手中，管理者根据现场状况进行管理。

（2）智能制造车间系统设计

物联（智能）制造车间包含物流运输模块、制造执行模块、工件检测模块、物料仓储模块与人员服务模块，如图4-68所示。其中物流运输模块由 AGV、机械手等设备组成，为系统提供物料搬运服务；制造执行模块由加工设备与工位缓冲台组成，为系统提供加工制造能力；工件检测模块由检测设备与工位缓冲台组成，为系统提供工件尺寸检测能力；物料仓储模块由AS/RS（自动存取系统）与 RFID 设备组成，为系统提供物料的仓储能力；人员服务模块由人员与移动智能终端组成，为车间系统提供人员介入服务。订单工件及这些模块的感知能力描述如下。

① 订单工件。订单工件安置在工件托盘上，托盘配备有 RFID 芯片，该芯片在工件出库时与订单信息绑定，内部储存该工件的订单编号、工件编号、工艺矩阵、产品类型等基本信息。由于 RFID 芯片的容量限制，关于该订单工件的完整信息储存在车间的数据库中，可以通过订单编号与工件编号进行查询。

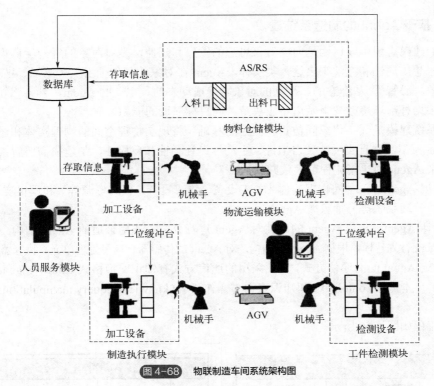

图 4-68　物联制造车间系统架构图

② 物流运输模块。运输模块由 AGV、机械手等设备组成。在 AGV 货舱部分安装了 RFID 读写器，当接收到工件时，AGV 可以通过工件托盘内的 RFID 芯片获取工件基本信息与任务信息。AGV 底盘部分也安装了 RFID 读写器，该读写器的作用是读取车间地面的 RFID 芯片，以此来实时感知自身位于车间内的具体方位，作为路径规划的参考和实施依据，也为上层系统在物流运输层面管理提供实时数据来源。机械手负责工位缓冲台和加工设备之间的工件搬运任务。

③ 制造执行模块。制造执行模块由加工设备（如车、铣、雕等设备）与工位缓冲台组成。工位缓冲台负责暂存工件与工件托盘，每个工位缓冲台配备有 RFID 读写器，用于感知工件托盘上的 RFID 芯片并读取相应信息数据。加工设备除了承担具体的加工任务外，还需要向上层系统提供实时运行数据，如主轴转速、各轴位置信息、切削参数、NC 代码执行进度等。

④ 工件检测模块。工件检测模块由检测设备（如视觉检测仪等）与工位缓冲台组成。工位缓冲台的构成与制造执行模块中的相同，提供一定的任务缓冲能力。检测设备对完成加工的工件进行尺寸、表面质量等项目的测量，判断工件加工是否达到质量要求，并将测量结果传输给上层系统进行分析、储存，以便于系统对加工设备参数进行修正调整。

⑤ 物料仓储模块。物料仓储模块配备了红外传感器与 RFID 读写器。当原料出库时，工件托盘触发红外传感器，使 RFID 读写器读写托盘上的 RFID 芯片，将该工件的基本信息（如订单编号、工件编号）写入芯片，完成信息与实体的绑定。当成品入库时，触动红外传感器后启动 RFID 读写器，读取工件基本信息入库保存，并写入数据库系统。

⑥ 人员服务模块。车间人员使用移动智能终端与制造系统进行人机交互，根据终端提示的任务信息对设备进行维修、检测、操作等。人员携带的移动智能终端可以在室内确定位置信息，以供调度系统根据实时位置对人员进行任务调度。

（3）基于 Agent 的制造系统建模

Agent 建模思想可以认为是面向对象思想的发展和延伸，是对对象的进一步认识和细化。面向对象思想用属性和方法来表达一类实体，Agent 在对象的基础上引入了感知、推理和决策，赋予了对象"心智"，从静态的、被动的对象转换成动态的、主动的 Agent，具备感知外部环境变化，并根据外部环境改变来做出相应决策，向目标逼近的能力。

制造系统建模是数字化车间仿真和监控的基础。将现实物理空间的物理实体和逻辑实体抽象成 Agent 模型，并真实反映其自治性、主动性、社会性和反应性，是建模需要解决的问题。制造系统中 Agent 的建模流程可大致归纳为：

① 发现 Agent。将车间物理实体（加工设备、物流设备、生产资源等）和逻辑实体（订单、生产计划、管理系统等）抽象成 Agent。

② 设计 Agent。根据 Agent 的属性对 Agent 进行分类，选用合适的 Agent 结构。

③ Agent 行为建模。根据 Agent 的结构，对 Agent 的传感器、信息处理单元、执行器进行实现。

④ 确定 Agent 间的通信方式，主要采用的通信方式有知识交换格式（knowledge interchange format，KIF）、本体论（ontology）和知识查询与操作语言（knowledge query manipulation language，KQML）。

具体流程如图 4-69 所示。

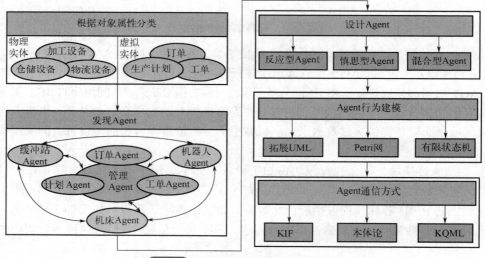

图 4-69　基于 Agent 的制造系统建模过程

① 车间设备 Agent 设计。在制造车间内，制造装备主要包括加工设备、AGV、机械手、成品库、原料库、工位缓冲台，分别将其映射为 A_M（加工设备 Agent）、A_{AGV}（AGV Agent）、A_R（机械手 Agent）、A_{PW}（成品库 Agent）、A_{MW}（原料库 Agent）和 A_B（工位缓冲台 Agent）。这些 Agent 是以物理实体为主的映射方法，可统称为设备 Agent，其各个模块能力设计如表 4-6 所示。

表 4-6　设备 Agent 各个模块能力设计

模块能力	加工设备 Agent	AGV Agent	机械手 Agent	成品库 Agent	原料库 Agent	缓冲台 Agent
控制能力	控制 NC 代码的上载与执行控制	控制自身依照指定路径移动	控制夹具切换；控制装卸工件	控制工件托盘入库	控制工件托盘出库，信息写入托盘 RFID	控制工件托盘进出工位缓冲台

续表

模块能力	加工设备 Agent	AGV Agent	机械手 Agent	成品库 Agent	原料库 Agent	缓冲台 Agent
预设能力	对外提供工件加工服务	对外提供物流服务	对外提供物料搬运服务	对外提供成品仓储服务	对外提供原料服务	对外提供工件缓存服务
感知能力	监听加工任务协商信息；感知设备自身状态信息；监听工件到达信息	感知工件托盘RFID芯片，获取物料运输请求信息；感知磁条与地面RFID芯片，获取位置信息	监听上下物料搬运任务信息；感知自身转轴状态信息	感知仓储情况；监听成品储存请求信息；感知工件托盘RFID芯片	感知原料库存信息；监听原料请求信息	感知工件托盘RFID芯片，获得工件信息；监听物料进出工位缓冲台请求信息
通信能力	与招投标组协商加工；与机械手请求装卸工件；与AGV请求搬运任务	与加工设备响应搬运任务	与加工设备响应装卸任务	与招投标组响应成品仓储；与AGV请求搬运任务	与招投标组请求原料	与AGV对接工件；与加工设备传递工件RFID信息

设备 Agent 除了上述功能模块外，还拥有决策选择模块，当机床空闲时，它将从自身拥有的工位缓冲中挑选工件任务进行加工处理。决策选择模块如图 4-70 所示，机床加工的决策因素有订单交货期、订单优先级及工件到达时间，通过对这些参数进行归一化处理，并赋予每个因素不同的权重值来计算决策值。

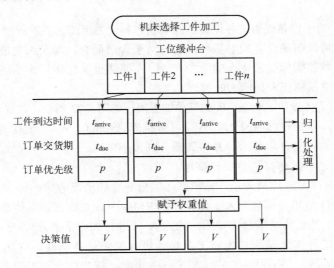

图 4-70　决策选择模块

② 人员 Agent 设计。在制造车间中，工作人员是制造系统中不可或缺的一环。为了实现与多 Agent 制造系统进行人机交互与协作，需要对工作人员进行 Agent 模型设计。人员 Agent 模块组成如图 4-71 所示，通过 A_W（人员 Agent）实现与系统中其他 Agent 进行协商交货的过程。

对于 A_W，按照 Agent 的基本特征，以及人的特点来考虑，设计如下功能部分。

a．通信模块。工作人员进行车间任务作业时，通常需要分析或感知车间状态数据。这些数据分别由各个车间制造装备自身采集。在需要使用这些数据时，A_W 可以通过信息沟通，向这些设备 Agent 索取状态数据，并且 A_W 也监听车间内的作业请求，通过人的灵活性与能动性来协助设备解决问题。

b．感知模块。A_W 可以感知人员在制造车间内所处位置，通过该位置与任务目标位置进行距离判断，距离的远近可作为多工作人员候选的决策因素之一。通过智能穿戴设备来感知工作人员的身体健康状况，一旦出现异常情况，可以及时通知其他人员进行救助。

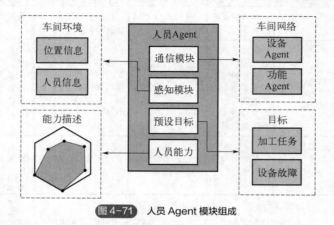

图 4-71　人员 Agent 模块组成

c. 预设目标。A_W 的预设目标是向制造车间提供人员的灵活性来解决设备自身无法完成的任务。物联制造车间中的设备 Agent 按照工件的工艺流程进行加工任务处理，当遇到特殊情况（如自身自动化能力不足、特殊订单、设备故障等）时，向 A_W 请求协助来解决问题。

d. 人员能力。对于设备而言，各设备之间的状态和能力可能因品牌或型号不同而存在差异，但总是有参数指标可以明确设备的参数与能力。对于人员而言，每个人的能力与特点总是不一样的，而且没有有效的指标能量化人的能力，A_W 需要通过量化指标来描述人员能力，并随着时间的变化，不断更新修正人员能力的描述。

③ 功能模块智能体设计。制造车间的订单加工流程如图 4-72 所示，按照功能模块设计了 A_O（订单 Agent）、A_{CFP}（招投标 Agent）、A_{DB}（数据库 Agent）、A_C（监控 Agent）。

a. 由 A_O 从云端获取订单数据，并将其拆分到最小单元——工件，通过订单优先级与下单时间投放入车间，交付给 A_{CFP} 进行原料绑定。

b. A_{CFP} 向原料库发起原料需求，原料库按照自身仓储情况响应该请求，待 A_{CFP} 决策完成后，A_{MW} 通过 RFID 将相关信息写入工件托盘的 RFID 中，完成工件实体与信息的绑定。

c. A_{MW} 完成工件实体与信息绑定后，通知 A_{CFP} 进行加工工艺处理。

d. A_{CFP} 根据工件工艺路线与当前工艺参数进行加工任务协商，向满足当前加工能力的 Agent 发起招投标协商。加工设备响应该加工任务协商，按照自身加工能力预估完工时间并将自身状态参数一同加入响应数据中。

e. A_{CFP} 按照加工任务协商决策模型，挑选出最合适的加工设备，此时工件的控制权交付给该设备。

f. 加工设备请求 AGV 搬运工件至自身工位缓冲台。

g. 加工设备根据工艺任务执行加工，需要人员协助时请求联系相应人员辅助。当加工设备空闲时，根据机床加工决策模型，从自身工位缓冲台挑选下一个加工工件。

h. 当加工设备完成当前工件加工任务时，A_M 将通知 A_{CFP} 进行下一步工艺任务处理。重复流程 d～h，直至该工件加工工艺全部完成。

i. A_{CFP} 通过工件工艺信息参数分析得知该工件已完成工艺流程，向成品库发起成品仓储请求，成品库根据自身仓储条件响应该请求。待 A_{CFP} 决策后，A_{PW} 请求 AGV 搬运工件至自身入库口，通过 RFID 读取工件信息并记录到数据库中。

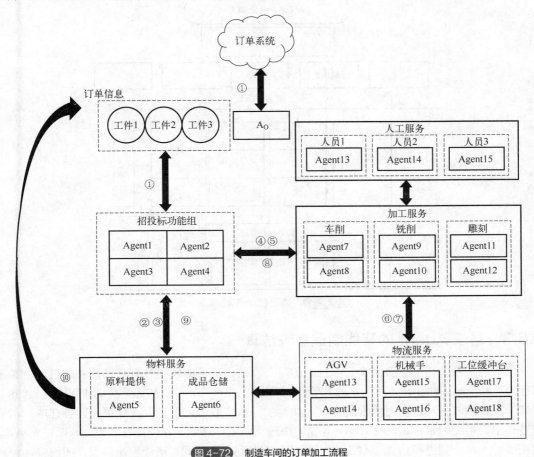

图 4-72　制造车间的订单加工流程

j. A_{PW} 通知 A_O 该订单中的某一工件任务已完成全部工艺流程，A_O 向云端订单系统通知订单完成情况。

从上述描述中，可以看出 A_O 主要负责与云端订单系统进行交互、获取订单数据及反馈加工进度；A_{CFP} 主要负责车间内加工任务的协商决策，此处的 A_{CFP} 并不是单一 Agent，它们是一组拥有相同能力的 Agent，分布在车间各处向系统提供招投标服务。

在流程 a~i 之间，所有的订单信息、工件状态变化、协商决策结果、信息通知等动作信息都由对应的 Agent 发送至 A_{DB}，A_{DB} 根据信息类型整理后储存入数据库，完成车间信息的持久化。A_{DB} 面向车间主要提供信息持久化能力，向各个 Agent 透明化了数据库底层原理与技术。

在流程 e 和 g 中，A_{CFP} 存在一种加工任务协商决策模型，如图 4-73 所示，以机床负载率、单位能耗及任务工时为参考因素，对这些因素进行归一化处理并赋予不同权重值来计算决策值。通过 Agent 协商加工的机制虽然能够快速响应加工任务请求及动态扰动问题，但是由于 Agent 只能获取当前自身相关的实时信息来决策，从全局角度及整体角度来看，Agent 决策是"近视"的，不能保证车间整体性能水平。本节设计了 A_C，实时感知车间状态信息，通过调整加工任务协商决策模型与机床加工决策模型中参考因素的权重值来保证车间整体性能水平。除此之外，A_C 还负责收集车间内设备的状态信息，进行储存及显示使用。

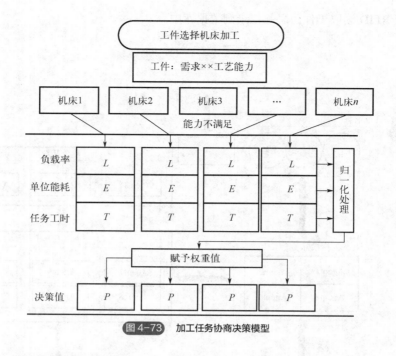

图 4-73 加工任务协商决策模型

4.6.3 基于 Agent 的智能制造系统仿真

离散制造系统是一个多因素、多扰动的复杂系统，事件的发生具有突发性和随机性，其内部行为不可预知。如图 4-74 所示，在生产活动流程中，生产需求信息传递给高级计划排程（APS），生成作业计划与排班，面对需求的变化（如追加订单、取消订单、更改订单、紧急订单）和生产过程中不可控因素（如设备故障）等如何快速调整生产计划，并进行有效验证，以辅助决策，就需要对生产计划进行仿真。APS 将生产任务下发到生产车间，形成物流需求，如何将各种物流设备有效组织，保证物料快速准确送达指定位置，消除物流瓶颈，达到生产平衡，就需要对生产物流进行仿真。在保证生产柔性的情况下，同时保证生产系统的稳定性和高效性，检验控制逻辑的正确性，就需要对生产过程进行仿真。

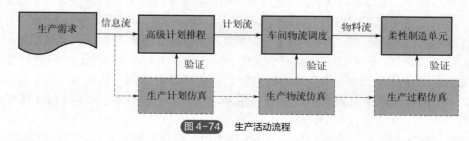

图 4-74 生产活动流程

本节以基于多 Agent 系统的制造任务动态调度体系构架为例，说明实时的动态调度在主动感知车间中的应用，如图 4-75 所示。首先通过安装在机器上的射频识别（radio frequency identification，RFID）来获取车间中的动态的制造信息。在工艺计划阶段，根据每台机器的实时状态和机器的性能进行任务的分配。最后在制造执行阶段，通过实时的制造数据来进行重调度。

在传统的制造车间领域，调度问题研究通常注重的指标是生产时间、运营成本等关乎企业效益的性能指标，对于车间中的加工设备负载情况与人员任务量等因素的考虑较少。在实际加工中，调度规划对设备负载率与人员任务量有着直接影响，当某个人员的任务量突增时不利于人员的身心健康且不利于其余人员的能力水平增长。在车间生产任务的调度规划中，我们不仅需要考虑系统整体的负载率，还需要考虑设备个体的负载情况与人员个体的工作量与移动距离总值。当设备的负载率相同时选择加工效率高的设备不仅能有效缩短加工时间，还能节约生产能耗。当人员技能水平相差不多时，选择距离较近的人员不仅减缓人员移动负担，还降低了等待人员移动的时间。

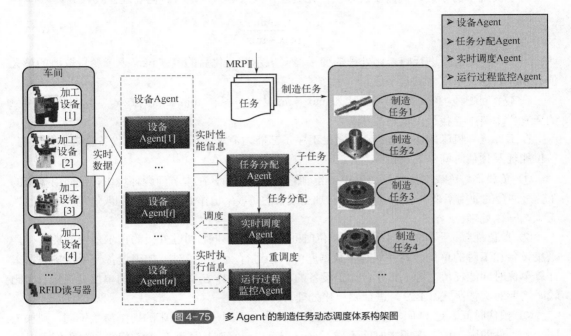

图 4-75　多 Agent 的制造任务动态调度体系构架图

综合考虑设备与人员的情况下，本节将建立一种对设备以工件到达时间、设备负载率与设备能耗为主，对人员以任务匹配度、工时预估及人员实时位置为主的多目标约束调度模型。

（1）假设条件

在本节的调度模型中，我们基于以下假设条件。

① 在任意时刻，一台加工设备只能执行一个工件的一道工序任务。

② 同类工件的工艺路线固定，即只有按照顺序完成下面的工艺任务，才可以执行当前工艺任务。

③ 所有工序任务所需的 NC 代码在工件信息与物料实体绑定前已由工艺人员编写并存入 NC 代码数据库中，且该 NC 代码可以作为加工时间预估的依据。

④ 工件由物流设备运输至加工设备的工位缓冲台，由加工设备自行决定下一个加工工件。

（2）问题描述

在本节的车间环境中，调度决策问题可被拆分成为三个决策过程。

① 在工件进入制造车间后，对其加工流程中的每道工序都需要有相应的设备进行处理，我们称这个决策过程为工件选择机床。

② 工件运输到机床所属的工位缓冲台进行等待，当机床完成正在加工的任务后，将从工位

缓冲台中选择工件进行加工，我们称这个决策过程为机床选择工件。

③ 机床进行相关任务执行时，遇到无法独立解决的问题时，将向人员发起任务请求，我们称这个决策过程为机床请求人员。

（3）参数设计与说明

对于决策中的参数我们需要进行归一化处理，式（4-23）是归一化处理公式。

$$x' = \frac{x - \min}{\max - \min} \tag{4-23}$$

式中，x 是需要进行归一化处理的变量；x' 表示归一化后的值；$\max$ 表示变量取值的最大值；$\min$ 表示变量取值的最小值。

在本节问题环境中，我们可以认为 $\max = \max\{x_1, x_2, \cdots\}$，$\min = \min\{x_1, x_2, \cdots\}$，即在变量 x 的所有样本值中寻找最大值与最小值。

在工件选择机床的决策过程，在满足工序工艺能力需求的前提下，加工设备会提供负载率、单位能耗及预估时间作为决策因素。

① 负载率。负载率指的是加工设备当前的任务承担量，在本节问题环境中，我们用机床的工位缓冲台的使用率来表示。对于第 n 台加工设备的负载率记作 L_n，负载率的取值范围是 $[0,1]$，无须归一化处理。

② 单位能耗。不同的加工设备其单位时间的能耗值不同，通过外接的霍尔效应能耗传感器采集设备加工时的单位能耗并保存至数据库中。当进行动态决策时，加工设备使用历史数据来计算单位时间能耗值。对于第 n 台加工设备的单位能耗记作 E_n，单位能耗的单位是瓦特，在比较时需要对其按照式（4-23）进行归一化处理。

③ 预估时间。对于不同的加工设备，其加工能力不同，各个机床的切削参数不同，则加工同一个工件的同一道工序所需时间不同，这一点可以最直观地体现在 NC 代码中。我们可以通过计算 NC 代码中的刀具移动路径来计算加工所需的时间，通过式（4-23）进行归一化处理得到预估时间，对于第 n 台加工设备的预估时间记作 T_n。

在机床选择工件的决策过程，若不做任何调整，则机床会按照工件到达自身工位缓冲台的顺序进行加工处理，但实际生产中可能存在紧急订单等生产扰动问题，需要根据订单的优先级、工件到达时间及交货期进行综合考虑。

① 优先级。优先级用于区分工件的加工优先级，对于本书设立两种优先级 0 和 1，0 表示普通订单，1 表示紧急订单。在机床决策时，优先级只能作为考虑因素之一。对于第 i 个工件的优先级记作 Pr_i。

② 工件到达时间。工件到达时间代表该工件被送到工位缓冲台的时间戳，在正常的加工过程中，对于先到的工件应该先进行加工，这种方式称为先到先服务型，这种方式无法处理紧急订单与将要超时的订单。对于第 i 个工件的到达时间记作 At_i。

③ 交货期。交货期是制造系统首要保障的目标因素之一，越是临近交货期的工件超期的风险越大，则它优先加工的概率就越大。对于第 i 个工件的交货期记作 Dt_i。

在机床请求人员的决策过程，会根据具体任务内容设定任务技能需求，当人员掌握了所需技能时即可响应该任务请求，在决策过程中需要考虑到人员技能与任务需求的任务匹配度、工时预估、人员实时位置等因素。

① 任务匹配度。任务匹配度描述任务需求与人员技能的匹配程度，通过建立技能描述模型

来衡量人员的能力水平是否满足任务需求。对于第 i 个人员的任务匹配度记作 TM_i，通过式（4-23）进行归一化处理。

② 工时预估。相比于加工设备使用 NC 代码预估加工时间，人能从历史数据中得出大致的任务时长。由于学习能力的存在，人员越是重复执行一项任务，其熟练程度越高，任务耗时就越短。对于第 i 个人员的工时预估记作 TW_i，通过式（4-23）进行归一化处理。

③ 人员实时位置。在车间实时任务调度中，人员的位置信息也是重要因素之一，若不考虑这项因素，则可能导致人员频繁地走动。不仅浪费大量时间在人员的移动上，还加剧了人员的疲劳程度。本书通过 UWB（超宽带）定位技术获取人员在车间的实时位置，计算人员和任务地点的距离长度。对于第 i 个人员的距离信息记作 TD_i，通过式（4-23）进行归一化处理。

（4）综合评价指标

在车间生产调度中，多个决策因素需要综合起来进行评定，最终获得一个评价结果。本节将通过加权线性法对决策因素进行综合评定，评定公式如下：

$$x = \sum_{i=1}^{n} \omega_i x_i \tag{4-24}$$

式中，x 表示最终决策值；x_i 表示各个决策分量；ω_i 表示各个决策分量的权重值。

按照式（4-24），我们对车间调度的三个决策过程进行评价指标设计。

在工件选择机床阶段，按照式（4-25）进行决策。

$$\begin{cases} P_n = \alpha_L L_n + \alpha_E E_n + \alpha_T T_n \\ \alpha_L + \alpha_E + \alpha_T = 1 \end{cases} \tag{4-25}$$

式中，P_n 表示第 n 台设备的评价结果；L_n 表示归一化后的机床负载率；E_n 表示归一化后的单位能耗；T_n 表示归一化后的预估时间；α_L 表示 L_n 的权重值；α_E 表示 E_n 的权重值；α_T 表示 T_n 的权重值。$\alpha_L + \alpha_E + \alpha_T = 1$，比较并选取 P_n 最小的设备进行工件任务加工。

在机床选择工件阶段，按照式（4-26）进行决策。

$$\begin{cases} V_i = \beta_p Pr_i + \beta_a \dfrac{(Ct - At_i)}{\max_{k=1}^{n}\{Ct - At_k\}} + \beta_d \left[1 - \dfrac{(Dt_i - Ct)}{\max_{k=1}^{n}\{Dt_i - Ct\}}\right] \\ \beta_p + \beta_a + \beta_d = 1 \end{cases} \tag{4-26}$$

式中，V_i 表示工位缓冲台上第 i 个工件的评价结果；Pr_i 表示工件的优先级；Ct 表示当前时刻的时间戳；β_p 表示 Pr_i 的权重值；β_a 表示 At_i 的权重值；β_d 表示 Dt_i 的权重值。第二项因素和第三项因素分别是对工件到达时间和交货期的归一化处理，对于第三项因素而言，距离交货期时间越长被选中的概率应该越低，比较并选取 V_i 最大的工件进行加工处理。

在机床请求人员阶段，按照式（4-27）进行决策。

$$\begin{cases} W_i = \gamma_m TM_i + \gamma_w (1 - TW_i) + \gamma_d (1 - TD_i) \\ \gamma_m + \gamma_w + \gamma_d = 1 \end{cases} \tag{4-27}$$

式中，W_i 表示第 i 个人员的评价结果；TM_i 表示归一化后的任务匹配度；TW_i 表示归一化后的工时预估；TD_i 表示归一化后的距离信息；γ_m 表示 TM_i 的权重值；γ_w 表示 TW_i 的权重值；γ_d 表示 TD_i 的权重值。$\gamma_m + \gamma_w + \gamma_d = 1$，对于工时预估与距离信息而言，值越大则表示被选中的概率越小，比较并选取 W_i 最大的人员进行任务协助请求。

本章小结

本章介绍了各种制造系统的建模方法，分别阐述了它们的概念和原理，并通过案例展现了制造系统建模技术的功能及其应用。

面向对象技术是利用面向对象的信息建模概念，如实体、关系、属性等，同时运用封装、继承、多态等机制来构造模拟现实系统的方法。UML 是一种定义良好、易于表达、功能强大，且普遍适用的面向对象建模语言。

IDEF 是对系统进行建模的结构化分析方法。IDEF0 是对系统的功能过程进行建模的结构化分析方法，也是对系统的过程进行逐步分解的结构化建模方式。IDEF1x 描述系统信息及其联系，建立信息模型作为数据库设计的依据。

Petri 网是一种网状模型，广泛地应用于离散事件系统的建模、设计和实施，可以清楚地描述系统内部的相互作用，适合描述异步的、并发的事件。经典 Petri 网可以通过库所和变迁、有向弧，以及令牌等元素描述简单的过程模型。

排队系统是典型的离散事件系统，由顾客源、排队和服务机构构成，组成一个或多个并联、串联及混联的结构，服务于多种需求不同的顾客（产品）或工作对象，并按给定排队规则，科学解决拥堵问题。

库存是储备的资源，库存系统是从需求和订货出发，研究在不同需求下的订货策略，以控制合理库存为目的，尽可能地降低库存成本。

Agent 具有自处理、自适应和自学习能力，通过多个 Agent 的协商和通信，可以解决协同设计与制造的协作策略、知识共享和冲突消解等问题。随着制造业数字化、网络化、智能化、全球化的发展，基于 Agent 的技术已经被广泛应用于智能制造系统中。

 思考题与习题

1. 什么是对象？举例说明对象之间是如何协同工作的。
2. 面向对象技术的基本特征主要有哪些？
3. UML 语言具有哪些优势？常用的 UML 图包含哪几种？
4. IDEF 方法主要由哪几部分组成？
5. IDEF0 的特点是什么？并展开阐述。
6. 简述 IDEF1x 的建模过程。
7. Petri 网理论中建模的基本元素有哪些？它们分别表示什么含义？
8. 分析图 4-76 所示 Petri 网模型中各变迁之间的事件关系。

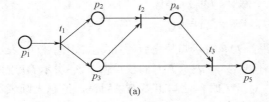

(a)

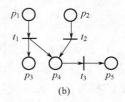

(b)

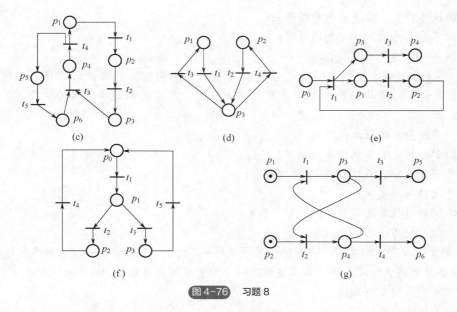

(c)　　　　　　　　(d)　　　　　　　　(e)

(f)　　　　　　　　(g)

图 4-76　习题 8

9. 某产品装配线共有三道装配工序 t_1、t_2 和 t_3。其中，工序 t_1 将 2 个零件 p_1 和 1 个零件 p_2 用四个螺钉 p_3 装配起来，形成一个半成品 p_4；工序 t_2 将 p_4 和 3 个零件 p_5 用 6 个螺钉 p_6 装配起来，形成一个半成品 p_7；工序 t_3 将 p_7 和零件 p_8 装配起来形成一个成品 p_9。工序 t_1 和 t_2 都要用到工具 p_{10}。零件 p_2 的存储容量为 50 个，p_5 的最大存储容量为 100 件，螺钉 p_3 和 p_6 的存储容量分别为 500 个，装配线上半成品 p_4 和 p_7 的存储容量为 5 件，成品 p_9 的容量 800 个。试以 Petri 网的图形化建模工具建立上述装配系统模型。

10. 排队系统的定义及组成是什么？排队系统模型具有哪些要素？

11. 排队系统中，$M/M/1/\infty/\infty/FCFS$ 和 $G_I/E_3/c/10/10/LIFO$ 分别表示什么意思？

12. 某商店有 1 服务员，设顾客到达服从泊松分布，平均 6 人/h；服务时间服从指数分布，均值为 3min。求：

① 商店空闲的概率。

② 商店等待顾客正好为 3 人的概率。

③ 商店至少有 1 个顾客的概率。

④ 商店内的平均顾客数。

⑤ 每位顾客在商店的平均停留时间。

⑥ 等待服务的平均顾客数。

⑦ 每位顾客平均等待服务的时间。

13. 已知某加油站的免费洗车点有 1 名洗车工，洗车点最多可以停放 3 台待洗的汽车。设待洗汽车按泊松分布到达洗车点，平均每小时到达 3 台；洗车时间服从指数分布，平均每 0.25h 可以清洗 1 台。试求该洗车点的顾客损失率与有效到达率。

14. 某快递点只有一名快递员，平均有 5 人/h 来收发快递，到达过程为泊松分布；收发快递的时间服从指数分布，平均为 6min。由于空间狭小，站点内收发快递的人数不能超过 4 人，求：

① 站点内没有人收发快递的概率；

② 站点内收发快递的平均顾客数；

③ 排队等待收发快递的平均顾客数；

④ 顾客在站点内平均花费的时间；

⑤ 顾客平均排队时间。

15. 某高速出口有一收费处，汽车驶出高速必须先在收费处缴费，收费处的收费时间服从负指数分布，平均每辆汽车的缴费时间为 7.2s，汽车的到达率为 400 辆/h，服从泊松分布。试求：

① 收费处空闲的概率；

② 收费处前没有车辆排队的概率；

③ 收费处前排队汽车超过 12 辆的概率；

④ 平均排队长度；

⑤ 车辆通过收费处花费时间的平均值；

⑥ 车辆的平均排队时间。

16. 某处一单向隧道在维持交通的情况下进行施工维护，车辆进出隧道均由交警指挥行驶，平均每辆车进出隧道时间为 9s，如果隧道入口方向来车的交通量为 300 辆/h，试求：

① 系统中平均车辆数；

② 平均排队长度；

③ 车辆通过隧道平均消耗时间；

④ 系统中车辆平均排队时间。

17. 库存的概念是什么？库存系统的基本要素有哪些？其分别指什么？

18. 对于制造系统而言，库存有哪些作用和功能？

19. 在制造企业中，库存大致可以分成四种类型。简要论述四种库存的名称和功能。

20. 什么是安全库存、订货提前期？确定安全库存和订货提前期时分别需要考虑哪些因素？

21. 什么叫"订货点控制法"？要确定订货点，需要哪些条件？订货点控制法适合于怎样的库存系统？

22. 库存系统模型有哪些构成要素？简要论述每个要素的定义、功能及其细分类型。

23. 常用的库存策略有哪些？简要分析每种策略的特点及其适用范围。

24. 什么是经济采购批量（EOQ）模型？该模型基于哪些假设条件？需求、成本等因素是如何影响经济采购批量的？

25. 什么是确定性库存模型？什么是随机性库存模型？

26. 某工厂生产一种零件，年产量为 18000 件，已知该厂每月可生产 3000 件，每生产一批的固定费为 5000 元，每个零件的年度存储费为 18 元，求每次生产的最佳批量。

27. 某种原材料进价为 1000 元，售价为 1500 元，如果采购量过剩，可以以 300 元的价格返回给原材料生产厂。假设需求服从正态分布，期望值为 200，标准差为 250。试确定该原材料的最优进货批量。

28. Agent 具有哪些基本属性？

29. Agent 的体系结构分为哪几种类型？通常可以认为 Agent 都由哪几部分组成？

30. 多 Agent 系统（MAS）具有哪些特征？在构建 MAS 过程中的基本问题主要有哪几个方面？制造系统中 Agent 的建模流程大致可分为哪几步？

第 5 章

建模与仿真技术

 思维导图

扫码获取

本书电子资源

建模与仿真技术
- 建模与仿真
  - 概念
  - 特征
    - 动态性
    - 系统性
    - 分布性
    - 交互性
    - 实时性
    - 一致性
    - 可信性
- 制造系统建模与仿真的作用
  - 体现方面
    - 性能分析
    - 能力分析
    - 配置比较
    - 瓶颈分析
    - 优化
    - 敏感度分析
    - 可视化
  - 应用
    - 设计决策
    - 运行决策
- 建模与仿真技术的特点
  - 虚拟化
  - 数值化
  - 可视化
  - 可控化
  - (初期)
  - 进步 ⟹
    - 集成化
    - 模块化
    - 层次化
    - 网络化
    - 跨学科化
    - 虚实结合化
    - 计算高速化
    - 人工智能化
    - 数据驱动化
- 建模与仿真的关键技术
  - 建模/仿真支撑环境
  - 先进分布仿真
  - 仿真资源库
  - 图形图像综合显示技术
- 仿真模型的校核、验证与确认
  - 基本概念
  - 基本原则(15条原则)
  - 实施过程(9个阶段)
  - 技术与方法(4种方法)
- 建模与仿真的发展趋势
  - 新一代数字模型
  - 面向制造全生命周期的模型工程
  - 云环境下的智能仿真技术
  - 面向大数据的仿真技术
- 建模与仿真技术的应用案例
  - 建模与仿真技术在仓储物流管理以及制造业的应用
  - 建模/仿真支撑环境的应用案例

内容引入

　　建模和仿真技术对于机器人的理论研究、设计开发、数据分析、快速产线部署、程序编制、运动规划等都极为重要，更是实现智能制造中加工工艺优化、加工质量与产品性能提升、无人化工厂的关键核心技术。

　　机器人的建模包括运动学建模、动力学建模、力与环境的物理交互建模等，建模是控制和仿真的基础。典型的运动学建模仿真平台有 MATLAB、Gazebo、V-REP 等。其中，MATLAB 可为机器人进行理论计算研究，如图 5-0（a）所示。基于其强大的矩阵运算工具箱，研究人员能灵活、方便地进行运动学和动力学建模等。另外，基于 Simulink 工具箱还可进行与机器人运动控制相关的实验设计和分析。

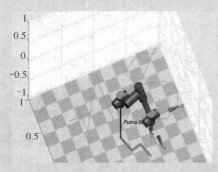

(a) MATLAB机器人运动仿真　　　　　　　　　　(b) ROS下的机械臂运动规划

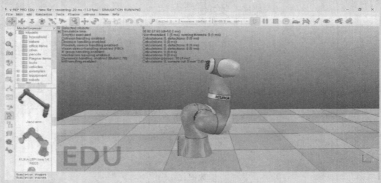

(c) V-REP机器人运动仿真

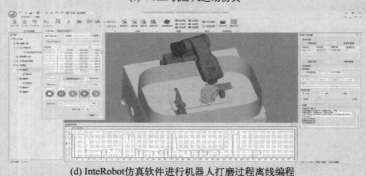

(d) InteRobot仿真软件进行机器人打磨过程离线编程

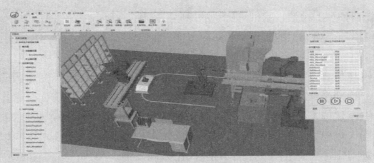

(e) InteRobot仿真软件的产线布局与规划

图 5-0 建模与仿真技术

Gazebo 是一款 3D 动态模拟器，能够在复杂的室内和室外环境中准确有效地模拟机器人群。Gazebo 可提供高保真度的物理模拟和一整套的传感器模型，还能提供用户和程序非常友好的交互方式。基于 Gazebo 动态模拟器，可以设计机器人、对机器人算法用现实场景进行回归测试。一般情况下，Gazebo 会运行在 Ubuntu 操作系统上的 ROS（机器人操作系统）环境中进行集成使用，如图 5-0（b）所示。

V-REP（virtual robot experiment platform，虚拟机器人实验平台）是一款灵活、可拓展的通用机器人仿真器，可以支持多种控制方式和编程方式，被誉为机器人仿真器里的"瑞士军刀"，如图 5-0（c）所示。V-REP 支持多种跨平台（Windows、MacOS、Linux）方式，支持 6 种编程方法（嵌入式脚本、插件、附加组件、ROS 节点、远程客户端应用编程接口、自定义的解决方案）和 7 种编程语言（C/C++、Python、Java、Lua、MATLAB、Octave 和 Urbi），满足超过 400 种不同的应用编程接口函数、100 项 ROS 服务、30 个发布类型、25 个 ROS 订户类型，可拓展 4 个物理引擎（ODE、Bullet、Vortex、Newton），拥有完整的运动学解算器（对于任何机构的逆运动学和正运动学）。

离线编程是实现智能制造中机器人编制复杂曲线曲面轨迹和模拟现场应用环境的一种常用仿真编程手段。离线编程能够为集成应用和终端用户在智能制造活动中进行工作单元的设计，节省大量的时间和成本。离线编程利用计算机图形学建立机器人及其工作环境的几何模型，并根据加工零件的大小、形状、材料，同时配合软件操作者的一些操作，自动生成机器人的运动轨迹，即控制指令。然后在软件中仿真与调整轨迹，最后生成机器人程序传输给机器人控制系统。我国具有代表性的机器人离线编程仿真软件包括华数机器人有限公司的 InteRobot 仿真软件［如图 5-0（d）、（e）所示］、北京华航唯实机器人科技股份有限公司的 Robot Art 等。国外的一些机器人离线编程仿真软件包括 ABB 机器人有限公司的 RobotStudio、西门子有限公司的 ROBCAD 等。基于离线编程仿真过程，可以优化智能制造过程中机器人的打磨工艺规划、焊接路径和产线布局等。

学习目标

1. 了解建模与仿真的概念；
2. 了解制造系统建模与仿真的作用；
3. 了解建模与仿真的特点；
4. 了解建模与仿真的关键技术；
5. 掌握仿真模型的校核、验证与确认的概念；

6. 了解仿真模型的校核、验证与确认的原则及实施过程；
7. 了解建模与仿真技术的发展趋势。

近年来，建模与仿真（或称建模仿真）技术已被广泛应用到科学研究、国防建设及社会生活中的各个领域，特别是在复杂系统，如复杂工程系统、复杂交通系统、军事作战系统、复杂医疗系统等研究中，建模与仿真技术发挥着越来越重要的作用。随着科学技术的不断进步，各领域应用系统向着大规模、多层次和智能协同方向发展，建模与仿真技术正向以"网络化、虚拟化、智能化、协同化、普适化"为特征的现代化方向发展。

建模与仿真技术包含的内容很多，本章简要介绍建模与仿真的概念，制造系统建模与仿真的作用，建模与仿真技术的特点及关键技术，仿真模型的校核、验证与确认等，以便帮助大家更好地领悟建模与仿真在复杂系统/体系研究中的重要地位、作用。

5.1 建模与仿真的概念

建模与仿真（M&S），是指对研究对象（已有系统或设想的系统）建立系统、环境、过程或现象的模型（物理模型、数学模型或其他逻辑模型）（亦称系统建模），并将其转换为可在计算机上执行的模型（亦称仿真建模），通过模型运行获得模型行为特性的整个过程所包括的活动。系统可以是真实系统或由模型实现的真实/概念系统。系统建模（一次建模）构建的模型称为系统模型，仿真建模（二次建模）构建的模型称为仿真模型。仿真模型所要描述的是客观世界中的客观事物的特性，主要包括自然环境、客体/系统、人以及它们之间的交互作用。

广义上说，建模技术是结合物理、化学、生物等基础学科知识，并利用计算机技术，结合数学的几何、逻辑与符号化语言，针对研究对象进行的一种行为表达与模拟，所建立的模型应该能够反映研究对象的特点和行为表现。一般而言，对于一些不感兴趣、不重要的成分在建模过程中可以忽略，以简化模型。

具体到智能制造中，建模技术是指针对制造中的载体（如数控加工机床、机器人等）、制造过程（如加工过程中的力、热、液等问题）和被加工对象（如被制造的汽车、飞机、零部件），甚至是智能车间、智能调度过程中一切需要研究的对象（实体对象或非实体化的生产过程等问题），应用机械、物理、力学、计算机和数学等学科知识，对研究对象的一种近似表达。

建模与仿真技术属于多学科融合的综合性学科。仿真基础设施涉及计算机学科、通信学科。建模与仿真技术应用于哪个学科，还要涉及相应学科的理论基础、相关技术与工程。仿真系统的构建与应用要求领域专家和仿真专家必须有机结合。

仿真技术是以相似原理、模型理论、系统技术、信息技术以及建模与仿真应用领域的有关专业技术为基础，以计算机系统、与应用相关的物理效应设备及仿真器为工具，根据研究目标，建立并利用模型参与已有或设想的系统进行研究、分析、设计、加工生产、实验、运行、评估、维护和报废（全生命周期）活动的一门多学科的综合性、交叉性学科。

仿真技术是在建模完成后，结合计算机图形学等计算机科学手段，对模型进行图像化、数值化、程序化等的表达。借助仿真，可以看到被建模对象的虚拟形态，例如看到数控机床的加工过程，看到机器人的运动路径，甚至可以对加工过程中的热与力等看不见的物理过程进行虚拟再现。因此，仿真技术还让模型的分析过程变得可量化和可控化，即依托建模与仿真技术，可以得到可视化与可量化的模型，利用量化的模型数据进行分析，进行虚拟加载和虚拟模型调控，对认识和改造智能制造中的研究对象是一种极为有效的科学手段。

仿真技术是科研工程人员、系统操作管理人员进行系统分析、设计、运行、评估和培训教育的重要手段。仿真技术由于可以替代费时、费力、费钱的真实实验，已成为各种系统分析、战略研究、运筹规划和预测、决策的强有力工具，而且越来越广泛地应用于航空、航天、通信、船舶、交通运输、军事、化工、生物、医学、社会经济系统等自然科学与社会科学的各个领域。特别是在复杂系统研究中，仿真技术发挥着越来越重要的作用。

通过仿真，可以再现环境、系统和某些行为的特征。除了这些描述的能力之外，仿真还可以控制条件和态势，测试对给定问题的解决方案。这与采用真实实验相比，可以实现其不可能达到的灵活性、安全性和费用的节省。

建模与仿真技术及其构建的仿真系统具有以下明显的特征：

① 动态性。建模与仿真技术不同于一般的科学计算和事务管理，它研究事物的动态过程，包括连续系统和离散事件系统。

② 系统性。建模与仿真从总体上看研究的是一个系统，它由多个部分或回路组成，有明确的输入输出关系。

③ 分布性。仿真系统不局限于一个地点或单台机器，复杂仿真系统由异地分布的多台计算机或设备通过网络组成。

④ 交互性。一个仿真系统中多个模型之间、模块之间、系统之间存在功能的相互作用和大量的信息交互。

⑤ 实时性。仿真系统都应具有时间管理的概念，对于半实物仿真系统和在回路仿真系统必须满足实时性的要求。

⑥ 一致性。一个仿真系统中存在不同视图、不同帧速率、不同类型的模型和数据，但必须保持一致性。

⑦ 可信性。仿真的结果应是可信的，满足用户的需求。

M&S 作为一种解析问题的方法（工具），在各领域得到了广泛的应用，而且贯穿系统生命周期的所有阶段。仿真可以很复杂，在使用时要求有条不紊，并且要很谨慎，避免经费失控，否则就会削弱这种方法的应用效果。同时，要避免得到不能用的结果。当模型不正确时，就会发生这种事情。仿真要求有严格的方法和恰当的使用方式。如果满足了这些条件，就会获得丰硕的回报，使系统生命周期中的所有人员都受益。

建模与仿真技术是将实际物理过程通过计算机软件模拟，生成一个可以展示实际物理过程行为的虚拟环境，对实际物理过程进行模拟、优化、预测和控制的一种技术。该技术可以将物理过程抽象成数学模型，并通过计算机软件进行仿真模拟，以实现对物理过程的全面掌控和分析优化。同时，建模与仿真技术也可以将虚拟世界的结果反馈到实际物理过程中，从而实现对实际物理过程的优化和控制。其主要应用于工业领域、航空航天、能源、交通运输、医疗、教育和科研等领域，如图 5-1 建模与仿真在仓储物流管理中的应用、图 5-2 建模与仿真在流程型制造业中的应用。

随着科技的发展，建模与仿真技术在航空航天领域也不断地发展创新，如图 5-3 所示。建模与仿真技术还表现出以下新的特点：

① 数据驱动：建模与仿真技术可以利用大数据技术对生产过程中的各种数据进行采集和分析，为建模和仿真提供更加真实的数据支持。

② 人工智能应用：建模与仿真技术可以利用人工智能技术来提高模型的精度和准确性，实现生产过程和产品的智能管理和控制。

图 5-1　建模与仿真在仓储物流管理中的应用

图 5-2　建模与仿真在流程型制造业中的应用

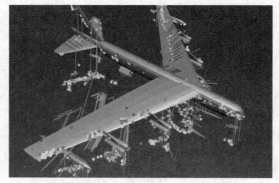

图 5-3　建模与仿真在航空设计领域的应用

③ 跨领域集成：建模与仿真技术可以跨越不同领域，进行数据集成和模型集成，实现生产过程的跨领域优化。

④ 模块化和可重用性：建模与仿真技术可以采用模块化设计和可重用性技术，实现模型的通用性和可重用性，提高模型建设的效率。

⑤ 系统仿真：建模与仿真技术可以进行系统仿真，即将所有生产环节的模型进行整合，实现对整个生产过程的全面优化和管理。

这些新特点的应用，为建模与仿真技术的进一步发展提供了新的方向和可能性，为智能制造的实现提供了更广阔的空间和更强的技术支持。

另外，建模与仿真技术在智能制造中有很多典型应用案例。

在产品设计方面：建模与仿真技术可以将产品设计可视化，实现产品结构和性能的优化，节约开发成本和时间。例如，采用计算机辅助设计技术对产品进行虚拟设计和分析。

在工艺规划方面：建模与仿真技术可以模拟生产过程中的各种工艺，优化生产流程，提高生产效率和质量。例如，采用物流仿真技术对生产流程进行优化。

在生产系统监控和控制方面：建模与仿真技术可以对生产现场进行实时监控和控制，提高生产效率和质量。例如，采用交互式虚拟现实技术对生产现场进行监控和控制。

在产品质量控制方面：建模与仿真技术可以模拟生产过程中的各种质量控制环节，实现产品质量的优化和控制。例如，采用仿真技术对产品质量进行预测和调整。

在设备维护保养方面：建模与仿真技术可以模拟设备的运行状态，预测故障和维护周期，提高设备的可靠性和稳定性。例如，采用设备状态模拟技术对设备运行状态进行监测和维护。图 5-4 为建模与仿真在智能生产中的应用。

图 5-4　建模与仿真在智能生产中的应用

总之，建模与仿真技术在智能制造中有着广泛的应用和潜力，在不断地推动智能制造技术的创新和发展。

5.2　制造系统建模与仿真的作用

制造系统类型众多、性能要求各异，使得此类系统建模与仿真研究的目标具有多样性，表 5-1 给出了制造系统建模与仿真常用的建模元素。

表 5-1　制造系统建模与仿真常用的建模元素

系统类型	建模元素
车间布局	车间，面积，距离，加工设备类型和数量，物流设备类型和数量，成本，时间
物料处理	AGV，堆垛机，输送带，存储装置，托盘，货架，叉车，小车，距离，速度停靠点，存料、取料时间，行驶时间
系统维修	故障类型，故障时间分布，维修设备，维修人员，维修时间分布，维修工具，维修调度策略
生产制造	产品类型，工艺流程，时间，数量，工装夹具，设备，物料清单（BOM）
生产调度	调度目标（时间、成本、效益），任务构成，设备，调度规则
生产控制	加工任务，加工设备，操作人员，任务分配，控制规则
供应链	供应商名称，等级，价格，数量，订单，交货期，交货方式
库存	库存容量，库存成本，备件数，在制品，产品，货格数量
配送销售	配送中心，批发商，零售商，订单，距离，运输方式，运输时间，成本

虽然制造系统仿真研究的目标众多，其中还是存在一些常用的术语，见表 5-2。

表 5-2　制造系统建模与仿真的常用术语

术语	含义
操作	操作是指在工位对实体的一次作业活动。常见的操作包括装夹、切削加工、装配、拆卸、检测等。通常，操作会改变实体的物理状态或结构
工位	工位是完成操作的场所或区域。工位可以是一台或几台设备以及相关操作人员
加工设备	对加工对象完成指定加工操作（如切削、装配、拆卸、检测等）的装备
操作人员	制造系统中用于完成一定操作或决策的工人或技术人员。他们常位于某个工位，或同时服务多个工位
工件	设备和操作人员所服务的对象，如毛坯、零件、元件、子装配体等
托盘	用来收集、存放和运输工件的平板或箱体
主生产计划（MPS）	一个产品在某一个给定时间段的生产计划，通常为企业季度、半年度或年度拟生产（或销售）的产品类型及其数量
生产计划	以主生产计划为基础，所制订的针对具体产品及其零部件的详细作业安排
物料清单（BOM）	也称为产品结构树，用于确定零部件、原材料的采购计划和生产计划
路径	加工对象在制造系统中的操作流程和流动轨迹。路径定义了工件的加工流程与设备之间的关系，并影响车间布局和系统性能
瓶颈	制造系统中利用率最高的工位或加工时间需求与可用时间比值最高的设备。也泛指影响制造系统性能改善的关键工序或限制性因素
决策	根据制造系统的状态和资源状况，所做出的关于系统运行的决定。系统的决策点数量越多，柔性就越大。制造系统性能受各决策点调度策略的共同影响
规则	为各工位、设备以及其他系统资源预先定义的规定和准则。仿真时，系统将根据资源的当前状况为规则覆盖范围内的问题进行控制、调度或决策，如先进先出（first in first out，FIFO）、后进先出（last in first out，LIFO）等
初始化	为完成新作业，各工位、设备或其他系统资源所做的准备工作及其准备时间
作业	制造系统需要完成的活动和生产任务，如待加工零件、来自顾客的订单等
班次	各工位、设备、操作人员等系统资源上班的时间安排，包括休息及故障停机时间的设置等
故障停机时间	工位或设备等因故障、维修、保养、待料等造成的停产时间，可以是仿真时钟、工位（设备）使用时间、完成加工零件数或实体类型的函数
能力	加工设备、物流设备和服务台重要的性能指标，表示工位一次能接受实体的数量或用于表征设备的生产效率
可靠度	一般以平均故障间隔时间（mean time between failures，MTBF）表示
维修性	一般以故障后的平均修复时间（mean time to repair，MTTR）表示
可用度	资源实际可用时间与仿真调度总时间的比值。可用度是可靠度与维修性的函数
预防性维修	预防性维修是针对系统资源有计划、有针对性地维护与修理，如润滑、清洗、保养，以保证资源的可靠度和可用度

对于制造系统，系统建模与仿真研究的作用主要体现在以下几个方面：

① 性能分析。分析系统的整体性能，如资源利用率、给定时间内的产量等。

② 能力分析。评估系统最大的生产能力；分析系统当前的配置是否满足产量、交货期等性能要求，如何改变系统配置（如增加瓶颈工位资源的数量、改进作业方式等）才能满足市场需求。

③ 配置比较。根据给定的系统性能指标要求，对多个设计方案进行评估和对比分析。

④ 瓶颈分析。判定影响系统性能的约束条件和瓶颈工位，寻找减小约束或去除瓶颈的有效途径。

⑤ 优化。优化系统配置、参数和调度规则等，提高资源利用率，优化系统性能指标。

⑥ 敏感度分析。寻找对系统性能有重要影响的敏感参数，并分析敏感参数设置与系统性能的关系。

⑦ 可视化。通过数值、图形、动画或视频等形式，实时分析系统的动态运行过程。

在多数情况下，建模与仿真研究都具有多个分析或优化目标。这些目标之间可能相互兼容，也有可能相互矛盾。因此，需要根据研究对象，合理地确定建模与仿真研究的主要目标。

根据功能不同，建模与仿真技术在制造系统中的应用可以归结为设计决策和运行决策两种类型。"设计决策"关注制造系统结构、参数和配置的分析、规划、设计与优化，它可以为下列问题的决策提供技术支持：

① 在生产任务一定时，制造系统所需机床、设备、工具以及操作人员数量。

② 在配置给定的前提下，分析制造系统最大产能、生产效率和经济效益。

③ 制造设备类型、数量、参数和布局优化。

④ 缓冲区和库存的容量分析。

⑤ 作业车间的最佳布局。

⑥ 生产线平衡分析与优化。

⑦ 确定制造企业或车间的瓶颈工位，寻找瓶颈改善的有效方法。

⑧ 分析设备故障和维修活动安排对系统性能的影响。

⑨ 确定复杂产品制造工艺的最佳安排。

⑩ 评估物流系统的资源配置、运行节拍、存取货时间、停靠点等设计参数。

⑪ 优化产品销售体系，如仓储系统规模、配送中心选址等，降低销售成本。

"运行决策"关注制造系统运营过程中的生产计划、调度与控制。它可以为以下问题的决策提供技术支持：

① 给定生产任务时，制订作业计划、安排作业班次。

② 制订采购计划，使采购成本最低。

③ 优化车间生产调度策略。

④ 企业制造资源的调度，以提高资源利用率和实现效益最大化。

⑤ 设备维修计划的制订与优化。

⑥ 根据生产任务，确定人力资源安排。

⑦ 确定最佳的库存补充策略。

⑧ 评估原材料和在制品最小库存。

对于制造系统的规划设计和调度运营，建模与仿真技术具有很多优点，主要包括：

① 可以利用建模与仿真去试验新的设计方案、结构参数、调度规则、操作流程以及控制方式等，而无须破坏实际系统或中断实际系统运行。

② 可以测试车间布局、物流系统设计等是否合理，而无须消耗大量资源。

③ 通过采用时间"压缩"或"延长"技术，建模与仿真可以加速或延缓制造系统中某些物理现象的发生频率及其持续时间，揭示制造系统的内在规律和本质特征。

④ 有利于深入观察不同配置、结构和参数之间的相互作用，从全局角度认识系统。

⑤ 有利于分析和发现影响系统性能的关键因素，确定影响系统性能的敏感参数。

⑥ 有利于确定系统中的瓶颈工序、部位和设备，并有针对性地做出改进，实现制造系统设计或运营过程的优化。

如前所述，系统建模与仿真技术的作用可以归结为"设计决策"和"运行决策"两种类型。

但是，若没有一定的置信度作为保证，所建立的仿真模型与仿真结果不仅没有任何参考价值，还可能导致错误的决策，对实际系统造成损害。因此，系统模型与仿真逻辑的正确与否将直接关系到决策的科学性。

系统模型、仿真程序的创建者及其最终用户应当高度关注模型的置信度问题，并采取必要措施保证模型的可信性。校核、验证与确认（verification，validation & accreditation，VV&A）是保证系统模型与仿真置信度的有效途径，也是系统建模和仿真中至关重要、最为困难的任务之一。

5.3 建模与仿真技术的特点

拓展阅读

先了解建模与仿真技术的必要性，有助于更好地理解其特点和功能。产生建模与仿真技术这一需求的原因可分为两类，即根本性原因和非根本性原因。

根本性原因一是针对实际被研究对象、被研究的过程进行实物研究，成本较高。例如，飞机高空高速飞行试验等，进行一次实物试验花费和代价都很大，不利于研究本身。

根本性原因二是实际被研究对象、被研究过程往往极其复杂，表现出非线性、强耦性和不确定性等特点。由于需要研究的目标往往比较单一，或目标比较明确，因此会在建模中忽略一些次要因素或不感兴趣的因素。但也正因为这种忽略次要因素的建模过程，对建模人员的要求极高，考验建模人员对实际物理、化学过程的认知深度，关乎研究结果的可信度。

非根本性原因是建模与仿真技术的可视化、可量化、可对照、可控性等特点，都极有可信度，有利于科学研究的发展。例如，在智能制造中采用建模与仿真技术对智能车间进行调度优化和产线布置等。

综上，从需求本身出发，建模与仿真技术表现出以下特点：

① 虚拟化。虚拟化是建模与仿真技术的最本质特点，利用建模与仿真技术可得到被研究对象的虚拟镜像。例如，对机器人进行运动学建模，可得到用齐次变换矩阵描述的机器人实体模型。这种齐次变换矩阵可刻画出机器人的运动形式，即可以说它是机器人运动过程的虚拟化。

② 数值化。数值化是建模与仿真技术的必要特点，是仿真、计算、优化的前提。仍以上述机器人运动学建模为例，这种代表机器人运动学特征的齐次变换矩阵本身就是一种数值的刻画形式。利用该数值化的矩阵，代入机器人的具体关节角度和 DH 参数（Denavit-Hartenberg parameters），可得到机器人在笛卡儿空间中的正运动学坐标，也可以根据笛卡儿空间的坐标求解关节空间下逆运动学的关节角度。正是有了这种数值化特点，才可以方便地开展一切计算类的研究活动。

③ 可视化。可视化是建模与仿真技术的直观特点，是建模与仿真技术人机交互与友好性的体现。在智能制造中，可视化几乎是一切建模与仿真技术所共有的特点和属性。可视化可以帮助科研人员直观分析被研究对象的动态行为，也可以帮助车间技术人员快速掌握加工过程或加工对象的实时状态。例如，基于 MATLAB 软件的机器人仿真工具箱，可将用运动学的齐次变换矩阵所描述的虚拟化机器人可视化，实现对实体机器人的等效虚拟和可视化再现。

④ 可控化。可控化是建模与仿真技术通往终极目标的必要手段。建模与仿真技术目的是对被研究对象进行分析和优化。只有在建模与仿真技术中做到可控化，才可以进行科学化的对照实验、优化实验等。例如，基于智能优化算法对机器人动力学激励轨迹进行优化，以使回归矩阵的条件数最优。

建模与仿真技术的特点随着制造业的发展而不断更新。

另外，随着制造业的转型升级，从传统制造到数字化制造，从数字化制造到数字化、网络化制造，再到数字化、网络化、智能化制造，建模与仿真技术又表现出一些新的特点：

① 集成化。智能制造发展的初级阶段，即数字化制造。制造对象或制造主体（机床或机器人等）主要表现出单元化的制造特点；到了智能制造发展的第 2 阶段，即数字化、网络化制造，制造对象或制造主体又表现出在互联网下的多边互联特点；再到数字化、网络化、智能化的第 3 阶段，依托 5G、物联网、云计算、云存储等技术，实现各制造对象或制造主体之间的互联互通、人-机-物的有机融合，建模与仿真技术也从原来的单一化过渡到多机协同的集成化模式。例如，在智能制造中，通过对数控机床、工业机器人、传送带、物流无人车、工件和工具的联合建模与仿真，可实现对智能工厂的模拟。

② 模块化。模块化似乎是与集成化相悖的一个概念和特点，但其实不然。数字化制造过程中，由于加工对象单一，加工过程单一，建模与仿真技术也表现出模型与实体对象一一对应的特点。但到了智能制造发展的第 3 阶段，由于加工过程更为复杂，加工对象更多，各个对象之间还有紧密的联系，建模与仿真技术也变得更复杂，更有必要在复杂的条件下构建模块化的建模单元与仿真单元，以便不同人员跨地区、跨学科、跨专业、跨时段地进行协同建模与仿真开发。

③ 层次化。高层体系结构（high level architecture，HLA）是智能制造中的一个代表性的开放式、面向对象的技术架构体系。在 HLA 架构体系下，智能车间、智能工厂、智能仓储、智能化嵌入式系统、智能化加工单元等作为智能制造网络化体系结构的下端级，云平台、云存储作为上端级，边缘计算、云计算作为沟通中间的连接驱动和计算资源。针对复杂网络体系下的智能制造，需要更加层次化地建模与仿真，有利于模型的管理、重用、优化升级与快速部署。

④ 网络化。5G 是智能制造时代的高速信息通道，智能制造与 5G 技术的结合，更有利于将人-机-物进行有机融合、各加工制造单元互联互通、模型交互与模型共享、仿真数据共享。

⑤ 跨学科化。智能制造生产活动中，表现出了多学科和跨学科的特点。建模与仿真技术在集成式发展的过程中，也表现出集机械、电磁、化学、流体等多学科知识，表现出多专家系统模式。典型的如 CAM 软件，既能够进行机械的三维实体建模，又能对模型进行有限元分析、流体分析与磁场分析等。

⑥ 虚实结合化。虚实结合化是智能制造中建模与仿真技术的重要特点，也是前沿方向。典型的如虚拟现实（VR）、混合现实（MR）、增强现实（AR）等技术，其共同特征都是能让人参与虚拟化的建模与仿真技术，与实体对象进行交互，增强仿真过程中的真实体验。以 VR 技术为例，机器人操作用户戴上 VR 眼镜，就能通过建模与仿真平台身临其境地走进智能工厂。

⑦ 计算高速化。随着计算机技术和网络技术的快速发展，能够对制造活动中的对象进行越来越真实的建模与刻画，仿真过程也越来越丰富。虽然模型的计算复杂度大幅提升，但依托于高速计算机、大型服务器、高速总线技术、网络化技术和并行计算模式，建模与仿真也表现出计算高速化的特点。计算高速化的建模与仿真，是虚拟化模型与实体制造加工过程进行实时协作的关键技术。高性能计算（HPC）利用并行处理和互联技术将多个计算节点连接起来，从而高效、可靠、快速运行高级应用程序。基于 HPC 环境的并行分布仿真是提高大规模仿真的运行速度的重要方法。

⑧ 人工智能化。传统的模型主要是 3 类，即基于物理分析的机理模型、基于实验过程的经验推导模型、基于统计信息的统计模型。智能制造是一个高度复杂和强耦合的体系，传统的模型在一些要求较高的条件下，往往并不能满足需求。而借助人工智能技术，如人工神经网络、

核方法、深度学习、强化学习、迁移学习等对非线性强耦合的加工过程和加工对象进行建模，能够得到传统建模方法达不到的精准效果。

⑨ 数据驱动化。工业大数据是数字-智能时代工业的一个伴生名词，指智能制造活动中，加工实体（数控机床、工业机器人等）、加工过程（切削力与切削热等）等一切参与智能制造活动的对象所产生的数据资源。工业大数据背后往往隐藏着巨大的制造活动奥秘，而这些奥秘是传统建模与仿真凭借机理推导、单一数据实验和统计难以发现的。基于工业大数据和机器学习技术，能够为复杂制造对象与过程进行建模，并伴随数据量的逐渐累积，所建立的模型与仿真也更加贴合实际。

5.4 建模与仿真的关键技术

（1）建模/仿真支撑环境

建模/仿真的支撑环境是进行建模与仿真的基础性问题。在计算机、网络、软件（管理软件、应用软件和通信软件）、数据库、图形图像可视化的基础上构建建模/仿真支撑环境。建模/仿真支撑环境是建模和进行仿真实验的硬软件环境，它的体系结构应根据仿真任务的需求和规模从资源、通信、应用 3 个方面来设计。建模/仿真支撑环境可划分为建模开发环境和仿真运行环境，两者有共享的资源。建模开发环境主要用于建模、仿真系统设计、仿真软件开发等，没有严格的时间管理要求，但要保证事件发生的前后顺序；而仿真运行环境用于仿真系统运行，必须有严格的时间管理，保证实时性。一般情况下，仿真系统运行时调用的资源是固定的、静态的，要实现调用动态资源则建模/仿真支撑环境体系结构更复杂。在智能制造的背景下，建模/仿真支撑环境也越来越复杂，从单计算机平台，过渡到多机协同建模与仿真平台，从个人电脑迁移到云端进行建模与仿真。然而，每一次建模与仿真技术的革新，往往伴随支撑环境底层技术的突破。

案例

（2）先进分布仿真

从单元化制造到集成化、网络化制造，也呈现出分布式建模与仿真的新模式。基于仿真的设计、基于仿真的制造涉及多个专业、多个单位，它们可能分布在不同地区，应将分布在各处的仿真系统、模型、计算机、设备，通过网络构成分布联网仿真系统。仿真运行时，仿真系统中的模型之间、计算机之间、仿真系统之间有大量数据和信息传送与交互。

尽管先进分布仿真技术已广泛应用于民用的交通管制、灾难救助、医学研究、娱乐等领域，而且均取得了显著效果，但作为先进仿真技术产生与发展的最主要推动因素的军用仿真领域，始终是先进仿真技术的最主要应用领域。

现代国防系统是武器装备、各种过程、人员和组织的高度集成的复杂组合。近年来，由于信息技术（包括信息处理、网络、数据库、软件、可视化显示）的发展，促使先进分布仿真技术可以在新系统、新产品生产创造之前在计算机上进行需求确定、设计、运行。

（3）仿真资源库

仿真资源库是仿真技术的依赖性技术，包括数据库、模型库、工具软件库等。仿真系统的开发和运行要用到大量数据和模型，例如飞行器动力学模型和气动数据、全球导航台数据、综合自然环境模型和数据、产品性能的模型和数据、人的行为模型和数据、仿真结果数据等。此外，仿真资源库越丰富，能开展的仿真活动也更为多样。例如，ROS 仿真资源库集成了机器人运动学、动力学、机器视觉、运动规划等仿真资源，甚至也包括实体硬件的接口定义和协议，能使仿真与实体互联，仿真结果迅速迁移到具体的控制对象中进行复现。在智能制造中，人是一项关键的因素，将人纳入建模与仿真环境进行协同仿真，是对建模与仿真平台的又一大挑战。因此，建模与仿真技术不但需要有丰富的图形图像仿真资源库、数值计算与数值优化资源库，也要包含语料资源库、音频资源库，甚至是触觉资源库与多专家系统知识库。

（4）图形图像综合显示技术

图形图像综合显示技术一直都是建模与仿真技术的关键核心技术，也是最根本的一项技术，是计算机图形学、数据处理等基础技术的综合应用。智能制造对建模与仿真的图形图像综合显示技术提出了更多新的要求，即不但能在单机上进行二维和三维图形显示，更需要满足嵌入式系统仿真过程中的快速在线实时三维显示。这种综合显示技术不再是单一加工对象或加工主体的图形图像化显示，更提出了新的要求，即融合人和加工环境等的仿真显示技术。

数控加工仿真是利用计算机图形学的成果，采用动态图的真实感形式，模拟数控加工全过程。通过数控加工仿真软件，能判别加工路径是否合理，检测刀具的碰撞、干涉，优化加工参数，降低材料消耗和生产成本，最大限度地发挥数控设备的利用率，如图 5-5 所示。一个完整的数控加工仿真过程包括：

① NC 代码的翻译及检查；
② 毛坯干涉及零件图形的输入和显示；
③ 刀具的定义及图形显示；
④ 刀具运动及毛坯切屑的动态图形显示；
⑤ 刀具碰撞及干涉检查；
⑥ 仿真结果报告，包括具体干涉位置及干涉量。

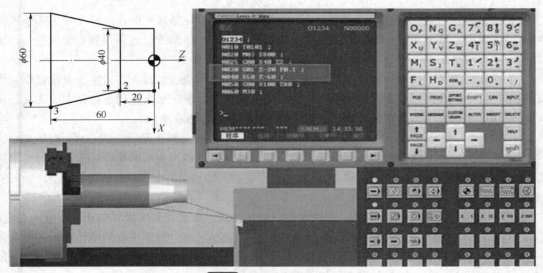

图 5-5　模拟数控加工全过程

5.5 仿真模型的校核、验证与确认

系统建模与仿真的校核、验证研究早已得到重视。1968 年，Fishman 和 Kiviat 给出仿真模型校核与验证（V&V）的定义。20 世纪 70 年代，一些学者和学术组织将 V&V 纳入仿真模型的可信度研究中。20 世纪 80 年代以后，VV&A 研究进一步受到重视，研究范围不断扩大。1996 年 4 月，美国国防部公布了"国防部建模与仿真的 VV&A"指南（简称 VV&A 指南），要求所属的建模与仿真研究机构建立相应的 VV&A 政策和规范，提高建模与仿真的可信度。同时，美国国防部建模与仿真办公室还发起并资助大量的有关仿真可信度的研究计划，有力地推动了 VV&A 的研究与应用。在我国，系统建模与仿真的 VV&A 工作也受到重视，在校核与验法、文档管理、可信性评估、仿真结果分析等方面开展一系列研究工作。

5.5.1 校核、验证与确认的基本概念

在系统建模与仿真中，校核、验证与确认（VV&A）技术的主要功用包括：

① 有利于尽早发现系统模型与仿真程序中存在的缺陷和错误，以便设计开发人员及时采取措施修改模型设计和程序结构，避免或减小给实际系统带来的风险和损失。

② 有利于降低仿真系统开发的费用。通过校核、验证与确认工作，可以及早发现系统设计、开发中存在的错误，减少因模型不准确、仿真逻辑不正确或仿真结果错误给系统带来的损失，降低系统建模与仿真的成本。

③ 校核、验证与确认工作贯穿于仿真系统设计、开发、测试和应用的全生命周期。良好的工作计划和详细的执行记录有利于保留详尽的历史文档，为未来的仿真系统开发提供重要的数据资料。

④ 保证所建立的模型具有足够精度，能够替代真实系统进行实验、分析系统动态行为和预测系统性能。

⑤ 为系统模型与仿真程序的可信度评估提供依据，增强系统模型与仿真程序创建者、用户对应用仿真系统解决工程实际问题的信心，促使决策者利用模型完成相关决策。

校核、验证与确认的目标有两重含义：①生成一个具有足够精度的、能够反映实际系统某些特性的模型，以便通过该模型来完成系统相关的实验，分析系统行为和预测系统性能；②增加模型的可信性水平，促使决策者利用模型完成相关决策。

值得指出的是，校核、验证与确认并不是一些孤立的方法或步骤，它贯穿于系统建模与仿真整个过程中。校核、验证与确认虽然字面意思比较接近，但在系统建模与仿真中的含义还是存在一些区别。建模与仿真及其校核、验证与确认过程如图 5-6 所示。

① 校核。是确定仿真系统是否准确地代表了开发者的概念描述和设计的过程。校核关心的是"是否正确地建立模型及仿真系统"的问题。具体地说，校核关心的是设计人员是否将问题的陈述转化为模型阐述，是否按照仿真系统的应用目标和功能需求正确地实现了模型，输入的参数和模型的逻辑结构是否正确。

② 验证。是从仿真系统应用的目的出发，确定仿真系统代表真实世界的正确程度的过程。验证关心的是"所建立的模型和仿真系统是否正确"。具体来说，验证关心的是仿真系统在具体应用中多大程度地反映了真实世界的情况。一般地，验证建立在对模型运行结果与实际系统反复比较的基础上，直到模型的精度可以接受为止。

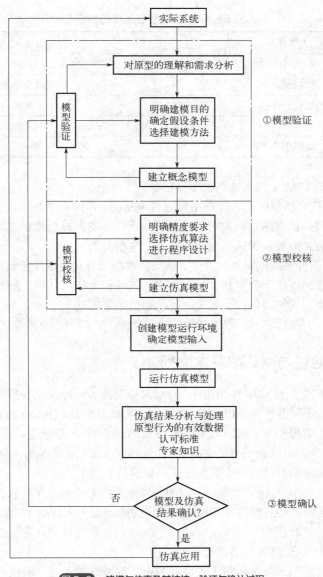

図 5-6　建模与仿真及其校核、验证与确认过程

③ 确认。是指官方或权威机构是否接受仿真系统的预期应用的过程。确认建立在校核和验证的基础上，通常由仿真系统的主管部门和用户组成的验收小组完成，是对仿真系统的可接受性和有效性做出的正式验收。

校核、验证与确认之间有着紧密联系。其中，校核侧重于对建模过程的检验，它为系统验收提供依据；验证侧重于对仿真结果的检验，它为系统硬件评估提供依据；确认建立在校核与验证的基础上，它是由权威机构来确定仿真系统对某一特定应用对象是否可以接受。校核与验证技术主要用于保证和提高建模与仿真的正确，确认主要用于确定建模与仿真的置信度水平。三者相辅相成，贯穿于系统建模与仿真的全过程中。

对于建模与仿真系统的设计开发人员而言，需要直接参与的是校核与验证（V&V）工作。表 5-3 中列出了校核与验证工作的主要内容。

表 5-3　校核与验证工作的内容

校核	验证
文本评价	灵敏度分析
需求跟踪	表象验证
方法论审查	校准
代码审查	仿真/实测数据对比
数据证实	同事间互评

另外，常用的与 VV&A 相关的概念还包括：

① 模型测试。检验模型中是否存在错误或者不精确、不准确的性质或情况。一般通过给定某些数据和案例来判断仿真结果与实际系统是否吻合。显然，模型测试首先要保证测试方法和手段是正确的，之后才能根据测试结果判断模型的错误与否。

② 仿真精度。仿真系统能够达到的静、动态技术指标与规定或期望的静、动态性能指标之间的误差。影响仿真精度的因素包括软硬件环境、人的因素等。其中，硬件引起的误差包括仿真设备误差、设备接口误差，软件引起的误差包括原始数据误差、建模误差、算法误差等。

③ 仿真置信度。在特定的建模/仿真的目的和条件下，模型逼近原型的程度。

5.5.2　校核、验证与确认的基本原则

拓展阅读

在由美国国防部发表的 VV&A 指南中，对仿真模型的 VV&A 活动进行了系统的归纳和总结，给出了具有普遍适用性的 VV&A12 条基本原则。Osman Balci 基于对 VV&A 问题的研究，提出了仿真模型 VV&T（校核、验证与测试）的 15 条原则，这 15 条原则可以作为仿真 VV&A 的重要参考。综合现有的文献资料，仿真 VV&A 应遵循的主要原则概括如下：

原则 1：VV&A 活动必须贯穿于系统建模与仿真的整个生命周期。

VV&A 是贯穿于仿真模型整个生命周期的一项连续性的活动。在仿真模型生命周期的每个阶段中，都应该根据所研究的内容及其对应用目标的影响安排适合的 VV&A 活动，以便及时发现可能存在的问题。仿真模型的 VV&A 活动不能等到仿真模型的开发工作基本完成之后再进行，那样是很难真正发挥 VV&A 活动应有的效用的。

仿真模型在系统建模与仿真的整个生命周期中，要经过如下五个阶段的测试：

第一阶段：非正式测试；

第二阶段：子模型（模块）测试；

第三阶段：集成测试；

第四阶段：模型（产品）测试；

第五阶段：可接受性测试。

通过 VV&A 活动发现已有仿真模型的缺陷后，就有必要返回到前期的过程并重新开始。

原则 2：在模型系统中，不存在绝对意义上的正确或错误，不应将 VV&A 活动的结果看作是一个非对即错的二值变量。

模型系统是对实际系统（原型）在某种程度上的抽象，对模型系统进行完全的描述是不可能的。因此，若用 0 表示绝对错误，100 表示绝对正确，则对于任何模型系统，其可信度只能是一个介于 0～100 之间的数值。

原则 3：仿真模型是根据建模与仿真的目标而建立的，其可信度也应由建模与仿真的相应目标来评判。

系统建模与仿真的目标应是在问题形成阶段就被确定下来的，并在建模与仿真生命周期的系统与目标定义阶段被进一步地具体化。不同的研究目标对仿真模型的描述精度有不同的要求，有时 60%的精度就是充分的，而有时所要求的精度则可能达到 95%或者更高，这要视决策对仿真结果的依赖程度而定。所以，仿真模型的可信度需要根据研究的具体目标来评判。仿真模型的 VV&A 活动应紧紧围绕其应用上的目标和功能需求来确定。对于那些同应用目标无关的项目，可以不进行 VV&A 活动，以减少 VV&A 的成本。

原则 4：应在一定的程度上保证仿真模型 VV&A 活动的独立性，以避免模型开发人员对 VV&A 结果的影响。

由模型开发人员进行的测试往往是最不具有独立性的。同样，承担仿真合同的一些机构也常存有偏见，因为否定性的测试结果可能会损害该机构的声誉，由此可能会给该机构带来失去未来合同的风险。因此，在整个 VV&A 过程中，模型测试的工作通常应由一些无偏见的人员来完成，但同时也需要有开发人员的相互配合，以加深对仿真模型的理解。

原则 5：仿真模型的 VV&A 活动需要评估人员具备足够的创造力和洞察力。

仿真本身就是一门创造性很强的科学技术。为了设计和完成有效的测试工作，并确定合适的测试案例，就要求必须对整个仿真模型有一个系统、全面的了解。尤其是对于那些较为复杂的仿真模型来说，VV&A 是一项难度非常大的任务，它需要评估人员必须具备足够的创造力和洞察力。

原则 6：仿真模型的可信度仅仅是针对 VV&A 活动的特定条件而言的。

仿真模型的输入/输出转换精度往往会受到输入条件的影响。在某一特定条件下建立的仿真模型具有充分的可信度，并不表示其一定也同样地适用于其他输入条件。通常把仿真模型可信度的描述称为实验仿真模型的应用域。仿真模型的可信度仅是针对其特定的应用域而言的，一个绝对有效的仿真模型在实际应用中是不存在的。

原则 7：完全的仿真模型测试是不可能的。

校核与验证的目的是使用一系列输入来对仿真模型进行测试，以辨识和判断一些异常的结果，并确定出问题之所在。完全意义上的测试工作，要求对模型在所有可能的输入条件下进行测试。但由模型输入变量各种可能取值所构成的组合可能会造成极多的仿真运行次数，因此，需要进行多少测试，或者说在什么时候停止测试，取决于所期望获得的实验模型的应用域。用测试数据进行模型测试时，关键不在于使用了多少个测试值，而在于测试数据涵盖了多大比例的有效输入域。涵盖的百分比越大，仿真模型的可信性也就越高。

原则 8：必须制订仿真模型 VV&A 计划并进行相应的文档记录。

在仿真模型的 VV&A 活动中，要求必须做好计划和记录工作，以对其实施过程进行优化和安排，最大限度地发现问题，提高仿真模型的质量，同时也为仿真模型的确认等后续工作提供一些必要的信息。

原则 9：在 VV&A 活动中，应尽力避免三类错误的发生。

在仿真研究中，通常比较容易发生如下三种类型的错误：第 I 类错误，指的是实际上充分可信的仿真结果，却可能被否定了；第 II 类错误，指的是实际上根本就是无效的仿真结果，却可能被当作有效而得以接受；第 III 类错误，指的是求解了一个错误的问题，而原本所提出的问题可能并没有被完全包含在实际所求解的问题中。

原则 10：应尽可能早地发现仿真生命周期中存在的错误。

正如原则 1 所述，VV&A 活动应贯穿于仿真模型的整个生命周期中。在整个生命周期中，VV&A 活动可以为仿真研究项目提供一些尽可能早地检测错误，并以较少的花费和风险对错误进行纠正的机会。越是到生命周期的后期阶段，纠正所发现的错误将可能会耗时越多，代价也越高。而有些至关重要的错误在后期阶段是不可能被发现的，这将可能会导致上述第 I 类或第 III 类错误的发生。

原则 11：必须认识到多响应问题的存在并加以恰当地解决。

对于多响应问题，即带有两个或多个输出变量的验证问题，通常是不可能通过一次仅比较一个相应模型和系统输出变量的单变量统计过程来完成测试的。在比较中，必须要把各输出变量之间的相关性包含在内，采用多变量的统计方法。

原则 12：所有子模型（模块）的成功测试并不意味着整个模型的可信度。

针对研究对象可接受的容许误差，可以对每个子模型的可信度是否充分做出判断。即使每个子模型的测试结果都是充分可信的，也仍然需要对集成后的整个模型进行新的测试，因为每个子模型的容许误差可能会在整个模型中累积到一个不可接受的程度。

原则 13：必须认识到双验证问题的存在并加以恰当解决。

如果能够收集到实际系统的输入输出数据，就可以通过比较模型系统和实际系统的输出来对仿真模型进行验证；对模型系统和实际系统输入的同一性进行判定，是仿真模型验证中的另一个验证问题，这就是人们所称的双验证问题。因此，VV&A 活动使用的输入数据必须是经过校核、验证与确认并证明其正确性和充分性的。如果采用了无效的输入数据，仍有可能发现模型和系统输出相互充分匹配，从而将导致得出仿真模型充分有效的错误结论。

原则 14：仿真模型的验证并不能保证仿真结果的可信度和可接受性。

对仿真结果的可信度和可接受性来说，模型验证只是一个必要非充分条件。根据仿真研究的目的，通过对仿真模型与所定义系统的比较来进行模型验证。如果对仿真研究目的确认不正确，或者对真实系统的定义不恰当等，都将可能导致仿真结果是无效的。然而，在这种情况下，通过将仿真结果同定义不恰当系统以及没有得到正确确认的研究目的等相对比，仍然有可能得出仿真模型是充分有效的结论。

原则 15：问题描述的准确性会大大影响仿真结果的可接受性和可信度。

仿真的最终目的不应仅仅是为了得到所描述问题的解，而是需要为决策人员所用并提供一些充分可信和可接受的信息。对所研究问题的准确描述是求解成功的一半，有时候甚至比问题求解的过程本身更为关键。不充分的问题定义和在定义问题中缺少发起人员的介入，都将可能导致错误的问题形成，以至于无论对问题求解得多么好，其仿真结果都是与实际问题无关的。

5.5.3 校核、验证与确认的实施过程

VV&A 的过程指的是开展 VV&A 活动的流程。Balci 等将仿真生命周期概括为 10 个阶段和 13 个 VV&A 过程的模型，并以图形的方式进行详细的描述。美国国防部制定 VV&A 指南把仿真系统生命周期中的 VV&A 活动划分为校核需求、制订 V&V 计划、验证概念模型、校核设计、校核实施、验证结果和确认评审等 7 个主要阶段。加拿大国防部发表的建模与仿真 VV&A 指南将 VV&A 过程划分为定义和区分应用需求、定义应用标准、裁剪应用需求、定义确认需求、定义客观性标准、计划/实施/报告 V&V、评估可信度以及确认应用模型和仿真方法 8 个步骤。王景会和张明清（2007）基于现有文献资料的综述，将 VV&A 活动的实施过程归纳概括为如下 9 个阶段。

（1）需求定义与校核

VV&A 活动的实施始于确定 VV&A 需求，完整、正确的需求定义是仿真模型 VV&A 的基础和前提。通过对系统建模与仿真所要解决问题的清晰无歧义的描述和正确理解，可以使建模与仿真的需求（如仿真输出、具体功能和交互关系）定义变得简单。通过对需求的定义，校核验证人员可以尽可能详细地理解用户所要解决的问题，并通过这个理解过程进一步地验证用户所指的资源能否真正地解决他所期望解决的问题。

需求定义与校核阶段的主要活动包括对需要报告进行重新审核和明确模型逼真度的可接受标准。这里所说的逼真度，指的是通过建模与仿真对真实事物的状态或行为进行重现的程度。一般由用户来给出逼真度可接受标准的定义。为了确保对所有的需求进行一致、完整、清晰和可测试的定义，重新审核工作的重点应放在仿真模型预期的应用性、可回溯性、对管理信息的配置以及建模与仿真将要达到的逼真度等指标上。

通过对需求因素的分析，得到仿真模型的预期使用目标、回溯测度标准和模型逼真度的可接受标准，并通过对整个过程的信息记录得到风险审查和模型逼真度的相关文档，为下一阶段的 VV&A 计划开发提供必要的资料。

（2）启动 VV&A 计划

VV&A 计划的主要内容一般包括：记录仿真模型的预期应用，确定对建模与仿真结果的要求，将用户提出的仿真模型可接受标准形成文档，以及确定能够达到可接受标准的 VV&A 方法，等等。

在 VV&A 计划过程中，要充分考虑到建模与仿真各阶段所包含的与 VV&A 技术和方法相关的各种不同因素。

（3）数据的校核与验证

数据影响着 VV&A 结果的精确度和可信度，对于大多数仿真模型的成功应用来说都具有十分关键的作用。在对数据进行校核和验证时，既包括对数据产生和维护过程的校核和验证，同时也包括对数据如何转化的具体过程的校核和验证。这里，数据校核的主要目的是保证对仿真应用而言，所选择的数据确实是最合适的，数据验证则主要是为了保证数据确实能够比较精确地反映真实系统某些方面的特性。

依据整个 VV&A 过程对数据的需要，数据校核与验证工作的主要内容应包括：元数据的精度校核，各阶段数据转化方式的校核，概念模型、编码模型和集成模型的输入数据校核及输出数据验证，输出数据的有效性校核，等等。

（4）概念模型验证

概念模型表述的是仿真模型设计中的前提假设、算法、数据以及各阶段之间的结构关系。它是将建模要求转化为详细设计框架的一种具体方法，并对建模与仿真中可能的状态任务和事件等进行了描述。

概念模型的验证工作主要由用户、领域专家、开发人员和 VV&A 工作人员等共同完成。对概念模型进行验证的目的在于：说明建模与仿真从功能上可以完整、精确地反映系统设计的需求，以保证所有的项目参与人员都能够清晰、准确地了解仿真模型的用途。此外，通过对概念模型的验证，也能够进一步地明确一些假设或限定条件对仿真模型应用的影响。

（5）设计过程的校核

在概念模型验证工作完成之后，开发者将就如何对概念模型的软件编码和硬件环境构造进行比较详细的设计，基于概念模型给出仿真模型的组件、元素和功能函数，并确定它们的特定表达形式。设计过程的校核是指为保证设计转化过程相对于概念模型的一致性和精确性，在软件代码编写或硬件环境构造之前，对整个详细设计过程的审核过程。设计过程校核的主要工作是对一些规范和功能上的设计方案进行检查，这些规范和方案定义了构成仿真模型的性能需求以及相关的软/硬件环境。

（6）执行过程验证

经过对设计过程的审核之后，概念模型及其相关设计由开发人员转化成了相应的软件代码或硬件结构。执行过程验证的主要工作就是：借助于已经验证过的数据，对软件代码、硬件结构以及二者的集成体进行测试，以便从功能的角度来保证系统的软/硬件及其集成体能够精确地代表开发人员以及概念规范和设计的预期需求。

其中，对软件代码的验证，一般是通过详细的程序员自查和软件代码测试过程，并将其同概念模型和设计的过程相对比，记录它们之间所存在的差异和发生问题的部分；对硬件的核查，一般是通过设计审查、过程审核和组件会审等方法，将硬件结构与其设计相比较，记录存在的差异和故障设备；对软/硬件集成体的验证测试，则是从预期应用的角度来测试仿真模型精确地代表真实系统的程度。

（7）结果验证

结果验证是指通过对仿真结果与已知的或者是所期望的数值进行比较，来确定仿真结果是否满足应用上的需求。进行结果验证的目的在于：确定仿真模型满足需求的程度，确定仿真输出的逼真程度，确定仿真模型适合于预期用途的好坏程度，等等。

对于用来同仿真的结果进行对照的参考数据而言，来自仿真模型所对应的实际系统的运行数据无疑是最为理想的情况。但在大多数情况下，这些数据通常是难以获取的。这时，由领域专家所给出的经验数据，以及一些相似系统的输入和输出数据等，也可以被用作为同仿真结果相比较的参考数据。

除此之外，在结果验证的过程中还要对一些相关的信息进行记录，如用于结果验证的参考数据、测试阶段的预期输出和参与结果验证过程的主要领域专家等。

（8）对校核验证结果进行确认

确认指的是使用者在仿真模型符合预期的应用能力和限定，而不会影响到正确结论等方面获得一种官方认可的过程。其主要内容是依据在计划过程中给定的确认标准，对 VV&A 过程中每一阶段的校核、验证结果和记录进行评估。如果 VV&A 活动的结果以及对反常信息的处理建议等与确认人员的意见相一致，就可以根据相应的信息完成确认报告，并将其提交给权威机构；否则，则需要进行一些额外的调查，必要时甚至需要将仿真结果回溯到前期的执行阶段、设计阶段或者概念模型阶段，甚至回溯到计划与需求分析阶段，对整个过程进行重新的确认。

（9）VV&A 过程信息整理并归档

在整个 VV&A 活动过程中，对相关信息进行整理和记录是十分必要的。为了保证 VV&A 信息完整性的最低要求，VV&A 文档中应至少包括确认计划、V&V 计划、V&V 报告、确认报告以及确认决定说明等。此外，在确认过程中还要求对建模与仿真中所使用的全部历史数据进行详细的记录，作为对 VV&A 活动的证明和未来应用的参考。最后，VV&A 以报告的形式提交给权威确认机构或投资方，以支持决策者作出决定。至此，整个 VV&A 过程就全部完成了。VV&A 的一般过程如图 5-7 所示。

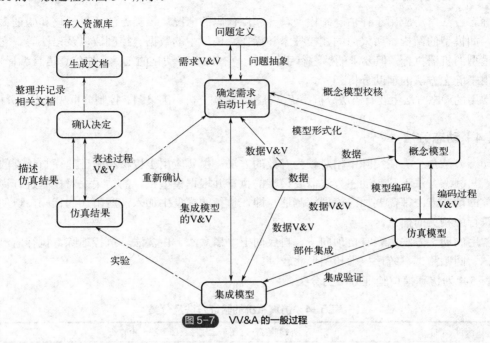

图 5-7　VV&A 的一般过程

5.5.4　校核、验证与确认的技术与方法

VV&A 的技术与方法是指在系统建模与仿真的过程中，为了达到 VV&A 活动的各阶段目的而采取的各种技术、方法和工作策略等的总称。美国国防部建模与仿真办公室发表的 VV&A 指南对仿真模型 VV&A 相关的 76 种技术和方法进行了系统的归纳和总结。其中大部分是基于软件工程学的，其余的则主要专用于建模与仿真领域。这些 VV&A 方法又被分为非正式方法、正式方法、静态方法和动态方法四个大类。各类技术方法之间具有相似的特征，它们在技术上既有重叠，同时也存在一些显著的差异。

（1）非正式方法

非正式方法是在 VV&A 活动中应用最为广泛的方法。这里所谓的"非正式"并不是说这些技术的运用缺乏特定的组织性或正式的指导原则，而是指所利用的工具和方法比较多地依赖个人的主观性和推理，而没用很强的数学形式。实际上，这些方法的运用在规范的指导原则下有着良好的组织形式，如果应用得当，非正式方法同样能够得到很高的效率。

常用的非正式方法主要有审核、检查、表面验证和图灵测试等。

（2）正式方法

正式方法主要基于对正确性的较为正式的数学证明。如果条件允许，数学证明是最有效的模型 V&V 之一。但由于当前的正式数学证明技术的局限性，这种方法只能应用到一些非常简单的实际建模与仿真中。

常用的正式方法主要有归纳、推理、逻辑演绎、谓词运算、谓词变换和正确性证明等。

（3）静态方法

静态方法广泛应用于评估静态模型设计和源代码的情况。该类方法可以校核和验证大量的信息，如模型的结构、所采用的建模技术和操作、模型中的数据、控制流以及语法等。它不要求对模型的机器执行，但要求能够进行手工执行。有许多自动化的工具，如仿真语言编译器等，可以用于静态方法的辅助分析。

常用的静态方法主要有语法分析、语义分析、结构分析、因果图、控制分析和数据流分析等。

（4）动态方法

动态方法是一类在实际中相对较为有效的方法，主要应用于校核和验证建模与仿真的动态方面。与静态方法不同，动态方法需要模型的执行并根据模型执行的结果来对模型进行评估。大多数的动态方法都需要加入模型探测器，即在执行的模型中加入一些附加的代码，以便收集模型执行中相关的信息。

常用的动态方法主要有自顶向下、自底向上、黑盒法、白盒法、执行追踪、执行监测、接受测试、回归测试、统计技术和图形比较等。

表 5-4 为仿真模型验证方法的分类。

表 5-4　仿真系统的验证方法及分类

	定性			外观验证法、图示比较法、图灵法、检验法
仿真系统验证方法	定量	静态性能一致性验证方法	参数检验法	正态分布法（F 检验法、T 检验法）、非正态总体分布法、区间估计法、假设检验法、点估计法
			分布拟合检验法	指数分布的拟合检验法、正态分布检验法（W 检验法、D 检验法、偏度检验法、峰度检验法）、Pearson χ^2 检验法、Kolmogorov 检验法
			非参数检验法	Smirnov 检验法、秩和检验法、游程检验法、Mood 法
			自助法	
			稳健统计法	均值和方差的稳健估计法、M 检验法
			贝叶斯方法	数据有效性检验法、检验分布参数法（正态总体的方差检验法、正态总体的均值检验法）
		动态性能一致性验证方法	时域法	一般时域法（判断比较法、Theil 不等式系数法、回归分析法、误差分析法、灰色关联分析法、相似系数法、正态总体一致性验证法、用贝叶斯理论法、自相关函数检验法）、时序建模比较法（平稳时序建模法）、非平稳时序建模法等
			频域法	经典谱估计法（直接法、间接法）、窗谱估计方法（加窗谱估计法）、最大熵谱估计法（Yule-Walker 法、Burg 递推法）、瞬时谱估计法、交叉谱估计法、演谱估计法等

信息领域的各种新技术，如面向对象技术、人工智能技术、模糊技术、计算机网络技术和虚拟现实/环境技术等在系统建模与仿真中的应用和发展，大大增强了仿真系统的功能和性能。

但它们同时也对仿真系统的 VV&A 提出了更高的要求。因此，很有必要对仿真模型 VV&A 的一些新方法和新技术做更加深入的研究，以满足系统建模与仿真 VV&A 活动的需要。

拓展阅读

5.6　建模与仿真技术的发展趋势

　　智能制造从单元化，过渡到集成化，再到网络化、智能化，建模与仿真技术也呈现出新技术特点和技术应用趋势。总的来说，伴随智能制造发展的脚步，建模与仿真技术将会更紧密地与 5G、云计算、大数据、人工智能相结合。建模与仿真技术正呈现出实时化仿真、分布式嵌入式仿真、云端建模与仿真、多端建模与仿真和模型资源共享、虚实结合的建模与仿真、人与加工过程参与建模与仿真互动、大数据驱动的混合建模、人工智能和群体智能优化技术结合的建模与仿真等趋势。

（1）新一代数字模型

　　新一代数字模型是将传统的建模仿真技术与新一代的信息技术，如物理信息系统、物联网、大数据、云计算、VR/AR、人工智能等技术相结合，根据特定的需求而构建的伴随被建模的物理实体全生命周期，可持续演化且高度可信的数字化模型。新一代数字模型不仅可以进行离线的分析与预测，还能在线地与物理系统进行实时互动。新一代数字模型技术将成为支持新一代智能制造的关键技术之一。

（2）面向制造全生命周期的模型工程

　　数字模型的建立与管理是制造企业实现制造系统数字化的重要基础。由于制造过程的复杂性，制造生命周期的数字模型拥有一些新的特点。

　　① 模型的组成更复杂。模型的组成元素越来越多，元素之间的关系更加复杂。

　　② 模型的生命周期更长。智能制造系统中的模型将参与产品的整个生命周期。由于模型元素之间关系的复杂性，模型的演化过程将会非常复杂且呈现高度不确定性。

　　③ 模型具有高度异构性。大量的模型是由不同的机构采用不同的平台、结构、开发语言和数据库来构建的。

　　④ 模型的可信度极难评估。由于对模型的依赖性增强，模型的可信度问题也变得越来越重要。由于模型的复杂度增加，评估模型的可信度变得更加困难。

　　⑤ 模型的可重用性更重要。为了提高模型开发的效率与质量，模型重用的作用和价值变得更加重要。

　　综上所述，迫切需要一种面向复杂制造过程全生命周期的模型理论和方法。

（3）云环境下的智能仿真技术

　　随着云计算技术的发展，在制造领域应用云平台技术也逐渐成为一种趋势。在云平台上进行相关制造活动是制造企业进行升级和转型的重要手段。如何在云环境下，通过仿真支持制造全生命周期的协同优化，成为仿真技术面临的新挑战。基于云的仿真技术与智能制造的结合将成为制造系统仿真发展的必然趋势。

（4）面向大数据的仿真技术

由于制造系统的复杂化，在制造的全生命周期内会产生大量的数据。大数据的出现给仿真技术带来了新的机遇，同时仿真技术对制造大数据的获取、处理、管理和使用也将发挥重要作用。一方面，大数据可以为仿真建模提供新的途径和方法。由于制造系统的高度复杂性，采用传统方法对复杂系统建模非常困难。而利用系统运行产生的大量数据样本，通过机器学习的方式可以建立逼近真实系统的"近似模型"。大数据对于仿真分析方法也将产生重要影响，仿真将从对因果关系的分析转向对关联关系的分析，同时大数据也将为仿真分析提供新的资源和手段。另一方面，制造大数据也将成为建模仿真的重要研究对象，借助仿真技术挖掘并发挥大数据在制造各环节中的价值。此外，仿真技术还可用于大数据的筛选和预处理，大数据存储策略、迁移策略以及传输策略的优化等方面。建模与仿真和大数据将相互促进、相互补充，两者的结合将有力地促进智能制造的发展。

 ## 本章小结

本章介绍了建模与仿真的概念；从虚拟化、数值化、可视化、可控化、集成化、模块化、层次化、网络化、虚实结合化等方面介绍了建模与仿真的特点；介绍了建模与仿真的关键技术，如建模/仿真的支撑环境、先进分布仿真、仿真资源库和图形图像综合显示技术。

阐述了系统建模与仿真的校核、验证与确认的基本概念、基本原则、实施过程与方法，校核、验证与确认三者相辅相成，贯穿于系统建模与仿真的全过程中。

最后介绍了建模与仿真技术的发展趋势，新一代数字模型、面向制造全生命周期的模型工程、云环境下的智能仿真技术，以及面向大数据的仿真技术。

 ## 思考题与习题

1. 什么是建模与仿真？它们具有哪些特点？
2. 建模与仿真的关键技术有哪些？
3. 什么是"校核""验证"和"确认"？指出它们的区别与联系。
4. 对系统建模与仿真而言，校核、验证与确认分别有什么作用？
5. 模型及仿真系统的校核、验证与确认需要遵照哪些原则？简要阐述这些原则的含义。
6. 以文字或框图等方式，描述模型与仿真系统校核、验证与确认的实施过程。
7. 模型验证的常用方法有哪些？它们分别有什么特点，适用于什么场合？
8. 简述建模与仿真技术的发展趋势。

第6章

虚拟制造技术

 思维导图

扫码获取

本书电子资源

虚拟制造技术
- 虚拟制造概述
  - 虚拟现实的概念
  - 虚拟制造定义及特点
    - 信息高度集成，灵活性高
    - 群组协同，分布合作，效率高
  - 虚拟制造的分类
    - 以设计为核心的虚拟制造
    - 以生产为核心的虚拟制造
    - 以控制为核心的虚拟制造
  - 虚拟制造在现代装备制造业的作用
- 虚拟制造系统
  - 体系结构
    - 虚拟开发平台
    - 虚拟生产平台
    - 虚拟企业平台
    - 基于PDM的虚拟制造集成平台
  - 系统的组成
    - 需求和信息输入
    - 数据图形转换和软硬件系统接口
    - 支撑数据库
    - 核心处理系统
    - 评价体系模块
    - 模拟运行和生成输出
    - 应用前台软件模块
  - 建模
    - 产品模型
    - 过程模型
    - 生产系统模型
- 虚拟样机
  - 概念
  - 关键使能技术
    - VP总体技术
    - VP建模技术
    - VP协同仿真技术
    - VP管理技术
    - VR技术
    - VP校验、验证和确认技术
    - 复杂产品VP集成支撑环境
- 虚拟制造技术的应用案例
  - 基于虚拟仿真技术的数字化虚拟工厂
  - 虚拟样机在汽车、航空航天等领域的应用

内容引入

　　虚拟现实（virtual reality，VR）是一种通过计算机技术模拟出的三维虚拟环境，让用户可以身临其境地感受到虚拟世界的真实性和互动性。虚拟现实技术已经广泛应用于游戏、制造、教育、医疗、军事等领域，为人们带来了全新的体验和感受。下面就来看看虚拟现实在生活中的应用。

　　如图6-0（a）所示，在虚拟现实的游乐园里，可以体验各种刺激和乐趣，图6-0（b）所示为虚拟现实在制造业中的应用，图6-0（c）所示为虚拟现实的其他应用。

(a) 虚拟现实在娱乐上的应用

(b) 虚拟现实在制造的不同场景的应用

(c) 虚拟现实的其他应用

图6-0　虚拟现实的应用

　　虚拟现实技术已经成为人们生活中不可或缺的一部分，为人们带来了更多的选择和可能性。未来，随着技术的不断发展和应用的不断拓展，虚拟现实将会在更多的领域和场景中发挥出更大的作用和价值。

学习目标

1. 了解虚拟现实的概念；
2. 掌握虚拟制造的概念及特点；
3. 掌握虚拟制造系统体系结构及组成等；
4. 了解虚拟制造系统的建模技术；
5. 了解虚拟样机的基本概念及关键使能技术。

虚拟制造（virtual manufacturing，VM）技术是在计算机虚拟环境下，模拟产品和制造设备的现实运行环境，在实时和经验数据的支撑下，进行产品生产完整生命周期的一体化模拟仿真过程，是实现智能制造的关键技术之一。虚拟制造采用计算机仿真和虚拟现实技术在分布技术环境中开展群组协同工作，支持企业实现产品的异地设计、制造和装配等。

本章从虚拟现实、虚拟制造的概念及特点，到现代装备制造业的作用、虚拟制造系统以及虚拟样机几个方面展开阐述。

6.1　虚拟制造概述

6.1.1　虚拟现实的概念

虚拟现实（virtual reality，VR）是一种模拟人类视觉、听觉、嗅觉、触觉与力觉等感知行为的高度逼真的人机交互技术，它集数字图像处理、计算机图形学、多媒体技术、人-机接口技术、传感器技术、人工智能、网络技术及并行技术等为一体，以三维空间表现能力给人们带来了身临其境的感觉和超越现实的虚拟性追求，极大地推动了计算机技术的发展，并使系统 M&S 环境发生了质的飞跃。

VR 同时包含虚拟和现实两个相反的部分。前者说明利用 VR 技术所产生的局部世界是非真实的、人造的、虚构的；后者是说人们进入该局部世界后在感觉上如同进入真实的世界一样，这种感觉包括视觉、听觉、嗅觉、触觉和力觉等。VR 具有以下特点，即沉浸性、交互性、虚幻性和逼真性。

VR 系统通常由许多系统模块构成，主要模块为虚拟环境、计算机环境、虚拟现实技术和交互作用方式。虚拟环境包括建模、动态特征引入、物理约束、光照及碰撞检测等；计算机环境包括图像处理器、I/O 通道、虚拟环境数据库及实时操作系统等；虚拟现实技术包括头部跟踪，图像显示，声音、触觉和手部跟踪，等等；交互作用方式包括手势、三维界面和多方式参与系统等。一般虚拟现实系统的构成如图 6-1 所示。

虚拟现实技术在制造业得到迅速发展，目前已经广泛地应用到制造业的各个环节，对企业提高开发效率，加强数据采集、分析、处理能力，减少决策失误，降低企业风险起到了重要的作用。接下来介绍虚拟制造技术。

交互性、沉浸性和想象力是虚拟制造的三个重要特征，如图 6-2 所示。

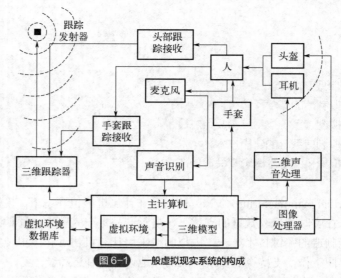

图 6-1　一般虚拟现实系统的构成

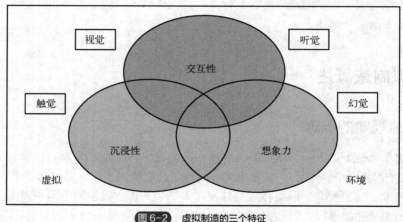

拓展阅读

图 6-2　虚拟制造的三个特征

6.1.2　虚拟制造的定义及特点

虚拟制造（virtual manufacturing，VM）是 20 世纪 90 年代提出的一种先进制造技术，目前还没有统一的定义，比较有代表性的有如下几种：

佛罗里达大学 Gloria J.Wiens 的定义是：虚拟制造是这样一个概念，即与实际一样，在计算机上执行制造过程。其中虚拟模型是在实际制造之前用于对产品的功能及可制造性的潜在问题进行预测。该定义着眼于结果。

美国空军 Wright 实验室的定义是：虚拟制造是仿真、建模和分析技术及工具的综合应用，以增强各层制造设计和生产决策与控制。该定义着眼于手段。

马里兰大学 Edward Lin 等人的定义是：虚拟制造是一个利用计算机模型和仿真技术来增强产品与过程设计、工艺规划、生产规划和车间控制等各级决策与控制的一体化的、综合性的制造环境。该定义着眼于环境。

大阪大学的 Onosato 教授认为，虚拟制造是一种核心概念，它综合了计算机化制造活动，采用模型和仿真来代替实际制造中的对象及其操作。

由上述定义可以看出，虚拟制造涉及多个学科领域。虚拟制造利用仿真与虚拟现实技术，在高性能计算机及高速网络的支持下，采用群组协同工作，实现产品的设计、工艺规划、加工制造、性能分析、质量检验，以及企业各级过程的管理与控制等产品制造的过程，可以增强制造过程各级的决策与控制能力。

虚拟制造有两个特点：

① 信息高度集成，灵活性高。由于产品和制造环境是虚拟模型，在计算机上可对虚拟模型进行产品设计、制造、测试，甚至设计人员和用户可以"进入"虚拟的制造环境检验其设计、加工、装配和操作，而不依赖于对传统的原型样机进行反复修改。还可以将已开发的产品（部件）存放在计算机内，不但大大节省仓储费用，还能根据用户需求或市场变化快速改型设计，快速投入批量生产，从而能大幅度压缩新产品的开发时间，提高质量，降低成本。

② 群组协同，分布合作，效率高。可使分布在不同地点、不同部门的、不同专业的人员在同一个产品模型上，群组协同，分布合作，相互交流，信息共享，减少大量文档生成及其传递的时间和误差，从而使产品开发快捷、优质、低耗，适应市场需求的变化。

如今，在经济全球化、信息化和贸易自由化的形势下，制造业的经营战略发生了很大变化，企业先是追求规模效益，后来更加重视降低生产成本，继而以提高产品质量为主要目标。尤其是金融危机之后，全球市场的特征由过去的相对稳定逐步演变为动态多变，全球范围内的竞争和跨行业之间的相互渗透日益增强。现代制造企业早就提出了要解决 TQCS（time、quality、cost、service，时间、质量、成本、服务）问题，而虚拟制造技术可以发挥重要的作用（见表 6-1）。

表 6-1　虚拟制造技术的作用

TQCS	虚拟制造技术的作用
最快的上市速度（T）	虚拟制造技术不需要制造样机，可以随时在设计过程中检验产品的可制造性和可装配性，方便地修改模型，极大地缩短产品的开发周期
最好的质量（Q）	虚拟制造技术可以通过对多种制造方案进行仿真，优化产品设计和工艺设计，弥补传统制造业靠经验决定加工方案的不足，提高产品质量
最低的成本（C）	虚拟制造在计算机中进行，在产品设计、生产工艺优化等各环节并不消耗实际生产所需的物理材料，减少材料浪费和刀具磨损，有效降低设计和生产成本
最好的服务（S）	决策者可以在虚拟制造中了解产品性能、生产进度、订单、库存、物流等动态信息，从而准确进行生产决策，把握订单交期，提升对客户的服务能力

可见，虚拟制造能够全面提升制造业的核心竞争力，从而成为未来制造业发展的方向。

虚拟制造技术在国外获得了比较广泛的应用。例如，波音 777，其整机设计、部件测试、整机装配以及各种环境下的试飞均是在计算机上完成的，其开发周期从过去 8 年时间缩短到 5 年。又如，以色列 Tecnomatix 公司 ROBCAD 软件，自 1986 年开始已在工业生产中得到了广泛应用，美国福特、德国大众、意大利菲亚特等多家汽车公司，美国航天局都使用 ROBCAD 进行生产线的布局设计、工厂仿真和离线编程。再如，美国华盛顿州立大学在 PTC 公司的 Pro/engineer 等计算机辅助设计（CAD，computer aided design）、计算机辅助制造（CAM，computer aided manufacturing）系统上开发了面向设计与制造的虚拟环境 VEDAM 软件，它包括加工设备建模环境、虚拟设计环境、虚拟制造环境和虚拟装配环境。

拓展阅读

6.1.3　虚拟制造的分类

虚拟制造既涉及与产品开发制造有关的工程活动，又包含与企业组织经营有关的管理活动。根据所涉及的范围和工程活动类型将虚拟制造分为 3 类，即以设计为核心的虚拟制造、以生产为核心的虚拟制造和以控制为核心的虚拟制造，如图 6-3 所示。

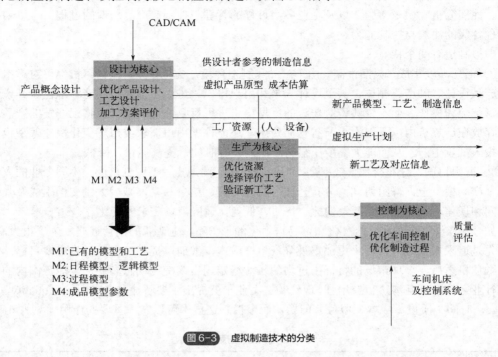

图 6-3　虚拟制造技术的分类

（1）以设计为核心的虚拟制造

将制造信息加入产品设计与工艺设计过程中，在计算机中生成制造过程原型，对多种制造方案进行仿真，对数字化产品模型的性能、可制造性、可装配性、成本等进行分析，优化产品设计和工艺设计，以期尽早发现产品设计及工艺过程存在的问题。因此它的短期目标是：为了达到特殊的制造目的（例如为了装配进行设计、精良操作或柔性等），虚拟制造用以制造为基础的仿真来优化产品的设计和生产过程。它的长期目标为：虚拟制造在不同的层次上用仿真过程来评估生产情况，并且反馈给设计和生产控制。

（2）以生产为核心的虚拟制造

以生产为核心的虚拟制造是通过加仿真能力到生产过程模型，达到方便和快捷地评价多种加工过程的目的。它的短期目标是：虚拟制造是基于生产的 IPPD（集成产品过程开发）的转换，用以优化制造过程和物理层。它的长期目标是：为了实现新工艺和流程的更高的可信度，虚拟制造增加生产仿真到其他集成和分析技术。

（3）以控制为核心的虚拟制造

以控制为核心的虚拟制造是通过增加仿真到控制模型和实际的生产过程，来实现优化的真实仿真。其中虚拟仪器是当前研究的热点之一，它利用计算机软硬件的强大功能将传统的各种控制仪表、检测仪表的功能数字化，并可灵活地进行各种功能的组合，对生产线或车间的优化等生产组织和管理活动进行仿真。其目的是在考虑车间控制的基础上，评估新的或改进的产品设计及与生产车间相关的活动，从而优化制造过程，改进制造系统。

6.1.4　虚拟制造在现代装备制造业的作用

现代装备制造业对虚拟制造技术的种种需求，可归结为两大方面：虚拟制造技术应用和虚拟制造技术服务。

（1）虚拟制造技术应用

虚拟制造的根本目标就是尽可能地用虚拟代替实物，来加快实物制造的效能。虚拟制造是将一个实物制造企业的整体虚拟化，也就是虚拟制造企业的总体，体现在企业生产制造的各个环节。根据现有状况，可按照用途分解为如下一些节点，并随着需求和技术进步不断得到扩展和深化，这些节点在技术和管理层面上，是有机结合的或开发与数据是共享的。

① 产品系列、产品图纸和设计流程管理的系统化。

② 产品设计中的快速改型设计。

③ 针对产品系列化参数化设计快速 CAE 分析预测。

④ 新产品虚拟样机的建立和性能评估。

⑤ 基于虚拟样机性能分析测试的产品设计方法。

⑥ 设计经验和配件信息的程序化。

⑦ 生产系统虚拟规划。

⑧ 生产资源虚拟管理。

⑨ 生产车间的虚拟化和信息化管理。

⑩ 生产物流的虚拟化。

⑪ 配件与供应商管理。

⑫ 生产人员虚拟培训。

⑬ 生产装配经验性虚拟指导。

⑭ 虚实结合的产品性能测试。

⑮ 交互体验式产品虚拟展示。

⑯ 基于产品应用环境的产品应用系统方案快速构建。

⑰ 产品售后应用信息采集和管理。

⑱ 产品用户的远程使用、维护和保养指导。

⑲ 用户和维护人员虚拟培训。

⑳ 远程故障诊断和虚拟维修指导。

（2）虚拟制造技术服务

虚拟制造是涉及技术和管理层面的内容，融入生产的各个环节，其根本还是为实物生产提供服务。它涉及两种类别的服务企业内部的技术服务和独立于企业的技术服务。前者借助自身或外部的技术力量进行针对性开发应用，好处是随着应用需求从局部点到广度面逐步进行虚拟技术扩展，缺点是目前企业缺少虚拟制造方面的专门技术人员，效能发挥有限。后者是独立于企业的专业服务团队以通用性和客户化相结合的方式，根据企业的需求进行开发或实施服务，其优点是专业性系统性强，成本低，效率高，企业之间的技术优势可借鉴性增强，有利于共性技术的发展；缺点是对具体应用的熟悉程度有限，需要与企业技术人员共同进行才有良好的效果。具体分解如下：

① 企业部门内部在原有设计或生产系统的基础上加入部分虚拟制造功能来减少或降低实物资源的利用，并提高部门的效率。目前常用的有：设计部门在原有 CAD 软件基础上，加入制造和供销信息或虚拟样机测试功能的改进型设计软件系统、面向客户的虚拟指导或体验展示等。其特点是部门内部有针对性地改进，局部效果比较明显。

② 企业技术部门根据企业多个部门的共性需求和各部门的特点，开发部门间协同应用的现有系统与虚拟技术相结合的综合性系统，如设计与生产工艺、培训与生产指导等。其特点是部门和技术的整合性强，一项工作多种用途，减少了开发成本，增强了共性和融合度。

③ 独立于企业的公共技术服务：依据虚拟制造方面的核心技术和专业知识，根据企业的共性需求，开发共性应用系统和客户化应用接口，根据企业实际需求做出系统规划布局，并进行与客户化工作相结合的系统开发实施，指导企业技术人员的进一步开发和应用工作，成为虚拟制造技术在企业中向广度和深度发展的有效途径。同时，进行公共技术交流和培训服务，使企业间技术相互借鉴和共同提升，促进人员的技术水平，使企业技术发展更具潜力。如上海市虚拟制造公共服务平台的建立，就是面向制造业服务的体现。

实施虚拟制造一般有以下 4 个方面的收益：

① 缩短产品开发周期。传统制造遵循设计试制、修改设计、规模化大生产的串行式结构，只有在试制出样品后才进行产品信息反馈，决定是否要修改设计。而在虚拟制造中，可以随时在设计过程中检验可制造性和可装配性，方便地修改模型，信息反馈更为及时。

② 提高产品质量。虚拟制造过程通过对多种制造方案进行仿真，优化产品设计和工艺设计，可弥补传统制造业靠经验决定加工方案的不足，提高产品质量。

③ 低资源消耗。由于虚拟制造在计算机中进行，并不消耗实际生产所需的物理材料，可减少材料浪费和刀具磨损，如图 6-4 所示。

④ 提高企业柔性生产能力，增强企业决策准确性。决策者可以在虚拟制造中了解产品性能、制造成本、生产进度等信息，有助于决策者把握利润与风险之间的平衡，如图 6-5 所示。

图 6-4　虚拟环境下机器人在生产制造

图 6-5　在虚拟产线中了解生产状况

6.2　虚拟制造系统

虚拟制造系统是实际制造系统的模型化、形式化以及计算机化的抽象描述和表示，作为实际制造系统在虚拟环境下的映射，可以仿真产品全生命周期中的各种特性以及与此相关的制造环境、制造企业的各种活动。

虚拟制造系统是以高度集成化和智能化为特征的自动化制造系统，在整个制造过程中通过计算机将人的智能活动与智能机器有机融合。虚拟制造系统具有仿真性，其目标之一就是对产品的设计制造以及性能进行全面的仿真模拟，虚拟制造系统为智能制造过程优化提供技术支持。

6.2.1 虚拟制造系统体系结构

虚拟制造系统是用计算机技术，建立可视化虚拟模型。虚拟制造系统可以对现有信息和经验进行集成，通过交互式输入输出装置构成虚实结合的相关系统，最终实现对实际生产生命周期的取代和扩展。一个合理的虚拟制造系统体系结构可以集成产品开发全过程的功能及信息，把虚拟产品开发过程中的设计制造及生产调度等环节进行集成，最终达到人、技术、设备、组织、管理的协同，实现对层次化的控制，在异地分布制造环境下，顺利进行产品开发活动。

虚拟制造系统的体系结构根据不同应用目标和应用环境而各有不同。它是生产过程中的人、计算机与实际制造之间关系的表现，如图 6-6 所示。现代制造环境中，通过计算机技术，人将制造经验、知识和技术对产品进行制造和管理。虚拟制造的核心是在虚拟系统中通过仿真以及虚拟现实等手段来取代或拓展实物生产制造的功能。

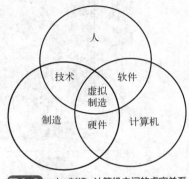

图 6-6　人-制造-计算机之间的虚实关系

这一关系表征了虚拟制造中的三个基本要素，生产系统的人（第一要素）在生产制造（第二要素）过程中创造、积累和使用了许多制造经验、知识和技术，在现代制造环境中，使用了计算机（第二要素），开发和使用了计算机软件，通过硬件装置来控制和管理制造，将这些内容集成在一起，创建仿真而且融入现实制造中的虚拟系统，来取代或扩展实物生产制造的功能，这就是虚拟制造的核心所在。

为了实现"在计算机里进行制造"的目的，虚拟制造技术必须提供从产品设计到生产计划和制造过程优化的建模和模拟环境。由于虚拟制造系统的复杂性，人们从不同角度构建了许多不同的虚拟制造系统体系结构。如日本大阪大学 Kazuki Iwata 和 Masahiko Onosato 等人基于现实物理系统和现实信息系统提出来虚拟制造系统体系结构。美国佛罗里达州 FAMU-FSU 工程大学的研究小组提出了基于 step/internet 数据转换的虚拟制造系统体系结构等。图 6-7 是清华大学国家 CIMS 工程技术中心提出的虚拟制造系统体系结构，它是一个基于 PDM 集成的虚拟开发、虚拟生产和虚拟企业的系统框架结构，归纳出虚拟制造的目标是对产品的"可制造性""可生产性"和"可合作性"的决策支持。

所谓"可制造性"是指所涉及的产品（包括零件、部件和整机）的可加工性（铸造、冲压、焊接、切削等）和可装配性；而"可生产性"是指企业在已有资源（广义资源，如设备、人力、原材料等）的约束条件下，如何优化生产计划和调度，以满足市场或顾客的要求；考虑到制造技术的发展，虚拟制造还应为"敏捷制造"提供支持，即为企业动态联盟的"可合作性"提供支持。而且上述三个方面对一个企业来说是相互关联的，应该形成一个集成的环境。因此，应从三个层次（即虚拟开发、虚拟生产和虚拟企业）开展产品全过程的虚拟制造技术及其集成的虚拟制造环境的研究，包括产品全信息模型、支持各层次虚拟制造的技术及相应的支撑平台，以及支持三个平台及其集成的产品数据管理技术。

（1）虚拟开发平台

该平台支持产品的并行设计、工艺规划、加工、装配及维修等过程，进行可加工性分析（包括性能分析、费用估计和工时估计等）和可装配性分析。它是以全信息模型为基础的众多仿真分析软件的集成，包括力学、热力学、运动学、动力学等可知模型分析，具有以下研究环境：

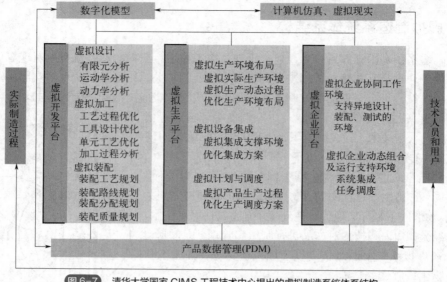

图 6-7　清华大学国家 CIMS 工程技术中心提出的虚拟制造系统体系结构

① 基于产品技术复合化的产品设计与分析，除了几何模型与特征模型等环境外，还包括运动学、动力学、热力学等模型分析环境等；

② 基于仿真的零部件制造设计与分析，包括工艺生成优化、工具设计优化、刀位轨迹优化、控制代码优化等；

③ 基于仿真的制造过程碰撞干涉检验及运动轨迹检验，如虚拟加工、虚拟机器人等；

④ 材料加工成形仿真，包括产品设计、加工成形过程温度场、应力场、流动场的分析，加工工艺优化，等等；

⑤ 产品虚拟装配，根据产品设计的形状特征和精度特征，三维真实地模拟产品的装配过程，并允许用户以交互方式控制产品的三维真实模拟装配过程，以检验产品的可装配性。

（2）虚拟生产平台

该平台支持生产环境的布局设计及设备集成、产品远程虚拟测试、企业生产计划及调度的优化、进行可生产性分析等，一般包括：

① 虚拟生产环境布局，根据产品的工艺特征、生产场地、加工设备等信息，三维真实地模拟生产环境，并允许用户交互地修改有关布局，对生产动态过程进行模拟，统计相应评价参数，对生产环境的布局进行优化；

② 虚拟设备集成，为不同厂家制造的生产设备实现集成提供支撑环境，对不同集成方案进行比较；

③ 虚拟计划与调度，根据产品的工艺特征和生产环境布局，模拟产品的生产过程，并允许用户以交互方式修改生产过程和进行动态调度，统计有关评价参数，以找出最满意的生产作业计划与调度方案。

（3）虚拟企业平台

虚拟企业平台利用虚拟企业的形式，实现劳动力、资源、资本、技术、管理和信息等的最优配置。虚拟企业平台主要包括：

① 虚拟企业协同工作环境，支持异地设计、装配、测试的环境，特别是基于广域网的三维图形的异地快速传送、过程控制和人机交互等环境。

② 虚拟企业动态组合及运行支持环境，特别是 Internet 与 Intranet 下的系统集成与任务协调环境。

（4）基于 PDM 的虚拟制造集成平台

该虚拟制造平台具有统一的框架、统一的数据模型，并具有开放的体系结构，主要包括：

① 支持虚拟制造的产品数据模型。包括虚拟制造环境下产品全局数据模型定义的规范，多种产品信息（如设计信息、几何信息、加工信息、装配信息等）的一致组织方式。

② 基于产品数据管理（PDM）的虚拟制造集成技术。提供在 PDM 环境下，零件/部件虚拟制造平台、虚拟生产平台、虚拟企业平台的集成技术研究环境。

③ 基于 PDM 的产品开发过程集成。提供研究 PDM 应用接口技术及过程管理技术，实现虚拟制造环境下产品开发全生命周期的过程集成。

6.2.2 虚拟制造系统的组成

企业的运行环节决定着如何构造虚拟制造系统，虚拟制造系统的主要组成部分一般包括需求和信息输入、数据图形转换和软硬件系统接口、支撑数据库、核心处理系统、评价体系模块、模拟运行和生成输出、应用前台软件模块等功能，如图 6-8 所示。

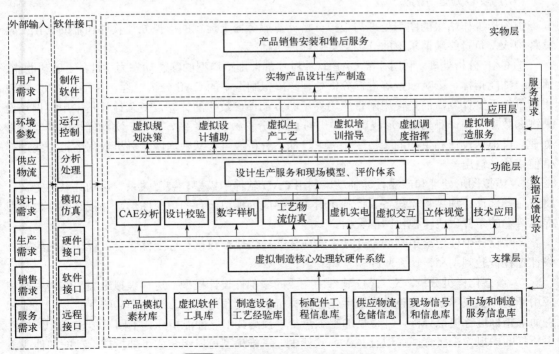

图6-8 制造企业中的虚拟制造系统组织结构

（1）需求和信息输入

系统的输入模块是系统网络终端和内部数据库及处理程序之间的桥梁，包括了使用需求、数据录入、经验记录、产品管理和 CAD 模型输入、生产资源信息和模型输入、交互操作和自动控制信号输入、工作请求等，也包含了企业其他信息化软件系统的数据资源输入。

终端用户需求包括了企业产品用户、市场及售后服务人员收集的信息，远程产品设备的运行信息，以及企业内部各部门的需求信息。其输入分为预录入输入、即时人工输入、自动采集三种模式。

（2）数据图形转换和软硬件系统接口

转换采用实时转换和批量工具转换两种方式。虚拟制造系统有自己的构建标准和数据格式。虚拟制造系统根据其任务需求和网络通信来确定图形精度，优化必要参数。企业现有系统和常用的数据格式有些可以直接使用，有些则需要进行转换，尤其是图形格式必须转换。对于文本或数字类型的数据也可能需要转变为图形。如果是公网传输，也必须把图形数据转换为数字文本以减少传输量。

（3）支撑数据库

常用的数据库包含部件库、工艺库、经验库、管理库、模型库、模拟库、记录库、测试数据库、设备资源库、装配运动库、说明图册库、评价规范库、图形素材库、样机用户环境等等。系统的数据储存起到核心支撑作用，它衔接着输入转换与虚拟处理。

（4）核心处理系统

由图形工作站级的图形处理与虚拟分析计算服务器上运行的虚拟处理软件和辅助支撑工具软件构成，负责终端请求下的分类计算处理，包括：

① CAE 分析处理。利用标准 CAE 软件对零部件虚拟模型的静态动态力学性能、运动性能、流场、性能指标、影响因素等进行分析处理。虚拟制造中的 CAE 分析过程，并不像 CAD 中使用的单件手工计算，而是使用附带应用环境的零部件参数化的计算，复杂计算是采用根据预设关键参数点的预计算处理，形成虚拟样机的 CAE 分析数据库系统，类似于实物样机的实验数据处理，再根据设计和生产的参数变化需求，动态分析或直接从数据库预分析数据的拟合线进行插值或外延输出。

② 虚拟图形处理和产品设计辅助。利用 CAD 软件中模型、装配关系、运动关系的定义，将产品零部件、加工物流设备、控制逻辑等转换成为模拟运行的虚拟图形，并按照网络传输和显示终端的条件生成可视化图形数据。

产品设计中使用虚拟辅助设计技术实现零部件快速参数化、标配件联合工程信息的应用、设计过程校验判别和设计经验的积累和提示。

③ 数字化样机分析。对 CAD 软件中完成的零部件设计模型，进行虚拟组装，结合生产和应用环境，生成零部件或整机的数字化虚拟样机。对其预定功能、运动和装配性能、可靠性和寿命等指标进行模拟分析，并根据加工工艺参数预测其出厂性能指标。不同于传统 CAD 软件中所指的虚拟样机概念，在现有 CAD 软件中，三维模型可以组装成可装拆或运动的部件或整机模型，要验证其结构设计的合理性问题。

④ 工艺和物流仿真处理。虚拟生产制造的重点是产品零部件实物生产前的虚拟化试生产。将数据库中的加工设备、生产场地、操作人员、物流等模型数据信息和 CAD 软件中的零部件模型进行处理，形成模拟生产运行模型，供终端用户分析讨论。

⑤ 虚机实电处理模块。电气自动化控制程序容易实现，而且容易修改，但机械部分的设计稿通常要加工出来才能实现机电联调测试。在这里机械部分使用虚拟样机技术，将电气控制实物系统的控制信号，通过前端接口输入进来，服务器端将控制逻辑和虚拟样机模型结合起来，输出到客户端，客户端可以得到实际电控信号驱动的虚拟机械装备的动作功能，从而测试分析机械和电气控制的合理性。

⑥ 虚实交互操作。模拟实物产品或生产环境的虚拟系统，需要具有真实感的人机交互操作功能和处理模块。交互输入方式来自终端接入的控制信号，如鼠标键盘、游戏杆、驾驶操控台、实物控制面板等，交互输出方式有终端虚拟图形的动作、声光电视觉信号，以及输出到实物的力和运动反馈等。类似于虚机实电处理，服务器端主要处理终端操控信号的请求队列、交互操作逻辑、虚拟图形变换、输出通道分配等，输入输出信号与硬件的连接和转换由终端程序处理。

⑦ 立体视觉处理。虚拟产品和虚拟生产系统需要双目立体视觉处理，就像立体电影，给使用者更加逼真的可视化环境。服务器端根据终端的显示硬件参数和终端的操作与显示请求，将虚拟样机或虚拟生产场景，实时生成具有合适立体视差的左右眼双画面，输出到终端，由终端处理程序根据立体画面显示格式进行最终显示输出。

⑧ 制造服务的虚拟技术应用。在市场营销的产品虚拟展示和体验、制造物流调度管理、产品售后培训、故障诊断和维护支持、制造服务相关技术应用等。

（5）评价体系模块

使用虚拟样机评估方式对产品设计合理性进行评估，使用 CAE 分析数据对关键构件进行评价，使用模拟运行方式对生产工艺流程进行评测，等等。评测使用模块化程序，根据前端评测要求，调用评价规范数据库进行。

（6）模拟运行和生成输出

通过服务器端运算处理和终端计算机的输出显示处理，虚拟样机或虚拟生产系统在终端机上能够模拟运行，系统按请求终端的输出环境进行配置输出。

由于用户终端归属于不同的生产部门，需求大不相同，因此终端软件的功能和处理方式也不相同。

（7）应用前台软件模块

应用前台软件主要完成终端用户的输入、交互操作请求和显示输出。由于虚拟系统的三维图形渲染的实时性要求，通常使用服务器和终端资源共同运算方式来完成最终动态图形输出。

6.2.3 虚拟制造系统的建模

虚拟制造系统开发及运行的主要内容如下：
① 基于相关理论和经验积累，对制造知识进行系统化组织和描述。
② 对产品、设备等工程对象及制造过程、活动进行综合建模，建立虚拟制造的系统模型。
③ 利用虚拟制造的系统模型进行仿真，对产品设计制造进行评价。
④ 对不满意的仿真结果进行分析。提出改进措施后，重复上一步过程③。
⑤ 对虚拟制造系统模型进行维护和完善，不断提高仿真质量。

由此可见，系统建模是虚拟制造系统的核心，是构成虚拟制造系统的基础。尽管在一些具体的应用领域如 CAD、CAPP、CAM 中也用到了建模技术，但是这些建模是不完整的、相互分离的，难以实现制造过程的有效集成。在虚拟制造系统中，需要采用综合的、各阶段都连贯一致的模型表示方法，使后续操作可以利用前阶段的模型数据，例如动态加工模型可以利用刀具和零件的几何形状模型数据进行碰撞分析。

虚拟制造系统模型实质上是真实制造系统要素的数字化表达，主要包括产品模型、过程模型和生产系统模型，又称 3P 模型。

（1）产品模型

目前描述产品模型的方法有产品三维几何模型、二维工程图以及产品结构明细表等，但这些模型均不能完整反映在产品设计、制造的各个阶段，不能动态跟踪在制造过程中产品的属性变化。虚拟制造系统的产品模型应支持制造过程中的全部活动，它应是一个完备的全信息模型。

在制造企业中，产品模型和设备工艺模型都是较复杂的，通常是利用企业的现有模型进行转换，如设计部门 CAD 软件下的零部件模型，可能是用了不同的 CAD 软件或同一 CAD 软件的不同版本，但这些模型可以通过 3D 转换引擎中相应处理模块完成格式转换，如果已经在 CAD 软件中建立了数字化样机模型，除了转换所有零部件模型外，其装配关系、运动关系等也可转换到程序格式。同样，加工制造中的数字模型、逆向工程中对三维物体的扫描曲面模型、其他程序或可视化处理软件中描述的模型都可转换到统一的虚拟格式上。转换过程通常是比较复杂的，需要进行分析处理和简化修复等。

通常情况下，在 CAD 设计软件中，完成大部分的模型制作和定义，如图 6-9 所示，零部件的建模、约束定义、运动定义、装配关系、操作工位、作业流程等都可让 CAD 部门来完成，对大多数设计部门来说，产品的图纸模型通常已经具备，只是原来的目的是绘制出生产图纸，现在要转换成虚拟模型，需要进行部分修改或定义的增添。

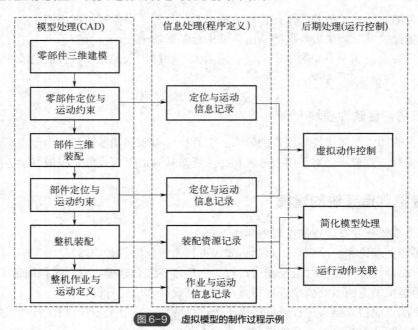

图 6-9　虚拟模型的制作过程示例

模型被转换修正后，需要在程序中添加和定义相应的信息，如机械机构中主动件和主运动的定义、行程和节拍定义、作业范围定义等，并要求定义信息输入输出变量和数值接口。

后期处理工作主要完成虚拟系统中交互和实时控制、渲染，显示设计的整体性能优化，不同虚拟设备间的动作关联，等等。

不同类型的模型，其建模要求和方法也不同。根据模型在虚拟场景中的作用可以划分为几何模型和环境模型两大类：

几何模型：虚拟制造系统中的主要对象，如产品模型、加工制造模型、控制模型等必须进行细致准确的几何建模，以实现尽可能真实的形状和动作模拟。

几何建模主要是对物体几何信息的表示与处理，涉及几何信息数据结构及相关构造的表示与操纵数据的算法建模。

几何模型可以使用实物体数字化建模、模型和素材库、CAD 软件建模以及软件编程建模的方法。采用实物体数字化建模时，如果实物体存在，可以通过逆向工程来实现建模，如通过高清晰度数码立体相机、三维扫描仪等获取实物外形的三维空间表面点云数据，然后进行曲面化、拼接缝合等处理后形成曲面模型，再根据虚拟系统对该模型的要求进行简化、修复、格式转换处理。图 6-10 所示为采用逆向工程三维扫描形成曲面模型。

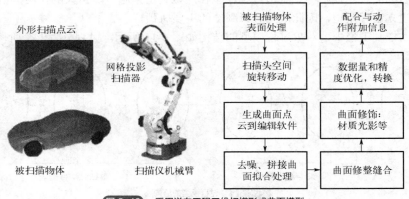

图 6-10　采用逆向工程三维扫描形成曲面模型

环境模型：虚拟制造系统中的环境，是除了系统主对象以外的所有辅助部分的总和，它直接影响到虚拟制造系统完整性、真实性和各系统的相互依赖性。主要有以下几种情况。

① 模仿真实存在的环境。如厂房、外部铁路码头、产品的应用环境等，可能涉及地形地貌、厂房建筑、河流码头、电缆、排水管道、卸货堆料区、天气、交通道路、运输设备等。这些模型要求精度不高，主要表现其外观、位置和大小、方向和主体运动就可以了。

可以使用相应的 CAD 软件进行建模，如 AutoCAD、3DMAX 等，建模时需要根据实物特征进行，在保证重要尺寸和形状运动特征的情况下，尽量使模型简化，转换后数据量要小，细部结构可以使用二维贴图来取代三维描述。

② 人为主观构造的环境。如实际情况很少出现的产品极限应用环境的模拟，可能的紧急状况模拟，如爆炸或火灾的紧急疏散、应急处理措施、桥梁坍塌对施工装备的影响、货物偏重引起起重设备倾翻等的模拟。这类模型主要体现在模拟真实度的臆想，没有实物尺寸和模型，一切由制作者创作，但是制造过程总是实打实的，绝对不可以随意制作，最好找到类似的参考物，而且模型必须符合现实准则、常识和物理定律。

通常使用 CAD 软件进行建模，然后试运行分析，逐步进行修改，以达到较真实可信的效果。

③ 模仿真实世界中存在但不可见的环境。如分子、气流、磁场、温度压力分布等。

除此之外，环境建模还涉及视觉、听觉、触觉、力觉、味觉等多种感觉通道的建模，在此不做讨论。

模型建立的另一个特点是动态化和过程推理的实现。制造中机械构件的温度场、磁场、力学应力应变场、疲劳破坏形变过程，汽车发动机机油循环压力和流量分布等，还有控制信号干扰场、输配电潮流等，建筑、桥梁、风力发电机的风变载荷，精密机床的振动频谱等，都需要在分析过程中体现动态变化模型。

通常，建模过程是在 CAD 软件中建立基本素材模型，如粒子、断裂线、流线等，在 CAE 软件中分析得到静态或动态分布场模型，输入 CAD 软件中构建场模型，然后根据数据库构建动态模拟程序，实现可控的局部随机动态变化模型。

（2）过程模型

制造过程模型包含了对产品功能有很大影响的一些关键属性信息。过程模型有多种形式，如基于理论的物理模型和数学模型、基于经验的统计模型、基于计算机的过程仿真模型，以及列举方法表达的图表和规则等。制造过程模型在虚拟制造中起着非常大的作用，但由于缺乏统一的方法来建立过程模型，因此成为虚拟制造的主要瓶颈。

在实际的控制工程中，对象过程模型的结构如图 6-11 所示，可划分为五个阶段：

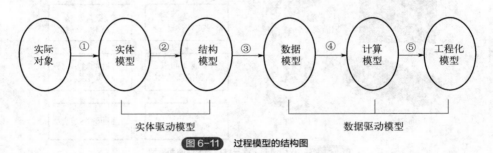

图 6-11 过程模型的结构图

① 由实际对象经过特征提取、要素分析、模式选择到形成框架性实体模型的阶段。

② 由框架性实体模型经过相关物理、化学定律的应用及约束条件的确认到形成定性的结构模型阶段。

③ 由结构模型经过系统辨识、实验数据获得到形成定量的数据模型阶段。

④ 由复杂的数据模型经过离散化、算法化、简略化到在线计算机能实时进行有效计算的计算模型阶段。

⑤ 由计算模型到与控制系统、检测系统及与其他相关系统软件模块的连接与通信、调试及维护工具的使用等，即真正成为可执行的工程化模型阶段。

具体的模型化过程如图 6-12 所示。

结构模型是在实体模型的基础上，应用物理或化学定律并结合某领域的知识等，并通过描述法的选择，建立反映功能与形式的结构模型，进而确定模型的量化空间。当然，这些均在定性推理的范畴之内。

数据驱动模型的建模要点：根据已获得的数据，可以进行下列几方面选择。

① 数据预处理的选择：要识别数据收集的质量（包括均匀性与相关性），去掉明显错误的

数据。然后对数据进行筛选、整合，在可能的情况下，把数据按质量分类，进行数据与采用方法匹配的编码。

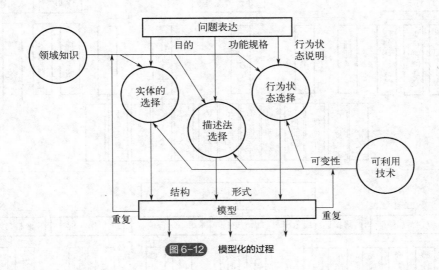

图 6-12　模型化的过程

② 数据的聚集：包括输出值与特征析取的选择，即描述与所观察对象过程有关的特征值，以简化数据，同时需要从原始数据中析取能区别不同工况的特征值等。

③ 抽样汇总选择：建模时，应用其他数据作为模型检验用，所以必须对不同数据汇总进行选择，包括抽样时必须考虑的能否成功建模的各种附加条件。

④ 变量选择：选择最后用于建立模型的输入值，即要考虑所研究对象过程的特征，必须区分数据相关与不相关的数值。

⑤ 模型方式的选择：选择与数据和所表述问题相匹配的模型方式。

⑥ 模型结构的选择：是结构偏差与波动的平衡的选择。

⑦ 模型参数选择：模型结构确定后，还有一些参数是未知的。有些参数虽然可以由被控过程的运动规律来确定，但是由于在结构识别时用了一些简化的假定以及实际过程与环境关系的复杂性，因此那些参数也有待于用实际过程的实验数据来确定。所以，参数估计是系统辨识的一个重要部分，也是系统辨识中内容最丰富的部分。最小二乘法是常用的参数估计方法，单纯型、梯度法等传统优化计算中的方法在参数估计中也非常有用。

（3）生产系统模型（或设备资源模型）

生产系统模型必须具有静态和动态的描述能力。静态描述包括生产系统的能力和规模能否达到产品的设计性能要求，用于评价产品设计的可制造性或评定该生产系统的适用范围及柔性。动态描述表示系统的动态行为和实时状态用于预测生产性能指标，例如估算生产周期、库存水平、等待时间及设备利用率等。

虚拟制造系统首先要构建虚拟生产系统中的基本对象类模型，如图 6-13 所示的上半部分，包括加工生产的对象——产品零部件或工件，以及生产资源类的设备、工具等，还有生产控制管理和生产人员等，由此构建完成虚拟生产系统，形成面向不同生产环节的应用，包括虚拟规划布局评估、虚拟运行展示、虚拟培训、虚拟运行控制、虚拟作业指导、诊断与维护等。

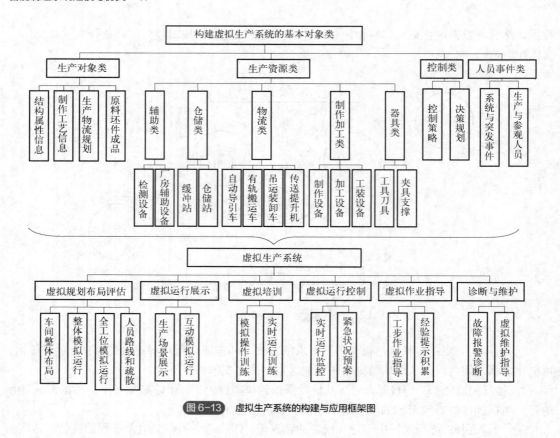

图 6-13　虚拟生产系统的构建与应用框架图

案例:

基于虚拟仿真技术的数字化虚拟工厂

数字化虚拟工厂是数字化工厂技术在离散制造系统仿真的基础上,结合虚拟现实技术、可视化建模技术、智能优化技术等视角,对制造环节从工厂规划、建设到运行等不同环节进行模拟、分析、评估、验证和优化,指导工厂的规划和现场改善。

由于仿真技术可以处理利用数学模型无法处理的复杂系统,能够准确地描述现实情况,确定影响系统行为的关键因素,因此该技术在生产系统规划、设计和验证阶段有着重要的作用。正因为如此,数字化虚拟工厂在现代制造企业中得到了广泛的应用,典型应用包括以下方面:

- 加工仿真,如加工路径规划和验证、工艺规划分析、切削余量验证等。
- 装配仿真,如人因工程校核、装配节拍设计、空间干涉验证、装配过程运动学分析等。
- 物流仿真,如物流效率分析、物流设施容量规划、生产区物流路径规划等。
- 工厂布局仿真,如新建厂房规划、生产线规划、仓储物流设施规划和分析等。

(1)加工仿真

虚拟工厂加工仿真是将虚拟现实技术应用于数控加工操作的仿真系统,仿真数控机床操作全过程和加工运行环境,从而进行数控模拟加工。对车削加工能够完成的各种工作,如外圆、端面、倒角、螺纹、曲线等加工形式中的几何及物理因素的变化情况进行模拟与预测,完成整个加工过程的仿真,使原来需要在数控设备上才能完成的大部分加工功能可以在这个虚拟制造环境中实现。

① 功能。建立面向数控车床的完善的数控车削仿真系统,为实际生产过程提供可靠、优化的 NC 代码,实现车削的智能加工。目前我国数控车床、经济型数控车床的应用越来越普及,在加工之前能得到一套可靠、优化的 NC 代码是非常实用的。在以前,NC 代码常以试切的方式加以验证,这种方法一方面费时费力,另一方面试切的材料常采用木材、塑料,这样虽然能够检验 NC 代码在几何信息方面的正确性,但对切削过程中关键的物理因素如切削力、振动、工件表面质量等,则无从所知。而车削仿真系统能够解决上述问题,同时在此基础上修改 NC 代码中的某些参数,使之进一步降低切削力、提高刀具耐用度和生产力,优化 NC 代码。这样即可将 NC 代码确认下来,供实际加工应用,使仿真系统具有自我学习与调整的能力,提高仿真的灵活程度,达到智能加工的目的。

建立面向实际加工过程的仿真系统,综合考虑实际加工中的各种干扰因素,使仿真过程高度真实地反映实际生产过程。在实际加工过程中,工艺系统受到各种因素的制约与影响,与切削有关的各物理量也因各种切削条件的变化而发生变化。因此,为了能够真实仿真出车削过程中的加工情况,车削仿真系统就要充分考虑到这些实际变化情况与随机干扰,使仿真出的各物理量真实贴近实际情况。这些影响因素主要包括由于机床刚性及切削力作用或工件偏心等产生的切削振动、工件结构不统一如具有硬点等产生的随机干扰、切削过程中切削用量变化及刀具磨损对切削过程的影响等。

由于具有对 NC 代码进行验证与优化的过程,仿真系统能够极大地避免实际加工过程中可能出现的各种异常现象,简化了实际加工过程中检测与诊断设备的过程,提高了加工安全性与经济效益。同时仿真系统还能够逼真地模拟车削加工过程,可作为软机床进行数控机床加工的培训与维护工作。

② 虚拟数控机床的特点。虚拟数控机床实际上是虚拟环境中数控机床的模型,如图 6-14 所示。与真实机床相比,虚拟数控机床具有以下特点:

图 6-14 虚拟数控机床与切削仿真

• 虚拟数控机床具有与真实机床完全相同的结构。虚拟数控机床能模仿真实机床的任何功能而不致因为采用某种近似替代而导致某种结构和信息的失真或丢失,并与真实机床有完全相同的界面风格和对应功能,如动态旋转、缩放、移动等功能的实时交互操作,从而为学员的学习和培训提供保证。

• 机床操作全过程仿真。仿真机床操作的整个过程,如毛坯定义、工件装夹、压板安装、基准对刀、安装刀具、机床手动操作。

• 丰富多样的刀具库。系统采用数据库统一管理的刀具材料、特性参数库,含数百种不同材料、类型和形状的车刀、铣刀,同时还支持用户自定义刀具及相关特性参数。

• 全面的碰撞检测。手动、自动加工等模式下的实时碰撞检测,包括刀柄刀具与夹具、压板、刀具等碰撞，机床行程越界，主轴不转时刀柄刀具与工件等的碰撞。出错时会有报警或提示，从而防止了误操作的发生。

• 强大的测量功能。可实现基于刀具切削参数零件粗糙度的测量，能够对仿真软件上加工完成后的工件进行完全自动的、智能化的测量。

• 具有完善的图形和标准数据接口。用户既能在真实的环境中运行虚拟机床，又能观察它的各种运行参数，并能将其他 CAD/CAM 软件，如 UG、Pro/E、Mastercam 等产生的三维设计后置处理的 NC 程序，直接调入加工。

③ 虚拟切削加工。随着科学技术的进步，三维计算机辅助设计被广泛应用于产品设计，在工程作业设计、加工工序设计及产品组装程度等方面，需要开发计算机辅助技术，特别是在计算机辅助工程（CAE）方面，采用有限元法（FEM）来预先解析研究与产品性能相关联的构造、热传导性以及利用计算机辅助制造（CAM）确定刀具运动轨迹的编程技术，均已渗透到工程的各个领域而被有效利用。

切削加工仿真技术的发展动向包括：开发 NC 仿真软件，借以显示刀具运动轨迹，并判断刀具、刀夹与工件及其夹具是否产生干涉。

在进行立铣加工时，最基本的任务是切除刀具切削刃包络面通过部分的被加工材料，使保留下来的部分成为已加工面。完成这类加工所用的软件应包括如下内容：刀具、刀具夹头、工件、夹具等的协调，机床主轴的构成及其可工作的范围，能真实地仿真机床和刀具的动作等。特别是近几年来，由于五轴坐标切削加工的不断发展，在实际加工前应进行 NC 仿真的重要性日益突出。这类 NC 仿真软件中，有不少软件具有极为优异的性能，如：可从金属切除体积计算出加工效率；根据金属切除体积来判断切削加工是否产生过载；如果固定负荷，由于进给速度过高而产生过载，仿真软件可调整进给速度，防止过载产生，并可缩短切削加工时间；等等。

切削加工仿真技术的另一发展动向是研究解析切削加工过程中的物理现象，如被加工材料因塑性变形而产生热量、被切除材料不断擦过刀具前刀面形成刀屑后被排出，以及由刀具切削刃切除不需要的材料而在工件上形成已加工面等，并将这一系列切削过程通过计算机模拟出来，目前能达到这种理想目标的产品还为数不多。Third Wave Systems 公司的 AdvantEdge 是采用有限元法对切削加工进行特殊优化解析的软件产品，与用于构造解析的有限元法程序包比较，其最大优点是用户界面优良，机械加工的技术人员能方便地进行解析。美国 Scientific Forming Technologies 公司的 deform 是锻造等塑性变形加工用有限元法解析程序包，最近已被转用于切削加工。

切削过程是切屑、加工材料的弹性变形和塑性变形的过程，与冲压、锻造等塑性变形比较，变形速度（单位时间产生的变形量）非常大，由此产生的塑性变形能量和前刀面上由摩擦产生的能量将引起发热，从而使温度大幅度升高，刀尖在连续而狭小的范围使被加工材料破坏、分离成切屑和已加工面等，这是切削过程的显著特征，而这些现象彼此间存在复杂的相互影响。

如果用有限元解析方式，需输入下列内容：加工材料特性及摩擦状态等物理特性、切削条件及刀具形状等边界条件。通过有限元解析刚性方程，可输出切削力、剪切角、切削温度等带有切屑生成状态特征的量化参数，在此过程中，无须建立数学模型或提出假设。根据有限元解析的结果，还易于将切屑生成过程、应力、变形等物理量实现可视化。

要获得高精度解析结果，最为重要的输入内容是反映加工材料应力-变形关系的材料特性，而材料特性的获取是极为费力的工作。今后，随着计算机功率的增大，这种切削过程的物理仿真技术将会逐渐普及。能否迅速普及的关键在于能否及时向用户提供所需的加工材料的材料特性。

目前，许多科技人员正在进行生产过程中最基础的切削加工技术的研究，其中多数研究的目的是在弄清楚加工现象的同时，对加工过程进行预测。如果这些研究内容实现了系统的计算机软件化，就意味着能形成一个切削加工仿真技术软件。如东京农工大学机械学科的实验室就正在进行几种预测性的有关切削加工仿真技术软件的研究。工艺流程和实用仿真采用了横向和纵向相匹配的研究体系，横向与产品设计到加工工序相对应；在纵向上，越往上实用性越好，往下则不仅是实用性，还包括加工现象的解析和实现可视化。

（2）装配仿真

装配仿真又称虚拟装配（见图6-15），它为各类复杂机电产品的设计和制造提供产品可装配性验证、装配工艺规划和分析、装配路径定义、装配操作培训与指导、装配过程演示等完整解决方案，为产品设计过程的装配校验、产品制造过程的装配工艺验证、装配操作培训提供虚拟装配仿真服务。装配工艺过程仿真通过合理地进行工位内部的设备布局来尽量减少操作时间，满足生产节拍要求。同时，在交互式虚拟装配环境中，用户使用各类交互设备（数据手套/位置跟踪器、鼠标/键盘、力反馈操作设备等）像在真实环境中一样对产品的零部件进行各类装配操作，在操作过程中系统提供实时的碰撞检测、装配约束处理、装配路径与序列处理等功能，从而使得用户能够对产品的可装配性进行分析、对产品零部件装配序列进行验证和规划、对装配操作人员进行培训等。在装配（或拆卸）结束以后，系统能够记录装配过程的所有信息，并生成评审报告、视频录像等供随后分析使用。

图6-15 虚拟装配过程

① 虚拟装配的作用。虚拟装配是虚拟制造的重要组成部分，利用虚拟装配，可以验证装配设计和操作的正确与否，以便及早发现装配中的问题，对模型进行修改，并通过可视化显示装配过程。虚拟装配系统允许设计人员考虑可行的装配序列，自动生成装配规划，它包括数值计算、装配工艺规划、工作面布局、装配操作模拟等。现在产品的制造正在向着自动化、数字化的方向发展，虚拟装配是产品数字化定义中的一个重要环节。

虚拟装配技术的发展是虚拟制造技术的一个关键部分，但相对于虚拟制造的其他部分而言，它又是最薄弱的环节。虚拟装配技术发展滞后，使得虚拟制造技术的应用性大大减弱，因此虚拟装配技术也就成为目前虚拟制造技术领域研究的主要对象，这一问题的解决将使虚拟制造技术形成一个完善的理论体系，使生产真正在高效、高质量、短时间、低成本的环境下完成，同时又具备了良好的服务。虚拟装配从模型重新定位、分析方面来讲，它是一种零件模型按约束关系进行重新定位的过程，是有效的分析产品设计合理性的一种手段；从产品装配过程来讲，它是根据产品设计的形状特性、精度特性，真实模拟产品三维装配过程，并允许用户以交互方式控制产品的三维真实模拟装配过程，以检验产品的可装配性。

作为虚拟制造的关键技术之一，虚拟装配技术近年来受到了学术界和工业界的广泛关注，并对敏捷制造、虚拟制造等先进制造模式的实施具有深远影响。通过建立产品数字化装配模型，虚拟装配技术在计算机上创建近乎实际的虚拟环境，可以用虚拟产品代替传统设计中的物理样机，能够方便地对产品的装配过程进行模拟与分析，预估产品的装配性能，及早发现潜在的装配冲突与缺陷，并将这些装配信息反馈给设计人员。运用该技术不但有利于并行工程的开展，而且还可以大大缩短产品开发周期，降低生产成本，提高产品在市场中的竞争力。

② 虚拟装配的分类。按照实现功能和目的的不同，目前针对虚拟装配的研究可以分为如下三类：以产品设计为中心的虚拟装配、以工艺规划为中心的虚拟装配和以虚拟原型为中心的虚拟装配。

• 以产品设计为中心的虚拟装配。虚拟装配是在产品设计过程中，为了更好地帮助进行与装配有关的设计决策，在虚拟环境下对计算机数据模型进行装配关系分析的一项计算机辅助设计技术，它结合面向装配设计（design for assembly，DFA）的理论和方法，基本任务就是从设计原理方案出发，在各种因素制约下寻求装配结构的最优解，由此拟定装配草图。它以产品可装配性的全面改善为目的，通过模拟试装和定量分析，找出零部件结构设计中不适合装配或装配性能不好的结构特征，进行设计修改。最终保证所设计的产品从技术角度来讲装配是合理可行的，从经济角度来讲应尽可能降低产品总成本，同时还必须兼顾人因工程和环保等社会因素。

• 以工艺规划为中心的虚拟装配。针对产品的装配工艺设计问题，基于产品信息模型和装配资源模型，采用计算机仿真和虚拟现实技术进行产品的装配工艺设计，从而获得可行且较优的装配工艺方案，指导实际装配生产。根据涉及范围和层次的不同，又分为系统级装配规划和作业级装配规划。前者是装配生产的总体规划，主要包括市场需求、投资状况、生产规模、生产周期、资源分配、装配车间布置、装配生产线平衡等内容，是装配生产的纲领性文件。后者主要指装配作业与过程规划，主要包括装配顺序的规划、装配路径的规划、工艺路线的制订、操作空间的干涉验证、工艺卡片和文档的生成等内容。

以工艺规划为中心的虚拟装配，以操作仿真的高逼真度为特色，主要体现在虚拟装配实施对象、操作过程以及所用的工装工具，均与生产实际情况高度吻合，因而可以生动直观地反映产品装配的真实过程，使仿真结果具有高可信度。

• 以虚拟原型为中心的虚拟装配。虚拟原型是利用计算机仿真系统在一定程度上实现产品的外形、功能和性能模拟，以产生与物理样机具有可比性的效果来检验和评价产品特性。传统的虚拟装配系统都是以理想的刚性零件为基础，虚拟装配和虚拟原型技术的结合，可以有效分析零件制造和装配过程中的受力变形对产品装配性能的影响，为产品形状精度分析、公差优化设计提供可视化手段。以虚拟原型为中心的虚拟装配主要研究内容包括考虑切削力、变形和残余应力的零件制造过程建模、有限元分析与仿真、配合公差与零件变形，以及计算结果可视化等方面。

③ 虚拟装配的构成。虚拟装配由两个部分组成，即虚拟现实软件内容和虚拟现实外设设备，这两个协同工作，缺一不可，这样才能制造出集交互性与沉浸性于一体的虚拟装配环境。

• 虚拟现实软件内容。一般由各种VR软件组成，先在三维软件中根据虚拟现实的内容制作相应的三维模型，然后再把这些三维模型导入VR软件中，接下来就需要硬件设备来支撑这些软件程序。

• 虚拟现实外设设备。虚拟现实技术的特征之一就是人机之间的交互性。为了实现人机之间的充分交换信息，必须设计特殊输入和演示设备，以影响各种操作和指令，且提供反馈信息，实现真正生动的交互效果。不同的项目可以根据实际的应用有选择地使用这些工具，主要包括：

VR系列虚拟现实工作站、立体投影、立体眼镜或头盔显示器、三维空间跟踪定位器、数据手套、3D立体显示器、三维空间交互球、多通道环幕系统、建模软件等。

（3）物流仿真

物流仿真针对离散制造企业生产物流系统进行分析建模（图6-16），在计算机上编制相应应用程序，模拟实际物流系统运行状况，并统计和分析模拟结果，用以指导实际物流系统的规划设计与运作管理。物流仿真运用的建模方法有排队理论、Petri网、线性规划等。一些专业的物流仿真平台，常见的有Witness、em-Plant、Flexim等，提供了基本的功能元素使仿真的编程工作大大简化。由于物流系统的专业化和规模化，物流仿真对降低整个物流投资成本的作用越来越大，已经逐步成为物流行业规划与建设的必备环节。

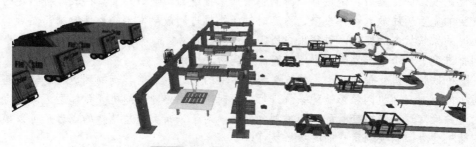

图6-16　离散制造企业生产物流系统仿真

① 主要特点。物流仿真软件的仿真过程，即是建立物流系统模型并通过模型在计算机上的运行来对模型进行检测和修正，使模型不断趋于完善的过程。目前物流仿真软件主要应用于企业内部生产物流、企业仓储、运输和配送流程仿真研究等。

随着物流的发展，物流系统已经变得越来越复杂，内部的关联性也随之变得越来越强。仿真就成了企业检测其物流系统及决策是否有效或高效的一个重要途径；此外，企业设计一个新的物流系统，或对已有的系统加新技术、新装备，进行原有系统改造，都需要物流仿真技术和仿真软件的应用。在中国，物流仿真技术还是个比较新的概念，大多数企业对物流仿真技术应用状况及其意义了解并不多。

② 关键技术。物流仿真是借助计算机技术、网络技术和数字手段，采用虚拟现实方法，对物流系统进行实际模仿的一项应用技术，它需要借助计算机仿真技术对现实物流系统进行系统建模与求解算法分析，通过仿真实验得到各种动态活动及其过程的瞬间仿效记录，进而研究物流系统的性能和输出效果。物流仿真技术最大的优点就是不需要实际设备的安装，不需要实际实施相应的方案，即可实现验证增加新设备后给公司或企业带来的效应、设计新的生产线的好坏、比较各种设计方案的优劣等目标。

物流系统的仿真是典型的离散事件系统仿真，其核心是时钟推进和事件调度的机制。这种引起状态变化的行为称为"事件"，因而这类系统是由事件驱动的；而且，事件往往发生在随机时间点上，亦称为随机事件，因而离散事件系统一般都具有随机特性，系统的状态变量往往是离散变化的。

• 仿真时钟。仿真时钟用于表示仿真时间的变化。在离散事件系统仿真中，由于系统状态变化是不连续的，在相邻两个事件发生之前，系统状态不发生变化，因而仿真时钟可以跨越这些"不活动"周期，从一个事件发生时刻，推进到下一个事件发生时刻。由于仿真实质上是对系统状态在一定时间序列的动态描述，因此，仿真时钟一般是仿真的主要自变量。仿真时钟推进方法有三大类：事件调度法、固定增量推进法和主导时钟推进法。

应指出，仿真时钟所显示的是系统仿真所花费的时间，而不是计算机运行仿真模型的时间。因此，仿真时间与真实时间成比例关系。像物流系统这样复杂的机电系统，仿真时间可比真实时间短得多。真实系统实际运行若干天、若干月，用计算机仿真也只需要几分钟，这种仿真也被称为超实时的仿真。

• 事件调度法。事件调度法是面向事件的方法，是通过定义事件，并按时间顺序处理所发生的一系列事件，记录每一事件发生时引起的系统状态的变化来完成系统的整个动态过程的仿真。由于事件都是预定的，状态变化发生在明确的预定时刻，所以这种方法适合于活动持续时间比较确定的系统。

事件调度法中仿真时钟是按下一时间步长法来推进的。通过建立事件表，将预定的事件按时间发生的先后顺序放入事件表中。仿真时钟始终推进到最早发生的事件时刻，然后处理该事件发生时的系统状态的变化，进行用户所需要的统计计算。这样，仿真时钟不断从一个事件发生时间推进到下一个最早发生的事件时间，直到仿真结束。

• 随机数和随机变量的产生。物流系统中工件的到达、运输车辆的到达和运输时间等一般都是随机的。对有随机因素影响的系统进行仿真时，首先要建立随机变量模型。即确定系统的随机变量并确定这些随机变量的分布类型和参数。对于分布类型是已知的或者是可以根据经验确定的随机变量，只要确定它们的参数就可以了。

建立了随机变量模型后，还要在计算机中产生一系列不同分布的随机变量的抽样值来模拟系统中的各种随机现象。随机变量的抽样值产生的实际做法通常是：首先产生一个[0，1]区间的、连续的、均匀分布的随机数，然后通过某种变换和运算产生其所需要的随机变量。

③系统组成。

• 功能要素。指的是物流系统所具有的基本能力，这些基本能力有效地组合、联结在一起，便成了物流的总功能，便能合理、有效地实现物流系统的总目的。物流系统的功能要素一般认为运输、储存保管、包装，以及装卸搬运、流通加工、配送、物流信息等。

• 支撑要素。系统的建立需要有许多支撑手段，尤其是处于复杂的社会经济系统中，要确定物流系统的地位，要协调与其他系统的关系，这些要素必不可少。主要包括体制、制度，法律、规章，行政、命令和标准化系统。

• 物质基础要素。物流系统的建立和运行，需要有大量技术装备手段，这些手段的有机联系对物流系统的运行有决定意义。这些要素对实现物流和某一方面的功能也是必不可少的。主要要素有物流设施、物流装备、物流工具、信息技术及网络、组织及管理等。

（4）工厂布局仿真

工厂布局仿真严格意义上属于物流仿真的范畴，但是由于工厂布局是数字化工厂规划建设的起点并贯穿于工厂全生命周期，例如新工厂的建设、新产品的生产、产品线的变更、新设备的增加等情况，因此工厂布局仿真的地位越来越重要。虚拟工厂车间布局规划如图6-17所示。

工厂布局仿真的内容包括厂址选择仿真、工厂平面布局仿真、生产线布局仿真等。

① 厂址选择仿真。所谓工厂选址，是指如何运用科学的方法确定工厂的地理位置，使企业的整体经营运作系统有机结合，以便有效、经济地达到企业的经营目的。选址包括两个层次的问题：第一是选位，即选择什么地区（区域）设厂；第二是定址，地区选定之后，具体选择在

该地区的什么地方。

图 6-17　虚拟工厂车间布局规划图

• 工厂选址的考虑因素。包括宏观政治经济因素、基础环境与设施条件因素、劳动力资源因素、竞争对手因素等。

• 建立选址模型。选址模型是用于求解最优选址问题的运筹学模型。其中，最优选址问题是指：已知若干现有设施的地址，确定一个或几个新设施的地址；或已知需要被服务的节点，建立一个最优设施点，以使其为节点最好地服务。在这里设施的含义是广义的，可以指提供服务的设施，也可以指需要服务的设施。最优选址问题的典型例子有：已知工厂和用户的位置，确定新仓库的最优地址；已知供电区域，选择发电厂的最优地址；已知一组油井的位置，确定炼油厂的最优地址；已知读者服务区域，选择图书馆的最优地址。最优选址问题分单源选址问题和多源选址问题。单源选址问题是已知若干个现有设施，选择一个新设施的最优地址。多源选址问题则是已知若干个现有设施，选择两个或多个新设施的最优地址。多源选址问题还要确定哪个新设施应为哪些现有设施服务，或哪些现有设施应为哪个新设施服务。这里包含着分配问题，所以又称为"选址-分配"问题。最优选址问题还可以分为连续型选址问题和离散型选址问题。连续型选址问题是假定待选区域中任意点的地位均与其他点的地位相同，因而在数学上就有无限多个可能的地点存在。离散型选址问题则是假定待选区域内只有有限多个事先已经知道的位置。

② 工厂平面布局仿真。工厂平面布局与物料搬运对企业的生产率及成本有很大的影响，良好的布局对生产资源进行合理安排，提高设备、物料、人员以及能源的使用效率，使得生产流程更加顺畅。

工厂平面布局仿真主要内容和步骤如下。

• 生产物流的分析。高效的物流，就是能够充分符合生产工艺和产量变化的要求，是连续、均匀、顺畅的，而不是间断的、波动的、倒流的，符合从最初工艺到成品完成的全部生产过程对物流的要求。

• 活动范围关联分析。在进行布置规划时，除了以物流为主体来考虑布置外，还包括按照作为邻近性理由的活动范围的联系程度来规划布置的内容。在此阶段，暂不考虑现实情况的制约，仅仅是在理论上求出最合适的活动范围位置关系，以后再根据制约条件加以修正。

• 绘制物流活动范围关联线图。在分析了物流活动范围相互关系后，以此为根据，将活动范围和工序展示在线图上，将这些活动范围转换成位置关系，称为活动范围关联线图。

- 面积设定。关联线图完成后，必须估算生产经营活动范围的必要面积，并依据可利用的空间进行调整，然后决定该列入布置规划方案的面积。

- 绘制区间相互关系图。这一程序决定物流和活动范围的相互关系，通过绘制决定活动范围位置的图表，使各种活动范围所需的面积与可用面积相适应，取得平衡。

- 图表的综合和调整。程序与所绘制的区间相互关系图，是为了得到理想的状态而进行的。然而，在实际操作中会有种种制约。因此，需要添加许多修正条件及实际上的限制条件来调整区间相互关系图，目的是绘制出更加切合实际的布置方案。

- 效果评价。根据以上程序操作，将产生几个不同的布置方案。为了选择最优方案，就必须对方案进行评价。

③ 生产线布局仿真。生产线布局就是要按一定的原则，正确地确定车间内部各组成单位(加工段、班组)以及工作地、机床设备之间的相互位置，从而使它们组成一个有机整体来实现车间的具体功能和任务。目的是合理规划生产资料，使生产流程更加顺畅合理，提高设备、物料、人员以及能源的使用效率，提高企业的生产效率。

a. 目标。生产线布局规划仿真的目标可分为三个阶段。

第一阶段：展示和优化生产线的合理布局。

- 产品各生产线上生产要素是否备齐（原料、加工设备、运输设备、仓储及容器、测量及检验）；

- 生产原料堆放场地是否合理，及采用何种运输方式；

- 生产线的布置是否符合流水化的作业进程，货架暂存、仓储及转运空间是否足够，以及布局是否合理；是否有适当的运输工具，以及运输通道是否通畅，在三维空间中不存在与其他物体产生交叉；

- 生产环境的优化（绿化、员工休息区……）。

第二阶段：帮助和生产要素的选型。

- 考虑其他细节。检查生产要素是否符合流水化作业流程，是否高效、是否与周围环境相匹配；

- 考虑企业统一规范标准。

第三阶段：为生产线投入建设之前提出建议。

- 厂房建设、产品变形前提供可视化三维指导；

- 对新设备的定位、旧设备的搬迁提出指导。

b. 仿真步骤。

- 确定目标。目标应该是一个相互协调的体系，应该结合具体的情况来制订，并尽可能以定量化描述的方式表示出来，同时应是切实可行的。

- 收集资料。包括基础资料，如厂址所处的地质、地貌、水文和气象资料，所处地区的政治、社会和经济情况资料（如有关政策、市政规划等），厂区地形、面积、自然条件、运输条件等资料；建厂的其他协议资料，即企业生产单位的配置情况资料，如厂区面积形状、设备、流水线布置、车间、办公区、辅助设施等；生产系统图，就是企业生产系统各组成部分之间生产联系和物料流向简图，表明了企业产品的生产过程和企业各组成部分之间的联系。由于厂区平面物流布置能反映生产过程的要求，因此，一张根据企业实际生产功能和要求绘制的企业生产系统图，对进行厂区和车间平面物流布置工作是极其重要的，它是布置设计工作的重要依据。

- 确定各组成部分所占面积。车间总体布置设计工作的一个重要内容就是要把厂区和车间面积进行合理分配，因而就必须确定企业各个组成部分的面积。实际上这项工作已属专业性很强的工作范畴，应结合企业生产单位的配置工作，由有关专家和专业人员仔细地进行。企业各种组成单位所需的面积，不同的企业差别是很大的，没有通行不变的计算方法，许多时候还需用经验估算。但总的原则是：节约占地、保证够用、略有富余。一般来说，企业生产车间所占面积主要包括机器所占面积、材料所占面积、半成品与成品所占面积、人员工作所占面积、运输所占面积和工作人员休息所占面积等；仓库所占面积除库存物品所占面积外，还需留下运输工具停放、装卸及工人搬运所需的面积；维修部门也需根据全厂的维修工作量来确定相应的面积；此外对于服务部门，如膳食、医疗等后勤部门亦需根据一定比例确定所占面积。确定了企业所有组成单位的面积需求之后，就应汇总计算出总的需求面积，然后与厂区现有面积均衡确定增减，最后把确定了的组成单位的面积需求编列成表。

• 确定各生产单位之间的相互关系。各个组成部分在工厂内部如何安排，其具体位置应布置在厂区的何处，应根据物料、人员、信息在各组成部分之间的流程或关系来确定。确定各组成部分的工作流程或关系可用定量或定性的方法。如果一个企业组成单位之间有大量物料、人员、信息流动，则一般应根据工作流程定量法来布置；反之，各组成单位之间物料、人员的实际流动很少，但却有大量通信和组织上的相互关系，工作上的协作关系密切，则一般应根据工作流程定性法来布置。最普遍的情况是，企业内部既有定性流程的需要，也有定量流程的问题，所以两种方法都必须采用。

• 制订初步平面物流布置方案。在进行调查、收集有关资料，确定了各部门所需面积及相互关系之后，就可进行平面物流布置的初步设计。

• 方案评价。一般来说，一个厂区的平面物流布置可同时做出若干种设计方案，因此，在初步设计方案完成之后均需进行方案评价，从中选择一个最满意的方案。评价可从定性和定量两方面进行。定性评价还组织利益相关方来对各方案满足厂区布置目标的程度、遵循布置原则的程度等多方面进行打分。定量评价可通过计算一定的技术经济指标来进行。

• 方案的实施。在方案确定之后就进入实施阶段，为了减少损失，在实地进行布置之前，最好能采用模型把平面物流布置图中的布置方案按实际比例反映出来，以便从立体角度发现问题。

6.3 虚拟样机技术

虚拟样机技术（virtual prototype technology，VPT）是当前设计制造领域的一项新技术，它利用计算机软件建立机械系统的三维实体模型和运动学及动力学模型，分析和评估机械系统的性能，从而为机械产品的设计和制造提供依据。

在样机制造和试验过程中，以往主要是采用物理样机，随着计算机技术的不断提高，虚拟样机技术得到了迅速发展，也得到了广泛的应用。

6.3.1 虚拟样机技术的基本概念

虚拟样机技术是一种基于产品计算机仿真模型的数字化设计方法，这些数字模型即虚拟样机（virtual prototype，VP）。虚拟样机技术涉及多体系统运动学与动力学建模理论及其技术实现，是基于先进的建模技术、多领域仿真技术、信息管理技术、交互式用户界面技术和虚拟现实技术的综合应用技术。虚拟样机技术是在 CAx（如 CAD、CAM、CAE 等）/DFx［如 DFA、DFM（面向制造的设计）等］技术基础上发展，它进一步融合信息技术、先进制造技术和先进仿真技术将这些技术应用于复杂系统全生命周期、全系统，并对它们进行综合管理。从系统层面来分析复杂系统，支持"由上至下"的复杂系统开发模式。利用虚拟样机代替物理样机对产品进行创新设计、测试和评估，能够缩短开发周期，降低成本，改进产品设计质量，提高面向客户与市场需求的能力。

虚拟样机技术在产品设计开发中，可以将分散的零部件设计和分析技术［指在某一系统中零部件的 CAD 和 FEA（有限元分析）技术］糅合在一起，在计算机上建造出产品的整体模型，并针对该产品在投入使用后的各种工况进行仿真分析，预测产品的整体性能，进而改进产品设计，提高产品性能。

在传统的设计与制造过程中，首先是概念设计和方案论证，然后进行产品设计。在设计完成后，为了验证设计，通常要制造物理样机进行试验，通过试验发现问题，再回头修改设计，进行样机验证。只有通过周而复始的设计—试验—设计过程，产品才能达到所要求的性能。这一过程是较长的，尤其对于结构复杂的系统，设计周期更加漫长，无法适应市场的变化，并且物理样机的制造增加了成本，在大多数情况下，工程师为了保证产品按时投放市场而中断物理样机试验这一过程，使产品在上市时便存在先天不足的问题。在竞争的市场背景下，基于物理样机上的设计验证规程严重地制约了产品质量的提高、成本的降低和对市场的占有。

虚拟样机技术是从分析解决产品整体性能及其相关问题的角度出发，解决传统的设计与制造过程弊端的高新技术。在该技术中，工程设计人员可以直接利用 CAD 系统所提供的各种零部件的物理信息及其几何信息，在计算机上定义零部件间的约束关系并对机械系统进行虚拟装配，从而获得机械系统的虚拟样机。使用系统仿真软件在各种虚拟环境中真实地模拟系统的运动，并对其在各种工况下的运动和受力情况进行仿真分析，观测并试验各组成部分的相互运动情况。它可以方便地修改设计缺陷，仿真实验不同的设计方案，对整个系统进行不断改进，直到获得最优设计方案以后，再制造物理样机。

虚拟样机技术可使产品设计人员在各种虚拟环境中真实地模拟产品整体的运动及受力情况，快速分析多种设计方案，进行对物理样机而言难以进行或根本无法进行的实验，直到获得系统的最佳设计方案为止。虚拟样机技术的应用贯穿于整个设计过程，它可以用在概念设计和方案论证中，设计者可以把自己的经验与想象结合在虚拟样机里，让想象力和创造力得到充分发挥。用虚拟样机替代物理样机验证设计时，不但可以缩短开发周期，而且设计效率也得到大幅提高。

案例：虚拟样机技术综合了多种先进方法和技术，因其在缩短产品的研发周期、降低成本以及提高企业效率等方面起到了明显推动作用而得到快速发展。机械系统动力学自动分析软件 ADAMS，是由美国 MDI 公司开发的虚拟样机分析软件。

目前，ADAMS 软件广泛应用于各行各业，据有关机构统计分析，其市场占有率超过 50%。ADAMS 软件使用交互式图形环境和部件库、约束库、力库，用堆积木式的方法建立三维机械系统参数化模型，其求解器利用拉格朗日方程，建立系统动力学方程，并通过对其运动性能的仿真分析和比较来研究"虚拟样机"可供选择的设计方案。ADAMS 软件可用于估计机械系统性能、运动范围、碰撞检测、峰值载荷以及计算有限元的输入载荷等。

在汽车领域上主要用于汽车产品的开发，对于复杂的车辆动态工况，直接使用有限元软件计算结构的动力学问题是较为困难的，特别是运动高度非线性特性还需进一步考察过程中的应力，则有限元软件无法直接处理该类问题。使用 ADAMS 可以采用刚柔耦合的方法深入研究汽车结构的动力学响应，如图 6-18 所示。具体可以体现在汽车动力性、制动性、操纵稳定性和平顺性的研究。

图6-18 汽车动力学仿真

在航空航天中主要应用于小型卫星入轨初期动力学与控制仿真、差动式机电缓冲阻尼机构动力学仿真和飞机起落架的研究。利用 ADAMS 软件建立小车式起落架着陆的 ADAMS 分析模型，深入分析小车式起落架的有关参数对起落架着陆动力学性能的影响，仿真分析对小车式起落架进行了参数优化设计，如图 6-19 所示。

在铁路车辆及装备方面利用虚拟样机 ADAMS 软件对高速铁路铰接式客车单元进行了建模并进行临界速度分析，考虑客车车体的弹性，将车体分成若干块，每两块之间利用弹性单元连接。可提取出稳定性临界速度、各物体的位移、各物体的速度、各物体的加速度、轮轨作用力、脱轨系数、轮重减载率、接触几何参数、蠕滑参数以及响应点的加速度和加速度 FFT（快速傅里叶变换）结果以及平稳性指标等。

在工业机械和工程机械方面 ADAMS 主要应用于各类串并联机器人动力学仿真、大型复杂装配体的动力学仿真等。结合刚柔耦合可深入研究机器人某一关节结构的动力学响应和应力应变情况，同时可基于虚拟样机技术对仿真机器人步行步态轨迹进行规划和优化，大大地减小整体开发周期以及提高产品的可靠性，如图 6-20 所示。

图6-19 飞机起落架分析

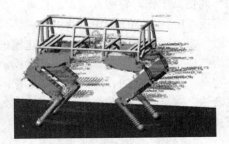

图6-20 机器人步行步态轨迹优化

6.3.2 虚拟样机关键使能技术

VPT 是一个系统工程，其研究与应用实施自然涉及诸多技术并涵盖诸多领域，如 VP 总体技术、VP 建模技术、VP 协同仿真技术（collaborative simulation technology，CST）、VP 协同设计技术（collaborative design technology，CDT ）、VP 管理技术、VP 测试与评估技术（test and evaluation technology，T&ET）、VR 技术以及支撑整个系统的工具集成平台/框架等。

（1）VP 总体技术

VP 总体技术从全局角度、系统层面，着重处理事关全局的难点和问题，充分考虑构建 VPS

（virtual prototype system，虚拟样机系统）不同部分、不同分系统或子系统、各个功能模块之间的联系，协同、集成各个组成部分的运行，组成一个集成化、系统化的整体，实现数据、信息、模型及资源的共享，完成最终的 VP 研发目标。在研究总体技术过程中主要研究 VP 系统规范和标准、接口与协议、系统运行模式与集成方式方法、网络共享与数据库管理等。

除此之外，系统集成方式方法就是要充分考虑组成 VPS 的各分系统、各子系统、各个功能模块间的关系，探究它们之间的集成问题。对 VPS，就是多种技术的有机集成、优化，多种技术包括：全生命周期建模仿真工具的互操作与集成技术；产品设计、建模、装配、仿真、结构分析等环境与 VR 可视化多种支撑环境间的集成技术；计算机辅助 x（computer aided x，CAx）、面向 x 的设计（design for x，DFx）的集成技术。

随着信息技术不断发展，新算法层出不穷，平台技术逐渐完善，系统集成技术随之不断进步，如：基于 CORBA（通用对象请求代理体系结构）和 COM/OLE（组件对象模型/对象链接与嵌入）规范的企业集成平台/框架技术；基于 Web 技术的应用系统集成技术；基于新一代因特网、宽带智能网、虚拟网以及企业局域网的网络技术异构分布的、多库集成的数据库开发与管理技术；等等。在这些技术中，基于 HLA 标准的集成技术功能强大实用，支持多学科、多领域协同仿真应用，支持构造仿真、虚拟仿真、实况仿真三类仿真应用集成，在军事等领域已经得到广泛应用。

（2）VP 建模技术

VP 开发过程中涉及不同系统、不同领域以及 VR 中可视化模型，对这些模型进行集成的、协同高效的组织、协调以及应用是实现 VPT 的关键技术之一。因此要提供一种通用的、涵盖全生命周期所有有用信息的产品模型表达方法，并要求这些方法逻辑统一、描述性好，能够允许不同学科、领域的模型信息异地共享、实时交互、有机集成与协同运行，支持产品模型协同建模与协同仿真工作，完成真实产品性能、功能、行为的模拟与表达以及产品全生命周期上的应用，实现 VP 全方位的 T&E（测试与评估）、研发及运行环境的有机集成。

近年来，诸多专家学者针对产品建模进行了积极的探索、研究和实践并取得显著成效。但是，这些成果大多应用于单领域产品建模，无法完备地描述产品信息，难以标准和规范地进行产品定义，高效完整的、协同的、集成化的建模方法较少，针对复杂产品无法在系统工程层面一致表达，对全生命周期产品开发不能有效支持。总结起来，未来建模技术将会向基于知识的建模技术、基于元模型的建模技术以及并行和分布式建模技术等技术的方向发展。

（3）VP 协同仿真技术

汽车、铁路车辆、飞机、大型工程机械等大型复杂产品，本身就构成复杂大系统。该系统由数以万计的零件、部件、子系统、分系统构成，同时，它的各个部件、分系统、子系统自身由多个零部件组成，是机械、电子、液（气）压、软件等不同学科、领域构成的复杂产品。这些不同学科、领域的零部件、分系统、子系统自身内部与外部其他系统零部件、产品、环境场所相互联系、影响，组成一个复杂的整体，向用户展示自身怡人的外观，实现不同功能以及不同的产品行为，从而满足人们对产品的内在要求。

传统的仿真技术往往局限于单个学科或领域，如机械系统仿真、液压系统仿真、控制系统仿真等，但像铁路车辆、飞机、大型工程机械等复杂产品自身是一个多系统、多学科、多领域的有机集成，只对某一学科、领域进行仿真分析，很难准确、完整地获得我们想要的数据结果，因此，必须对复杂产品进行多学科、领域的协调仿真。

随着先进建模技术、分布仿真技术和现代化信息管理技术迅猛发展和广泛应用，加上多领域建模、仿真分析工具涌现，CST 这种多学科协同 CAx/DFx 技术成为研究热点并出现了很多具体应用。协同仿真分为两个层面：一是沿着时间轴对产品进行全生命周期的单点仿真分析；另一个就是系统层面上针对相同产品、相同时间，而人员不同、所应用的工具不同的产品对象进行联合仿真分析。它是一种自上而下产品研发模式，是分布、异地的人员，在不同时间节点，应用不同的设计、仿真、分析软件工具，协同、并行、集成地开发复杂产品的一种较为成熟的方法。

（4）VP 管理技术

VPS 已成为一项复杂的系统工程，涵盖各种数据、模型、信息以及人员等因素、对象或资源。如何在产品开发过程中对因素、对象或资源进行高效、有序的协调和管理，让它们最大限度地发挥自身优势，实现全局全系统有机集成，确保在恰当的时间，将精准的数据依据合理的方式传送给需要的人，以支持异地、分布、不同领域的人员之间协同、并行地开展产品研发工作，是 VP 管理技术的要点。VP 管理内容包括团队管理、工作流程管理、项目管理以及产品数据/模型管理等。

基于已有项目管理技术及产品数据管理（product data management，简称 PDM）技术，进一步拓展对项目目标、模型库和知识库的管理功能和性能是实施产品数据、模型、工具、流程以及人员管理的有效途径。复杂产品 VP 管理技术应当解决文档、团队、工作流程、项目以及产品数据/模型等管理问题。

（5）VR 技术

VR 技术，也叫灵境技术。VR 技术的出现，人机交互界面研究出现新领域，智能工程有了新界面工具，也实现了繁杂的可视化数据模型新的语言表达和描述。目前主要有两个发展方向：一个是基于 VR 建模语言（virtual reality modeling language，VRML），另一个是分布式交互仿真（distributed interactive simulation，DIS）。VR 技术涉及很多关键技术，归纳起来有实时三维图形生成技术、动态环境建模技术、立体显示和传感器技术、系统集成技术以及应用系统开发工具等。

（6）VP 校验、验证和确认技术（VP 测试与评估技术）

大型 VP 分布式仿真系统涉及的模型类型多，高效建模困难。众所周知，在进行 VP 开发过程中，要实现精准的仿真，必须构建精准的数字模型，考量这一指标的参数就是置信度，所建数字模型越精准，得到的仿真结果越接近实际情况，也就是置信度越高，显然为了 VP 开发更有效，必须研究 VP 校验、验证和确认技术，这已成为 VP 开发的关键核心之一。VP 校验、验证和确认技术包括提出规范，标准的系统性能评估模型与评估方式，分布式仿真的校验、验证和确认，数据的校核、验证，以及仿真置信度/可信性评估，等内容。

（7）复杂产品 VP 集成支撑环境

复杂产品 VP 集成支撑环境应是一个支持并管理复杂产品全生命周期虚拟化设计过程与性能评估活动，支持分布、异地的团队采用协同 CAx/DFx 技术来开发和实施 VP 集成的应用工具、系统或软件。

① 应能提供所需且对应的数据及其模型，CAx/DFx 设计工具，基于知识管理的协同开发环境等，支持对复杂产品不同学科领域分系统的 VP 功能、行为、性能模型的设计开发和 VP 外观、VR 可视化模型的设计开发的系列设计活动。

② 应能提供相应数据、模型库（包括相关产品模型与环境模型等），相关可即插即用的模拟器/仿真应用系统，CSP（生产线），可视化环境，等等，支持对复杂产品的功能、性能、行为、总体及子系统功能与行为的仿真、分析活动。

③ 应能提供一个具有管理功能的集成平台，支持团队/组织、过程、虚拟产品数据/模型和项目的管理与优化，支持不同工具、应用系统的集成，支持并行工程方法学。图 6-21 给出了一个 VPS 的体系结构图。

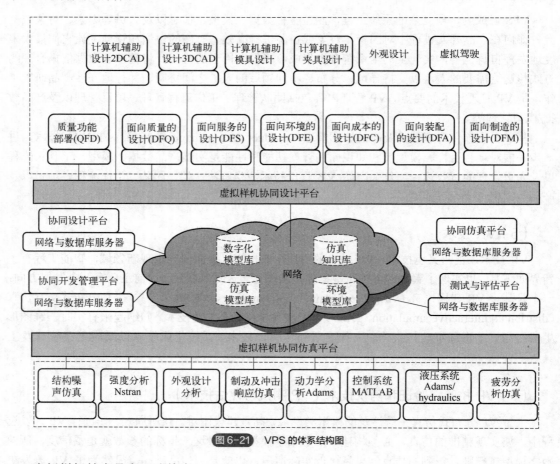

图 6-21 VPS 的体系结构图

虚拟样机技术具有下述特点：

- 强调在系统层次上模拟产品的外观功能以及特定环境下的行为；
- 可以辅助物理样机进行设计验证和测试；
- 可以在相同的时间内"试验"更多的设计方案，从而易于获得最优设计方案；
- 用于产品开发的全生命周期，并随着产品生命周期的演进而不断丰富和完善；
- 与常规的仿真相比，它涉及的设计领域广，考虑也比较周全，因而可以提高产品的质量；
- 支持产品的全方位测试、分析与评估，支持不同领域人员对同一虚拟产品并行地测试、分析与评估；

- 可以减少产品开发过程中所需的时间，使产品尽快上市；
- 可以减少产品开发后期的设计更改，进而使得整个产品的开发周期最小化；
- 减少了设计费用。

虚拟样机技术在改善产品开发模式方面具有很大的潜力。尽管虚拟样机技术在现阶段有一些局限性，但其应用前景是好的。

 ## 本章小结

　　本章从虚拟现实的概念入手，介绍了虚拟制造技术的定义、特点和分类，虚拟制造利用仿真与虚拟现实技术，在高性能计算机及高速网络的支持下，采用群组协同工作，实现产品的设计、工艺规划、加工制造、性能分析、质量检验，以及企业各级过程的管理与控制等产品制造的过程，可以增强制造过程各级的决策与控制能力。其特点为：信息高度集成，灵活性高；群组协同，分布合作，效率高。

　　虚拟制造系统是生产过程中的人、计算机与实际制造之间关系的表现，是虚拟制造的核心所在。制造企业可以身临其境地在计算机环境下模拟仿真、评估和优化制造过程，在实际生产前发现问题，在不消耗实际生产资源的情况下找出最优方案，达到缩短周期、降低成本、提高效益的目的。本章介绍了虚拟制造系统体系结构、组成以及建模的方法。

　　虚拟样机是利用计算机软件建立机械系统的三维实体模型和运动学及动力学模型，分析和评估机械系统的性能，从而为机械产品的设计和制造提供依据。本章介绍了虚拟样机技术的基本概念和关键使能技术。

 ## 思考题与习题

1. 什么是虚拟现实？它具有哪些特点？
2. 虚拟制造的定义及特点是什么？
3. 简述虚拟制造在产品开发制造中的分类及目的。
4. 简述虚拟制造技术在现代装备制造业中的作用。
5. 以清华大学国家 CIMS 工程技术中心提出的虚拟制造系统体系结构为依据，调研其他方式的虚拟制造系统体系结构，并加以分析。
6. 简述虚拟制造系统的组成及功能。
7. 虚拟制造系统模型有哪几种？分别起什么作用？
8. 简述虚拟样机是怎样的一种技术。
9. 简述虚拟样机包含哪些关键使能技术，并举例说明。

第 7 章

信息物理系统基础

 思维导图

扫码获取

本书电子资源

信息物理系统基础

- CPS的内涵
  - 来源
    - 技术来源
    - 需求来源
  - 定义
  - 特征
    - 泛在连接
    - 异构集成
    - 数据驱动
    - 软件定义
    - 虚实映射
    - 系统自治

- CPS体系结构
  - 单元级CPS
    - 物理世界
    - 计算核
  - 系统级CPS
  - SoS级CPS
  - CPS体系结构的特点
    - 全局虚拟、局部有形
    - 开放性
    - 异构性

- 智能制造系统中的CPS建模与仿真
  - CPS在智能制造系统中的构架
    - 基于CPS的智能制造系统层级模型
      - 网络协同层
      - ERP层
      - PLM层
      - 制造执行层
      - 控制层
      - 感知设备层
    - CPS在产品全生命周期的构架
      - 基础设施即服务(IaaS)层
      - 数据库即服务(DaaS)层
      - 平台即服务(PaaS)层
      - 协同即服务(COaaS)层
      - 软件即服务(SaaS)层
      - 门户层
  - CPS的建模与仿真系统
    - 技术理念和性能
    - 基本功能

- 信息物理系统的典型应用案例
  - 单元级CPS、系统级CPS、SoS级CPS的应用案例
  - CPS在智能制造系统中的建模与仿真的应用案例

内容引入

　　随着国民经济中各个产业信息化程度的提升和产业间深度交叉融合，信息物理系统（CPS）正成为支撑这一发展的关键技术，也被誉为引领全球新一轮产业技术变革的核心体系。通过将客观物理空间中实体、行为以及交互环境等精准映射至信息空间，进行实时处理并反馈回物理空间，CPS 能够从系统视角和不同层面解决复杂系统的分析建模、决策优化、不确定处理等难题。

　　CPS 应用范围很广，如大规模交通控制系统的优化，城市交通协同的服务，大数据的分析平台，还有无人机、无人车的应用，甚至协同的应用，还有下一代分布式能源的管理，都属于典型 CPS 应用场景。

　　交通行业 CPS，简称 TCPS，将交通的物理对象和信息系统融合在一起，基于计算、通信、控制的 3C 技术，将交通信息源和交通物理深度融合，通过信息系统和物理系统间相互作用和反馈，实现交通系统的感知、沟通、协同和决策的优化。TCPS 主要包括四个因素：人、信息、物理（人、车、道物理域）、服务。把人、车、道采集融合感知的技术通过处理和计算，结合远程服务，为人、车、道提供指导和规划，如图 7-0 所示。

　　基于 TCPS 交通运行的控制模型，和传统简单的红绿灯控制人和车相比，后者仅仅是交通信号的控制，而 TCPS 要考虑多种控制的输入，既包括交通需求的输入，如基于人和基于交通系统关于交通需求的输入，也包括交通系统本身信息的输入，包括网络的均衡、降低交通的阻塞等因素，还包括信号协同的控制、平均速度的控制等。

图 7-0　智能网联汽车在信息物理系统的开发示例

　　智慧交通还能通过信息物理系统为城市提供车辆轨迹的匹配，对车流进行预测，对城市交通的拥堵进行分析，为出行线路优化，甚至对共享的资源进行选址和优化。

 学习目标

　　1. 了解 CPS 的来源、定义与特征；
　　2. 了解 CPS 的体系结构及特点；
　　3. 了解智能制造系统中 CPS 的构架；
　　4. 理解 CPS 中的建模与仿真系统遵循的技术理念；
　　5. 领会智能制造系统中 CPS 的建模与仿真系统支持的功能。

智能制造系统的存在形式是 CPS，即构建一个虚实融合的数字化、网络化、智能化的制造系统。本章就 CPS 内涵、体系结构及在智能制造系统中的 CPS 建模与仿真三部分展开介绍与分析。

7.1　CPS 的内涵

7.1.1　CPS 的来源

信息物理系统这一术语，最早由美国国家航空航天局（NASA）于 1992 年提出。其来源可以追溯到更早时期，1948 年，诺伯特·维纳受到法国物理学家安培的启发，创造了"Cybernetics"这个单词。1954 年，钱学森所著 *Engineering Cybernetics* 一书问世，第一次在工程设计和实验应用中使用这一名词。1958 年，中文版《工程控制论》发布，"Cybernetics"翻译为"控制论"。此后，"Cyber"常作为前缀，应用于与自动控制、计算机、信息技术及互联网等相关的事物描述，CPS（信息物理系统）术语来源历程参见图 7-1。

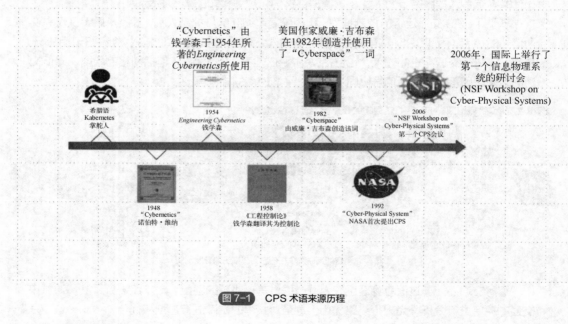

图 7-1　CPS 术语来源历程

（1）技术来源

CPS 是控制系统、嵌入式系统的扩展与延伸，其涉及的相关底层理论技术源于对嵌入式技术的应用与提升。然而，随着信息化和工业化的深度融合发展，传统嵌入式系统中解决物理系统相关问题所采用的单点解决方案，已不能适应新一代生产装备信息化和网络化的需求，需要对计算、感知、通信、控制等技术进行更为深度的融合。因此，在云计算、新型传感、通信、智能控制等新一代信息技术的迅速发展与推动下，CPS 顺势出现。

例如汽车电子系统就是一个典型的 CPS。随着汽车的网联化、自动化、共享化和电动化发展，汽车的电子化程度日益增长，车内电子化功能、传感器和执行器等的数量陡增。传统的通过新增电子控制单元（electronic control unit，ECU）来实现电子功能的方式，使得车内 ECU 的数量急剧增长，如一些高端轿车内的 ECU 数量已超过 100 个，车内的代码量超过了 1 亿行，这在系统安全保障、节能减排和成本控制等方面都对汽车工业提出了十分严峻的挑战。

（2）需求来源

随着现代社会生产力的发展、科学技术的进步和产业结构的调整，城镇化发展趋势明显，城市人口持续增长给城市管理（如交通、安全、节能减排和环保等方面）带来了巨大挑战。当前，中国工业生产正面临产能过剩、供需矛盾、成本上升等诸多问题，传统的研发设计、生产制造、应用服务、经营管理等方式已经不能满足广大用户新的消费需求、使用需求，迫使制造业转型升级，提高对资源配置利用的效率。制造业企业需要新的技术应用使得自身生产系统向柔性化、个性化、定制化方向发展。而 CPS 正是实现个性化定制、极少量生产、服务型制造和云制造等新的生产模式的关键技术，在大量实际应用需求的拉动下，CPS 顺势出现，为实现制造业转型升级提供了一种有效的实现途径。

拓展阅读

7.1.2　CPS 的定义

CPS 是多领域、跨学科不同技术融合发展的结果。尽管 CPS 已经引起了国内外的广泛关注，但 CPS 发展时间相对较短，不同国家或机构的专家学者对 CPS 理解侧重点也各不相同。如表 7-1 列举了部分有代表性的定义。

表 7-1　各国机构和专家对 CPS 的定义

机构或专家	CPS 定义
美国国家科学基金会（NSF）	CPS 是一个工程系统，由计算算法和物理部件组成，并依赖于计算算法和物理部件的无缝集成。CPS 的发展将使得工程系统具备的系统能力、自适应性、可扩展性、系统弹性、系统安全、信息安全和可用性等远超现有的嵌入式系统
德国国家科学与工程院（Acatech）	CPS 是指嵌入了软件的设备系统、建筑系统、交通系统、生产系统、医疗系统、物流系统、装备系统和管理系统等各种物理系统。它们使用传感器直接获取物理数据，并通过执行器作用于物理过程；它们对获取的物理数据进行分析和处理，并同时与物理世界和虚拟世界进行主动式或反应式交互；它们通过有线或无线、局部或全局的数字通信设备，实现相互之间的连接，使用全球范围内的数据和服务；它们配备了一系列专用的、多模态的人机交互界面
美国辛辛那提大学 Jay Lee 教授	CPS 以多源数据的建模为基础，以智能连接、智能分析、智能网络、智能认知和智能配置与执行的 5C 体系为架构，建立虚拟与实体系统关联性、因果性和风险性的对称管理，持续优化决策系统的可追踪性、预测性、准确性和强韧性，实现对实体系统活动的全局协同优化
中国科学院何积丰院士	CPS 从广义上理解，就是一个在环境感知的基础上，深度融合了计算、通信和控制能力的可控、可信、可扩展的网络化物理设备系统，它通过计算进程和物理进程相互影响的反馈循环，实现深度融合和实时交互来增加或扩展新的功能，以安全、可靠、高效和实时的方式监测或者控制一个物理实体
中国科学院徐宗本院士	CPS 是一个综合计算、网络和物理环境的多维复杂系统，它通过 3C［computer（计算机）、communication（通信）、control（控制）］技术的有机融合与深度协作，实现对大型工程系统的实时感知、动态控制和信息服务。通过人机交互接口，CPS 实现计算进程与物理进程的交互，利用网络化空间以远程、可靠、实时、安全、协作的方式操控一个物理实体。从本质上说，CPS 是一个具有控制属性的网络

7.1.3　CPS 的特征

CPS 构建了一个能够联通物理世界与虚拟的信息世界，驱动数据在其中自动流

拓展阅读

动,实现对资源进行优化配置的智能系统。CPS 通过在物理系统中深度嵌入计算智能、通信和控制的能力以及借助新型传感设备、执行设备,通过主动的和可重构的功能组件增强物理系统的自适应功能,将极大地提高 CPS(小到智能家庭网络,大到工业控制系统乃至智能交通等国家级甚至世界级应用)的自适应能力、自动化程度、效率、可靠性、安全性和可用性等。虽然不同的组织和个人给出了多种 CPS 定义,并且随着 CPS 研究的深入,CPS 的定义也在不断演化,但是 CPS 的本质未变,如图 7-2 所示,CPS 的本质就是构建一套信息世界与物理世界之间基于数据自动流动的状态感知、实时分析、科学决策、精准执行的闭环赋能体系,提高资源配置效率,实现资源优化。具体来说,CPS 具备数据驱动、软件定义、泛在连接、虚实映射、异构集成、系统自治等方面的特征。

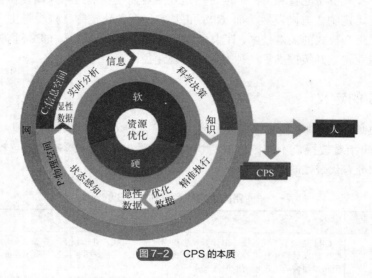

图 7-2　CPS 的本质

(1)泛在连接

不同层次、不同类型的网络通信是 CPS 的基础和关键技术,能够实现 CPS 内部不同单元之间以及与其他 CPS 之间的互联、互通和协作。在具体的应用场景中,CPS 对网络连接的时延、能耗、可靠性、功能安全、信息安全等功能属性和组网灵活性、拓扑结构可扩展性等方面都有特殊要求。同时,CPS 还必须解决异构网络融合、业务支撑和服务提供等方面的实时性、高效性、智能性、安全和隐私保护等方面的挑战。随着无线宽带、射频识别、信息传感及网络业务等新一代信息通信技术的发展,网络通信将会更加全面深入地融合信息世界与物理世界,表现出明显的泛在连接特征,实现在任何时间、任何地点的任何人、任何物都能顺畅、可靠、安全和高效地通信。构成 CPS 的各类传感器件、模块、单元、企业等实体都要具备泛在连接能力,并实现跨网络、跨行业、异构多技术的融合与协同,以保障数据在系统内的自由流动。泛在连接通过对物理世界状态的实时采集、传输、分析,以及信息世界决策指令的实时反馈下达,将提供无处不在的优化决策和智能服务,从而通过感知—分析—决策—执行的全过程构建可实现物理世界和虚拟的信息世界深度融合的反馈闭环。

(2)异构集成

CPS 依赖于物理世界与信息世界的深度融合,并借助于软件、硬件、网络、云计算、大数据等一系列技术的有机组合,构建了一个物理世界与虚拟的信息世界之间数据自动流动的闭环赋能体系。尤其在高层次的 CPS，如系统之系统级（System of System，SoS）CPS 中，往往会存在大量异构的物理实体、硬件、软件、数据和网络等。CPS 能够将这些异构物理实体（如智能交通系统中的轿车、客车、地铁和人等）、异构硬件［如 CISC（复杂指令集计算机）/RISC（精简指令集计算机）CPU、单核/多核/众核处理器、GPU（图形处理单元）、NPU（神经处理单元）、FPGA（现场可编程门阵列）等］、异构软件（如通用操作系统、嵌入式实时操作系统、PLM 软件、MES 软件、PDM 软件、SCM 软件等）、异构数据（如模拟量、数字量、开关量、音视频、特定格式文件等）及异构网络（如现场总线、CAN、FlexRay、工业以太网等）集成起来，实现数据在信息世界与物理世界不同环节的自动流动，实现信息技术与工业技术的深度融合。因此，CPS 必定是一个包含不同层次、不同类型的异构集成的复杂综合系统。异构集成能够为各个环节的深度融合和有效协作打通交互的通道，为实现融合和协作提供重要保障。

（3）数据驱动

数据普遍存在于物理系统的方方面面，其中大量的数据是隐性存在的，没有被有效采集和充分利用，因而并未挖掘出其潜在的价值。CPS 通过构建"状态感知、实时分析、科学决策、精准执行"的数据自动流动闭环赋能体系，能够将数据源源不断地从物理世界中的隐性形态转化为信息世界的显性形态，并不断迭代优化，形成实时的决策控制指令和专家知识库。在这一过程中，状态感知的结果是数据，实时分析的对象是数据，科学决策的基础是数据，精准执行的输出还是数据。因此，数据是 CPS 的灵魂所在，数据在自动生成、自动传输、自动分析、自动执行以及不断的迭代优化中不断累积，螺旋上升，不断产生更为优化的数据，能够通过质变引起聚变，实现对 CPS 所有环节中资源的优化配置。

（4）软件定义

软件和芯片、传感与控制设备等一起对传统的网络、存储、设备等进行重新定义，并正从 IT（信息技术）领域向 OT（运营技术）领域延伸。软件是对物理世界中各类生产、制造和控制环节规律的代码化，支撑了绝大多数的物理过程。作为面向各类物理系统的 CPS，软件成为实现 CPS 功能的核心载体之一。从生产、制造和控制等各个环节的角度看，CPS 会全面应用到研发设计、生产制造、决策控制、管理服务等方方面面，通过对人、机、物、法、环全面的感知和控制，实现各类资源的优化配置。这一过程需要依靠物理系统的模块化、电子化、数字化、网络化，并不断通过软件实现和智能控制来被广泛利用。以产品装备为例，一些产品和装备本身就是一个 CPS。软件不但可以控制产品和装备的设计、制造和运行，而且可以把产品和装备的设计、制造和运行的状态实时展现出来，通过状态数据的分析、共享和优化反馈作用到产品和装备的设计、制造和运行的所有环节，从而实现设计、制造、运行和管理服务的迭代和全流程优化。

（5）虚实映射

CPS 构筑信息世界与物理世界数据交互的闭环通道，能够实现虚拟的信息虚体与物理实体之间的交互和协作。以物理实体建模产生的静态模型为基础，通过实时数据采集、数据分析、数据集成和监控，动态跟踪物理实体的工作状态和工作进展（如采集测量结果、分析实时状态、追溯信息等），将物理世界中的物理实体在信息世界进行全要素重建，形成具有感知、分析、决策、执行能力的数字孪生（亦译作数字化映射、数字镜像、数字双胞胎）；同时借助信息世界对数据综合分析处理的能力，形成对物理系统外部复杂环境变化的有效决策，并通过以虚控实的方式作用到物理实体。在这一过程中，物理实体与信息虚体之间交互联动、虚实映射、有效协作，通过共同作用提升系统各方面的性能和资源的优化配置效率。

（6）系统自治

CPS 能够根据感知到的物理环境变化信息，在虚拟的信息世界进行分析处理，并通过决策控制自适应地对外部环境变化做出及时有效的响应。同时在更高层次的 CPS（即 SoS 级 CPS）中，多个 CPS 之间通过网络互联，实现 CPS 之间的自组织、自协同。如在工业领域，多个 CPS 统一调度、编组协作，在生产与设备运行、原材料配送、订单变化之间的自组织、自配置、自优化，实现生产运行效率的提升、订单需求的快速响应等。在自优化、自配置的过程中，大量系统运行实时数据及控制参数被固化在系统中，形成知识库、模型库、资源库，使得系统能够不断自我演进与学习提升，从而可提高系统应对复杂环境变化的能力。

7.2 CPS 的体系结构

CPS 体系结构是一种由感知设备（如传感器、感应器等）、嵌入式计算设备（如分布式控制器）和网络［如 WSN（无线传感器网络）、Internet、现场总线、CAN、工业以太网等］所组成的多维复杂系统。如图 7-3 所示，典型的 CPS 体系结构中主要包括传感器、执行器和分布式控制器三类组件。传感器主要用于感知物理世界中的物理信息，并通过模数转换器将各种模拟的、连续的物理信息转化成能被计算机和网络所处理的数字的、离散的信息；分布式控制器接收由传感器采集并通过网络传输过来的物理信息，经过处理过后以系统输出的形式反馈给执行器执行，基于此来提供智能化服务；执行器接收控制器的执行信息，对物理对象的状态和行为进行调整，以适应物理世界的动态变化。

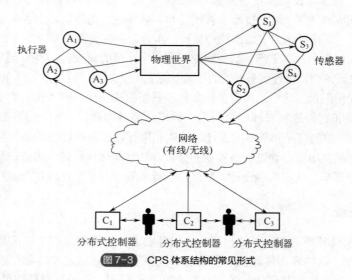

图 7-3 CPS 体系结构的常见形式

CPS 具有明显的层级特征，小到一个智能物理部件（一个 ECU）、一个智能产品（一辆汽车），大到整个智能工厂或整个智能交通系统都能构成 CPS。CPS 建设的过程就是从单一部件、单一设备、单一环节、单一场景的局部小系统不断向大系统、巨系统演进的过程；是从部门级到企业级，再到产业链级乃至产业生态级演进的过程；是数据流闭环体系不断延伸和扩展，并逐步形成相互作用的复杂系统网络，突破地域、组织、机制的界限，实现对人才、技术、资金等资源和要素的高效整合，从而带动产品、模式和业态创新的过程。

CPS 体系结构包括点对点体系结构、联邦式体系结构（integrated architecture）和综合模块化体系结构（integrated modular architecture）三种形式，分别对应三个层次的 CPS。如图 7-4 所示，三个层次的 CPS 分别为单元级 CPS、系统级 CPS 和 SoS 级 CPS。

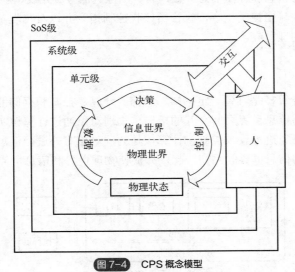

图 7-4　CPS 概念模型

7.2.1　单元级 CPS

单元级 CPS 是不可分割的 CPS 最小单元，可以是一个部件或一个产品，通过硬件（如具备传感、决策和控制功能的 ECU）和软件（如嵌入式软件）就可构成"感知—分析—决策—执行"的数据闭环，具备了可感知、可计算、可交互、可延展、自决策的功能。汽车引擎控制 ECU 单元、智能机器人、智能数控机床等都是典型的单元级 CPS。每个 CPS 最小单元都是一个可被识别、定位、访问、联网的信息载体，通过在信息世界中对物理实体的身份信息、几何形状、功能信息、运行状态等进行描述和建模，在虚拟的信息世界中可以映射形成一个最小的数字化单元，并伴随着物理实体单元的设计、加工、组装、集成，不断叠加、扩展、升级，这一过程也是 CPS 最小单元在虚拟信息世界和物理世界两个空间不断向系统级 CPS 和 SoS 级 CPS 同步演进的过程。单元级 CPS 的系统组成和体系结构如图 7-5 所示。

案例

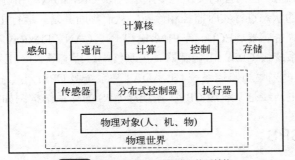

图 7-5　单元级 CPS 的组成和体系结构

单元级 CPS 主要包括物理世界和计算核两个组成部分，下面分别予以简介。

（1）物理世界

物理世界主要包括人、机、物等物理实体，以及传感器、执行器和分布式控制器等与外界环境进行交互的设备，这些设备是物理世界中各个物理对象的实际控制部分。物理对象通过传感器感知物理世界各种状态和环境信息（如声音、图像、信号、光线、温度、烟雾等），分布式控制器进行数据分析并输出控制指令，执行器接收控制指令并以对物理实体进行控制的方式把计算核的结果反馈给物理世界。

（2）计算核

如图 7-6 所示，计算核是具备一定感知、通信、计算、控制和存储能力的数字化组件，是物理世界中物理对象与信息世界之间交互的接口。物理对象通过计算核实现数字化，信息世界可通过计算核对物理对象进行反馈控制。计算核是物理对象对外进行信息交互的桥梁，通过计算核从而将物理对象与信息世界联系在一起，并促使物理世界和信息世界走向融合。

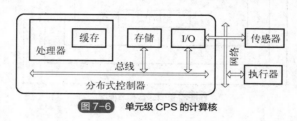

图 7-6　单元级 CPS 的计算核

7.2.2　系统级 CPS

系统级 CPS 是硬件、软件和网络的有机组合。多个单元级 CPS 通过网络（如工业现场总线、CAN、FlexRay、工业以太网等），可实现更大范围、更宽领域的数据流动和相互协作，实现多个单元级 CPS 的互联、互通、互操作，进一步提高系统资源优化配置的广度、深度和精度，从而构成无人驾驶汽车、智能生产线、智能车间、智能工厂等系统级 CPS。系统级 CPS 基于多个单元级 CPS 最小单元的状态感知、信息传输、实时分析，实现了系统级资源的自组织、自配置、自决策、自优化。在单元级 CPS 功能的基础之上，系统级 CPS 还主要包含互联互通、即插即用、边缘网关、数据互操作、协同控制、监视与诊断等功能。其中，互联互通、边缘网关和数据互操作主要实现单元级 CPS 的异构集成；即插即用主要在系统级 CPS 实现组件管理，包括组件识别、配置、更新和删除等功能；协同控制实现对多个单元级 CPS 的联动和协同控制等；监视与诊断主要是对单元级 CPS 的状态进行实时监控和诊断，从而判断其是否运行正常、是否安全等。

由雷达和摄像头等传感器、ECU、车内网络（LIN、CAN、FlexRay 和以太网）等构成的分布式汽车电子系统是系统级 CPS；由传感器、控制终端、组态软件、工业网络等构成的分布式控制系统（DCS）和数据采集与监控系统（SCADA）是系统级 CPS；由数控机床、机器人、AGV、传送带等构成的智能生产线是系统级 CPS。系统级 CPS 的体系结构图如图 7-7 所示。

7.2.3　SoS 级 CPS

SoS 级 CPS 是多个系统级 CPS 的有机组合，涵盖了硬件、软件、网络和平台四大要素。

SoS 级 CPS 通过构建基于大数据的智能服务平台，实现了跨系统、跨平台的互联、互通和互操作，促成了多源异构数据的集成、交换和共享，以及"感知—分析—决策—执行"闭环内的自动流动，在系统全局范围内实现信息全面感知、可靠传输、科学决策和精准执行。智能服务平台采用大数据技术，通过丰富开发工具、开放应用接口、共享数据资源、建设开放社区等，加快平台软件的快速发展，形成一个赢者通吃的多边市场，构建一个新的产业生态。如国家级/城市级的智能交通系统（高铁、出租车、公交车和地铁等）、西门子 Mindsphere、GE Predix 以及海尔 COSMO、PTC 的 ThingWorx 等通过实现横向、纵向和端到端集成，形成了开放、协同、共赢的产业新生态，体现了 SoS 级 CPS 的发展方向。SoS 级 CPS 的体系结构如图 7-8 所示。

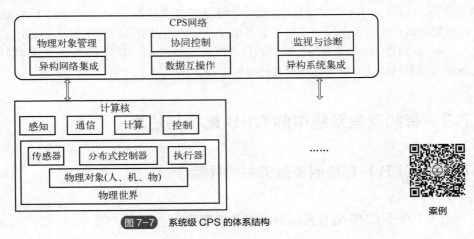

图 7-7　系统级 CPS 的体系结构

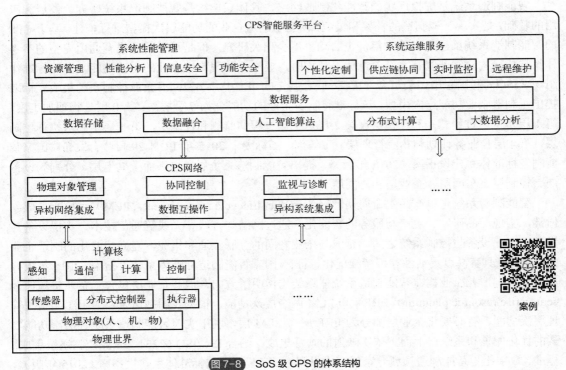

图 7-8　SoS 级 CPS 的体系结构

7.2.4 CPS 体系结构的特点

CPS 连接了原来完全分割的虚拟（信息）世界和实体（物理）世界，使得虚拟世界智能化，并基于物理世界与虚拟世界的相互连接，有机地实现信息交互，并且能够优化物理世界设备之间的控制、操作和传递，构成一个泛在、绿色、智能、高效的物理世界，使得物理世界更加丰富多彩。

综上所示，CPS 的体系结构主要具备如下特点：

① 全局虚拟、局部有形。CPS 通过各种网络实现计算系统与物理系统的集成和融合，即全局虚拟；CPS 通过传感器、执行器等设备，实现计算系统与物理系统的交互和协调，即局部有形。

② 开放性。CPS 可以动态地接受各类组件的接入和退出，从而有利于系统自身的动态调整和构建大规模甚至于全国规模的复杂系统，以自动适应不同的操作条件和应用需求。

③ 异构性。CPS 体系结构的异构性表现在多个方面，如：不同类型的物理实体、计算部件，不同类型的网络技术、操作系统和计算模型等。

7.3 智能制造系统中的 CPS 建模与仿真

7.3.1 CPS 在智能制造系统中的框架

（1）基于 CPS 的智能制造系统层级模型

智能制造系统是虚拟现实的智能化制造网络，其体系架构是智能制造系统研究、发展和应用的基础，是实现智能制造的骨架和灵魂，须基于制造企业的功能层次模型进行构建。基于 CPS 的智能制造系统虽已提出若干年，也启动了不少相关研究，但是至目前还没有通用完整的参考体系架构，构建智能制造系统参考体系架构时，要充分体现制造企业的层次功能。国际标准化组织（ISO）和国际电工委员会（IEC）联合制定的 IEC/ISO 62264《企业控制系统集成》标准提出了制造企业功能层次模型，该标准将制造企业的功能分为 5 个层次：第 0 层是物理加工层，第 1 层是生产过程感知和操控层，第 2 层是生产过程的监测和控制层，第 3 层是制造执行控制层，第 4 层是业务计划和物流管理层。工信部、国标委于 2015 年 12 月 29 日联合发布《国家智能制造标准体系建设指南（2015 年版）》，提出智能制造系统层级自下而上共五层，分别为设备层、控制层、车间层、企业层和协同层。

智能制造系统是以产品生命周期管理（product lifecycle management，PLM）为核心形成创值链，实现产品研发、生产与服务的智能化，通过网络与有线、无线等通信技术，实现设备与设备之间、设备与控制系统之间、企业与企业之间的互联互通和集成，建立智能化的制造企业创值网络，具有高度灵活性和可持续优化特征。《国家智能制造标准体系建设指南（2015 年版）》虽为我国制造业企业构建智能制造系统体系架构指明了方向，但其企业层包含了企业资源计划（enterprise resource planning，ERP）和 PLM 两个层次功能，根据我国制造企业的组织架构与管理层次功能，有必要将企业层细分为 ERP 层与 PLM 层，利于实现智能制造系统各层次功能要素的优化配置和系统自上而下依次映射的垂直集成。结合 IEC/ISO 62264《企业控制系统集成》标准、数字化与智能制造领域专家研究成果和《国家智能制造标准体系建设指南（2015 年版）》，提出如图 7-9 所示基于 CPS 的智能制造系统自上而下依次映射的 6 个层级：网络协同层、ERP

层、PLM 层、制造执行层、控制层和感知设备层。该智能制造系统层级模型基于云安全网络（互联网、移动互联网、物联网和无线网络），利用大数据、云计算实现产品生产制造过程海量制造数据信息的分析、挖掘、评估、预测与优化，实现系统智能制造的横向集成、垂直集成和端到端集成，以及信息融合，构建制造企业的智能化创值体系。

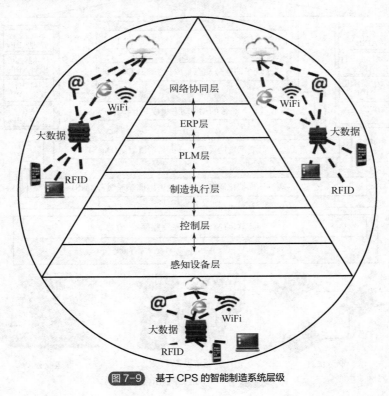

图 7-9　基于 CPS 的智能制造系统层级

（2）CPS 在产品全生命周期的构架

对制造业而言，其 CPS 既可以是制造业生态圈头部核心企业的制造系统，也可以是生态圈中盟员的制造系统。这里的"制造"是"大制造"的概念，即覆盖复杂产品/系统研制的全生命周期，包括设计、试验、生产、使用与维护，乃至报废的所有活动。CPS 是复杂的、开放的、自适应的复杂系统/体系，其复杂性体现在连接了成千上万种智能装备，采用了数不清的人工智能算法（软件）、工业 APP，而且还必须有人在回路中，构成了庞大的、多层次的、群体智能的网络复杂系统/体系；其开放性表现为系统运行中有大量的信息、能量和物质交换；其自适应性体现在 CPS 由智能体（人+智能机器）集群组成，自主响应周围环境的变化。由于 CPS 的运行环境存在着大量不确定和不可控因素，无法预测的问题很可能出现，因此，CPS 需要具备自主性，基于一定的策略，达成既定的目标。从生态圈整体的角度看，构成智能制造系统/体系的每个系统既可以独立运行，也可以联合运行，从而涌现出整体的、更强大的制造能力。

制造企业未来的 CPS 如图 7-10 所示。该系统是一个多层次的、横跨虚实两个世界的集成系统，可以由多个制造企业的 CPS 综合集成而构成。其中几个主要层次的功能如下。

① 基础设施即服务（IaaS）层：主要负责整合云、边缘、端的制造资源、产品和能力，形成虚拟化、服务化的基础设施。对于各企业本地的各类 APP，主要是通过连接进行整合；对于云端发布的各类 APP，主要是通过部署进行整合。

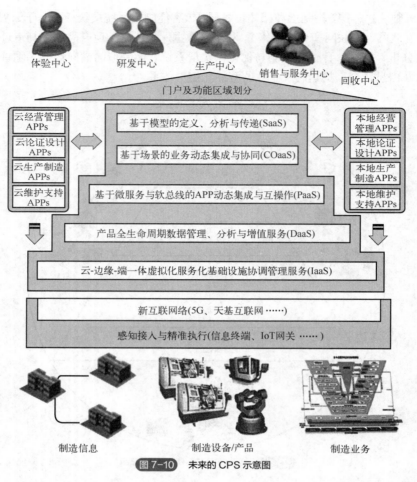

图 7-10　未来的 CPS 示意图

② 数据库即服务（DaaS）层：主要负责产品全生命周期数据管理、分析与增值服务。各企业本地及云端发布的各类 APP 的数据都将在该层积累与存储、治理与规范、交换与提取，并支持主题分析与融合分析，为各类 APP 提供服务。

③ 平台即服务（PaaS）层：主要负责基于微服务与软总线实现 APP 的动态集成与协同。基于微服务，各类 APP 都可互不干扰地注册、发布和发现；基于软总线，各类 APP 都能够公布订购数据、接口，支持动态、柔性的互操作。

④ 协同即服务（COaaS）层：主要负责基于场景的业务动态集成与协同。支持不同工作场景下按需链接、访问各类人、机、物、环境、信息，并有望借助"智能+"将人、机、物、环境、信息自动推荐给用户，真正实现以人为中心。

⑤ 软件即服务（SaaS）层：主要负责实现基于模型的定义、分析与传递。支持全生命周期的建模与仿真，在此基础之上联合其他各类 APP，完成数字化产品论证设计、加工生产、试验、运行维护支持、经营管理等活动。

⑥ 门户层：以人为本，通过功能划分，形成多个中心，包括体验中心、研发中心、生产中心、销售与服务中心、回收中心等。生态圈内的客户、企业、供应商、销售商共同创造价值。

从横向看，CPS 覆盖从概念需求、工程设计、生产、售后维护，乃至报废的全生命周期；从纵向看，覆盖信息基础设施、数据服务、平台服务、协同服务、软件服务等多个层次。各利益相关方通过云端互联，端到端集成，实现了消费者（消费者社团）、制造商、供应商、销售商等共同参与创造价值。

案例

7.3.2　CPS 的建模与仿真系统

　　CPS 的核心在于虚拟（信息）空间与实体（物理）空间的深度融合，虚拟系统的价值在于对实体系统的状态和活动进行精确评估（从实向虚）。实际上，虚拟系统实现对实体系统的精确评估是一个渐进的过程。虚拟系统作为实体系统的映射，不可能从一开始就十分正确、完美。基于对实体空间的认知而建立的虚拟系统需要经过不断地精炼、细化、优化，才能逐步逼近实体系统，直到最终实现数字孪生体。从虚向实是人类创造想象中系统的最常用方式，是人类智慧的体现。CPS 中的建模与仿真系统正是用人类智慧来进行创造的必备工具。

　　建模与仿真系统是 CPS 不可或缺的重要组成部分，它是由多个子系统构成的复杂系统（体系），包括研究对象的建模子系统、模型知识库、环境建模与显示子系统、模型库管理子系统、仿真运行与评估子系统、仿真资源管理子系统、仿真项目管理子系统等。该系统支持生态圈内的制造企业进行全系统、全过程、全方位（三全）的建模与仿真，及早发现和解决存在的问题，实现虚实两个空间的互联互动、协同演化。可以这样说，没有建模与仿真系统，就不会有实体空间的数字孪生，也无法实现基于模型的系统工程（MBSE），更无法构成完整的 CPS。

　　CPS 中的建模与仿真系统应遵循如下（但不限于）技术理念和特性。

　　① 技术理念：以智能制造哲理、思想为指导，融合复杂系统科学、系统工程、并行工程、项目管理等思想、方法、工具，支持复杂产品/系统的智能化设计、生产和服务。

　　② 建模与仿真项目的管理：充分利用项目管理技术/工具，对复杂产品（系统）开发的不同阶段、不同层级的建模与仿真项目实施项目管理，并且实现项目计划进度、资源的动态、智能的管理与调度优化。

　　③ 虚拟组织管理：利用工业互联网平台和生态圈的 CPS，实现无边界的、跨地域的多学科团队的协同建模与仿真，完成生态圈内各类建模与仿真任务。

　　④ 价值创造：今天大部分制造企业仅在内部进行建模与仿真，价值也仅由企业自身决定。未来将会通过工业互联网，将制造业生态圈内各利益相关方所有人员连接在一起，按需组建产品/系统的建模与仿真团队，为管理、产品/系统决策提供仿真结果的支持，实现价值的共同创造。

　　⑤ 覆盖范围：从需求分析开始，领域主题专家、模型专家和编程人员使用形式化、规范化、统一的系统建模语言/工具、领域工具，开展概念建模、系统方案设计，通过多次仿真确定构建系统的最优方案；在工程研制、使用维护阶段，使用领域、学科的建模与仿真工具，实现产品/系统全生命周期智能化的建模与仿真，支持产品研制和售后使用维护。

　　⑥ 应用方向：今天的建模与仿真主要围绕产品，是"从虚向实"单一方向驱动的产品研制，即实现了基于仿真的设计（SBD）。虽然使用实测数据修正产品的模型，但这些模型并不与实际的生产系统、运行维护过程双向关联，也不根据运行使用过程产生的数据对生产系统、产品的状态进行预判。未来智能制造系统中的建模与仿真系统将通过智能化建模与仿真工具，实现虚实两个空间的双向互联互动，实时掌握产品生产系统的健康状态、产品运行使用的状态，支持制造企业及早做出决策。

　　CPS 中的建模与仿真系统应支持以下功能：

　　① 从研究对象看，支持体系级、系统级、子系统、组件级、元素（要素）级的建模与仿真。

　　② 从学科/领域角度看，支持多学科、单学科、专业领域的建模与仿真。

③ 从系统生命周期看，支持复杂产品/系统从概念设计、工程设计、生产、交付与运维、产品报废等全生命周期。

④ 从建模角度看，支持多分辨率建模、模型的重用、模型的互操作、模型的 VV&A 等，实现复杂系统/体系的快速创建、重构，支持复杂系统/体系的快速、低成本开发。

⑤ 从管理模型角度看，构建模型库管理系统，对全生命周期中产生的各类模型进行管理和控制，包括模型版本管理、模型树结构管理、模型技术状态管理以及模型历史的可回溯，并确保模型与所需数据协同一致。

⑥ 从时空管理看，利用时间、空间管理工具，实现复杂系统/体系仿真的时空有效管理，确保系统仿真的时空一致性。

⑦ 从基础设施部署看，根据系统仿真的需求，支持分布交互仿真和集中式仿真等。

⑧ 从系统仿真类型看，支持多种类型的仿真，例如：连续系统、离散系统仿真，军事领域的实况、虚拟、构造仿真，等等。

未来的 CPS 中，建模和仿真技术/工具应覆盖制造业生态圈价值共创的方方面面，拟实现以下（但不限于以下）功能：

① 使用通用的企业结构、机制建模工具，建立企业总体模型。企业总体模型将所有的企业部门和业务过程集成到一起，并随时根据业务活动的变化，做出快速的响应。

② 基于模型、智能化、具有自修正能力的学习系统将根据企业外部环境的变化，实时、准确地做出响应。在准确的数据基础上，对出现的形势、机遇和风险做出快速的分析评估，然后对企业预期行为将产生的结果做出一个可靠的预判。

③ 自动地将产品和过程模型集成到系统中，从而实现所有系统和过程之间能进行畅通无阻的互操作。实时或几乎实时地自动分析产品的可生产性、经济可承受性以及其他一些重要因素，并做出智能化的决策支持，保证获取最优的产品和过程。

④ 在产品和工艺设计的最初阶段，充分利用智能化的建模与仿真工具，及早发现和解决设计缺陷，实现对新产品设计、生产工艺和生产设备以及业务运行过程的快速优化，减少各种浪费，从而获得最大的生产效率和收益。

⑤ 建立关于即插即用模型、仿真和支持工具的综合性（全球/跨地域）知识仓库，帮助企业极大地降低获取 M&S 能力的成本，更加快速、更加准确地发掘出更多的产品与过程设计方案，创造出更多的客户价值，降低从概念设计到投入生产的时间和成本。

⑥ 创建数据收集的标准和框架，将各类传感器或环境与产品支持的分析模块嵌入产品，通过实时的数据建立产品、过程、运作等模型。产品模型考虑了产品整个生命周期，包括产品概念设计、产品工程设计、产品生产、产品回收、分解和报废处理等环节。

⑦ 逼真的产品和过程模型将与所有相关的制造信息及企业信息动态连接，实时、准确地反映产品的进展状况和智能制造系统的健康状态。过程模型控制整个生产过程，将生产现场的每一部分都紧密连接起来，实现生产过程的自动调整，并提高其适应性。

⑧ 在产品运行使用维护阶段，实时获取产品与运行环境的信息，并对产品的健康状态进行仿真预判，对产品运行状态的管控和决策提供仿真结果支持，确保产品安全、可靠地运行与维护。

CPS 中建模与仿真的流程与现有系统的建模与仿真流程差别不大，区别只是 CPS 越来越壮大，价值创造网络越来越复杂，流程的种类和使用范围不断增加。这些流程依然需要与系统工程的技术过程和管理过程相结合，根据系统工程技术过程的进展，反复进行建模与仿真迭代，直至达到系统仿真的目标。

通过研究、实施智能制造技术（系统），基于工业互联网，建设一套丰富、透明、互联的基础设施，能打破功能和地理限制，使制造业生态圈内的利益相关方都能够及时接触到他们的业务、数据。在该系统中，所有企业的知识资源都将映射到一个主企业模型当中，而该企业模型则是一个反映每个成员企业功能和业务的虚拟框架。企业通过这套系统明确其功能定位和需求，能够与不同的伙伴协作以支持广泛的动态业务关系，支持生态圈内各企业进行产品创新和服务创新，及时进行产品决策、服务支持决策。未来的制造企业将实现其内部所有功能以及外部伙伴和投资人的无缝互联，这将打破地域的限制，使复杂的分销供应网以及扩展企业集成在一起，从根本上降低生产产品所需的成本、时间、资源，同时提高产品的质量、可靠性及经济可承受性。

案例

本章小结

　　本章介绍了 CPS 概念和体系结构等。CPS 构建了一个能够联通物理世界与虚拟的信息世界，驱动数据在其中自动流动，实现对资源进行优化配置的智能系统。CPS 体系结构是一种由感知设备、嵌入式计算设备和网络所组成的多维复杂系统。CPS 的核心在于虚拟（信息）世界与实体（物理）世界水乳交融地深度融合，虚拟系统的价值在于对实体系统的状态和活动进行精确评价。

　　CPS 在智能制造系统中的构架表明，制造企业的 CPS 是一个多层次的、横跨虚实两个世界的集成系统，可以由多个制造企业的 CPS 综合集成而构成。本章还介绍了 CPS 的建模与仿真等方面的理论知识、技术方法以及在智能制造中的应用实践。

思考题与习题

1. 不同学者、不同阶段对 CPS 的定义不同，请根据自己的理解，给出 CPS 定义。
2. 简述 CPS 的本质特征体现在哪几个方面。
3. 如何理解 CPS 的三种体系结构？并举例分析。
4. 简述 CPS 体系结构的特点。
5. 如何理解智能制造系统是 CPS 的综合集成的构架？
6. 智能制造系统中 CPS 的建模与仿真技术具备哪些功能？

第 8 章

面向智能制造的数字孪生

 思维导图

扫码获取

本书电子资源

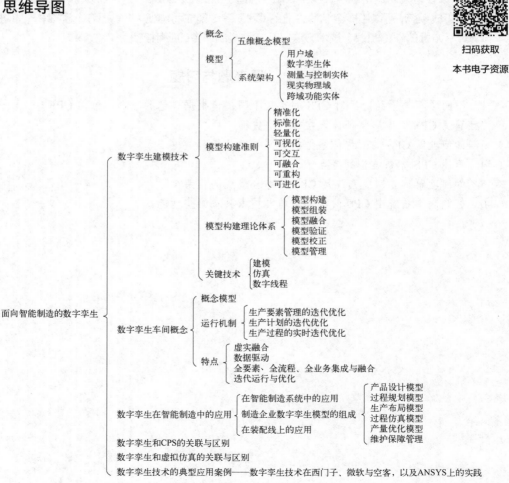

内容引入

数字孪生（digital twin，DT）是将物理世界的模型与数据映射到另一个空间，通过数字化仿真的方式模拟对象整个生命周期，从而实现物理世界与信息（虚拟）世界"双系统"协同运行、数据实时交互，最终目的是提升生产效率、优化管理流程或降低成本。

数字孪生是一种数字化的技术，可以应用于各种领域，包括制造业、医疗保健、城市规划等。以下是数字孪生的几个成功应用案例。

制造业领域，数字孪生可以帮助制造商在生产过程中进行模拟和优化。例如，汽车制造商使用数字孪生来模拟汽车的设计和生产过程，以便更好地了解如何改进生产效率和质量，如图 8-0（a）所示。可以帮助航空航天公司模拟飞机和火箭的设计和运行。例如，航空公司使用数字孪生来模拟飞机的飞行，以便更好地了解如何改进飞行效率和安全性，如图 8-0（b）所示。数字孪生在其他领域的应用见图 8-0（c）。

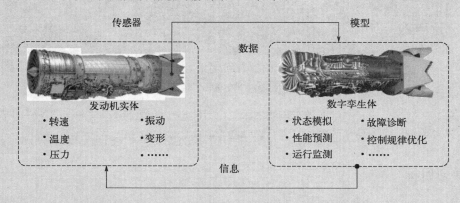

(a) 发动机的实体与数字孪生体

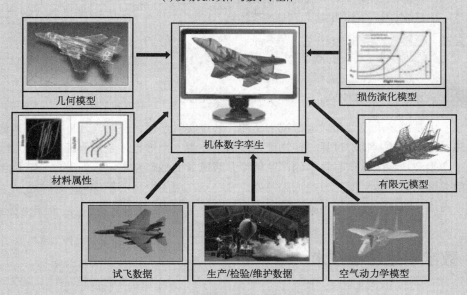

(b) 飞机的数字孪生体模型

图 8-0

(c) 数字孪生的其他应用

图 8-0　数字孪生技术应用

总之，数字孪生是一种非常有用的技术，可以应用于各种领域，帮助人们更好地了解和优化各种过程。随着技术的不断发展，数字孪生的应用前景将会越来越广阔。

学习目标

1. 了解数字孪生的背景与概念；
2. 掌握数字孪生模型构建准则与理论体系；
3. 了解数字孪生建模的有关工具；
4. 了解数字孪生车间的概念模型与运行机制；
5. 领会数字孪生在智能制造中的应用；
6. 掌握数字孪生和 CPS、虚拟仿真的关联与区别。

数字孪生是以多维模型和融合数据为驱动，通过实时连接、映射、分析、交互来刻画、仿真、预测、优化和控制物理世界，使物理系统的全要素、全过程、全价值链达到最大限度的优化。数字孪生契合我国以信息技术为产业转型升级赋能的战略需求，成为应对当前百年未有之大变局的关键因素。数字孪生日趋成为各界研究热点，应用发展前景广阔。本章将从数字孪生的概念、内涵、特征及在智能制造中的应用等方面展开介绍。

8.1　数字孪生建模技术

8.1.1　数字孪生的概念

数字孪生是充分利用物理模型、传感器更新、运行历史等数据，集成多学科、多物理量、多尺度、多概率的仿真过程，在虚拟空间中完成映射，从而反映相对应的实体装备的全生命周期过程。图 8-1 为数字孪生的概念图。数字孪生的应用目的是为物理实体创建数字化的虚拟模型，通过建模和仿真分析来模拟和反映真实物理世界（空间）的状态和行为，并通过反馈预测控制它们未来的状态和行为。

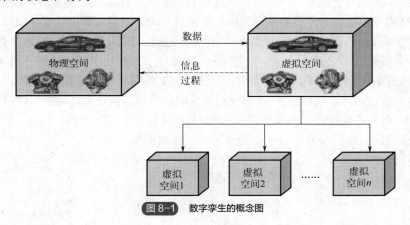

图 8-1　数字孪生的概念图

数字孪生系统是一种超越现实的概念，可以被视为一个或多个重要的、彼此依赖的装备系统的数字映射系统。以飞行器为例，可以包含机身、推进系统、能量存储系统、生命支持系统、航电系统以及热保护系统等。它将物理世界的参数反馈到数字世界，从而完成仿真验证和动态调整。GE 公司预计，"到 2035 年，当航空公司接收一架飞机的时候，将同时还验收另外一套数字模型。每个飞机尾号，都伴随着一套高度详细的数字模型。"也就是说，每一特定架次的飞机都不再孤独，因为它有一个忠诚的"影子"伴随它一生，这就是数字孪生。

8.1.2　数字孪生的模型

一项新兴技术或一个新概念的出现，术语定义是后续一切工作的基础。在给出数字孪生的文字定义并取得共识后，需要进一步开发基于自然语言定义的数字孪生的概念模型，进而制定数字孪生的术语表或术语体系。然后，需要根据概念模型和应用需求，开发数字孪生体的参考架构及其应用框架和成熟度模型，用来指导数字孪生具体应用系统的设计、开发和实施。这个过程也是数字孪生标准体系中底层基础标准（术语、架构、框架、成熟度等）的制定过程。概念模型、参考架构、应用框架、成熟度模型之间的关系见图 8-2。

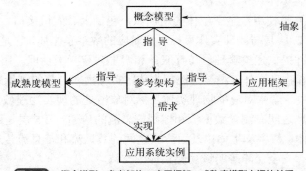

图 8-2　概念模型、参考架构、应用框架、成熟度模型之间的关系

（1）数字孪生的概念模型

基于数字孪生的文字定义，图 8-3 给出了数字孪生的五维概念模型。

数字孪生五维概念模型首先是一个通用的参考架构，能适用不同领域的不同应用对象。其次，它的五维结构能与物联网、大数据、人工智能等新信息技术集成与融合，满足信息物理系统集成、信息物理数据融合、虚实双向连接与交互等需求。最后，孪生数据（DD）集成融合了信息数据与物理数据，满足信息空间与物理空间的一致性与同步性需求，能提供更加准确、全面的全要素/全流程/全业务数据支持。服务（Ss）对数字孪生应用过程中面向不同领域、不同层次用户、不同业务所需的各类数据、模型、算法、仿真、结果等进行服务化封装，并以应用软件或移动端 App 的形式提供给用户，实现对服务的便捷与按需使用。连接（CN）实现物理实体、虚拟实体、服务及数据之间的普适工业互联，从而支持虚实实时互联与融合。虚拟实体（VE）从多维度、多空间尺度及多时间尺度对物理实体进行刻画和描述。

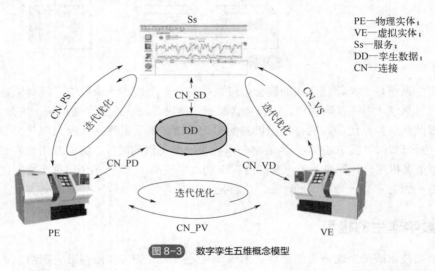

PE—物理实体；
VE—虚拟实体；
Ss—服务；
DD—孪生数据；
CN—连接

图 8-3　数字孪生五维概念模型

（2）数字孪生的系统架构

基于数字孪生的概念模型，并参考 GB/T 33474—2016 和 ISO/IEC 30141：2018 两个物联网参考架构标准以及 ISO 23247（面向制造的数字孪生系统框架）标准草案，图 8-4 给出了数字孪生系统的通用参考架构。一个典型的数字孪生系统包括用户域、数字孪生体、测量与控制实体、现实物理域和跨域功能实体共 5 个层次。

第 1 层（最上层）是使用数字孪生体的用户域，包括人、人机接口、应用软件，以及其他相关数字孪生体。第 2 层是与物理实体目标对象对应的数字孪生体。它是反映物理对象某一视角特征的数字模型，并提供建模管理、仿真服务和孪生共智 3 类功能。第 3 层是处于测量控制域，连接数字孪生体和物理实体、测量与控制实体，实现物理对象的测量感知和控制功能。第 4 层是与数字孪生对应的物理实体目标对象所处的现实物理域，测量与控制实体和现实物理域之间有测量数据流和控制信息流的传递。第 5 层是跨域功能实体。测量与控制实体、数字孪生体以及用户域之间的数据流和信息流传递，需要信息交换、数据保证、安全保障等跨域功能实体的支持。

案例

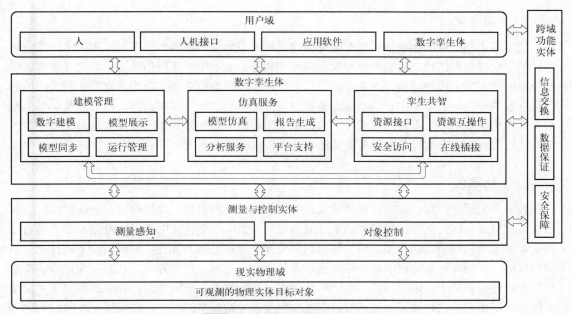

图 8-4　数字孪生系统的通用参考架构

8.1.3　数字孪生模型构建准则

数字孪生模型构建依据在《计算机集成制造系统》期刊上发表的《数字孪生模型构建理论及应用》中提出的数字孪生模型"四化四可八用"构建准则（如图 8-5 所示），以满足实际业务需求和解决具体问题为导向，以"八用"（可用、通用、速用、易用、联用、合用、活用、好用）为目标，提出数字孪生模型"四化"（精准化、标准化、轻量化、可视化）的要求，以及在其运行和操作过程中的"四可"（可交互、可融合、可重构、可进化）需求。

图 8-5　数字孪生模型构建准则：四化四可八用

（1）精准化

数字孪生模型精准化是指模型既能对物理实体或系统进行准确的静态刻画和描述，又能随时间的变化使模型的动态输出结果与实际或预期相符。数字孪生建模的精准化准则，是为了保证构建的数字孪生模型精确、准确、可信、可用，从而满足数字孪生模型的有效性需求。精准的数字孪生模型是数字孪生正确发挥功能重要前提。以数字孪生车间为例，精准的数字孪生模型能够在构建数字孪生车间的过程中，从根本上阻止模型误差的传递与积累，从而在数字孪生车间运行的过程中有效避免因模型误差迭代放大造成的严重问题。

（2）标准化

数字孪生模型标准化是指在模型定义、编码策略、开发流程、数据接口、通信协议、解算方法、模型服务化封装及使用等方面进行规范统一。数字孪生建模的标准化准则，是为了通过保证模型集成、模型数据交换、模型信息识别和模型维护上的一致性，实现面向不同行业、不同领域的不同要素对象构建的数字孪生模型易解析、可复用且相互兼容，从而在保证数字孪生模型有效性的基础上，进一步满足其通用性需求。以数字孪生车间为例，标准的数字孪生模型不仅可以在面向不同物理车间建模时减少冗余模型和异构模型的产生，还能够显著降低数字孪生车间模型统一集成管理的难度。

（3）轻量化

数字孪生模型轻量化是指在满足主要信息无损、模型精度、使用功能等前提下，使模型在几何描述、承载信息、构建逻辑等方面实现精简。数字孪生建模的轻量化准则，是为了在数字孪生模型可用、通用的基础上，进一步满足针对复杂系统的数字孪生建模和模型运行的高效性需求。以数字孪生车间为例，轻量的数字孪生模型基于相对少的参数和变量实现对物理车间的逼真描述，有利于数字孪生车间的快速建模，进而提高数字孪生车间基于在线仿真的决策时效性。

（4）可视化

数字孪生模型可视化是指数字孪生模型在构建、使用、管理的过程中能够以直观、可见的形式呈现给用户，方便用户与模型进行深度交互。数字孪生建模的可视化准则，是为了使构建得到的精准的、标准的、轻量的数字孪生模型更易读、更易用，满足数字孪生模型的直观性需求。例如，数字孪生车间由多要素、多维度、多领域、多尺度模型组装融合而成，可视化的数字孪生模型能够以生动、形象的方式展示数字孪生车间的结构、演化过程、参数细节和其子模型间的耦合关系，从而有效支持模型的高效分析以及数字孪生车间的可视化运维管控。

（5）可交互

数字孪生模型可交互是指不同模型之间以及模型与其他要素之间能够通过兼容的接口互相交换数据和指令，实现基于实体-模型-数据联用的模型协同。数字孪生建模的可交互准则，是为了消除系统内离散分布的信息孤岛，满足针对复杂系统建模的连通性需求。例如，数字孪生车间模型与物理车间中的要素实体可交互，能够有效连通物理车间和虚拟车间，实现虚实互控和同步映射。在此基础上，数字孪生模型之间可交互，能够有效连通整个数字孪生车间，通过模型参数共享和知识互补实现模型协同。同时，数字孪生模型与孪生数据可交互，还能够实现模型运行需求导向的数据高效采集传输以及数据驱动的模型参数自更新。

（6）可融合

数字孪生模型可融合是指多个或多种数字孪生模型能够基于关联关系整合成一个整体，即机理模型、模型数据、数据特征和基于模型的决策能够实现有效融合。数字孪生建模的可融合准则，是为了更全面、更透彻、更客观地分析和描述复杂系统，在系统连通的前提下满足针对复杂系统建模的整体性需求。以数字孪生车间为例，通过多维模型融合、多个模型合用、多类模型关联以及多级模型协同，能够将数字孪生车间表征为一个统一的整体，从而在其运行过程中产生和积累虚实多尺度融合数据，实现基于融合模型和融合数据的全局决策和优化，助力数字孪生车间更安全、更高效地运行。

（7）可重构

数字孪生模型可重构是指模型能够面对不同的应用环境，通过灵活改变自身结构、参数配置以及与其他模型的关联关系快速满足新的应用需求。数字孪生建模的可重构准则，是为了避免组装融合后的数字孪生模型难以适应动态变化的环境，以模型活用的方式满足复杂系统模型的灵活性需求。例如，企业在使用数字孪生车间进行生产作业时，需要考虑生产设备更替、工艺路线变化、生产技术改良、车间产能提升、新型产品投产等客观需求，以及设备故障、人员疲劳、环境波动等不确定性事件，数字孪生模型可重构赋予数字孪生车间可拓展、可配置、可调度的能力，提高了数字孪生车间的灵活性，满足企业面向动态市场提高自身竞争力的迫切需求。

（8）可进化

数字孪生模型可进化是指模型能够随着物理实体或系统的变化进行模型功能的更新、演化，并随着时间的推移进行持续的性能优化。数字孪生建模的可进化准则，是为了在上述准则的基础上，基于模型的全生命周期静态数据和模型运行过程动态数据，实现模型的自修正、自优化，让原始模型越来越好用，进而满足设备及复杂系统对智能性的需求。例如，数字孪生车间在运行过程中会产生并积累大量实时孪生数据，基于真实数据进行迭代计算可以使模型跟随物理车间的变化进行迭代更新，并使数字孪生车间获得不断优化的决策能力和评估能力，同时，基于有效数据的知识挖掘和知识积累，能够不断提升数字孪生车间的智能化程度。

8.1.4　数字孪生模型构建理论体系

数字孪生模型是物理实体或系统的数字化表现，可用于理解、预测、优化和控制物理实体或系统，因此，数字孪生模型的构建是实现模型驱动的基础。数字孪生模型构建是在数字空间实现物理实体及过程的属性、方法、行为等特性的数字化建模。模型构建可以是"几何-物理-行为-规则"多维度的，也可以是"机械-电气-液压"多领域的。从工作粒度或层级来看，数字孪生模型构建不仅是基础单元模型建模，还需从空间维度上通过模型组装实现更复杂对象模型的构建，从多领域多学科角度进行模型融合以实现复杂物理对象各领域特征的全面刻画。为保证数字孪生模型的正确有效，需对构建以及组装或融合后的模型进行验证，来检验模型描述以及刻画物理对象的状态或特征是否正确。若模型验证结果不满足需求，则需通过模型校正使模型更加逼近物理对象的实际运行或使用状态，保证模型的精确度。此外，为便于数字孪生模型的增、删、改、查和用户使用等操作以及模型验证或校正信息的使用，模型管理也是必要的。综合上述几个方面的考虑，包括模型构建、模型组装、模型融合、模型验证、模型校正、模型管理在内的数字孪生模型构建理论体系被提出，如图8-6所示。

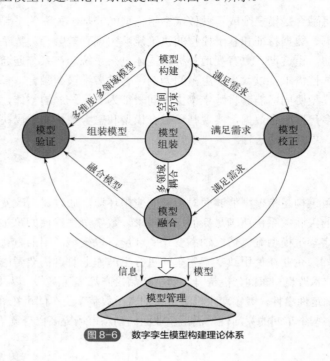

图 8-6　数字孪生模型构建理论体系

（1）模型构建

模型构建（建模）是指针对物理对象，构建其基本单元的模型。可从多领域模型构建以及"几何-物理-行为-规则"多维模型构建两方面进行数字孪生模型的构建。如图8-7所示，"几何-物理-行为-规则"模型可刻画物理对象的几何特征、物理特性、行为耦合关系以及演化规律等；多领域模型通过分别构建物理对象涉及的各领域模型，可以全面刻画物理对象的热学、力学等各领域特征。理想情况下，数字孪生模型应涵盖多维和多领域模型，从而实现对物理对象的全面真实刻画与描述。但从应用角度出发，数字孪生模型不一定需要覆盖所有维度和领域，可根据实际需求与实际对象进行调整，即构建部分领域和部分维度的模型。

几何模型描述实体的几何信息（例如点、线、表面和实体）以及拓扑信息（元素关系，例如相交、相邻、相切、垂直和平行），但不描述实体的特征和约束。

物理模型会添加信息，例如精度信息（尺寸公差、形状公差、位置公差和表面粗糙度等）、材料信息（材料类型、性能、热处理要求、硬度等）以及组装信息（交配关系、装配顺序等）。特征建模包括交互式特征定义、自动特征识别和基于特征的设计。

行为模型描述了物理实体的各种行为，如履行功能、响应变化、与他人互动、调整内部操作、维护健康状况等。

规则模型描述了从历史数据、专家知识和预定义逻辑中提取的规则。规则使虚拟模型具有推理、判断、评估、优化和预测的能力。规则建模涉及规则提取、规则描述、规则关联和规则演化。

建模技术推荐使用：用于几何模型的实体建模技术、用于增加真实感的纹理技术、用于物理模型的有限元分析技术、用于行为模型的有限状态机等。

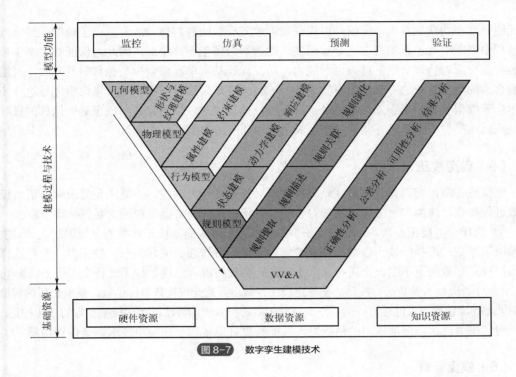

图 8-7　数字孪生建模技术

（2）模型组装

当模型构建对象相对复杂时，需解决如何从简单模型到复杂模型的难题。数字孪生模型组装是从空间维度上实现数字孪生模型从单元级模型到系统级模型再到复杂系统级模型的过程。数字孪生模型组装的实现主要包括以下步骤。

① 明确需构建模型的层级关系以及模型的组装顺序，避免出现难以组装的情况。

② 在组装过程中需要添加合适的空间约束条件，不同层级的模型需要关注和添加的空间约束关系存在一定的差异。例如，从零件到部件到设备的模型组装过程，需要构建与添加零部件之间的角度约束、接触约束、偏移约束等约束关系；从设备到产线到车间的模型组装过程，则需要构建与添加设备之间的空间布局关系以及生产线之间的空间约束关系。

③ 基于构建的约束关系与模型组装顺序实现模型的组装。

（3）模型融合

一些系统级或复杂系统级孪生模型构建，如果空间维度的模型组装不能满足物理对象的刻画需求，则需进一步进行模型的融合，即实现不同学科不同领域模型之间的融合。为实现模型间的融合，需构建模型之间的耦合关系以及明确不同领域模型之间单向或双向的耦合方式。针对不同对象，模型融合关注的领域也存在一定的差异。以车间的数控机床为例，数控机床涉及控制系统、电气系统、机械系统等多个子系统，不同系统之间存在着耦合关系，因此要实现数控机床数字孪生模型的构建，要将机-电-液多领域模型进行融合。

（4）模型验证

在模型构建、组装或融合后，需对模型进行验证以确保模型的正确性和有效性。模型验证是针对不同需求，检验模型的输出与物理对象的输出是否一致。为保证所构建模型的精准性，单元级模型在构建后首先被验证，以保证基本单元模型的有效性。此外，由于模型在组装或融合过程中可能引入了新的误差，导致组装或融合后的模型不够精准，因此为保证数字孪生模型组装与融合后对物理对象的准确刻画能力，需在保证基本单元模型为高保真的基础上，对组装或融合后的模型进行进一步的模型验证。若模型验证结果满足需求，则可将模型进行进一步的应用；若模型验证结果不能满足需求，则需进行模型校正。模型验证与校正是一迭代的过程，即校正后的模型需重新进行验证，直至满足使用或应用的需求。

（5）模型校正

模型校正是指模型验证中验证结果与物理对象存在一定偏差，不能满足需求时，需对模型参数进行校正，使模型更加逼近物理对象的实际状态或特征。模型校正主要包括两个步骤：

① 选择模型校正参数。合理的校正参数选择，是有效提高校正效率的重要因素之一，主要遵循以下原则：选择的校正参数与目标性能参数需具备较强的关联关系；校正参数个数选择应适当；校正参数的上下限设定需合理。不同校正参数的组合对模型校正过程会产生不同影响。

② 对所选择的参数进行校正。在确定校正参数后，需合理构建目标函数，使校正后的模型输出结果与物理结果尽可能接近，然后基于目标函数选择合适的方法以实现模型参数的迭代校正。

通过模型校正可保证模型的精确度，并能够更好地适应不同应用需求、条件和场景。

（6）模型管理

模型管理是指在实现了模型组装融合以及验证与修正的基础上，通过合理分类存储与管理数字孪生模型及相关信息为用户提供便捷服务。为提供用户快捷查找、构建、使用数字孪生模型的服务，模型管理需具备多维模型/多领域模型管理、模型知识库管理、多维可视化展示、运行操作等功能，支持模型预览、过滤、搜索等操作；为支持用户快速地将模型应用于不同场景，需对模型在验证以及校正过程中产生的数据进行管理，具体包括验证对象、验证特征、验证结果等验证信息以及校正对象、校正参数、校正结果等校正信息，这些信息将有助于模型应用于不同场景以及指导后续相关模型的构建。

模型构建、模型组装、模型融合、模型验证、模型校正、模型管理是数字孪生模型构建体系的6大组成部分，但在数字孪生模型的实际构建过程中，可能不需要全部包含这6个过程，需根据实际应用需求进行相应调整。例如，为可视化某零件则不必进行模型的组装与融合。

8.1.5 数字孪生的关键技术

案例

从数字孪生概念模型（图8-3）和数字孪生系统（图8-4）可以看出：建模、仿真和基于数据融合的数字线程是数字孪生的三项核心技术。

（1）建模

数字化建模技术起源于 20 世纪 50 年代，建模的目的是将我们对物理世界或问题的解进行简化和模型化。数字孪生的目的或本质是通过数字化和模型化，消除各种物理实体，特别是复杂系统的不确定性。所以建立物理实体的数字模型和信息建模技术是创建数字孪生、实现数字孪生的源头和核心技术，也是"数字化"阶段的核心。数字孪生模型发展分为 4 个阶段，这种划分代表了工业界对数字孪生模型发展的普遍认识，如图8-8所示。

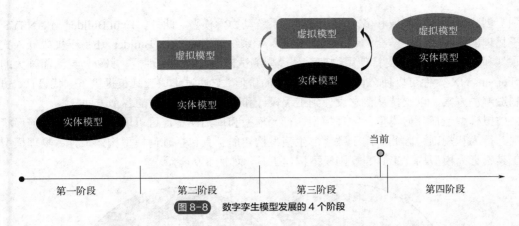

图 8-8　数字孪生模型发展的 4 个阶段

第一阶段是实体模型阶段，没有虚拟模型与之对应。NASA 在太空飞船飞行过程中，会在地面构建太空飞船的孪生实体模型，这套实体模型曾在拯救 Apollo 13 的过程中起到了关键作用。

第二阶段是实体模型由其对应的部分实现的虚拟模型，但它们之间不存在数据通信。其实这个阶段不能称为数字孪生的阶段，一般准确的说法是实物的数字模型。还有就是虽然有虚拟模型，但这个虚拟模型可能反映的是来源于它的所有实体，例如设计成果二维/三维模型，同样使用数字形式表达了实体模型，但两者之间并不是个体对应的。

第三阶段是在实体模型生命周期里，存在与之对应的虚拟模型，但虚拟模型是部分实现的，这个就像是实体模型的影子，也可称为数字影子模型，在虚拟模型和实体模型间可以进行有限的双向数据通信，即实体状态数据采集和虚拟模型信息反馈。当前数字孪生的建模技术能够较好地满足这个阶段的要求。

第四阶段是完整数字孪生阶段，即实体模型和虚拟模型完全一一对应。虚拟模型完整表达了实体模型，并且两者之间实现了融合，实现了虚拟模型和实体模型间自我认知和自我处置，相互之间的状态能够实时保真地保持同步。

值得注意的是，有时候可以先有虚拟模型，再有实体模型，这也是数字孪生技术应用的高级阶段。

一个物理实体不是仅对应一个数字孪生体，可能需要多个从不同侧面或视角描述的数字孪生体。人们很容易认为一个物理实体对应一个数字孪生体。如果只是几何的，这种说法尚能成立。恰恰因为人们需要认识实体所处的不同阶段、不同环境中的不同物理过程，一个数字孪生体显然难以描述。如一台机床在加工时的振动变形情况、热变形情况、刀具与工件相互作用的情况……这些情况自然需要不同的数字孪生体进行描述。

不同的建模者从某一个特定视角描述一个物理实体的数字孪生模型似乎应该是一样的，但实际上可能有很大差异。前述一个物理实体可能对应多个数字孪生体（模型），但从某个特定视角的数字孪生体似乎应该是唯一的，实则不然。差异不仅是模型的表达形式，更重要的是孪生数据的粒度。如在所谓的智能机床中，通常人们通过传感器实时获得加工尺寸、切削力、振动、关键部位的温度等方面的数据，以此反映加工质量和机床运行状态，不同的建模者对数据的取舍肯定不一样。一般而言，细粒度数据有利于人们更深刻地认识物理实体及其运行过程。

涉及的建模的工具：

ANSYS Twin Builder 包含了大量特定应用程序的库，并具有第三方工具功能，允许多种建模领域和语言。Twin Builder 是用于数字孪生建模的合适软件工具，可以使工程师快速构建、验证和部署物理实体的数字模型。Twin Builder 的内置库提供了丰富的组件，可以在适当的细节级别上创建包括多物理域和多个保真级别的系统动力学模型。此外，Twin Builder 与 ANSYS 的基于物理的仿真技术相结合，将三维细节带入了系统环境。Twin Builder 还易于集成嵌入式控制软件和 HMI 设计，以支持使用物理系统模型测试嵌入式控件的性能。另外，灵活而强大的工具 Siemens NX 软件可以使公司实现数字孪生的价值。它通过集成工具集提供下一代设计、仿真和制造解决方案，以支持从概念设计到工程设计和制造的产品开发的各个方面。

虚拟模型包括几何模型、物理模型、行为模型和规则模型，可再现物理实体的几何形状、属性、行为和规则。因此，用于数字孪生模型构建的工具包括几何模型构建工具、物理模型构建工具、行为模型构建工具、规则模型构建工具，如图 8-9 所示。

图 8-9　数字孪生中建模（模型构建）相关工具

① 几何模型构建工具。几何模型构建工具用于描述实体的形状、大小、位置和装配关系，并以此为基础执行结构分析和生产计划。例如，SolidWorks 可用于建立用于 CNC 机床性能测试的数字孪生模型；3D Max 是用于 3D 建模、动画、渲染和可视化的软件，可用于塑造和定义详细的环境和对象（人、地方或事物），并广泛用于广告、电影电视、工业设计、建筑设计、3D 动画、多媒体制作、游戏和其他工程领域。

② 物理模型构建工具。物理模型构建工具用于通过将物理实体的物理特性赋予几何模型来构建物理模型，然后通过该物理模型分析物理实体的物理状态。例如，通过 ANSYS 的有限元分析（FEA）软件，传感器数据可用于定义几何模型的实时边界条件，并将磨损系数或性能下降集成到模型中；Simulink 使用多域建模工具创建基于物理的模型，它基于物理的建模涉及多个模型，包括机械、液压和电气组件。

③ 行为模型构建工具。行为模型构建工具用于建立响应外部驱动和干扰因素的模型，并提

高数字孪生仿真服务的性能。例如，基于软 PLC 平台 CoDeSys，可以设计 CNC 机床的运动控制系统；运动控制系统可以通过套接字通信与在软件平台 MWorks 中建立的三轴 CNC 机床的多域模型进行信息交互，从而实现数控机床单轴和三轴插值的运动控制。此外，多域模型可以响应外部驱动。

④ 规划模型构建工具。规则模型构建工具可以通过对物理行为的逻辑、规律和规则进行建模来提高服务性能。例如，PTC 的 ThingWorx 在 HP EL20 边缘计算系统上的机器学习能力可以监视传感器，以在泵运行时自动获知泵的正常状态。基于学习到的规则，数字孪生可以识别异常运行状况，检测异常模式并预测未来趋势。

（2）仿真

从技术角度看，建模和仿真是一对伴生体：如果说建模是模型化我们对物理世界或问题的理解，那么仿真就是验证和确认这种理解的正确性和有效性。所以，数字模型的仿真技术是创建和运行数字孪生体、保证数字孪生体与对应物理实体实现有效闭环的核心技术。

仿真是用将包含了确定性规律和完整机理的模型转化成软件的方式来模拟物理世界的一种技术。只要模型正确，并拥有了完整的输入信息和环境数据，就可以基本正确地反映物理世界的特性和参数。

仿真兴起于工业领域，作为必不可少的重要技术，已经被世界上众多企业广泛应用到工业各个领域中，是推动工业技术快速发展的核心技术，是工业 3.0 时代最重要的技术之一，在产品优化和创新活动中扮演不可或缺的角色。近年来，随着工业 4.0、智能制造等新一轮工业革命的兴起，新技术与传统制造的结合催生了大量新型应用，工程仿真软件也开始与一些先进技术结合，在研发设计、生产制造、试验运维等各环节发挥更重要的作用。

随着仿真技术的发展，这种技术被越来越多的领域所采纳，逐渐发展出更多类型的仿真技术和软件。针对数字孪生紧密相关的工业制造场景，梳理其中所涉及的仿真技术如下。

① 产品仿真：系统仿真、多体仿真、物理场仿真、虚拟实验等；
② 制造仿真：工艺仿真、装配仿真、数控加工仿真等；
③ 生产仿真：离散制造工厂仿真、流程制造仿真等。

制造场景下的仿真示例见图 8-10。

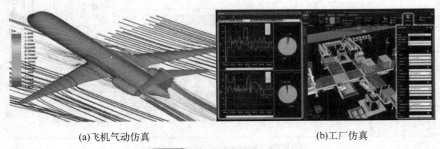

(a)飞机气动仿真　　　　　　　　　　　　(b)工厂仿真

图 8-10　制造场景下的仿真示例

（3）数字线程

一个与数字孪生紧密联系在一起的概念是数字线程。数字孪生应用的前提是各个环节的模型及大量的数据，那么类似于产品的设计、制造、运维等各方面的数据如何产生、交换和流转？如何在一些相对独立的系统之间实现数据的无缝流动？如何在正确的时间把正确的信息用正确的方式连接到正确的地方？连接的过程如何可追溯？连接的效果还要可评估。这些正是数字线程要解决的问题。CIMdata 推荐的定义："数字线程指一种信息交互的框架，能够打通原来多个竖井式的业务视角，连通设备全生命周期数据（也就是其数字孪生模型）的互联数据流和集成视图。"数字线程通过强大的端到端的互联系统模型和基于模型的系统工程流程来支撑和支持，图 8-11 是其示意图。

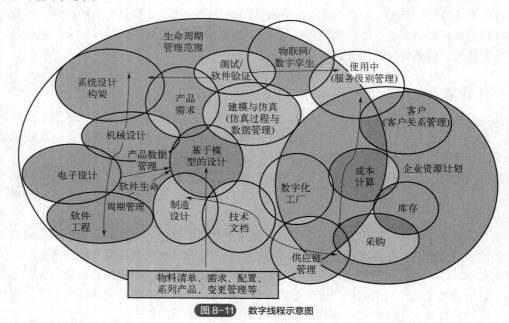

图 8-11 数字线程示意图

数字线程是与某个或某类物理实体对应的若干数字孪生体之间的沟通桥梁，这些数字孪生体反映了该物理实体不同侧面的模型视图。数字线程和数字孪生体之间的关系如图 8-12 所示。

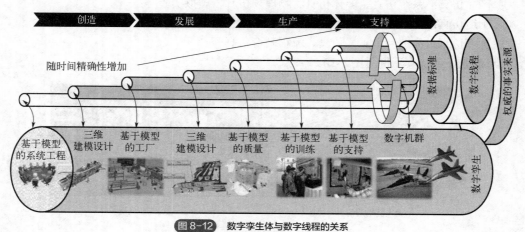

图 8-12 数字孪生体与数字线程的关系

从图 8-12 可以看出，能够实现多视图模型数据融合的机制或引擎是数字线程技术的核心。因此，数字孪生的概念模型中，将数字线程表示为模型数据融合引擎和一系列数字孪生体的结合。数字孪生环境下，实现数字线程有如下需求：

① 能区分类型和实例；

② 支持需求及其分配、追踪、验证和确认；

③ 支持系统跨时间尺度各模型视图间的实际状态纪实、关联和追踪；

④ 支持系统跨时间尺度各模型间的关联以及其时间尺度模型视图的关联；

⑤ 记录各种属性及其随时间和不同的视图的变化；

⑥ 记录作用于系统以及由系统完成的过程或动作；

⑦ 记录使能系统的用途和属性；

⑧ 记录与系统及其使能系统相关的文档和信息。

数字线程必须在全生命周期中使用某种"共同语言"才能交互。例如，在概念设计阶段就有必要由产品工程师与制造工程师共同创建能够共享的动态数字模型。据此模型生成加工制造和质量检验等生产过程所需要的可视化工艺、数控程序、验收规范等，不断优化产品和过程，并保持实时同步更新。数字线程能有效地评估系统在其生命周期中的当前和未来能力，在产品开发之前，通过仿真的方法及早发现系统性能缺陷，优化产品的可操作性、可制造性、质量控制以及在整个生命周期中应用模型实现可预测维护。

8.2　数字孪生车间概念

案例

8.2.1　数字孪生车间的概念模型

车间是制造企业的最底层，也是制造的执行基础，包括生产要素（如人员、设备、物料、工具）管理、生产活动计划、生产过程控制等，能够对生产要素属性数据、生产活动计划数据、生产过程运行数据等进行采集、存储、处理及应用，在满足生产力、生产成本、生产时间、生产质量等系列指标要求和约束前提下，对生产活动进行组织安排，并对实际生产过程进行监测、分析及控制优化，从而实现产品生产制造与企业经济增长。

数字孪生车间（digital twin shop-floor，DTS）是在新一代信息技术和制造技术驱动下通过物理车间与虚拟车间的双向真实映射与实时交互，实现物理车间、虚拟车间、车间服务系统的全要素、全流程、全业务数据的集成和融合。在车间孪生数据的驱动下，实现车间生产要素管理、生产活动计划、生产过程控制等在物理车间、虚拟车间、车间服务系统间的迭代运行，从而在满足特定目标和约束的前提下，达到车间生产和管控最优的一种车间运行新模式。数字孪生车间主要由物理车间（physical shop-floor，PS）、虚拟车间（virtual shop-floor，VS）、车间服务系统（shop-floor service system，SSS）、车间孪生数据（shop-floor digital twin data，SDTD）等四部分组成，如图 8-13 所示。

其中，物理车间是车间客观存在的实体集合，主要负责接收车间服务系统（SSS）下达的生产任务，并严格按照虚拟车间仿真优化后预定义的生产指令，执行生产活动并完成生产任务；虚拟车间是物理车间的完全数字化镜像，主要负责对生产计划/活动进行仿真、评估及优化，并对生产过程进行实时监测、预测与调控等；SSS 是数据驱动的各类服务系统功能的集或总称，主要负责在车间孪生数据驱动下对车间智能化管控，提供系统支持和服务，如对生产要素、生产计划/活动、生产过程等的管控与优化服务等；车间孪生数据是物理车间、虚拟车间和 SSS 相关的数据，以及三者数据融合后产生的衍生数据的集合，是物理车间、虚拟车间和 SSS 运行及交互的驱动。

对于数字孪生车间来说，在实现异构源数据的感知、接入与融合方面，需要一套标准的数据通信与转换装置，以实现对生产要素不同通信接口和通信协议的统一转换以及对数据的统一封装。在此基础上，采用基于服务的统一规范化协议，将车间实时数据上传至虚拟车间和 SSS。

该转换装置对多类型、多尺度、多粒度的物理车间数据进行规划、清洗及封装等，实现数据的可操作、可溯源的统一规范化处理，并通过数据的分类、关联、组合等操作，实现物理车间多源多模态数据的集成与融合。此外，物理车间异构生产要素需实现共融，以适应复杂多变的环境。生产要素个体既可以根据生产计划数据、工艺数据和扰动数据等规划自身的反应机制，也可以根据其他个体的请求做出响应，或者请求其他个体做出响应，并在全局最优的目标下对各自的行为进行协同控制与优化。与传统的以人的决策为中心的车间相比，"人-物-环境"要素共融的物理车间具有更强的灵活性、适应性、鲁棒性与智能性。

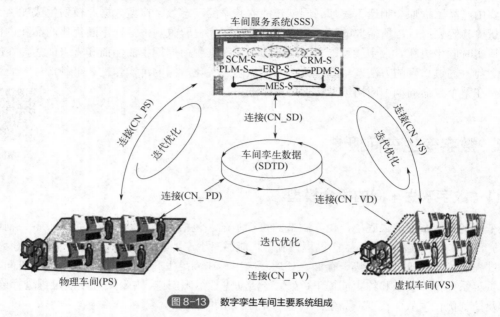

图 8-13　数字孪生车间主要系统组成

　　虚拟车间本质上是模型的集合，这些模型包括要素、行为、规则三个层面。在要素层面，虚拟车间主要包括对人、机、物、环境等车间生产要素进行数字化/虚拟化的几何模型和对物理属性进行刻画的物理模型。在行为层面，主要包括在驱动（如生产计划）及扰动（如紧急插单）的作用下，对车间行为的顺序性、并发性、联动性等特征进行刻画的行为模型。在规则层面，主要包括依据车间繁多的运行及演化规律建立的评估、优化、预测、溯源等规则模型。在生产前，虚拟车间基于与物理车间实体高度逼近的模型，对 SSS 的生产计划进行迭代仿真分析，真实模拟生产的全过程，从而及时发现生产计划中可能存在的问题，实时调整和优化。在生产中，虚拟车间通过制造过程数据的实时交互，不断积累物理车间的实时数据与知识，在对物理车间高度保真的前提下，对其运行过程进行连续的调控与优化。同时，虚拟车间逼真的三维可视化效果可使用户产生沉浸感与交互感，有利于激发灵感、提升效率；且虚拟车间模型及相关信息可与物理车间进行叠加与实时交互，实现虚拟车间与物理车间的无缝集成、实时交互与融合。

　　车间服务系统（SSS）是数据驱动的各类服务系统功能的集合或总称，主要负责在车间孪生数据驱动下对车间智能化管控提供系统支持和服务，如对生产要素、生产计划/活动、生产过程等的管控与优化服务等。例如，在接收到某个生产任务后，SSS 在车间孪生数据的驱动下，生成满足任务需求及约束条件的资源配置方案和初始生产计划。在生产开始之前，SSS 基于虚拟车间对生产计划的仿真、评估及优化数据，对生产计划做出修正和优化。在生产过程中，物理车间的生产状态和虚拟车间对生产任务的仿真、验证与优化结果被不断反馈到 SSS，SSS 实时调整生产计划以适应实际生产需求的变化。DTS 有效集成了 SSS 的多层次管理功能，实现了对车间资源的优化配置及管理、生产计划的优化以及生产要素的协同运行，能够以最少的耗费创造最大的效益，从而在整体上提高效率。

车间孪生数据主要由与物理车间相关的数据、与虚拟车间相关的数据、与 SSS 相关的数据以及三者融合产生的数据四部分构成。与物理车间相关的数据主要包括生产要素数据、生产活动数据和生产过程数据等。生产过程数据主要包括人员、设备、物料等协同作用完成产品生产过程数据，如工况数据、工艺数据、生产进度数据等。与虚拟车间相关的数据主要包括虚拟车间运行的数据以及运行过程中实时获取的生产制造过程的数据，如模型数据、仿真数据及评估、优化、预测及不断积累的物理车间的实时数据等。与 SSS 相关的数据包括了从企业顶层管理到底层生产控制的数据，如供应链管理数据、企业资源管理数据、销售/服务管理数据、生产管理数据、产品管理数据等。以上三者融合产生的数据是指对物理车间、虚拟车间及 SSS 进行综合、统计、关联、聚类、演化、回归及泛化等操作下的衍生数据。车间孪生数据为 DTS 提供了全要素、全流程、全业务的数据集成与共享平台，消除了信息孤岛。在集成的基础上，车间孪生数据进行深度的数据融合，并不断对自身的数据进行更新与扩充，实现物理车间、虚拟车间、SSS 的运行及两两交互的驱动。

8.2.2 数字孪生车间运行机制

数字孪生车间（DTS）的迭代优化（运行）机制从生产要素管理、生产计划、生产过程 3 个方面阐述，如图 8-14 所示。其中，基于 PS 与 SSS 的交互，可实现对生产要素管理的迭代优化；基于 SSS 与 VS 的交互，可实现对生产计划的迭代优化；基于 PS 与 VS 的交互，可实现对生产过程的实时迭代优化。

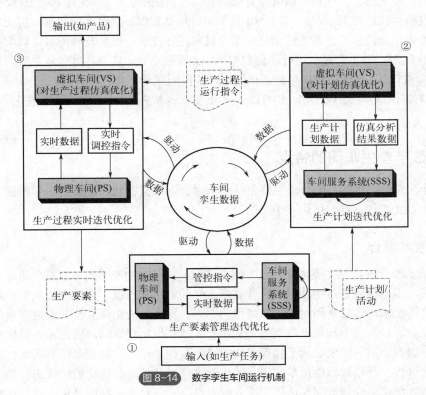

图 8-14　数字孪生车间运行机制

图 8-14 中阶段①是对生产要素管理的迭代优化过程,反映了 DTS 中 PS 与 SSS 的交互过程,其中 SSS 起主导作用。当 DTS 接到一个输入(如生产任务)时,SSS 中的各类服务在 SDTD 中的生产要素管理数据及其他关联数据的驱动下,根据生产任务对生产要素进行管理及配置,得到满足任务需求及约束条件的初始资源配置方案。SSS 获取 PS 的人员、设备、物料等生产要素的实时数据,对要素的状态进行分析、评估及预测,并据此对初始资源配置方案进行修正与优化,将方案以管控指令的形式下达至 PS。PS 在管控指令的作用下,将各生产要素调整到适合的状态,并在此过程中不断将实时数据发送至 SSS 进行评估及预测,当实时数据与方案有冲突时,SSS 再次对方案进行修正,并下达相应的管控指令。如此反复迭代,直至对生产要素的管理最优。基于以上过程,阶段①最终得到初始的生产计划/活动。阶段①产生的数据全部存入 SDTD,并与现有的数据融合,作为后续阶段的数据基础与驱动。

图 8-14 中阶段②是对生产计划的迭代优化过程,反映了 DTS 中 SSS 与 VS 的交互过程,其中 VS 起主导作用。VS 接收阶段①生成的初始的生产计划/活动,在 SDTD 中的生产计划及仿真分析结果数据、生产的实时数据以及其他关联数据的驱动下,基于几何、物理、行为及规则模型等对生产计划进行仿真、分析及优化,VS 将以上过程中产生的仿真分析结果反馈至 SSS,SSS 基于这些数据对生产计划做出修正及优化,并再次传至 VS。如此反复迭代,直至生产计划最优。基于以上过程,阶段②得到优化后的预定义的生产计划,并基于该计划生成生产过程运行指令。阶段②中产生的数据全部存入 SDTD,与现有数据融合后作为后续阶段的驱动。

图 8-14 中阶段③是对生产过程的实时迭代优化过程,反映了 DTS 中 PS 与 VS 的交互过程,其中 PS 起主导作用。PS 接收阶段②的生产过程运行指令,按照指令组织生产。在实际生产过程中,PS 将实时数据传至 VS,VS 根据 PS 的实时状态对自身进行状态更新,并将 PS 的实际运行数据与预定义的生产计划数据进行对比。若二者数据不一致,VS 对 PS 的扰动因素进行辨识,并通过模型校正与 PS 保持一致。VS 基于实时仿真数据、实时生产数据、历史生产数据等数据从全要素、全流程、全业务的角度对生产过程进行评估、优化及预测等,以实时调控指令的形式作用于 PS,对生产过程进行优化控制。如此反复迭代,实现生产过程最优。该阶段产生的数据存入 SDTD,与现有数据融合后作为后续阶段的驱动。

通过阶段①②③的迭代优化,SDTD 被不断更新与扩充,DTS 也在不断进化和完善。

拓展阅读

8.2.3　数字孪生车间的特点

数字孪生车间(DTS)的特点主要包括虚实融合,数据驱动,全要素、全流程、全业务集成与融合,以及迭代运行与优化 4 个方面。

(1)虚实融合

DTS 虚实融合的特点主要体现在以下两个方面。其一,物理车间与虚拟车间是双向真实映射的。首先,虚拟车间是对物理车间进行高度真实的刻画和模拟。通过虚拟现实、增强现实、建模与仿真等技术,虚拟车间对物理车间中的要素、行为、规则等多维元素进行建模,得到对应的几何模型、行为模型和规则模型等,从而真实地还原物理车间。通过不断积累物理车间的实时数据,虚拟车间真实地记录了物理车间的进化过程。反之,物理车间真实地再现虚拟车间定义的生产过程,严格按照虚拟车间定义的生产过程以及仿真和优化的结果进行生产,使生产过程不断得到优化。物理车间与虚拟车间并行存在,一一对应,共同进化。其二,物理车间与虚拟车间是实时交互的。在 DTS 运行过程中，物理车间的所有数据会被实时感知并传送给虚拟车间。虚拟车间根据实时数据对物理车间的运行状态进行仿真优化分析，并对物理车间进行实时调控。通过物理车间与虚拟车间的实时交互，二者能够及时地掌握彼此的动态变化并实时地做出响应。在物理车间与虚拟车间的实时交互中，生产过程不断得到优化。

（2）数据驱动

SSS、物理车间和虚拟车间以车间孪生数据为基础，通过数据驱动实现自身的运行以及两两交互，具体体现在以下三个方面：

一是对于 SSS。首先，物理车间的实时状态数据驱动 SSS 对生产要素管理进行优化，并生成初始生产计划。随后，初始的生产计划被交给虚拟车间进行仿真和验证，在虚拟车间仿真数据的驱动下，SSS 反复地调整、优化生产计划直至最优。

二是对于物理车间。SSS 生成最优生产计划后，将计划以生产过程运行指令的形式下达至物理车间。物理车间的各要素在指令数据的驱动下，将各自的参数调整到适合的状态并开始生产。在生产过程中，虚拟车间实时地监控物理车间的运行状态，并将状态数据经过快速处理后反馈至生产过程中。在虚拟车间反馈数据的驱动下，物理车间及时动作，优化生产过程。

三是对于虚拟车间。在产前阶段，虚拟车间接收来自 SSS 的生产计划数据，在生产计划数据的驱动下仿真并优化整个生产过程，实现对资源的最优利用。在生产过程中，在物理车间实时运行数据的驱动下，虚拟车间通过实时的仿真分析及关联、预测及调控等，使生产能够高效进行。DTS 在车间孪生数据的驱动下，被不断地完善和优化。

（3）全要素、全流程、全业务集成与融合

DTS 的集成与融合主要体现在以下三个方面：

其一是车间全要素的集成与融合。在 DTS 中，通过物联网、互联网、务联网等信息手段，物理车间的人、机、物、环境等各种生产要素被全面接入信息世界，实现了彼此间的互联互通和数据共享。由于生产要素的集成和融合，实现了对各要素合理的配置和优化组合，保证了生产的顺利进行。

其二是车间全流程的集成与融合。在生产过程中，虚拟车间实时监控生产过程的所有环节。在 DTS 的机制下，通过关联、组合等作用，物理车间的实时生产状态数据在一定准则下被加以自动分析、综合，从而及时挖掘出潜在的规律规则，最大化地发挥了车间的性能和优势。

其三是车间全业务的集成与融合。由于 DTS 中 SSS、虚拟车间和物理车间之间通过数据交互形成了一个整体，车间中的各种业务（如物料配给与跟踪、工艺分析与优化、能耗分析与管理等）被有效集成，实现数据共享，消除信息孤岛，从而在整体上提高了 DTS 的效率。

全要素、全流程、全业务的集成与融合为 DTS 的运行提供了全面的数据支持与高质量的信息服务。

（4）迭代运行与优化

在 DTS 中，物理车间、虚拟车间以及 SSS 之间不断交互、迭代优化。

一是 SSS 与物理车间之间通过数据双向驱动、迭代运行，使得生产要素管理最优。SSS 根据生产任务产生资源配置方案，并根据物理车间生产要素的实时状态对其进行优化与调整。在此迭代过程中，生产要素得到最优的管理及配置，并生成初始生产计划。

二是 SSS 和虚拟车间之间通过循环验证、迭代优化，达到生产计划最优。在生产执行之前 SSS 将生产任务和生产计划交给虚拟车间进行仿真和优化。然后，虚拟车间将仿真和优化的结果反馈至 SSS，SSS 对生产计划进行修正及优化，此过程不断迭代，直至生产计划达到最优。

三是物理车间与虚拟车间之间通过虚实映射、实时交互，使得生产过程最优。在生产过程中，虚拟车间实时地监控物理车间的运行，根据物理车间的实时状态生成优化方案，并反馈指导物理车间的生产。在此迭代优化中，生产过程以最优的方案进行，直至生产结束。DTS 在以上三种迭代优化中得到持续的优化与完善。

8.3 数字孪生在智能制造中的应用

8.3.1 数字孪生在智能制造系统中的应用

数字孪生应用于制造，有时候也用来指代一个工厂的厂房及生产线在建造之前，就完成数字化建模，从而在虚拟的信息物理系统（CPS）中对工厂进行仿真和模拟，并将真实参数传给工厂。而厂房和生产线建成之后，在日常的运维中二者将继续进行信息交互。

以智能制造车间为例，车间环境下的制造大数据，主要是利用车间生产过程中产生的海量数据，通过信息运算或深度学习方法从中挖掘有用信息，进而深刻理解或预测车间运行规律。作为大数据的一种特殊形式，数字孪生不仅可以建立与制造车间、制造企业等现场完全镜像的虚拟模型，同步刻画制造车间及制造企业物理世界和虚拟世界，还能实现虚实之间的交互操作与共同演化，从而反过来控制并优化制造车间和制造企业运行过程，让制造车间和制造企业真正意义上的物理-信息融合变成可能。因此，在现有数字化制造研究的基础上，引入数字孪生理论，并结合服务理论将其概念进行扩展，通过构建全互联的物理产品、物理车间乃至物理工厂和全镜像的虚拟产品、虚拟车间乃至虚拟工厂，研究产品、车间及工厂物理-信息数据融合理论及其驱动的服务融合与应用理论，为同步刻画产品、车间和工厂的物理世界与虚拟世界，同步反映产品、车间乃至工厂的物理-信息数据的集成、交互、迭代、演化等融合规律，提供了一种新的可行思路与方法，从而能够指导产品、车间及工厂的运行优化并实现其智能生产与精准管理目标。

通过建立数字孪生的全生命周期过程模型，这些模型与实际的数字化加工装配系统和数字化测量/检测系统，以及嵌入式的信息物理系统进行无缝集成和同步，从而使我们能够在虚拟世界和物理世界同时看到实际物理产品运行时发生的情况。图 8-15 是数字孪生制造系统框图。

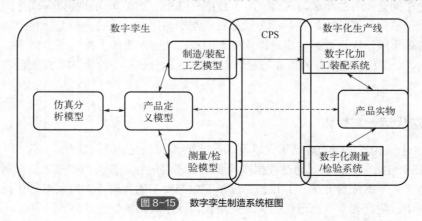

图 8-15 数字孪生制造系统框图

数字孪生制造系统可以持续地预测装备或系统的健康状况、剩余使用寿命以及任务执行成功的概率，也可以预见关键安全事件的系统响应，通过与实体的系统响应进行对比，揭示装备研制中存在的未知问题。数字孪生可能通过激活自愈的机制或者建议更改任务参数，来减轻损害或进行系统的降级，从而提高寿命和任务执行成功的概率。

由此可见，数字孪生就是在全球制造业快速发展、数字化制造和智能制造不断取得新的进展、制造业需要不断创新这样一种背景下产生的。

8.3.2　制造企业数字孪生模型的组成

数字孪生模型是以数字化方式为物理对象创建虚拟模型，来模拟其在现实环境中的行为。制造企业通过搭建、整合制造流程的生产系统数字孪生模型，能实现从产品设计、生产计划到制造执行的全过程数字化。

数字孪生模型主要包括产品设计（product design）模型、过程规划（process planning）模型、生产布局（production layout）模型、过程仿真（process simulation）模型、产量优化（throughput optimization）模型、维护保障管理（maintain security management）等。

（1）产品设计模型

模型定义：用一个集成的三维实体模型来完整地表达产品定义信息，将制造信息和设计信息（三维尺寸标注、各种制造信息和产品结构信息）共同定义到产品的三维数字模型中，保证设计和制造流程中数据的唯一性。

模型定义的解决方案：西门子公司提供了基于 Teamcenter+NX 集成一体化平台解决方案，Teamcenter 工程协同管理环境提供了对 MBD 模型数据及其创建过程的有效管理，包括 MBD 模型中的部分属性数据控制，例如 MBD 数据的版本控制、审批发放记录等。这些数据虽然最终是在 MBD 模型中表现，但其输入是在 Teamcenter 环境中完成和控制的。其主要模块有 6 大块，即：

① 基于知识工程的产品快速设计。由于其三维设计软件 NX 中内置了知识工程引擎，从而可帮助设计人员和企业获取、转化、构建、保存和重用工程知识，实现基于知识工程的产品研发。这些知识是企业宝贵的智力资源，包括标准与规范、典型流程和产品模板、过程向导和重用库等。

② 产品的重用库。NX 软件系统提供了重用库的功能。该重用库能将各种标准件库、用户自定义特征库、符号库等无缝地集成在 NX 界面中，从而使之具有很好的开放性和可维护性，便于用户使用和维护。其支持的对象包括行业标准零部件和零部件族、典型结构模板零部件、管线布置组件、用户定义特征、制图定制符号等。

③ 产品的设计模板。该模板建立了相似产品或者零部件的模型，设计师可通过修改已有的零部件来完成新的零部件产品设计，从而大幅度提升设计效率。

④ 过程向导工具。该工具是指对产品开发中的专家知识进行总结，并以相应的工具表达，进而形成专用的工具，供设计人员使用。主要包括对典型流程的总结和评审、过程向导开发工具、过程向导开发说明、过程向导测试等。

⑤ 基于 Check-Mate 的一致性质量检查。NX 软件系统提供了 Check-Mate 工具，可通过可视化的方式，对 MBD 模型进行计算机的自动检查。其检查内容包括建模的合规性、装备的合规性、几何对象的合规性以及文件结构的合规性等。

⑥ NX PMI 完整三维注释环境。NX PMI 把三维标注的功能集中在有关菜单下，该菜单提供了三维模型知识库必需的所有工具，为创建、编辑和查询实体设计上的 PMI（点间互信息）

提供了一个统一的界面。另外，NX 零部件导航器还提供了管理和组织 PMI 的工具，包括在模型视图节点中可观察 PMI 对象、PMI 节点显示关联对象、PMI 装配过滤器等。

（2）过程规划模型

利用数字孪生模型对需要制造的产品、制造的方式、所需资源以及制造的地点等各个方面进行规划，并将各个方面关联起来，进而实现设计人员和制造人员的协同。Process Designer 是一个数字化解决方案，主要用于三维环境中进行制造过程规划，促进了设计者和企业从概念设计到详细设计并一直到生产规划的完整制造过程的设计和验证。其主要过程包括：

① 利用强大的虚拟环境进行制造过程规划。通过利用二维/三维数据、捕捉和维护制造过程知识，Process Designer 为制造商提供了在一个三维虚拟环境中开发和验证最佳制造战略的企业级应用平台。

② 生产线设计、制造过程建模和生产线平衡。为全面提高生产线设计和制造过程建模功能，Process Designer 基于从分类库中捕捉的制造资源对过程进行建模。这样一来，使用者只需把合适的资源对象拖拽到规划树中，并根据实际产出目标调整各制造环节的顺序，并检查瓶颈即可。

③ 变更管理和规划方案甄别。该过程规划可以无缝地引入过程变更，并对过程变更实施的结果进行判别，进而采取相应措施即可。

④ 利用前期的成本估计来支持业务。Process Designer 把成本信息、资源信息以及制造过程信息结合在一起，能够实现在前期即对过程规划进行经济分析，在必要时能够采用更经济的替代规划方案。

⑤ 支持客户和行业工作流程。Process Designer 支持根据行业特定需求开发独特的客户工作流程。

⑥ 捕捉并重新使用最佳实践。Process Designer 在引进一个新项目时，可以重新使用最佳实践知识库，从而使工程师能够利用结构化知识来加速生产投放。

（3）生产布局模型

生产布局指的是用来设置生产设备、生产系统的二维原理图和纸质平面图。其愿景是设计出包含所有细节信息的生产布局、生产系统，包括机械、自动化、工具、资源甚至操作员等各种详细信息，同时将之与制造生态系统中的产品设计进行无缝关联。其主要模块包括：

① 在 NX 里面进行生产布局，可以提供 NX 里面的参数化引擎，高效处理生产中的问题，轻易实施变更。

② 可视化报告与文件。用户可以提供"生产线设计工具"，直接访问 Teamcenter 里面的信息。生产线设计工具可以显示每个零部件的相关信息，包括类型、设计变更、供应商、投资成本、生产日期等。

（4）过程仿真模型

过程仿真是一个利用三维环境进行制造过程验证的数字化制造解决方案。利用过程仿真能够对制造过程和早期的制造方法和手段进行虚拟验证和分步验证。

① 装配过程仿真。它使制造工程师能够决定最高效的装配顺序，满足冲突间隙并识别最短的周期时间。

② 人员过程仿真。提供强大的功能，用以分析和优化人工操作的人机工程，从而确保根据

行业标准实现人机工程的安全过程。

③ 特殊电弧过程仿真。用户能够在一个三维图形的仿真环境中设计和验证电弧过程。

④ 机器人过程仿真。用户能够设计和仿真高度复杂的机器人工作区域，优化机器人工作。

⑤ 试运行过程仿真。NX 提供了一个试运行的生产过程仿真，完全模拟产品、生产线路径和时间或制造系统的运行过程。

（5）产量优化模型

利用产量仿真来优化决定生产系统产能的参数，可以快速开发和分析多个生产方案，从而消除瓶颈、提高效率并增加产量。包括有一系列模块：

① 实现生产线、生产物流的仿真模拟，包括各种生产设备和输送设备，也包括特定的工艺过程、生产控制和生产计划。它是面向对象的、图形化的、集成的建模、仿真工具。采用层次化的结构，可以逼真地表现一个完整的工厂、一个复杂的配送中心或者一个国家铁路网络、交通枢纽。同时通过使用继承，可以很快地对仿真模型或模型版本进行修改，且不会产生错误。其仿真模块概念是独一无二的，用户可以基于图形和交互方式，用一套完整的基本工厂仿真对象来创建特定的用户对象。随着设计的不断改进，需要更改相关信息和数据，因此需要保证模型能够不断变更和维护。NX 软件里面有一个工具，用来快速创建简单的用户自定义对话框，集成多种语言设置和一个 HTML 浏览器界面，可以直接把用户的模型文件化。同时，还提供了一个对全厂进行三维可视化处理的工具，让三维表现与仿真模型紧密地集成在一起。另外，还提供了一个集成式、功能强大、易用的控制语言，叫作"SimTalk"，用户通过它能够对任何真实系统进行建模并生成仿真和相关业务结果。

② 为了提高创建模型的速度，该仿真还提供了应用对象库以及行业领域内特定的用户定义的对象。工厂仿真的应用对象库有个特征就是"用户柔性"，用户可以提供相关对象的结构。此外，该仿真完全可以按照工艺流程来建模，而且可以把各种对生产线有影响的因素都放进模型中，从而构建一个较精确的、符合实际物理情况的仿真模型。该仿真模型无论是建模的特点，还是建模使用的对象以及建模中的图片和图形，都有广泛的适应性，定义非常简单且快速，从而为定制化的工作带来方便。

（6）维护保障管理

NX 软件主要提供维护保障规划、维护 BOM 管理、维护保障执行、维护保障知识库管理等，包括：服务规划，支持对保障过程进行规范化的操作；服务手册管理，支持多人协同工作、版本管理和权限控制、自动化审批和发布；维护 BOM 管理，捕捉和管理实物资产的实际维护/实际服务、实际设计和实际制造配置以及相关文件，促进全面的产品和资产可见性；维护保障执行，实现有效的管理维护保障服务请求；服务调度和执行，根据维护保障服务规划和请求，制订维护保障执行作业和任务计划，分配维护保障服务资源，估算服务工作量等；另外，还有维护保障知识库管理、FRACAS（失效报告、分析与纠正措施系统）管理、维护保障报告和分析、维护物料管理等，构成一个完整的维护保障管理体系。

8.3.3　数字孪生在装配线上的应用

在现实的物理世界中，实现复杂和动态实体空间中多源异构数据的实时准确采集、有效的信息提取和可靠传输是实现数字孪生的前提条件。近年来，物联网、传感网、工业互联网、语义分析和识别技术的快速发展为虚拟世界的数字孪生模型的建设提供了一套可行的解决方案。此外，人工智能、机器学习、数据挖掘、高性能计算等技术的快速发展也提供了重要的技术支持。下面以制造产品装配过程为例，建立面向制造过程的数字孪生模型驱动的复杂产品智能装配生产线（装配线）。

如图 8-16 所示，鉴于装配生产线是实现产品装配的载体，该架构同时考虑了工艺过程由虚拟信息装配工艺过程向虚实结合的装配工艺过程转变，模型数据由理论设计模型数据向实际测量模型数据转变，要素形式由单一工艺要素向多维度工艺要素转变，装配过程由以数字化指导物理装配过程向物理虚拟装配过程共同进化转变。

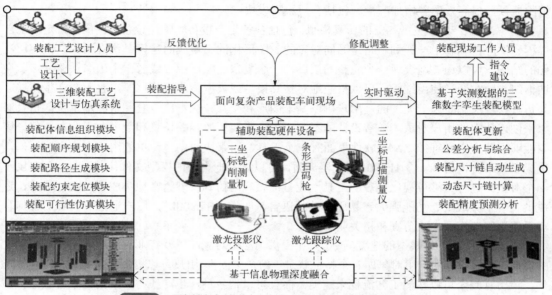

图 8-16　面向制造过程的数字孪生模型驱动的复杂产品智能装配生产线

该框架主要包括三个部分。

一是基于零件测量尺寸的产品模型重构方法，在产品数字孪生模型的帮助下，进行装配过程的设计和过程仿真优化。

二是在对孪生数据融合的装配精度分析和可装配性预测的基础上，主要研究装配过程中物理、虚拟数据的融合方法，建立装配零件的可装配性分析和精度预测方法，实现装配技术的动态调整和实时优化。

三是研究了虚拟装配过程与真实装配过程的深度集成和工艺智能的应用。研究装配现场对象与装配模型之间的关联机制，深入集成装配工艺流程、制造执行系统和装配现场实际装配信息，完成装配工艺信息的智能推送。

这三个部分最终实现的功能有如下。

① 实时采集产品在装配过程中产生的动态数据。动态数据可分为生产人员数据、仪器设备数据、工装工具数据、生产物流数据、生产进度数据、生产质量数据、实际工时数据、逆向问题数据八大类。针对制造资源，如生产人员、仪器设备、工装工具、物料、自动导引小车、托盘等，结合产品生产现场的特点与需求，利用条形码无线射频识别、传感器等物联网技术进行制造资源信息标识，对制造过程感知的信息采集点进行设计，在生产车间构建一个制造物联网络，实现对制造资源的实时感知。将生产人员数据、仪器设备数据、工装工具数据、生产物流

数据等生产资源相关数据归类为实时感知数据，将生产进度数据、实际工时数据、生产质量数据和逆向问题数据归类为过程数据，实时感知数据的采集将促进过程数据的生成。此外，针对大量的多源异构生产数据，在预先定义的制造信息处理和提取规则的基础上，定义了多源制造信息之间的关系，并对数据进行了识别和清理。最后，对数据进行标准化封装，形成统一的数据服务。

② 虚拟空间中数字孪生体的演化。通过统一的数据服务驱动装配生产线的三维虚拟模型和产品的三维模型，实现产品数字孪生体和装配生产线数字孪生实例的生成和连续更新，并将虚拟空间的数字孪生和产品数字孪生实例与真实空间和实体产品的装配生产线相关联，彼此通过一个统一的数据库来实现数据交互。

③ 在数字孪生体状态监测和过程的优化反馈控制基础上，通过对装配生产线历史数据的挖掘、产品历史数据的挖掘和装配工艺评价技术的研究，实现产品生产过程、装配生产线和装配工作位置的实时监测、校正和优化。通过实时数据和设计数据，实现产品工艺状态和质量特性的比较、实时监测、质量预测分析、预警、生产动态优化等，从而实现产品生产过程的闭环反馈控制和虚拟与真实的双向连接。具体功能包括产品质量实时监控、产品质量分析、验证与优化、生产线实时监控、制造资源实时监控、生产调度优化、物料优化配送等。

8.4　数字孪生和 CPS 的关联与区别

数字孪生是与 CPS 高度相关的概念。CPS 旨在将通信和计算机的运算能力嵌入物理实体中，以实现由虚拟端对物理世界的实时监视、协调和控制，从而达到虚实紧密耦合的效果。数字孪生在信息世界中创建物理世界高度仿真的虚拟模型，以模拟物理世界中发生的行为，并向物理世界提供反馈模拟结果或控制信号。数字孪生这种双向动态映射与 CPS 核心概念非常相似。

从功能上来看，数字孪生和 CPS 在制造业的应用目的一致，都是使企业能够更快、更准确地预测和检测现实工厂的问题，优化制造过程，并生产好的产品。CPS 被定义为计算过程和物理过程的集成。而数字孪生则要更多地考虑使用物理系统的数字模型进行模拟分析，执行实时优化。在制造业的情景中，CPS 和数字孪生都包括两个部分：物理世界部分和信息世界部分，真实的生产制造活动是由物理世界来执行的，而智能化的数据管理、分析和计算，则是由信息世界中各种应用程序和服务来完成的。物理世界感知和收集数据，并执行来自信息世界的决策指令，而信息世界分析和处理数据，并做出预测和决定。物理世界和信息世界之间无处不在的密集 IIoT（工业物联网）连接，实现了二者之间的相互影响和迭代演进，而丰富的服务和应用程序功能，则让制造业的人员参与二者的交互影响与控制过程，从而提升企业的控制能力与经济效益。

从广义上看，CPS 和数字孪生具有类似的功能，并且都描述了信息物理融合，但是，CPS 和数字孪生并不完全相同，如表 8-1 所示。

表 8-1　数字孪生与 CPS 的对比

类别	CPS	数字孪生
起源	由 Helen Gill 于 2006 年由美国国家科学基金会提出	2011 年由 NASA 和美国空军提出
发展	工业 4.0 将 CPS 列为发展核心	直到 2014 年才得到广泛关注

续表

类别	CPS	数字孪生
范畴	偏科学范畴	偏工程范畴
组成	CPS 和数字孪生都有两个部分，分别是物理世界和信息世界	
侧重点	CPS 更注重强大的 3C 功能	数字孪生更加注重虚拟模型
信息物理映射	多对多映射	一对一映射
核心要素	CPS 更强调传感器和控制器	数字孪生更加强调模型和数据
控制	CPS 和数字孪生的控制包括 2 个部分，即"物理资产或过程影响信息表达"和"信息表达控制物理资产或过程"，以将系统维持在可接受的操作正常水平	
层次	CPS 和数字孪生均可分为 3 个级别，分别是单元级、系统级和 SoS 级	

从时间上来看，数字孪生概念的起源比 CPS 晚。CPS 概念起源于 2006 年，并在之后作为美国与德国的智能制造国家战略核心概念而备受关注。根据可查的文献，数字孪生最早是 2011 年由 NASA 和美国空军提出的，2014 年因为产品全生命周期管理的研究逐步在制造业得到关注，并经过两年的发展后迅速成为热点。国内外大量的数字孪生理论研究成果开始发表是在 2017 年。

从架构上来看，数字孪生和 CPS 都包括物理世界、信息世界，以及二者之间的数据交互，然而二者具体比较，则有各自的侧重点。CPS 强调计算、通信和控制的 3C 功能，传感器和控制器是 CPS 的核心组成部分，CPS 面向的是 IIoT 基础下信息与物理世界融合的多对多映射关系。数字孪生更多地关注虚拟模型，虚拟模型在数字孪生中扮演着重要的角色，数字孪生根据模型的输入和输出，解释和预测物理世界的行为，强调虚拟模型和现实对象一对一的映射关系。相比之下，CPS 更像是一个基础理论框架，而数字孪生则更像是对 CPS 的工程实践。

8.5 数字孪生和虚拟仿真的关联与区别

仿真技术是实现数字孪生的主要组成要素之一。在工厂规划与流程再造工作中，仿真分析是常用的技术手段，为改善制造型企业的生产效率和提升绩效，相关学者已经提出很多仿真方法，如数字仿真、蒙特卡罗仿真模拟，以及基于精益系统的仿真。可用来执行生产系统的仿真软件，如 Witness、FlexSim，以及支持整体解决方案的 DELMIA（digital enterprise lean manufacturing interactive application）和西门子公司的 Tecnomatix 都已有成熟的应用方法。数字孪生方法在虚拟向现实提供回馈的环节，决策或者建议信息的依据，就是通过对虚拟镜像的仿真模拟找到最优解。

数字孪生的方法要求实现实体的物理工厂和虚拟的数字工厂之间不断的循环迭代。因此，数字孪生需要用的仿真是高频次、不断迭代演进的，而且伴随工厂的全生命周期。传统仿真方法投入人力多、对人员素质要求高、耗时较长等原因导致中小型企业无法承担成本，或因为实施周期长，不能满足市场变化节奏而不被采纳。现代制造工业面临着快速变化的市场环境和企业不断升级、转型、调整产能和生产方式的需要，因此需要一种敏捷的仿真来实现数字孪生。

仿真是用将包含了确定性规律和完整机理的模型转化成软件的方式来模拟物理世界的一种技术，只要模型正确，并拥有了完整的输入信息和环境数据，就可以基本正确地反映物理世界的特性和参数。

传统的建模仿真是一个独立单元建模仿真，而数字孪生是从设计到制造运营、维护的整个流程，贯穿了产品的创新设计环节、生产制造环节以及运营维护资产管理环节的价值链条，是整体而非局部的，是包含物料、能量、价值的数字化集成而非孤立存在的。传统建模仿真和数字孪生的关注点不同，前者关注建模的保真度，也就是可否准确还原物理对象特性和状态，后者关注动态中的变化关系。数字孪生是动态的，在数字对象与物理对象之间必须能够实现动态的虚实交互才能让数字孪生运行具有持续改善的工业应用价值。

 本章小结

　　本章介绍了数字孪生产生背景、概念、模型构建的准则以及关键技术。数字孪生可以为物理实体创建数字化的虚拟模型，通过传感器不断更新历史数据，集成多学科、多物理量、多尺度、多概率的仿真过程，来模拟和反映真实物理世界的状态和行为，并通过反馈预测控制它们的状态和行为。建模、仿真和基于数据融合的数字线程是数字孪生的三项核心技术。

　　介绍了数字孪生车间概念模型、运行机制及特点。数字孪生车间是在新一代信息技术和制造技术驱动下通过物理车间与虚拟车间的双向真实映射与实时交互，实现物理车间、虚拟车间、车间服务系统的全要素、全流程、全业务数据的集成和融合。数字孪生车间运行机制包含生产要素管理迭代优化、生产计划仿真迭代优化和生产过程实时迭代优化3个方面。数字孪生车间的特点主要包括：虚实融合，数据驱动，全要素、全流程、全业务集成与融合，以及迭代运行与优化。

　　数字孪生在智能制造车间的应用，主要是利用车间生产过程中产生的海量数据，通过信息运算或深度学习方法从中挖掘有用信息，进而深刻理解或预测车间运行规律。

　　最后介绍了数字孪生和CPS、虚拟仿真的关联与区别。

 思考题与习题

1. 什么是数字孪生？在智能制造中有何意义？
2. 数字孪生如何连接物理世界和信息世界？
3. 简述数字孪生的概念模型和系统架构。
4. 数字孪生模型从哪几个方面构建理论体系？
5. 用于数字孪生建模的工具有哪几种？
6. 数字孪生模型发展4个阶段的关联是什么？
7. 如何理解数字孪生车间？数字孪生车间由哪几部分组成？并简述各部分的内容。
8. 简述数字孪生车间运行机制。
9. 数字孪生车间的特点有哪些？
10. 简述制造企业数字孪生模型的组成。
11. 简述数字孪生和CPS的关联与区别。
12. 简述数字孪生和虚拟仿真的关联与区别。

第 9 章

智能制造系统的仿真应用

 思维导图

智能制造系统的仿真应用
- 仿真技术的发展状况
  - 探索阶段
  - 仿真语言出现阶段
  - 仿真语言形成阶段
  - 仿真语言发展阶段
  - 仿真语言巩固和改进阶段
  - 仿真集成环境阶段
- 常用的仿真软件介绍
  - Flexsim
  - Arena
  - AutoMod
  - Plant Simulation
- Witness仿真软件
  - Witness用户界面
    - 特点
    - 模块
    - 界面组成
      - 标题栏
      - 菜单栏
      - 工具栏
      - 元素选择窗口
      - 状态栏
      - 用户元素窗口
      - 系统布局窗口
  - Witness的建模元素
    - 离散型元素
    - 连续型元素
    - 运输逻辑型元素
    - 逻辑型元素
    - 图形元素
    - Witness规则
  - Witness仿真应用实例
    - 柔性生产线建模与仿真
    - 座椅组装生产线的建模与仿真

内容引入

随着计算机科学的不断进步，仿真技术正在被越来越广泛地应用于各个领域。仿真软件可以模拟真实情况，在控制条件下提供与真实体验几乎相同的体验，使人们能够进一步深入了解真实情况，从而提高发现问题和解决问题的能力，应用范围涵盖了军事、医疗、教育、物流、娱乐等多个领域，如图 9-0 所示。

(a) 仿真软件在军事上的应用

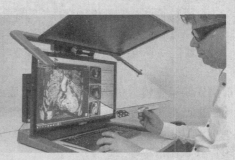
(b) 仿真软件在医疗上的应用

(c) 仿真软件在教学上的应用

(d) 仿真软件在物流上的应用

图 9-0　仿真软件的应用

军事领域最早利用仿真技术来进行模拟训练。通过仿真软件士兵不用真正参加战争，就能够模拟实战场景，进行训练。这样一方面可以减少实战中的伤亡，同时也让士兵对战争场景有更深入的了解。还能使受训者能够在接近实战的复杂情况中练指挥、练战术，大幅度提高训练质量，而且它又能够大限度地减少装备损耗，节约大量经费，降低训练成本，从而提高训练效益。

在医学领域通过仿真软件，医生能够更直接观察艾滋病毒感染、胃癌、结直肠癌、肺癌等疾病的病程过程，提高治疗效果。医学仿真软件还能通过计算机模拟人体的电磁辐射、正常生理功能、病理变化、手术方法和过程，以使临床医生获得有关疾病的各种信息和治疗效果，是医学研究的重要工具。

在教育领域很多专业学生的学科的知识养成，都离不开仿真软件。如 MATLAB 软件通常面对科学计算、可视化与交互式程序设计的计算环境，有着多元化、较为全面的功能，可用于建模仿真分析。Simulink 是 MATLAB 十分重要的组件，可以提供动态系统建模、仿真与综合分析的集成环境。

用物流仿真软件模拟实际物流系统运行状况，统计和分析模拟结果，可以指导实际物流系统的规划设计与运作管理。在减少损失、节约开支、缩短开发周期、提高生产效率、提高产品质量等方面有着显著的经济效益。

学习目标

1. 了解仿真技术的发展状况；
2. 了解常用仿真软件的类型；
3. 了解常用仿真软件的功能及特点；
4. 掌握 Witness 软件的主要特点；
5. 掌握 Witness 软件操作系统的界面功能；
6. 掌握 Witness 软件的建模元素；
7. 掌握 Witness 软件的操作过程及应用。

　　前面介绍了建模与仿真的概念与基本原理，基于这些原理所构建的仿真软件种类较多，除了应用在生产制造、仓储物流等工业领域外，还包括社会、服务、军事、交通运输等非工业领域。本章主要介绍仿真软件的发展、常用的仿真软件的特点，并以 Witness 仿真软件为例，详细介绍仿真软件在实际生产中的应用。

9.1　仿真技术的发展状况

　　在日趋激烈的竞争环境下，产品功能与结构越来越复杂，顾客需求呈现出个性化和多样化趋势，增加了产品设计和制造的难度。为此，制造企业需要有效解决创新性产品开发、缩短上市周期、降低生产成本等问题。此外，经济全球化和客户化定制趋势明显，它要求产品开发全生命周期中各环节（包括计划、准备、设计、工艺、生产调度、加工、装配等）信息的实时交互和无缝协作。利用仿真技术，可以洞察、预测产品（或制造系统）的动态行为，获取产品（或制造系统）的动态特性，评估作业计划和资源配置的合理与否，协助完成产品和制造系统的优化设计，提升制造企业的竞争力。

　　近年来，仿真软件开始由二维动画向三维动画转变，提供虚拟现实的仿真建模与运行环境。智能化建模技术、基于 Web 的仿真、智能化结果分析与优化技术等也成为仿真软件发展的一个重要趋势。许多仿真软件还提供了二次开发工具及开放性的程序接口，以增强软件的适用性。综合来说，可以将应用于仿真模型开发的软件概括为三大类型：第一类是通用编程语言，如 C、C++和 Java 等；第二类是仿真编程语言，如 GPSS/H、SIMAN V 和 SLAM Ⅱ等；第三类是仿真环境。

　　目前市场上已经有大量的商品化仿真软件，它们面向制造系统、物流系统、服务系统、医疗系统或产品开发的某些特定领域，成为提高产品以及制造系统性能、提升企业竞争力的有效工具。表 9-1 列举了常用的面向制造系统、物流系统设计以及机电产品开发的仿真软件。

表 9-1　面向机电产品和制造系统、物流系统研发的仿真软件

软件名称	公司名称	主要应用领域
Flexsim	美国 Flexsim Software Products 公司	物流系统、制造系统仿真
MATLAB	美国 MathWorks 公司	数值计算、控制及通信系统仿真
SIMPACK	德国 INTEC GmbH 公司	机械系统运动学、动力学系统仿真

软件名称	公司名称	主要应用领域
Witness	英国 Lanner 集团	汽车、物流、电子等制造系统仿真
Moldflow	美国 Autodesk 公司	注塑模具成型仿真
DEFORM	美国 Scientific Forming Technologies 公司	金属锻造成型仿真
MSC. Nastran	美国 MSC. Software 公司	结构、噪声、热及机械系统动力学等仿真
MSC. ADAMS	美国 MSC. Software 公司	机构运动学、动力学仿真与虚拟样机分析
ANSYS	美国 ANSYS 公司	结构、热、电磁、流体、声学等仿真
COSMOS	美国 Structural Research & Analysis 公司	机械结构、流体及运动仿真
ITI-SIM	德国 ITI GmbH 公司	机械、液压气动、热能、电气等系统仿真
FlowNet	美国 Engineering Design System Technology	管道流体流动仿真
ProModel	美国 ProModel 公司	制造系统、物流系统仿真
ServiceModel	美国 ProModel 公司	服务系统、物流系统仿真
VisSim	美国 Visual Solutions 公司	控制、通信、运输、动力等系统仿真
WorkingModel	美国 MSC. Software 公司	机构运动学、动力学仿真
Simul8	美国 Simul8 公司	物流、资源及商务决策仿真
HSCAE、SC-FLOW	华中科技大学	注塑模具仿真分析
AutoMod	美国 Brooks Automation 公司	生产及物流系统规划、设计与优化
Teamcenter	美国 UGS 公司	产品全生命周期管理仿真
ABAQUS	法国 DASSAULT 公司	结构强度及应力分析
VERICUT	美国 CGTech 公司	数控编程与仿真
Extend	美国 Imagine That 公司	生产与物流系统仿真
Z-MOLD	郑州大学	塑料成型数值分析与仿真
Arena	美国 Rockwell Software 公司	制造、物流及服务系统建模与仿真
PAM-STAMP/OPTRIS	法国 ESI 集团	冲压成型仿真
PAM-CAST/PROCAS	法国 ESI 集团	铸造成型仿真
PAM-SAFE	法国 ESI 集团	汽车被动安全性仿真
PAM-CRASH	法国 ESI 集团	碰撞、冲击仿真
PAM-FORM	法国 ESI 集团	塑料、非金属与复合材料热成形仿真
SYSWELD	法国 ESI 集团	热处理、焊接及焊接装配仿真

9.2 常用的仿真软件介绍

目前，"PC"＋"Windows 操作系统"已成为仿真软件通用的运行环境。这些仿真软件具有一些共性特征，如图形化用户界面、仿真模型运行过程的动画显示、仿真结果数据的自动收集、系统性能指标的智能化统计分析等。但是，不同仿真软件在界面风格、建模术语、图形化工具、仿真模型、调度方法、仿真结果表示等方面存在差异，主要体现在以下几个方面：

① 建模界面和术语不尽相同。有些仿真软件采用类似框图法的建模方法，但更多的软件采

用二维或三维图标建立仿真模型，以提高用户的友好性。

② 仿真调度策略不同，多数仿真软件采用进程交互法完成仿真调度，也有一些软件采用事件驱动法等调度方法。

③ 仿真结果的显示方法不同，采用数据列表或图形化方法（如柱状图、饼状图、折线图）以及动画等形式。

当前市场上已有大量面向生产系统的商业化仿真软件。其中应用较为广泛的主要有美国 Flexsim Software Products 公司开发的 Flexsim、美国 Systems Modeling 公司开发的 Arena、英国 Lanner 集团开发的 Witness、美国 Brooks Automation 公司开发的 AutoMod、美国 Imagine That 公司开发的 Extend、美国 ProModel 公司开发的 ProModel、以色列 Tecnomatix 公司开发的 eM-Plant 等，如表9-2 所示。下面简要介绍几种常用的面向制造系统和物流系统的仿真软件。

表9-2 主流仿真软件

仿真软件	开发公司	开发语言	动画
Witness	英国 Lanner	VB/OLB	2D/3D/VR
AutoMod	美国 Brooks Automation	内嵌	2D/3D
Flexsim	美国 Flexsim Software Products	C++	2D/3D
Arena	美国 System Modeling	VB/Frotran/C/C++	2D
Extend	美国 Imagine That	内嵌 MODL	2D
eM-Plant	以色列 Tecnomatix	SimTalk	2D/3D
Quest	法国 DASSAULT	SCL/BCL	2D/3D

9.2.1 Flexsim

Flexsim 是由美国 Flexsim Software Products 公司推出的一款主要应用于对生产制造、物料处理、物流、交通和管理等离散事件系统进行仿真的软件产品。该软件提供了输入数据拟合与建模、图形化的模型构建、虚拟现实显示、仿真结果优化以及生成 3D 动画影像文件等多种功能，并提供了与其他工具软件的接口。

Flexsim 软件采用面向对象编程和 Open GL 技术，具有如下几个突出的特点：

① 使用对象来构建真实世界的仿真模型。Flexsim 提供了多种对象类的模板库，用户利用鼠标的拖放操作就能够确定对象在模型窗口中的位置，根据模型的逻辑关系进行连接，然后设定不同对象的属性。同时，用户还可以根据自己行业和领域特点对系统提供的对象进行扩展，来构建自己的对象库。

② 突出的 3D 图形显示功能。用户可以在 Flexsim 中直接导入 3DStdio、VRML、DXF 以及 STL 等图形类型，并根据内置的虚拟现实浏览窗口，来添加光源、雾以及虚拟现实立体技术等。借助于 OpenCI 技术，Flexsim 还提供了对 ADS、WRL、DXF 和 STL 等文件格式的支持，帮助用户建立逼真的仿真模型，从而可以有助于对仿真模型的直观上的认识和仿真模型的验证。此外 Flexsim 还提供有 AVI 录制器，用来快速生成 AVI 文件。

③ 开放性好、扩展性强。Flexsim 提供了与外部软件的接口，用户可以通过 ODBC 与外部数据库相连，通过 Socket 接口与外部硬件设备相连等，并且可以与 MicrosoftExcel 和 Visio 等软件配合使用。除此之外，用户还可以利用 C++语言创建、定制和修改对象，控制对象的行为活

动，甚至还可以完全将其当作一个 C++语言的开发平台来开发特定的仿真应用程序。

Flexsim 中的仿真引擎可自动运行仿真模型，提供可视化模型窗口，并将仿真结果存在报告或图表中。利用预定义和自定义的行为指示器（如产量、周期、费用等）来分析系统性能。此外，Flexsim 软件可以利用开放式数据库互联（ODBC）和动态数据交换连接（DDEC）直接输入仿真数据，也可以将仿真结果导入 Word、Excel 等应用软件中。

利用 Flexsim 软件可以快速构建系统模型，通过对系统动态运行过程的仿真、试验和优化，以达到提高生产效率、降低运营成本等目的。Flexsim 软件可用于评估系统生产能力、分析生产流程、优化资源配置、确定合理的库存水平、缩短产品上市时间等。

9.2.2　Arena

Arena 是由美国 Systems Modeling 公司于 1993 年开始基于仿真语言 SIMAN 及可视化环境 CINEMA 研制开发，并推出的一款可视化及交互集成式的商业化仿真软件。目前属于美国 Rockwell Software 公司的产品。Arena 在仿真领域具有较高的声誉，其应用范围十分广泛，覆盖了包括生产制造过程、物流系统及服务系统等在内的几乎所有领域。

Arena 软件的主要特点包括：

① 可视化柔性建模。Arena 将仿真编程语言和仿真器的优点有机地整合起来，采用面向对象技术，并具有完整的层次化体系结构，保证了其易于使用和建模灵活的特点。在 Arena 中，对象是构成仿真模型的最基本元素。由于对象具有封装和继承的特点，因此仿真模型具有模块化特征和层次化的结构，如图 9-1 所示。

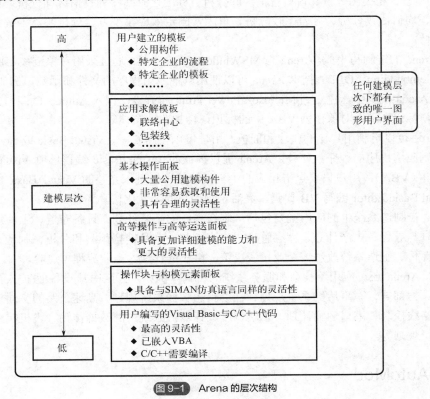

图 9-1　Arena 的层次结构

② 输入分析器技术。输入数据的质量直接关系到仿真结果，错误的输入数据会使得仿真建模的努力化为乌有，形成所谓的"垃圾进垃圾出"。传统系统仿真中的输入数据多采用手工处理，费时、费力且效果较差。

Arena 的输入分析器可以帮助用户进行数据处理。输入分析器能根据输入数据拟合概率分布函数，进行参数估计，并计算分布的拟合质量，以便从中选择合适的分布函数。采用输入分析器拟合数据的步骤如下：生成包含数据的文本文件；利用输入分析器，对上述数据拟合一个或多个概率分布；选择合适的概率分布；将由输入分析器得到的概率分布嵌入 Arena 模型的适当位置。

输入分析器可以用来比较同一个概率分布函数参数变化的影响。在实际仿真中，利用输入分析器分析的典型数据文件包括随机过程的间隔时间（如实体到达的间隔时间、加工或服务时间分布等）、实体类型、实体的批次批量等。Arena 软件提供的分布类型包括 B 分布、指数分布、经验分布、γ 分布、正态分布、泊松分布、三角分布、均匀分布、Weibull 分布等。

③ 输出分析器技术。仿真输出数据是决策的依据和来源，对仿真输出数据的预加工则是决策的前提。输出分析器是 Arena 集成仿真环境的有机组成部分，它提供了易用的用户界面，以帮助用户快捷、简便地查看和分析输出数据。

Arena 提供了七种输出数据文件类型，即 counter、cstat、dstat、frequency、tally、output 及 batched。其中，batched 类型的输出文件由输出分析器直接产生，其他类型数据由相应模块产生。借助输出分析器，可以对数据进行各种显示和处理。Arena 提供的数据显示形式包括条形图、柱状图、移动平均线图、曲线图、表等。此外，Arena 还具有强大的数理统计分析功能，提供分批/截段观察、相关图分析、古典置信区间分析、标准化时间序列置信区间分析、标准差置信区间分析、均值比较分析、方差比较分析、单因素固定效应模型方差分析等，为决策提供准确的数据支持。

④ Arena 的定制与集成。Arena 与 MSWindows 完全兼容。通过采用对象链接与嵌入（object linked and embedding，OLE）技术 Arena 可以使用其他应用程序的文件和函数。例如，将 Word 文件放入 Arena 模型中，建立到 Microsoft Power Point 的链接，调入 AutoCAD 图形文件，添加声音文件，标记 Arena 对象作为 VBA 中的标识，增加欢迎窗体等。

Arena 还可以定制用户化的模块和面板。用户可以使用 C++、Visual Basic 或 Java 等编程语言生成控制应用程序的程序。此外，Arena 提供内嵌的 Visual Basic 编程环境 Visual Basic for Application（VBA），用户只要点击相应的工具按钮就可以进入完整的 Visual Basic 编程环境，利用 Visual Basic Editor 编写 VB 代码，灵活定制用户的个性化仿真环境。

Arena 在制造系统中的应用主要包括：制造系统的工艺计划、设备布置、工件加工轨迹的可视化仿真与寻优、生产计划、库存管理、生产控制、产品销售预测和分析、制造系统的经济性和风险评价、制造系统改进、企业投资决策、供应链管理、企业流程再造等。

此外，Arena 还可应用于社会和服务系统的仿真。例如，医院医疗设备/医护人员的配备方案规划、兵力部署、军事后勤系统规划、社会紧急救援系统规划、高速公路的交通控制、出租车管理和路线控制、港口运输计划、车辆调度、计算机系统中的数据传输、飞机航线分析、电话报警系统规划等。

9.2.3 AutoMod

AutoMod 是美国 Brooks Automation 公司的产品。它由仿真块 AutoMod、试验及分析模块

AutoStat、三维动画模块 AutoView 等部分组成。它适合于大规模复杂系统的规划、决策及其控制实验。AutoMod 的主要特点包括：

① 采用内置的模板技术，提供物流和制造系统中常见的建模元素，如运载工具、传送带、自动化存取系统（automated storage and retrieval system，AS/RS）、桥式起重机、仓库、堆垛机、自动引导小车、货车、小汽车等，可以快速构建物流及生产系统的仿真模型。

② 模板中的元素具有参数化属性。在用户定义测量和实验标准的基础上，AutoStat 模块能够自动对 AutoMod 仿真模型进行统计分析，得到诸如生产成本和设备利用率等各类数据及相关的图表。例如：传送带模板具有段数、货物导入点等属性，其中段数由长度、宽度、速度、加速度以及类型等参数加以定义。

③ 具有强大的统计分析工具。

④ 提供了灵活的动态场景显示方式。用户通过 AutoView 模块可以实现对场景的定义和摄像机的移动，产生高质量的 AV 格式动画文件，并且还可以对视图进行缩放或者平移等操作，或使用摄像机对某一个物体（如叉车或托盘）的移动进行跟踪等。

使用时，首先要建立系统中的对象，通过编程定义作业流程，通过编译源程序运行模型。由于需要采用程序语言对所有对象进行编程，建模人员需要具备必要的编程知识。根据仿真结果，可以判定是否存在瓶颈工位、流程是否合理、设备能力能否满足需求等，并调整方案或者参数，直至得到满足实际需求的方案。

AutoMod 软件主要的应用对象包括制造系统以及物料处理系统等。

9.2.4　Plant Simulation

西门子工厂仿真 Plant Simulation 是一款强大的离散事件仿真软件，可以对各种规模的生产系统和物流系统，包括生产线进行建模、仿真；可以对各种生产系统，包括工艺路径、生产计划和管理，进行优化和分析；可以优化生产布局、资源利用率、产能和效率、物流和供需链，考虑不同大小的订单与混合产品的生产。Plant Simulation 属于新时代的软件，其除了各类仿真建模速度快、3D 展示效果好，更强大的在于其数据处理和获取和分析的能力。

以下是 Pant Simulation 的基本功能。

（1）建模和仿真

Plant Simulation 提供了一个直观的建模环境，用户可以使用内置的图形库创建各种对象，如传送带、机器人、工人、机器等。用户还可以通过导入 CAD 文件或其他格式文件来创建对象。在建模完成后，用户可以使用仿真功能来测试不同的方案，并找到最佳解决方案。

（2）优化生产过程

Plant Simulation 可以帮助企业优化生产过程，从而提高效率和质量。用户可以使用 Plant Simulation 来评估不同方案下的生产能力、吞吐量、瓶颈等关键指标，并找到最佳解决方案。

如生产计划制订：工厂接到的订单有丰富的多样性，不同订单对产品数量、交货时间、用户定制等各种因素有着不同的需求，我们可以通过该软件合理制订生产计划，避免因计划安排不合理导致的生产等待，减少产品的生产时间以提高效率。

产线性能评估：工厂的设备不可能百分百运转，需要散热，定期维修，工作时也可能发生故障，需要等待前面加工的设备的加工步骤完成后才进行工作。通过仿真，我们可以直观地观察统计产线的各工位的各项参数，评估限制生产效率的原因，找到优化的解决方案。

（3）优化物流和供应链

除了生产过程外，Plant Simulation 还可用于优化物流和供应链。用户可以使用 Plant Simulation 来模拟货物运输、仓储和分配过程，并找到最佳路径和策略。

如仓储物流优化：可以对仓库的存储进行优化，加快仓库的出入库速度，减少货物的堆积。也可以设计智能导航系统，运用智能小车，代替以往的工人搬运和叉车搬运模式，提高效率。

（4）数据分析和可视化

Plant Simulation 还提供了数据分析和可视化功能，用户可以通过图表、报表等方式查看仿真结果，并进行数据分析。这些结果可以帮助企业做出决策，并优化生产和物流过程。

（5）自动化和控制

Plant Simulation 还可以与 PLC、机器人等自动化设备进行集成，从而实现自动化控制。用户可以使用 Plant Simulation 来测试不同的控制策略，并找到最佳方案。

（6）多语言支持

Plant Simulation 支持多种语言，包括英语、德语、法语、西班牙语、意大利语、日语等。这使得用户可以在不同的国家和地区使用该软件。

（7）多平台支持

Plant Simulation 支持 Windows 和 Linux 等多个平台，用户可以根据自己的需求选择合适的平台。

Plant Simulation 还包含诸多分析工具，如 GA（遗传算法）、实验管理器、甘特图、桑吉图、瓶颈分析器、能耗分析器等，通过这些分析工具，我们能统计工厂的资源利用率、能耗、缓存区的占用情况，找到瓶颈工位，推算最合理的资源配置数量等等，便于找到模型的优化方向，并通过 HTML 报告给出工艺排产和布局的最佳解决方案，降低成本，缩短生产时间，提高工厂利润。此外，Plant Simulation 还可以与 Excel、数据库和 PLC 等软件进行交互，实现集成化的生产。

通过 Plant Simulation 开发工厂仿真系统，可以提供对整个车间或整个企业的生产情况进行仿真优化的完整功能，包括物流仿真、工厂生成仿真、工厂订单排产仿真、瓶颈优化二维和三维仿真、专业的模型库等功能。能更好地规划工厂的工艺布局，及时发现工厂现有的生产瓶颈并给出仿真优化的方案。如工厂布局优化：实际工厂中，会有场地的不良条件导致设备和工人工作区的搭建不合理的情况，可通过软件对产线中设备以及工人位置做相应的调整，进行合理的安排，优化整个工厂的布局。

9.3　Witness 仿真软件

Witness 是由英国 Lanner 集团开发出的面向工业系统、商业系统流程的动态系统建模与仿真软件平台，是世界上在该领域的主流仿真软件。Witness 软件不仅广泛应用于生产和物流系统运营管理与优化、流程改进、工厂物流模拟与规划、供应链建模与优化等，运用 Witness 进行仿真模拟还可评估装备与流程设计的多种可能性、提高工厂与资源的运行效率、减少库存、缩短产品上市时间、提高生产线产量、优化资本投资等。

目前已被成功运用于国际众多知名企业的解决方案项目中，如 Airbus 公司的机场设施布局优化、BAA 公司的机场物流规划、BAE SYSTEMS 电气公司的流程改善、Exxon 化学公司的供应链物流系统规划、Ford 汽车公司的工厂布局优化和发动机生产线优化、Trebor Basset 公司的分销物流系统规划等。

9.3.1　Witness 用户界面

Witness 的主要特点包括：

① 采用面向对象的建模机制。系统模型由对象构成，对象是图形和逻辑关系等的集成体，可以随时定义和修改，具有良好的灵活性和适应性。

② 交互式建模方法。利用鼠标从库中选择二维或三维图形图标并拖放到屏幕中合适的位置，可以快捷地创建系统的流程模型。系统提供多种输入方式，如菜单或以文件形式等。Witness 提供了丰富的模型单元，包括物理单元和逻辑单元。其中，物理单元用于描述系统中的工具、设备等，如工件、缓存、机器、传送带、操作工、处理器、容器、管道等；逻辑单元用于表示系统中对象的特性及其逻辑关系等，如属性、变量、分布、班次、文件、函数等。

③ 提供丰富的模型运行规则和灵活的仿真策略。在定义系统中元素及其关系的基础上用户可以定义基本输入输出规则，如优先级规则、百分比规则、负载平衡规则、物料发送规则等，构成模型的仿真调度策略，使系统的仿真调度具有柔性。

④ 可视化、直观的仿真显示和仿真结果输出。模型运行可以动画方式实时显示，仿真结果可以采用表格、曲线图、饼图、直方图等形式输出，并与动画运行同步显示在屏幕上，以便于分析仿真结果。除包括统计数值外，仿真结果模块还提供置信度和置信区间分析。

⑤ 良好的开放性。为方便用户构建系统模型，Witness 软件提供大量用于描述模型运行规则和属性的函数，如系统公用函数、定义元素行为规则与属性的函数、与仿真时间触发特性相关的函数等。此外，Witness 还提供用户自定义函数功能，用户可以方便地定制自己的系统。Witness 具有良好的开放性，可以读写 Excel 表、与开放式数据库连接、输入多种格式的 CAD 图形文件，如 jpg、gif、wmf、dxf、bmp 等，实现与其他软件系统的数据共享和集成。

Witness 软件的主要模块包括：

① 定义模块：确定模型的元素的名称、数量和类型等。

② 显示模块：构造元素的外观并显示在屏幕上。

③ 详细定义模块：详细定义模型中元素的逻辑关系，如结构类型、工作方式、参数、规则等。

④ 设计师模块：缺省条件下，快速建立系统模型。

⑤ 报告模块：显示统计结果，根据用户需要定制查询报告。

⑥ 运行模块：运行或暂停模型的运行，或控制模型的运行模式。

⑦ 实验模块：定义和运行一个实验模型，或从中提取数据。

⑧ 窗口模块：开启相关窗口，用于显示仿真模型的运行状况。

⑨ 帮助模块：提供软件功能及操作的帮助信息。

Witness 软件启动可以通过开始菜单，或者通过双击桌面图标打开。打开之后进入的是 Witness 软件的初始界面，如图 9-2。

图 9-2　Witness 软件初始界面

从图 9-2 中可以看出，Witness 系统（软件）的界面是由标题栏、菜单栏、工具栏、元素选择窗口、状态栏、用户元素窗口和系统布局窗口组成。下面对每一部分的功能加以介绍。

（1）标题栏

标题栏位于屏幕界面的第一行，它包括系统程序图标、主屏幕标题、最小化按钮、最大化按钮和关闭按钮等五个对象。

① 系统程序图标。单击 Witness 系统程序图标，打开窗口控制菜单，在窗口控制菜单下，可以移动屏幕并改变屏幕的大小。双击系统程序图标，关闭 Witness 系统。

② 主屏幕标题。主屏幕标题由两部分组成，前一部分是系统的名称，也就是"Witness"；后一部分是当前打开的模型的标题，可以根据不同的模型进行修改设置。设置方法是打开"Model"菜单，选择"Title"选项，在弹出的标题设置对话框中进行设置。标题设置对话框如图 9-3 所示。在模型标题设置对话框的"General"页框下，设置模型的名称（Name）、标题（Title）、作者（Author）等信息。模型名称和标题将显示在主屏幕标题上。

③ 最小化按钮。单击"最小化"按钮，可将系统的屏幕缩小成图标，并存放在 Windows 桌面的底部的任务栏中。

④ 最大化按钮。单击"最大化"按钮，可将系统的屏幕定义为最大窗口。

⑤ 关闭按钮。单击"关闭"按钮，可将关闭 Witness 系统。

（2）菜单栏

菜单栏位于屏幕的第二行，它包含：File（文件）、Edit（编辑）、View（显示）、Model（模型）、Elements（元素）、Reports（报表）、Run（运行）、Window（窗口）、Help（帮助）九个菜单选项。当单击其中一个菜单选项时，就可以打开一个对应的"下拉式"菜单，在"下拉式"菜单中，通常还有若干个子菜单选项，当选择其中一个子菜单选项时，就可以执行一个操作。

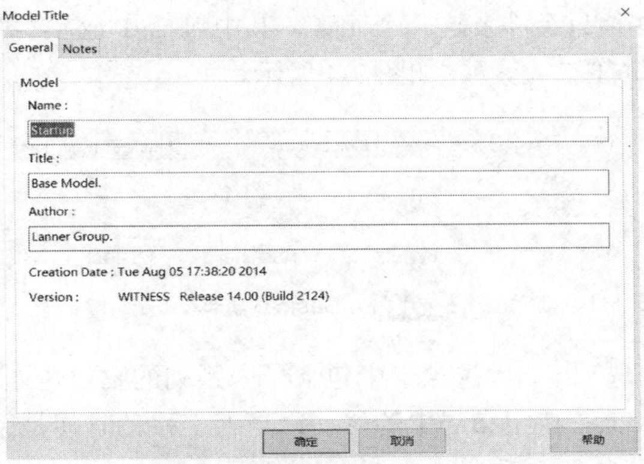

图 9-3　模型标题设置对话框

（3）工具栏

Witness 系统提供了不同环境下的八种常用的工具栏，它们是：Standard、Model、Element、Views、Run、Reporting、Assistant、Display Edit。激活其中一个工具栏，就在屏幕上显示出一行相应的工具栏。用鼠标将它拖放到合适的位置，就可以使用这个工具栏提供的相应的工具进行某些操作。激活工具栏使用菜单 View/Toolbars，然后选中相应的菜单即可。

（4）元素选择窗口

在元素选择窗口中，有四项内容：Simulation、Designer、System、Type。其中，Simulation 用于显示当前建立的模型中的所有元素列表；Designer 用于显示当前 Designer Elements 中的所有元素列表；System 用于显示系统默认的特殊地点；Type 用于显示 Witness 系统中可以定义的所有元素类型。

该窗口的显示和隐藏可以使用菜单 View/Element Selector，或者使用 Element 工具栏中的图标按钮。

（5）状态栏

状态栏位于屏幕的最底部，用于显示某一时刻的工作状态或者鼠标位置。

（6）用户元素窗口

系统提供的默认用户元素窗口提供了各种元素的可视化效果。在建模过程中，当这些设置并不能很好地表示实际系统，用户可以在该窗口定义并保存自己的相关元素的名称、可视效果等，方便以后使用。定义方法可用鼠标右击页框标题，将出现弹出式菜单，它包含 "Add New Designer Group" "Rename Designer Group" "Delete Designer Group" "Load Designer Group" 等。使用这些菜单项可以进行添加新页框（设计元素组）、重命名本页框、删除本页框、加载原有设计元素组。向页框中添加自定义元素的步骤一般分为 Define（定义）、Display（显示）、Detail（细节）三步。页框的背景色设置同系统布局窗口背景色的设置。自定义元素设定完之后，需要保存为 "*.des" 文件，通过菜单 File/Save As，然后选定文件类型为 Designer Element Files（*.des），输入文件名即可。下面主要对三类常用元素选项卡进行简短介绍。

① Basic（基本）选项卡。此选项卡内包含的仿真元素是 Witness 中最为基本的建模元素，

有很多简单的系统仿真往往只会涉及这几个元素，其中包括 Part（零件）、Buffers（缓冲区）、Machine（机器）、Labor（工人元素），如图 9-4 所示。

图 9-4　Basic 选项卡

② Transport（运输）选项卡。此选项卡中包含了一系列的物料传送处理元素以及路径元素，路径元素常常用于模拟人工在特定布局中的移动，当人工移动时间是系统关键的指标时尤为重要，如图 9-5 所示。

图 9-5　Transport 选项卡

③ Data（数据）选项卡。此选项卡包含了用户自定义随机分布（返回整数或者实数）、配置分布（按仿真时间返回特定值的分布）以及三种文件类型：

第一种是零件文件：包含了零件在指定时间到达模型列表的文件，在处理生产计划问题时经常使用，每个零件都可以对属性进行定义。第二、三种是读取型文件与写入型文件：模型中定义的读、写文件，这两种元素需要与实际的文件名称进行关联。

此外，选项卡中还包含了四种类型的变量（整型、实数型、名称型、字符串型）以及函数元素，如图 9-6 所示。

图 9-6　Data 选项卡

（7）系统布局窗口

系统布局窗口也叫系统布局区。在布局窗口中，设置实际系统构成元素的可视化效果以及它们的二维相对位置，以便清楚地显示实际系统的平面布局图。Witness 一共提供了八个窗口，通过这些窗口，使得仿真项目从不同的角度显示其可视化效果。

对系统布局窗口的设置主要有三项内容：添加元素、设置窗口名称以及窗口背景色。如何添加元素将在本章最后一部分介绍。设置窗口名称以及窗口背景色可以通过选择菜单项 Window/Control... 子菜单，选择后将弹出如图 9-7 所示的窗口。在 Name 下的文本框中输入窗口的名称；点击 Background Color 下的颜色按钮，在弹出的调色板中选定背景颜色；选择 Zoom 中的比例可以放大或缩小布局窗口中元素的尺寸。

9.3.2　Witness 的建模元素

现实的生产或物流系统总是由一系列相互关联的部分组成。比如制造系统中的原材料、机器设备、仓库、运输工具、人员、加工路线或运输路线等；服务系统中的顾客、服务台、服务路线等。Witness 软件使用与现实系统相同的事物组成相应的模型，通过运行一定的时间来模拟系统的行为。模型中的每个部件被称为"元素（Element）"。该仿真软件主要通过离散型元素、连续型元素、运输逻辑型元素、逻辑型元素、图形元素五类元素和规则来构建现实系统的仿真模型。

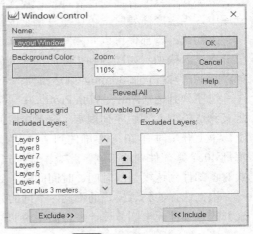

图 9-7　窗口控制对话框

在模型创建过程中的所有仿真元素都有它相关的仿真细节，包括加工时间、故障、调整、流转逻辑等等。要进入元素的详细设计界面有如下方法：

① 在仿真窗口中双击想要详细定义的元素；

② 在仿真窗口中右键单击元素并选择"Detail"；

③ 在元素树中双击元素或者右键单击元素选择"Detail"。

以上的几种方法都可以进入元素的详细设计界面，对于不同的元素类型，详细设计界面都不一样。下面对五类元素进行具体介绍。

9.3.2.1　离散型元素

离散型元素是为了表示所要研究的现实系统中可以看得见的、可以计量个数的物体，一般用来构建制造系统和服务系统等，主要包括：零部件（Part）、机器（Machine）、输送链（Conveyor）、缓冲区（Buffer）、车辆（Vehicle）、轨道（Track）、劳动者（Labor）、路径（Path）、模块（Module）等。

（1）零部件

零部件是一种最基本的离散型元素，它可以代表在其他离散型元素间移动的任何事物。如产品、电话交流中的请求、微型电子元件、超市中川流不息的人、医院中的病人、机场中的飞机及行李等。

在模型中，零部件的使用方法有很多种。我们可以单独使用零部件，可以将多个零部件组装成一个零部件，也可以将一个零部件分成许多零部件。零部件可以被同批处理，在同一时间可批量创建，也可单个创建，在模型的处理过程中还可以将零部件转变为另一些零部件。

零部件元素主要特性为：

• 可以以多种方式进行展示，以图标表示或者以文本描述。

• 可以通过特定的属性进行描述或分类（例如，长宽高、重量、颜色等），属性可以是取值固定的属性，也可以是取值可变的属性。

• 可以通过不同的方式进行处理（批量处理、单个处理、变化为其他零部件、多个零部件可以合并为一个零部件、一个零部件可以拆分为多个零部件）。

• 可以在其中填充液体或者清空零部件内部的液体。

用于模拟实际系统各种临时实体的零部件进入系统的方式各具特色，但是都可以通过三种方式对其临时实体进入系统的过程进行描述。Witness 为零部件进入模型设计有三种主要方式，即三种到达模式：

被动式：只要有需要，零部件可以无限量进入模型。如在制造企业中，一些零部件堆放在仓库中，当生产需要时，可以随时把它取出来供应生产。

主动式：零部件可以间隔一定时间（例如，每隔 10min）进入模型；也可以按照一定的随机分布进入模型，如顾客到达商店的时间间隔服从均匀分布；也可以以不规则的时间间隔（例如，10min、20min、30min）到达模型；还可以以重复的不规则的方式进入模型。

按序列到达（Active With Profile）：零部件根据用户在"Arrival Profile"的 Tab 页中的详细定义到达模型，到达序列规定了在各个时间间隔之内到达模型的零部件数量。例如，一个工位上，早上开工时有 30 个零部件到达，上午工作期间 100 个零部件逐个到达，下午期间分两批，每批 40 个零部件到达工位。此类工作模式运行一周。在该方式中，使用 Active With Profile 方式对零部件到达模型的时间、时间间隔、到达最大数量等选项进行设置。

根据选择的到达模式的不同，不同的元素详细设计窗口会打开，下面对 Active 方式（主动式）的零部件元素细节设计进行简要说明，其对话框如图 9-8 所示。

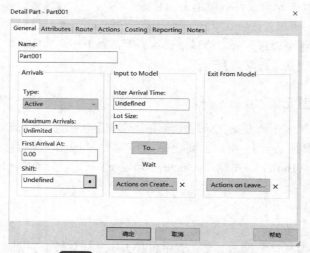

图 9-8　主动式零部件元素细节设计对话框

主动式零部件（以下简称零件或部件）细节设计对话框 General 页面项目说明：

• Maximum Arrivals：零件进入系统的总量限制，如果没有总量限制，请保留为缺省值 Unlimited；如果有总量限制，在其下方的文本框中输入限制的数量。

• First Arrival At：第一批零件进入模型的时间点，缺省情况下第一批零件在 0 时刻进入模型。

• Shift：设定零件进入系统的班次情况。

• Inter Arrival Time：前后两批零件的到达间隔时间，可以是常量、变量或者具有实数返回值的函数，或者是这些类型数据组成的实数表达式，注意不能为负数。

• Lot Size：每批到达零件的批量。

• To...：用于设计该零件进入系统后的去向，例如：进入某个队列，或直接进入某个车床上进行加工等。

• Actions on Create...：用于设计该零件对象创建时所要执行的相关操作，可以是数据的计算，或者改变系统其他对象的属性等。

• Actions on Leave...：用于设计该零件离开系统时所要执行的相关操作。

当在按序列到达（Active with Profile）模式下，额外的名为"Arrival Profile"的 Tab 页会出现，如图 9-9 所示为设置了一个 2h 的循环到达规则，每 30min 分别有 5、10、15、5 个零件到达系统。

此外，在元素的详细设计界面中有很多的"Action"按钮，在 Action 窗口中，可以在不同的模型运行时刻执行特定命令。Witness 系统中内置有上百个命令和函数，可以通过它们在 Action 窗口中执行，进而更改各种数据的取值或运行各种命令。

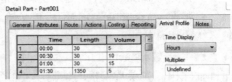

图 9-9　Arrival Profile 项目对话框

例如，在零件元素细节设计对话框中的"Action on Create"，它的作用就是允许在里面定义的命令在零件产生的时候运行，例如在零件产生的时候给零件的某个属性赋值。或者执行一些更加复杂的运算与判定，例如当这个零件是第 50 个到达系统的零件时，就允许模型中特定的机器开始加工零件。

当详细设计界面的任何参数值被修改之后，只有当点击 OK 键确认之后才会正式修改，如果点击 Cannel 键则不会记录更改。

（2）机器

机器是获取、处理零件并将其送往目的地的离散型元素。不同的机器代表不同类型的处理过程。一台机器可建立不同的模型，它可以代表有装载、旋转、卸载、空闲和维护这五个状态的一台车床，也可以代表有空闲、工作、关闭三个状态的一个机场登记服务台（将旅客与他们的行李分开，并发放登机卡），还可以代表有焊接、空闲和维护三个状态的机器人焊接工等。

机器元素主要特性为：

• 机器元素可以指定为 7 种不同的类型，代表在不同处理阶段对零件元素不同的处理方式。

• 可以指定机器处理零件的加工循环时间、平均故障时间间隔，可指定多个调整过程，可以指定多工作站模式，可以指定多循环过程、平均故障修复时间、是否需要劳动者元素的参与。

• 机器元素可以为零件填充液体或者从零件内部提取液体。

设定机器元素的具体设计可以通过对机器元素细节设计对话框进行选择，如图 9-10 所示。

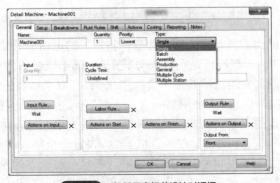

图 9-10　机器元素细节设计对话框

机器元素细节设计对话框项目说明：

① 名称（Name）：定义了机器的名称，必须以字母开头。

② 数量（Quantity）：表示当前机器的数目。

③ 优先级（Priority）：对于工人资源获取的优先级设定，数字越小优先级越高。

④ 类型（Type）：机器元素的类型，一共有如下 7 种选择。

• 单处理（Single）：单处理机只能一次处理一个部件，其特点是单输入单输出。

• 批处理（Batch）：批处理机一次能处理多个部件，其特点是 n 个部件输入 n 个部件输出。

• 装配（Assemble）：装配机可将输入的多个部件组装成一个组件输出，其特点是 n 个部件输入 1 个组件输出。

• 生产（Production）：一个原部件输入生产机中能输出许多部件。其特点是 1 个部件输入 n 个部件输出。如单片钢板的切割，会得到一些成品和边角料。值得注意的是，生产机不仅输出原部件，而且输出带有规定生产数目的部件。如相片的加洗，在复制的最后，我们得到了规定数目的复制品再加上原件。

• 通用（General）：在通用机器中输入一批部件，输出的是相同数目或不同的一批部件，这个处理过程可能存在单个循环或多重循环。

• 多循环（Multiple Cycle）：多循环处理机是一台特殊的通用机器，它是经过许多独立的处理周期来完成一次操作。可以为每个周期指定不同的输入数量、加工时间、输出数量。

• 多工作站（Multiple Station）：一台多工作站机工作起来就像许多台联结在一起的机器。它有多个不同的部件加工位置，每个部件将依次通过每一个站点，完成的是一系列的工序。

⑤ 输入规则和动作（Input Rule & Action on Input）：规定了部件如何到达机器以及当部件进入机器的一瞬间需要执行的动作命令。

⑥ 循环时间（Cycle Time）：机器元素加工当期当前部件的时间，可以是固定值、变量、属性、函数、随机分布等。

⑦ 工人规则（Labor Rule）：规定机器加工过程中需要什么样的工人资源。

⑧ 输出规则和动作（Output Rule & Action on Output）：规定了部件加工完毕之后如何离开机器以及当部件离开机器的一瞬间需要执行的动作命令。

⑨ 故障（Breakdowns）：表现为一个 Tab 选项卡，规定机器的失效形式。

⑩ 调整（Setups）：表现为一个 Tab 选项卡，规定机器在加工过程中的调整形式。

⑪ 流体规则（Fluid Rules）：可以指定部件填充流体以及清空内部流体的规则。

⑫ 班次（Shift）：可以指定机器的上下班规则。

（3）缓冲区

缓冲区是存放部件的离散型元素。例如存放即将焊接的电路板的储藏区、盛放产品部件的漏斗形容器等都称为缓冲区。缓冲区是一种被动型元素，既不能像机器元素一样主动获取部件，也不能主动将自身存放的部件运送给其他元素；它的部件存取依靠系统中其他元素主动地"推"或"拉"。我们通过利用缓冲区规则，使用另一个元素把部件送进缓冲区或者从缓冲区中取出来。部件在缓冲区内还按一定的顺序（例如，先进先出、后进先出）整齐排列。

可以将缓冲区直接与机器相结合，在一台机器中，设置一个输入缓冲区和一个输出缓冲区，这种缓冲区我们把它称之为专用缓冲区。专用缓冲区不是一种独立的元素，我们可以在设置机器元素的输入和输出规则时，设置它的输入缓冲区和输出缓冲区。此外可以指定强制部件停留的最小时间，通过这样的方式可以模拟加热炉的加热过程或者是设置过程、冷却过程等。或是，可以指定部件暂存的最长时间，一旦达到最大停留时间则需要离开暂存区。例如有保质期的部件超过特定时间则必须报废。

缓冲区元素的具体设定可以通过对缓冲区元素细节设计对话框进行选择，如图 9-11 所示。

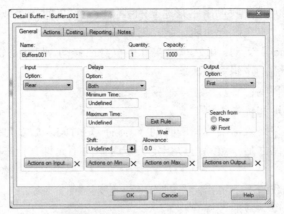

图 9-11 缓冲区元素细节设计对话框

缓冲区元素细节设计对话框 General 页面项目说明：
- 名称（Name）：定义了缓冲区的名称，必须以字母开头。
- 数量（Quantity）：此元素代表的独立分开的几个零件排队队列。
- 容量（Capacity）：每个排队队列能够容纳的最大零件数量。
- 输入（Input）：定义了缓冲区元素中零件如何排列。
- 延迟（Delay）：可以设置零件在缓冲区中等待的最小时间和最大时间以及输出规则，通过填入相应数据和规则来实现。
- 输出（Output）：规定了缓冲区中零件离开缓冲区的规则。

（4）输送链

输送链是一种可以实现带传送和滚轴传送的离散型元素。如机场里运送行李的传送带、将卡车车体沿生产线移动的传送装置、将空纸盒送往包装操作的滚轴传送装置等，都可以称为输送链。

Witness 提供了四种输送链：固定式、队列式、移位式、连续式。

① 固定式（Fixed）。这是一种保持部件间距不变的输送链。假如该输送链停止了，它上面的部件间的距离仍保持不变。

② 队列式（Queuing）。这种输送链允许部件的累积。假如该输送链上的部件被阻塞，部件会不断地滑在一起，直到这个输送链被塞满。

③ 移位式（Indexed）。移位式输送链是由很多部件放置位、放置沟槽组成的，每个放置位只能放置一个部件。部件从一个放置位移动到下一个放置位需要的时间称为移位时间（Index Time）。

④ 连续式（Continuous）。连续式输送链为平整的连续输送链，没有严格意义上的放置位划分，只要部件的长度在输送链上可以容纳下，就不会严格区分部件的放置点。

输送链通常把部件从一个地点移到另一个地点。部件从输送链后端进入，并向前移动。我们能确定部件在输送链上的特定位置，并可以将部件装载或卸载到特定的位置。不管是固定式输送链还是队列式输送链都可能发生故障，发生故障时需要工人来修理。在设计输送链时，我们可以对它的长度、最大容量、部件移动每单位长度所需的时间等项进行设定。

（5）车辆

车辆是一种离散型元素，我们用它来建立的装置模型可以将一个或多个部件从一个地点运载到另一个地点。例如，卡车、起重机、铲车等。

车辆沿着轨道（Track）运动。虽然车辆实际上自身在移动，但却是轨道定义了物理布置图，并包含了使系统运行所需的逻辑关系。

车辆运输的主要特性为：

- 车辆的运输目的地和优先级可定义。
- 可指定车辆在道路终点需要等待的时间（等待一定时间之后才允许进入下一道路）。
- 车辆离开某一道路之后，道路可以指定一定时间内不允许其他车辆进入（避免碰撞，保证安全距离）。
- 车辆在空载和满载情况下可指定不同的移动速度。
- 车辆可以考虑加速与减速过程。
- 车辆的装载和卸载过程可分别设置操作时间。

在 Witness 里建立运输系统应按照如下两个步骤：

① 设计轨道布置图和运载路线。这需要创建所需的轨道和车辆，并且详细说明车辆在轨道之间移动所需的细节。这一步不需要考虑部件怎样装上车辆或怎样从上面卸载下来。

② 详细说明我们所定义的车辆怎样来满足运输的需要。它有两种方式，可能是被动式的，也可能是主动式的。

（6）轨道

轨道是一种代表车辆运输部件时所遵循的路径的离散型元素。它也定义了车辆装载、卸载或停靠的地点。

车辆所走的路径是由一系列轨道组成的。每条轨道都是单向的，假如你需要一条双向的轨道，只需定义两条沿相同线路但方向相反的轨道就可以了。车辆在"尾部"（rear）进入轨道，并向"前部"（front）运动。一旦到达前部，该车辆可以进行装载、卸载或其他的操作，然后它将移动到下一条路线的尾部并开始向那条路线的前部运动。

（7）劳动者

劳动者是代表资源（例如，工具或操作工人）的离散型元素。它一般负责对其他元素进行处理、装配、修理或清洁。如从事精密工作的机器人、一台选矿机或一个固定装置都是劳动者。

可以对各种类型的劳动者设置不同的班次，可以在模型中加入班次的构成。假如另外一个元素要完成更重要的任务，我们可以从元素中撤离劳动者到该元素中去，这就是劳动者使用的优先权。

（8）路径

路径是设定部件和劳动者（或者其他资源）从一个元素到达另一个元素所经路径的离散型元素。在模型中可以用它来代表现实系统中行程的长度和实际路线。

当运动时间对于两项操作非常重要时，路径对于提高模型的精确性是特别有用的。在一个制造单元的模型里，一个操作者要控制数台机器的操作，在各台机器之间的走动时间是完成整个任务总时间的重要组成部分。此时，路径就起到了作用。路径还有其他用途，例如，仓库贮存的模型、机场或医院的规划等。

只有在必要时才使用路径。假如模型中的元素有很长的周期时间，而且它们间的行程很短，那就不必采用路径。路径的使用应基于建模对象，在某些情况下用轨道或车辆代替路径可能会更合适。

（9）模块

模块是表示其他一些元素集合的离散型元素。有了模块，就可以在模块内部建立具有自处理功能的模型。例如，一家工厂的装配车间可能由许多 Witness 的元素构成，可以定义一个包括所有这些元素的"ASSEMBLE"模块，然后对此装配车间以外的其他元素定义一些规则来驱动"ASSEMBLE"。

使用模块时可以有以下几种方式：

① 详述模块里的一个处理过程并重点检查在这个特殊处理过程中的各个元素。

② 详述模块里的一个处理过程但随后将这个模块取消以便对顶层模型进行重点设计。元素从模型到达模块的一个输入点（或元素），经过模块内适当的元素，然后经由这个模块的一个输出点（或元素）返回模型。

③ 为模块输入一个近似的周期时间以便能运行整个模型，并在随后填充模块里的元素。假如模块使用一个周期时间，可生成这个模块的报告。

④ 详述模块中的一个处理过程，将它保存到一个模块文件中（*.mdl），这个文件包含所有关于这个模块的信息、元素和图标等，然后把这个文件载入另一个 Witness 模型中。

⑤ 在一个模块中可以创建另一个模块，这就是阶层模型。

⑥ 可以利用一个特殊的模块结构来建立自己的对话框。

⑦ 可以用密码来保护模块。

9.3.2.2　连续型元素

同离散型元素相对应，连续型元素用来表示加工或服务对象是流体的系统，比如化工、饮料等。连续型元素主要包括：流体（Fluid）、管道（Pipe）、处理器（Processor）、容器（Tank）。

（1）流体（Fluid）

流体元素代表现实世界中的流体或者自由流动的产品，例如能量等。在 Witness 中表现为一个个的色块沿着管道、容器、处理器流动。流体的混合表现为不同颜色的色块的混合（与混合体中不同液体的比例有关），当需要模拟人流或者信息流的时候，必须提前把它们定义为流体元素。

当流体的加工、运输和存储一般使用连续型元素 Processor、Pipe 和 Tank 来实现，在通过这些元素时，流体可以改变类型。流体的加工、运输和存储过程有时也可以使用离散型元素来实现。但流体灌装或者取出只能使用单处理机、批处理机或者多工作站机，其他三种类型机器（小问题：哪三种类型的机器？）不能进行流体作业。

（2）管道（Pipe）

管道（Pipe）是用于连接处理器或者容器的运输流体的连续型元素，流体元素如果处于连续状态，在模型中的运输和移动过程均使用管道元素来实现。

流体在管道中的流动方向是同管道绘制的方向一致，即管道在屏幕上的起点为流体进入点，管道在屏幕上的终点为流体输出点。

管道元素的主要特性为：

- 可以根据确定的规则进行管道的清理或定义故障。
- 可以更改流入或流出管道的液体的名称和颜色显示。
- 允许正向或反向的液体流动。

（3）处理器（Processor）

流体流入处理器，代表着进行了某种类型的操作，完成后再从处理器中流出。例如，某几种原料按照一定配比流入某个处理器内部进行混合，之后加热特定时间进行充分的反应后流出。处理器元素的主要特性为：

- 拥有内部液体体积刻度显示，表示当前处理器内部的液体体积。
- 可以通过百分比的方式显示处理器内部当前的不同液体的比例，同时可显示液体名称。
- 可以通过定义特定的规则进行处理器的清理或者表示它的故障。
- 拥有液体高度上升与下降警戒线，在警戒线上允许处理器触发用户指定的动作。
- 可以更改流入或流出处理器的液体的名称和颜色显示。

（4）容器（Tank）

容器元素是连续过程的一种元素，它主要的作用是存储液体（相当于离散型元素中的缓冲区），容器元素的主要特性为：

- 可以定义不同的"清理"触发方式。
- 拥有液体高度上升与下降警戒线，在警戒线上允许容器触发用户指定的动作。
- 可以更改流入或流出容器的液体的名称和颜色显示。
- 可以通过百分比的方式显示处理器内部当前的不同液体的比例，同时可显示液体名称，可以显示具体液体的体积。

9.3.2.3 运输逻辑型元素

运输逻辑型元素用于建立物料运输系统。主要包括：运输网络（Network）、单件运输小车（Carriers）、路线集（Section）、工作站（Station）。

（1）运输网络（Network）

运输网络把一系列的路线集、站点（工作站）和单件运输小车组合在一起。我们必须把每一个提供能量的单体元素分配到网络中去，网络的建立方式影响着其内部提供能量的单体元素的行为。

运输网络可以分为自动提供能量和路线集提供能量两种类型。如果该网络是自动提供能量型的，则单件运输小车是主动的并推动自身向被动的路线集运动。例如一个"ROBOT"单件运输小车在"LOAD_TUBE"站点装载了一个"TESTTUBE"部件，沿着一条叫作"SECTION1"的固定路径移动，并且在"UNLOAD_TUBE"站点把该部件卸下。如果该网络是路线集提供能量型的，路线集的行动类似于附带有铁钩的带传送装置。路线集上的铁钩钩起非活动性的单件运输小车并且把它们带往下一个元素，然后放下这些单件运输小车。最后空钩子绕回路线集的起始处，准备钩起另一个单件运输小车。例如一个"SCOOP"单件运输小车装载了一个"APPLE"部件，在一个叫作"BELT1"的路线集上把"SCOOP"单件运输小车用铁钩钩起，将它们移动到"BELT1"路线集的尾部，然后把"SCOOP"单件运输小车从铁钩上放下，空铁钩则沿着路线集返回起点。

使用运输网络应注意以下两点：

• 在同一个网络中，只能使用路线集、站点和单件运输小车；

• 网络所应用的类型和班次也被应用于所有配置在该网络中的路线集、单件运输小车和站点。

（2）单件运输小车（Carriers）

单件运输小车沿着路线集或站点来运输部件，它的运输方式取决于网络的类型，它可以在两个网络之间移动。使用单件运输小车应注意以下七点：

• 每个单件运输小车的最大搬运量是一个部件；

• 单件运输小车可以从一个网络移动到另一个网络；

• 可以在每个网络中使用多个类型的单件运输小车；

• 单件运输小车只有在路线集提供能量的网络中做跨越式运动；

• 一个单件运输小车的入口规则支持"PUSH""PERCENT"和"SEQUENCE"等输出规则；

• 可以把单件运输小车从一个模块推到另一个模块；

• 当定义一个单件运输小车的时候，必须把它配置到网络中去，然而 Witness 只有在运行模型时才检查该搬运工具是否被配置到有效的网络中。

（3）路线集（Section）

路线集是一种代表单件运输小车所走路径的提供动力的单体要素。在模型中，路线集是网络的组成部分。使用路线集应注意以下三点：

• 只有在运行模型时，Witness 才检查这个路线集是否被配置到有效的网络中；

• 可视规则编辑器不支持路线集连接规则；

• 路线集连接规则支持"PUSH""PERCENT""SEQUENCE"等输出规则。

（4）工作站（Station）

站点（工作站）是代表一个点的提供动力的单体元素。该点在路线集的起始或末尾，在这个点上，我们能对单件运输小车或者其里面的部件实施操作。共有四种类型的站点：

① 基站（Basic）。当单件运输小车（或单件运输小车上面的部件）进入、离开或在站点内时，可以对它们进行操作。

② 装载站（Loading）。可将部件装入单件运输小车，指派劳动者去协助装载作业，并可以在单件运输小车装载部件时实施操作。

③ 卸载站（Unloading）。可以从一个单件运输小车里卸载部件，指派劳动者去协助卸载作业，并可以在单件运输小车卸载部件时实施操作。

④ 停泊站（Parking）。工作与缓冲区十分相像，它是一个不引起路线集堵塞的可供单件运输小车等待的空间。

使用站点应注意以下五点：

- 只有运行模型的时候，Witness 才检查站点是否已配置在有效的网络中。
- 可视规则编辑器不支持站点连接规则。但可以利用可视的推、拉规则（比如"SEQUENCE"和"PERCENT"）去将部件推进或拉出合适的站点。
- 所有站点类型都支持自由处理法（在进行处理时，单件运输小车与传送装置分离），装载站和卸载站也支持由动力推动的处理方法（单件运输小车在处理的操作中始终与传送装置机构相连）。
- 不建议使用"系列"动力站点，因为装载/卸载操作可能在进入后一个站点之前没有完成，而且还可能因此产生意想不到的后果。
- 站点连接规则支持"PUSH""PERCENT"和"SEQUENCE"等输出规则。

9.3.2.4 逻辑型元素

逻辑型元素是用来处理数据、定制报表、建立复杂逻辑结构的元素，通过这些元素可以提高模型的质量和实现对具有复杂结构的系统的建模。逻辑型元素主要包括：属性（Attribute）、变量（Variable）、分布（Distribution）、函数（Function）、文件（File）、零部件文件（Part file）、班次（Shift）等。

（1）属性（Attribute）

属性是反映单个部件、劳动者、车辆、机器或单件运输小车特性的元素。例如，我们可以用属性来表示颜色、大小、技能、成本及密度等。

可以在仿真的过程中改变属性的值。例如，一个部件的"颜色"属性的值开始是"灰"，在部件通过了一台"着色"机器之后可变成红色。可以用活动"action"来设置、检查或改变任何属性的值。Witness 提供了许多能用于部件、劳动者、车辆、机器或者单件运输小车的系统属性，另外也可以自己定义用于部件、劳动者、车辆、机器或单件运输小车的属性。

Witness 本身已经包含了一些能使用的属性，这些属性就叫作系统属性。每个部件、单件运输小车、车辆、机器和劳动者都带有"PEN，ICON，DESC，TYPE"属性；"CONTENTS，FLUID"属性用于盛放液体的部件；"STAGE，NSTAGE，R_SETUP，R_CYCLE"属性则用于部件走的路线。

当创建部件属性时，可以将它分配给十一个组（0 组～10 组）中的任何一组，然后在部件详细的属性设置页上，将该组分配给该部件。部件的属性值可以是变量也可以是常数。当创建劳动者、单件运输小车、机器或车辆的属性时，必须把这些属性分配给 0 组。劳动者、单件运输小车、机器和车辆的属性永远是变量。

（2）变量（Variable）

变量包含了一个值（或一系列的值，假如这个变量的数量大于 1）。当定义一个变量时，我们必须还要选定它的数据类型，这个数据类型可以为整型、实数型、名称型或字符串型等。Witness 共有三种类型的变量：

① 系统变量。这些变量是系统已经创建好了的，并且具有特殊意义的变量（I，M，N，TIME，VTYPE 和 ELEMENT），它们存储仿真中常用的数据，例如，TIME 表示现在的仿真时钟。

② 全局变量。全局变量是自己利用"Define""Display"和"Detail"过程创建的作为 Witness 元素的变量。与局部变量比较起来，用全局变量的优点在于：

- 柔性。可以从模型的任何地方检查或更新一个全局变量的值。例如，变量 "TOTAL_SHIPPED" 能被模型中用于将部件送出的所有元素更新。同样，任何函数、行为规则等等都可以读取 "TOTAL_SHIPPED" 变量中包含的值。
- 能生成全局变量的报告，但不能生成局部变量的报告。
- 能在模型中显示全局变量及其值。
- 全局变量可以被设定为数组。能通过给一个全局变量的下标来创建数组（行、列和数据表格），但最多能创建 15 维的数组。
- 能创建一个整型或实数型的变量作为动态变量，这意味着它能容纳多个值。例如，一个动态变量能包含每个部件离开模型的仿真时间。在仿真的开始这个变量里没有值，当第一个部件离开时有了 1 个值，当第二个部件离开时有 2 个值，以此类推。

③ 局部变量。局部变量是一个可以自己在使用它的活动或函数中创建的变量。局部变量只能是一个数，而不能是带有下标的数组。

局部变量的定义为：DIM 变量名{AS 数据类型}{!注释}。如果省略了数据类型的定义，系统赋予变量默认的数据类型为整型（Integer）。

使用局部变量的优点在于：

- 安全。局部变量只有在一个行为（action）或函数执行的时候才存在，所以不可能在另一个行为（action）或函数中使用或修改它。例如，变量 "TOTAL_SHIPPED" 已在一个机器的 "action" 中被定义了，它都只能被那一系列行为更新或读取，而不能被这台机器的其他行为或模型中其他元素更新或读取。
- 快速。当行为和函数使用局部变量而不是全局变量时，它们能被更快地执行。局部变量在使用它们的行为中被定义，不必像全局变量那样先定义它们。

（3）分布（Distribution）

分布是一个逻辑型元素，从 "现实世界" 中搜集数据，可用分布代表模型中具有规律性的变化。例如，某一机器发生故障，大多在 1～2h 进行修复，我们往往对其修复时间按 1.5h 完成。对此，就可以用分布把这些信息引入模型中。

Witness 提供了一些标准分布，其中有一些是将一系列理论分布返回到随机样本的分布，Witness 包含的理论分布曾在很长一段时间内被广泛研究，并且被认为在仿真中是最有用的；还有一些是一系列整数和实数的分布。当使用一个标准分布时，必须为其输入一个伪随机数流和参数。

若标准分布不适合我们的模型，或者收集的现实生活中的数据不能判定服从什么分布，可能需要在 Witness 中建立自己的分布并从中采样。我们能创建整型、实数型和名称型的分布，并且它们可以是离散型（从分布中选择实际值）的，也可以是连续型（从一串连续值中选择一个值）的。

总之，假如有详尽的实际数据，那就创建自己的分布。如果没有，那就选择 Witness 提供的最适当的标准分布。

（4）函数（Function）

函数元素是能返回有关模型状态的信息或者使得模型显得更具有真实性的一组命令集合。Witness 提供了大量能直接使用的函数，同时也可创建自己的函数。

通常在下列情况下创建自己的函数：
- 对许多元素使用相同的操作。
- 这些行为模块包含了很多说明。

例如，假设在计算一台机器的周期时间时要考虑多种因素，而在周期时间表达式中的输入又不能超过一行，在这种情况下，就可以自己创建一个函数，只要把这个函数的名称输入这台机器的周期时间表达式区域即可。

（5）文件（File）

采用文件可以将仿真模型外部数值读入模型（从一个"READ"型文件读取），也可将模型的输出数据写入文件中（写入一个"WRITE"型文件）。

使用文件时应注意以下几点：
- 可以用文字处理工具或文本编辑工具（或其他能生成简单 ASCII 文本文件的程序）来创建"READ"文件。在这样的文件中以"！"符号开头的行被略去不读。
- 不要在仿真运行时对同一个文件进行读和写的操作。假如有两个模型在仿真运行，应该保证它们不对同一个文件进行写入操作，但从同一个文件中读出数据是可行的。
- 假如要在运行中检查"WRITE"文件，应该在检查前先把它关掉，这样才能检查到一个完全更新了的文件。

（6）零部件文件（Part file）

零部件文件可分为"READ"型零部件文件和"WRITE"型零部件文件。"READ"型零部件文件是从外部数据文件读入模型中去的一个逻辑型元素。"WRITE"型零部件文件是将零部件清单写入外部文件的逻辑型元素。

零部件文件可用于从一个模型中生成输出，然后将其用于另一个模型中。零部件文件对于追溯零部件离开仿真的确切时间和零部件的属性值也是很有用的。

使用零部件文件应注意以下两点：
- 不要在同一时间内对同一个文件进行读和写的操作。
- 假如有两个模型在仿真运行，应该保证它们不对同一个文件进行写入操作，但是从同一个文件中读出数据是可行的。

（7）班次（Shift）

班次是一个能用来创建一个班次模式或一系列班次模式的逻辑型元素。它作用于一系列的工作和非工作时期。我们可以将班次应用于下列元素：

缓冲区；运输网络；输送链；饼状图；流体；管道；劳动者；容器；时间序列图；机器；零部件；车辆；零部件文件；等等。

可以以详细的方式输入包含有班次数据的".sft"文本文件。注意，班次数据不能涉及不存在的次级班次。

9.3.2.5　图形元素

图形元素可以将模型的运行指标在仿真窗口动态地表现出来。主要包括：时间序列图（Timeseries）、饼状图（Pie chart）、直方图（Histogram）。

（1）时间序列图（Timeseries）

时间序列图是以图形方式来画出仿真随时间变化的值，从而表现仿真结果的图形元素。垂直的 Y 轴代表值，水平的 X 轴代表时间，可以选择以下的一种方式来表示 X 轴。

• 仿真时间。当一个点在 X 轴上被标注时一个仿真的时间就被记录下来。

• 表达式。不论何时，只要表达式被求值，一个标注点就被确定下来，而且标注该点的仿真时间被记录在 X 轴上。

•24 小时制。X 轴以 24 小时制列出时间。

•12 小时制。X 轴根据 12 小时制列出时间。

•8 小时制。X 轴根据 8 小时制列出时间。

•1 小时制。X 轴以 1、2、3 等列出时间。

时间序列对预测模型的趋势和周期是非常有用的，因为它们提供了给定值的历史数据以及静态的平均值和标准差。

时间序列图类似于一个 "pen plotter"（笔式绘图机），它在仿真时标注点。Witness 根据给定的时间间隔从模型中"读取"数据，并且在一个图上"标注点"，在一段时间内建立一系列的值。一旦屏幕上分配给这个时间序列图的空间用完了，这个图形会"刷新"以使新的点被标注。虽然 Witness 时间序列图的标注点以一条连续的线条显示，但这条线条是将各个仿真时间点收集的数据连接起来的标注点连线。这条连接标注点的线条仅仅说明了值的变化方向，可用 7 种不同的颜色来标注 7 个值。

（2）饼状图（Pie chart）

用户可以把模拟结果通过饼状图元素，在仿真模拟界面上以标准饼状图的形式展现出来。用户可以定义饼状图的倾斜率、突出显示区域。饼状图元素在表示现实某个仿真元素各个状态百分比时尤其有用（例如某个机器在繁忙或者空闲的百分比）。

（3）直方图（Histogram）

直方图是一种在仿真窗口用竖条式的图形来表示仿真结果的图形元素。在模型中适当的地方我们可以用 "record" "drawbar" "addbar" 等行为在直方图中记录数值。

9.3.2.6 Witness 规则

一旦在模型中创建了元素，就必须说明零部件、流体、车辆和单件运输小车在它们之间是怎样流动以及劳动者是怎样分配的，这就要用到规则。

Witness 有几类不同的规则：

① 输入规则：这类规则包括装载和填入规则。输入规则控制输入元素的零部件或者流体的流量。

② 输出规则：这类规则包括连接，卸载，空闲，单件运输小车进入、车辆进入和退出缓冲区，等等。控制从元素中输出的零部件、流体、车辆或者单件运输小车的流量。

③ 劳动者规则：劳动者规则可用来详细说明劳动者的类型和机器、输送链、管道、处理器、容器、路线集以及工作站中为完成一项任务而需要的劳动者的数量。

可以利用可视化规则对话框输入简单的规则，并且在模型窗口中显示流动方向，或者可以通过使用规则编辑器输入更复杂的规则。

（1）输入规则（Input Rule）

输入规则控制零部件或者流体进入系统。例如，一台空闲机器要启动的话，会按照输入规则输入零部件直到有足够的零部件启动它；一台尾部有空间的输送链在每向前移动一个位置时，按照输入规则输入零部件。

可以通过以下几种方法输入零部件或者流体：具有相同名称的一组元素；一组元素中的一种特殊的元素（需要指定那种元素的下标）；在模型外的一个特定的位置（WORLD）中得到零部件或流体元素。

设定输入规则的方法主要有两种：

- 通过元素细节（Detail）对话框中的"FROM"按钮。

首先选中对象，然后双击鼠标左键，在弹出式 Detail 对话框中的 General 页框中，点击该按钮就显示出输入规则编辑器。

- 使用可视化输入规则按钮。

首先选中对象，然后点击 Element 工具栏上的"Visual Input Rules"图标，将会显示如图 9-12 的输入规则对话框，然后进行输入设定。

图9-12 输入规则对话框

通过这两种方法设定了元素的输入规则后，会使得元素 Detail 对话框 General 页框中的"FROM"按钮下方显示出元素当前的输入规则的名称。当创建一个元素的时候，Witness 会自动地给它一个默认的规则——WAIT，表示它不能接收零部件或者流体。为了规定零部件和流体通过模型时的路线，我们必须用一个其他的规则来代替 WAIT 规则。

值得注意的是，在设定输入规则之前要先弄清楚零部件、流体、车辆和单件运输小车在模型中的路径，顺序不能混乱。例如，我们不能在元素 A 向元素 B 输入零部件的同时，元素 B 向元素 A 也输入零部件。另外，还可以考虑使用零部件路线（ROUTE）来控制它们通过模型的路径。

Witness 提供的可以在输入规则使用的命令有：

BUFFER；FLOW；LEAST；MATCH；MOST；PERCENT；PULL；RECIPE；SELECT；SEQUENCE；WAIT；等等。

（2）输出规则（Output Rule）

输出规则控制着当前元素中的零部件、流体、车辆和单件运输小车输出的目的地和数量等。例如，一台机器在完成对零部件的加工后按照一个输出规则将零部件输出到另一台机器上，假若它出了什么故障不能这样做，那将会出现堵塞现象；当一个零部件到达一个有输出规则的输送链前方时，输送链将把零部件输出，如果输送装置由于故障不能将零部件输出，将会出现堵塞现象（固定式输送链）或者排队现象（队列式输送链）；车辆到达有输出规则的轨道前方时，轨道把车辆输送到另外一个轨道上面，假若轨道输送失败，路线将会堵塞；一台有输出规则的处理器完成对流体的处理后，把流体输出；一单件运输小车到达一个有输出规则的路线集时，路线集输出它到下一路线集。

可以输出零部件或者流体到下列元素：具有相同名称的一组元素；一组元素中的一种特殊的元素（指定该元素的下标）；模型外的一个特定的位置（SHIP、SCRAP、ASSEMBLE、WASTE、CHANGED、ROUTE 及 NONE 等）。

设定输出规则的方法主要有两种：

• 通过元素细节（Detail）对话框中的"TO"按钮。

首先选中对象，然后双击鼠标左键，在弹出式 Detail 对话框中的 General 页框中，点击"TO"按钮就显示出输出规则编辑器。

• 使用可视化输出规则按钮。

首先选中对象，然后点击 Element 工具栏上的"Visual Output Rules"图标 🏃，将会显示如图 9-13 所示的输出规则对话框，然后进行输入设定。

图 9-13　输出规则对话框

在 Detail 对话框 General 页框中的"TO"按钮的下方，Witness 会显示元素当前的输入规则的名称。当创建一个元素时，Witness 会自动地给它一个默认的规则——WAIT，它表示还没有传送零部件或者流体到其他元素的规则。为了规定零部件和流体通过模型的路线，必须用一个其他的规则来代替 WAIT 规则。

输出规则的同输入规则相类似，设置输出规则时，同样应先搞清楚零部件、流体、车辆和单件运小车的流动路线，也可考虑使用零部件路径来控制它们通过模型的路线。

Witness 提供的可以在输出规则中使用的命令有：

BUFFER；CONNECT；DESTINATION；FLOW；LEAST；MOST；PERCENT；PUSH；RECIPE；SELECT；SEQUENCE；WAIT；等等。

（3）劳动者规则（Labor Rule）

机器、输送链、管道、处理器、容器、路线集和工作台都需要劳动者完成任务。劳动者规则可以让我们详细说明实体元素为完成任务所需要的劳动者类型和数量。可以通过创建劳动者规则来完成的任务有：调整机器，并为它设定调整时间；修理输送链；帮助流体通过管道，并且做好清洁、清洗和修理等工作；帮助处理器处理流体，并且做好填入、清空、清洁和修理等工作；修理各种类型的工作站；在基站做好进入、处理、退出动作；在装载（卸载）站做好装载（卸载）工作，在停靠站做好停靠工作；修理路线集等。

可以使用元素细节对话框进入劳动者规则。如果一个元素需要劳动者，点击元素细节对话中的对应按钮，一个细节对话框可能包含几种劳动者规则按钮。例如，一台机器就有装配、循环、修理等劳动者规则。劳动者规则按钮旁边如果有"√"的标记，则表明我们已经为这项工作建立了劳动者规则；如果有"×"的标记，则表示我们没有为这个工作建立劳动者规则。点击"劳动者规则"按钮后，弹出规则编辑器，在这里我们可以输入或修改劳动者规则。

可以使用"Visual Labor Rules"按钮 🏃，来输入劳动者规则，但要注意在使用元素的劳动者规则之前，必须建立 Labor 元素。输入劳动者规则最简单的方法是在元素的 Labor 规则编辑框中输入需要的劳动者元素的名称。例如，如果一台机器需要一个操作者处理零部件，只需要输入 OPERATOR 作为劳动者规则即可，当然先要定义一个 Labor 元素，其名称叫 OPERATOR。

也可以使用如下 3 种劳动者规则，当然有时也可将这三种劳动者规则结合起来使用。

① NONE 规则：在某种情况下，当元素不需要劳动者时，我们可以在劳动者规则中使用 NONE 规则。例如，当一个元素完成某项任务不需要劳动者时，我们不需要输入任何规则。该规则经常用在 IF 语句中。

② MATCH 规则：在 Witness 中，既可以用 MATCH 规则作为输入规则来输入一系列相匹配的零部件或者劳动力到机器中，也可以用它来作为劳动者规则，通过设定某一元素，匹配完成某项工作所需的劳动力数。

③ WAIT 规则：每一个元素的输入输出规则在默认的情况下，都设为 WAIT 规则。为了指明模型中零部件的走向，我们必须用其他规则来替代它。当 WAIT 作为劳动者规则时指的是元素等待直到劳动者有效。

9.3.3 Witness 仿真应用实例

9.3.3.1 案例 1 柔性生产线建模与仿真

（1）模型描述

某企业在一条柔性生产线上加工一种产品，该产品所需的零部件（Widget）经过加工（Produce）、冲洗（Wash）、称重（Weigh）和打包（Pack）四个工序的操作后，形成产品离开系统，生产线布置如图 9-14 所示。

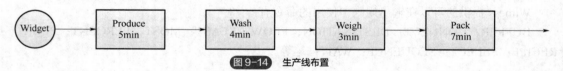

图 9-14 生产线布置

生产线上每道工序只有一台设备，零部件在每台设备上加工完毕后，由同其连接的输送链运输至下一设备，最后经过打包后被送出系统。已知该生产线中各个工序的加工时间分别为：加工（Produce）5min、冲洗（Wash）4min、称重（Weigh）3min、打包（Pack）7min。每条输送链上有 20 个零部件位，输送链上零部件移动节拍为 0.5min。零部件的供应是源源不断的，不存在缺货现象。其中加工至冲洗工序间的输送链与冲洗至称重工序间的输送链简化为冲洗工序与称重工序的专用缓冲区。在打包这一过程需要一个技术人员操作打包机，当冲洗机器出故障时也需要技术人员进行修理。故障的发生符合一定的随机分布，其修复时间也呈现为三角分布。

（2）模型设计

模型元素介绍如表 9-3 所示。

表 9-3 模型元素的说明

元素名称	元素类型	元素数量	元素作用
Widget	Part	1	模拟被加工零部件

续表

元素名称	元素类型	元素数量	元素作用
Produce	Machine（Single）	1	模拟生产机器
Wash	Machine（Single）	1	模拟清洗机器
Weigh	Machine（Single）	1	模拟称重机器
Pack	Machine（Batch）	1	模拟打包机器
QWash	Buffer	1	模拟清洗工位前缓冲区
QWeigh	Buffer	1	模拟称重工位前缓冲区
Conveyor001	Conveyor	1	模拟输送链 001
Technician	Labor	1	模拟技术人员
NumberShipped	Variable：Integer	1	统计成品数量

下面使用 Witness 建立仿真模型，过程一般分为如下三步：元素定义、元素可视化设计、元素细节设计。

① 元素定义。Witness 中可以通过四种方式定义元素：

a．通过系统布局区（Layout Window）定义元素：在系统布局区点击鼠标右键，在弹出菜单中选择 Define 菜单项，将弹出新建元素对话框，然后进行元素定义。

b．通过元素选择窗口（Elements）定义元素：选择元素选择窗口中的 Simulation 项，单击鼠标右键，在弹出菜单中选择 Define 菜单项，将弹出新建元素对话框，然后进行元素定义。

c．使用工具栏进行元素的定义：点击工具栏中的新建元素图标，将弹出新建元素对话框，然后进行元素定义。

d．通过用户元素窗口（Designer Elements）元素模板定义元素：在该窗口中，鼠标选中所需建立的元素类型图标，然后在系统布局区中单击鼠标左键进行元素定义。

在此，选择第四种方法来对元素进行定义，该方法直观简单，便于初学者掌握。下面演示该模型的元素定义过程。

首先，打开 Witness。打开软件会看到一个起始页面，设计元素选项板、元素树和时钟/时间窗口。通过点击启动页窗口右上角的关闭按钮关闭启动页，或点击启动页工具栏按钮。操作窗口如图 9-15 所示。

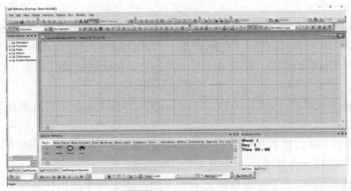

图 9-15　Witness 主界面

建模的布局窗口是空白的（网格显示），在屏幕下方集合的设计器元素用于构建模型。最初建模窗口内只显示基本标签。

其次，建立相关元素。在如图 9-16 所示的 Witness 界面下方的 Designer Elements 窗口中，单击并将一个元素从设计器元素窗口拖动到主建模布局窗口。用户拖动的时候，会看到一个在小盒子下面的一个小加号的光标，这表明用户已经正确地拾取了元素。释放鼠标按钮，元素出现在布局窗口，用户现在正在进行模型部分实体的创建。

用户可以拖动元素显示图标来改变其位置。工具栏有一个锁形按钮，用于提供显示项目的各种锁模式。

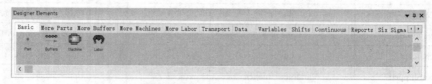

图 9-16　Designer Elements 窗口

最后，经过如上元素定义步骤，该模型所需要的所有元素都已经建立了，通过 Witness 软件的菜单 File->Save As...，将模型另存为 StreamLine.mod，至此，Witness 软件界面如图 9-17 所示。

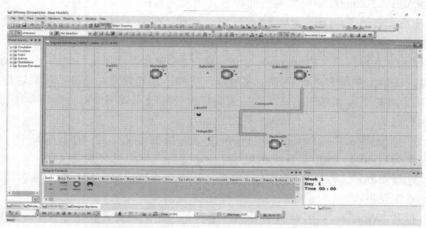

图 9-17　元素定义后的 StreamLine 模型界面

② 元素可视化设计。用上述方法定义的元素在布局窗口中没有任何可视化效果，下面对各个元素进行可视化设计，使所建的模型具有生产系统的布局特征和机器设备等的形象化图标。

在布局区 Machine001 元素原有图标上点右键，在弹出的菜单中选择 Update Graphics，将弹出 Machine001 显示风格 Style 的可视化编辑框。双击图标进入图库，选中适当图标，然后单击 OK 按钮后，单击 Update 按钮，完成 Machine001 的可视化图标设计。具体操作界面如图 9-18 所示。

依次按照上述方法，将 Machine002、Machine003、Machine004 的可视化图标设定为图库中相对适合的图标。

当把 2D 视图转换为 3D 视图时，模型窗口显示的 2D 图标是在之后显示的 3D 形状从上至下的视图。基本的机械元件转换为一个通用的 3D 形状。

③ 元素细节设计。在上述完成系统元素定义的模型上尚不能做仿真实验，因为这些元素还没有设置符合流水线系统运行行为的数据和特征，例如机器设备每次的作业时间、机器设备完成某件产品作业后将产品送到何处去、输送链的长度和速度等。在 Witness 建模与仿真过程中，

对模型元素的运行行为和特征进行设计称之为对元素的细节设计。元素细节设计是建立仿真模型中最为重要的一个阶段，如果元素的作业时间设计不准确，或者元素的输入/输出规则设计不准确，都将使得仿真模型的运行行为同实际系统不匹配，导致仿真结果不能正确地反映实际系统的运行状态和存在的问题。

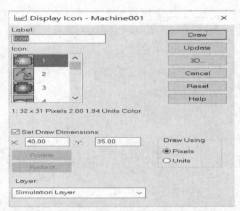

图 9-18　Machine001 可视化图标修改界面

进行元素细节设计需要使用元素细节设计对话框，打开细节设计对话框的途径有如下五种：

a. 在布局区中对应元素的可视化图标上双击鼠标左键；

b. 在布局区中对应元素的可视化图标上单击鼠标右键，在弹出菜单中选择菜单项 Detail...；

c. 在元素列表窗口的 Simulation 中对应元素名称上双击鼠标左键；

d. 在元素列表窗口的 Simulation 中对应元素名称上单击鼠标右键，在弹出菜单中选择菜单项 Detail...；

e. 在布局区选中对应建模元素可视化图标，再点击标准工具栏中图标 ▲。

下面对案例涉及的六类元素进行具体的细节设计。

a. 零部件元素细节设计。在布局区双击 Part001 元素图标，在弹出对话框中进行相关设计。因为在流水线生产系统中，零部件的数量足够多，只要第一道工序空闲，需要提取零部件进行加工就可以获得零部件，因此设计零部件元素类型为缺省值：被动型（Passive）。然后在 Name 栏中将零部件名称由 Part001 改为 Widget。设计完毕后，零部件元素细节设计对话框的界面如图 9-19 所示。点击"确定"按钮，完成零部件元素细节设计。

b. 变量元素细节设计。本模型中建立了一个变量 Vinteger001，用于记录和实时显示流水线产出的零部件的数量。对于该变量的细节设计只需要修改其名称即可，方法为在布局区中双击该变量的可视化图标，在弹出的细节设计对话框中将名称修改为 Output 即可。

c. 缓冲区元素细节设计。Buffer 元素 Buffers001、Buffers002 只需对 Name 属性进行设置，具体设置方法参照 Part 元素。将两个 Buffer 元素分别改名为 QWash、QWeigh。

d. 输送链元素细节设计。双击 Conveyor001 图标，出现图 9-20 所示的输送链元素细节设计对话框。在 Name 栏中输入 C1，在 Index time 栏中输入 0.5，设定输送链将零部件向前移动一个放置位所需要的时间为 0.5min。在 Length in parts 栏中输入 20，设定移位式输送链的放置位为 20 个。如果没有遇到阻塞等异常情况，零部件通过整个输送链将需要耗费 10min（放置位数量×移位节拍=20×0.5=10）的时间。

e. Labor 元素细节设计。Labor 元素 Labor001 同缓冲区元素一样，只需对 Name 属性进行设置，具体设置方法同上，将其 Name 改为 Technician。

f. 机器元素细节设计。双击 Machine001 元素，在弹出的机器元素细节设计对话框中修改如下项目：

• Name 栏中输入"Produce"，修改 Machine001 的名称。

• 在 Cycle Time 栏中输入 5，表示零部件在该台机器上所需的加工时间为 5 个仿真时间，在模型中，取每个仿真时间单位表示实际系统的 1min。

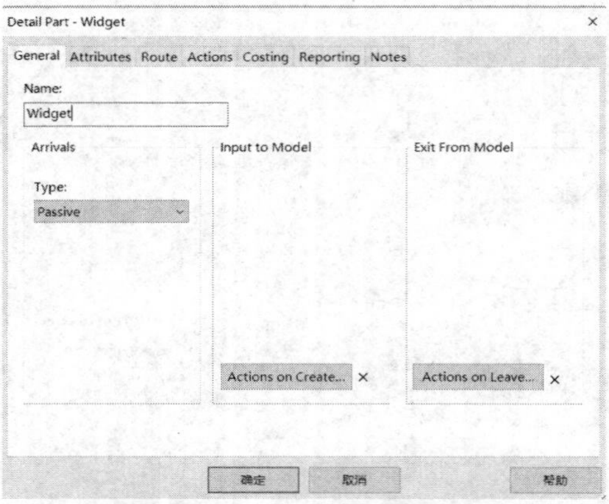

图 9-19　零部件元素细节设计对话框　　　　图 9-20　输送链元素细节设计对话框

修改之后的细节设计对话框如图 9-21 所示，点击按钮"确定"，完成加工机器的细节设计。

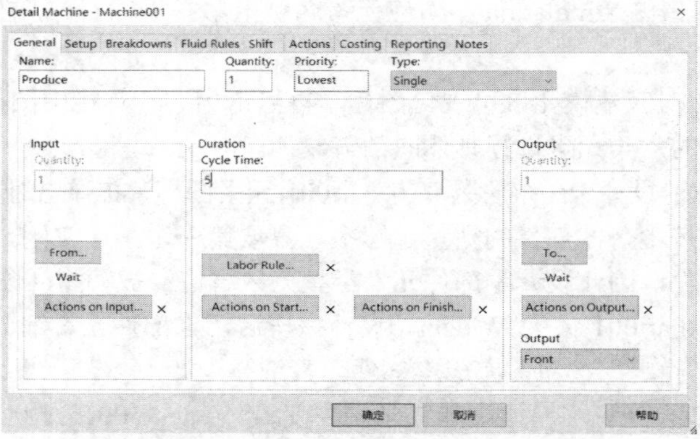

图 9-21　机器元素细节设计对话框

- 加工机器 Produce 的输入规则设计：

模型中假设 Widget 数量足够多，从来没有出现过缺货，表示加工机器空闲时都可以获取到零部件。像这种情况，一般总是假设零部件为被动式的（在 Widget 的细节设计中，保留了其进入模型的类型为缺省的 Passive），由主动的机器在空闲时去提取它，即本案例中称重机器的输入规则为提取被动式的零部件。操作步骤为：

选中 Produce 机器；

用鼠标单击 Element 工具栏中的 Visual Input Rule 设计图标，出现 Input Rule for Produce 对话框，规则文本框的缺省值为 Pull；

在规则文本框中输入 PULL Widget out of WORLD，该规则定义了机器 Weigh 在空闲时，将从本系统模型的外部（WORLD）拉进一个 Widget 进行加工；

单击 OK 按钮确认，完成 Produce 设备的输入规则设计，该设置如图 9-22 所示。

图 9-22　Produce 机器输入规则设置图

• 加工机器 Produce 的输出规则设计：

加工机器 Produce 将零部件加工完毕后要送到其后面冲洗机器 Wash 的专用缓冲区 QWash 中，然后由冲洗机器从专用缓存区中获取零部件进行冲洗。加工工序输出规则为输送到缓冲区 QWash，具体设计步骤为：

选中 Produce 机器；

用鼠标单击 Visual Output Rule 图标，弹出 Output Rule for Produce 的设计对话框，此时该对话框中的规则文本框内仅有缺省输出规则：PUSH；

用鼠标单击缓存区 QWash 的可视化图标，则在输出规则设计对话框中形成 PUSH QWash 的输出规则，即加工机器加工完零部件后，将零部件传送至缓冲区 QWash 中；

单击输出规则设计对话框中的 OK 按钮，完成加工设备的输出规则设计，该设置如图 9-23 所示。

图 9-23　Produce 机器输出规则设置图

双击 Machine002 元素图标，参考加工机器设置方法，在细节设计对话框的 Name 栏中输"Wash"，在 Cycle Time 栏中输入 4，点击确认键确定。

冲洗机器 Wash 的输入规则：PULL from QWash。

冲洗机器 Wash 的输出规则：PUSH to QWeigh。

冲洗机器 Wash 的故障设置：

如图 9-24 所示，打开 Wash 机器的细节对话框并选择 Breakdown 选项卡。利用网格区域正上方四个按钮的第一个按钮添加一条线到右边。然后从 Mode 菜单选择忙碌时间（Busy Time）。可能需要调整对话框的大小来查看所有选项，所有列也可以调整大小。

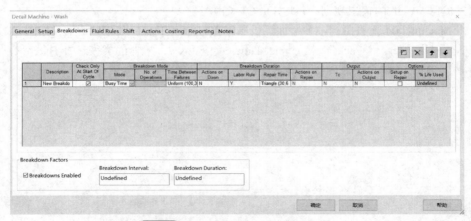

图 9-24　Wash 机器的 Breakdown 选项卡

对其故障时间与修复时间插入适当的分布，首先选择"Model Assistant"树视图，这通常是在 Element tree 里的标签，但如果它是不可见的，使用 View/Model Assistant 菜单命令，在此窗口中展开 "Distributions"标题显示所有可用的分布。

单击细分网格故障场之间的 Time，然后右击选择 UNIFORM 分布并选择插入 Distribution

Wizard。如图 9-25 所示，输入范围为 100 和 300，并按下预览按钮。这可能对于可视化分布的外观非常有用，特别是在使用更复杂分布的时候。

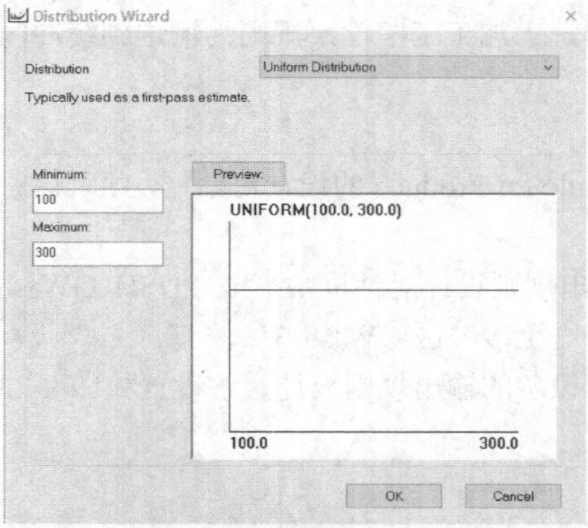

在预览了分布之后选择 OK 键，确定输入的信息。要注意的是，分布已经输入了故障场之间的 Time。接下来点击 Repair Time 区并使用先前相同的步骤添加一个三角分布。输入参数最小值为 30，极有可能值为 60 和最大值为 120。单击 OK 键确定输入的数据，再点 OK 键关闭 Machine 对话框。

这意味着现在 Wash 机器：选取使用均匀分布细分的时间从 100 到 300 分钟的任何时间有相等的可能性；使用三角分布选取 30min～2h 的修复时间，最可能的值 1h。

冲洗机器 Wash 的劳动者规则：单击 Wash 机器选中它；单击 Labor Rule 按钮，此时用下拉列表更改

图 9-25 UNIFORM 分布设置图

从运转到修复的类别，这指定了 Labor 在这台机器上执行的任务；如图 9-26 所示，单击 Technician Labor Element 后，单击 Save 按钮，最后单击 Close 按钮。

图 9-26 冲洗机器 Wash 的劳动者规则设置图

双击 Machine003 元素图标，参考加工机器设置方法，在细节设计对话框的 Name 栏中输入"Weigh"，在 Cycle Time 栏中输入 3，点击确认键确定。

称重机器 Weigh 的输入规则：PULL from QWeigh。

称重机器 Weigh 的输出规则：PUSH to C1（1）。

双击 Machine004 元素图标，参考加工机器设置方法，在细节设计对话框（如图 9-27 所示）中，在 Name 栏中输入"Pack"，在 Cycle Time 栏中输入 7，机器的类型选择 Batch（从下拉选项中选取），Batch Min 输入 2，点击确认键确定。

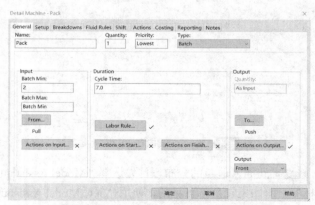

图 9-27 打包机器 Pack 元素的细节设计对话框

打包机器将两个零部件打包在一起。通常情况下，这将被归类为装配机，但在流水线末端的情况下，将它作为一个批量处理机。

打包机器 Pack 的输入规则：PULL from C1（1）。

打包机器 Pack 的输出规则：PUSH to ship。

打包机器 Pack 的劳动者规则：单击 Pack 机器选中它；单击 Labor Rule 按钮，然后单击 Technician Labor Element；单击 Save 按钮，然后单击 Close 按钮。

本模型还需要实时统计该流水线加工完成的零部件数量，并将其记录在变量 Number-Shipped 中，这需要每当 Pack 机器打包完成一个零部件，变量 NumberShipped 的数量要增加1，实现该功能的步骤为：

双击机器 Pack 的图标；

打开其细节设计对话框，在其对话框中点击按钮：Actions on Output；

在弹出对话框中写入：NumberShipped = NumberShipped + 1；

点击 OK 按钮，完成语句的设定；

点击"确定"按钮，完成机器细节设计，设计过程如图 9-28 所示。

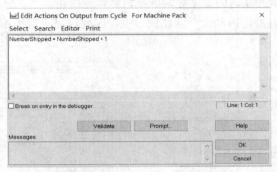

图 9-28　Actions on Output 设置图

（3）运行模型

① 仿真运行工具栏。首先介绍运行工具栏及工具栏中各个按钮的作用，如图 9-29 所示。

图 9-29　仿真运行工具栏

：进行仿真的复位操作，单击该按钮，系统仿真时钟和逻辑型元素（变量、属性、函数）的值将置零。

：停止仿真运行的按钮。

：控制模型以步进的方式运行，同时在 Interact Box 窗口中显示仿真时刻所发生的事件，便于理解和调试模型。

：控制模型的连续运行，如果没有设定运行时间，模型将一直运行下去，直到按 Stop 按钮，如果设定了运行时间，模型连续运行到终止时刻。

：包括一个按钮和一个输入框，用来设定仿真运行时间，按钮决定仿真是否受到输入框中的输入时间点控制，输入框用来输入时间点。

：包括一个按钮和一个滑动条，用来设定仿真连续运行时仿真运行的速度。

② 元素统计报告（报表）窗口。打开元素统计报告窗口的方法如下。

· 左键选中所要查询的元素，单击鼠标右键，在弹出的快捷菜单中选择 Statistics...菜单项，即可弹出该元素的统计报告窗口。

· 左键选中所要查询的元素，单击 Reports 菜单栏，在弹出的下拉菜单中选择 Statistics...菜单项，即可弹出该元素的统计报告窗口。

· 左键选中所要查询的元素，单击 Reports 菜单栏中的第一个按钮，将鼠标放置在该按钮上，会显示 Statistics Report 文字提示，即可弹出该元素的统计报告窗口。如果 Witness 软件界面没有该菜单栏，请通过菜单：View→Toolbars→ Reporting，打开该菜单栏。

③ 缓冲区元素统计报告。统计 2 个缓冲区的相关数据，如图 9-30 所示。从图中可以看出 Wash 机器前面的专用缓冲区 QWash 内的 Widget 队列——在此缓冲区的实体数量正在稳步增长，可以得出 Wash 机器的工作效率未满足要求。下面对其机器元素的统计报告进行详细分析。

④ 机器元素统计报告。统计 4 台机器设备的相关数据，如图 9-31 所示。从图中可以看出，Produce 机器是最繁忙的，其繁忙率为 100%，这跟其主动获取零件有关，而其他三台设备的繁忙率均不是太高。但是对于 Wash 机器的统计数据可以看出，相比发生故障时间，花费等待技术人员来修理机器的时间更少，因此主要问题是机器本身的可靠性。另一方面，对于 Pack 机器的统计数据可以看出，其等待劳动者时间比例过大，因此还需再考虑添加更多劳动者。

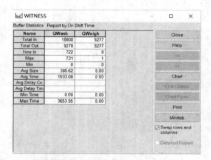

图 9-30　缓冲区元素统计报告

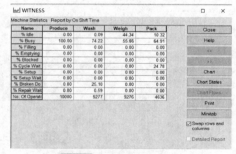

图 9-31　机器元素统计报告

9.3.3.2　案例 2　座椅组装生产线的建模与仿真

（1）模型描述

一个座椅生产工厂由多个车间组成，板材制作车间将座椅组装过程需要的靠背（Back）、椅面（Seat）及椅腿（Legs）制作完成后，按照 2min/套的速度送达组装车间，然后由组装车间进行组装、油漆、检测和包装工序的作业，组装车间的座椅组装作业流程如图 9-32 所示。

具体工作流程如下：

① Back、Seat 和 Legs 每隔 2min 各到达该车间一套，分别存放到不同的存放区队列中；

② 组装工序从三个队列中各取 1 个 Back、1 个 Seat 和 1 个 Legs 进行组装，组装需要 2min；

③ 组装工序组装完毕后形成座椅，运往油漆工序的队列中，运输过程需要 5min；

④ 油漆工序每次提取一个座椅进行油漆，油漆耗时 2min，每次随机将座椅油漆成红、黄、绿三种颜色中的一种；

⑤ 油漆完毕的座椅运往检测工序的队列中，运输过程需要 4min；

⑥ 检测过程为人工通过视觉检查座椅油漆面的光滑程度，检测耗时 1.8min；

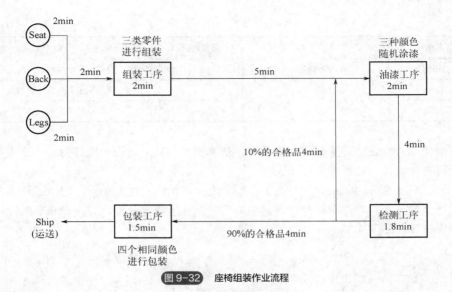

图 9-32　座椅组装作业流程

⑦ 通过以往的统计数据，获悉座椅在检测工序会出现 10%的油漆质量不合格，这些不合格品由工人搬运至油漆工序队列重新排队并油漆；检测合格的座椅将直接运往包装工序的队列，运输时间为 4min；

⑧ 包装工序将其队列中颜色相同的 4 把座椅打成一包，打包时间为 1.5min；

⑨ 座椅打包结束即送出该车间。

（2）模型设计

对上述流程中设定的模型元素介绍如表 9-4 所示。

表 9-4　模型元素的说明

元素名称	元素类型	元素数量	元素作用
Back	Part	Unlimited	模拟座椅靠背
Legs			模拟座椅四条腿
Seat			模拟座椅椅面
ShopInBuf	Buffer	3	模拟车间原料存放区
Inspect_Q		1	模拟检测工位前暂存区
Pack_Q		1	模拟包装工位前暂存区
Paint_Q		1	模拟油漆工位前暂存区
Assembly	Machine（Assembly）	1	模拟组装工位
Inspect	Machine（Single）	1	模拟检测工位
Pack	Machine（Assembly）	1	模拟包装工位
Paint	Machine（Single）	1	模拟油漆工位
Inspector	Labor	1	模拟检测员
AssToPaint	Path	1	模拟组装到油漆之间的路径
PaintToInspect		1	模拟油漆到检测之间的路径

元素名称	元素类型	元素数量	元素作用
InspectToPaint		1	模拟检测到油漆之间的路径
InspectToPack	Path	1	模拟检测到包装之间的路径
PackToShip		1	模拟包装出车间的路径

接下来使用 Witness 逐步建立仿真模型。仿真模型的建立过程一般分为如下三步：元素定义、元素可视化设计、元素细节设计。

① 元素定义。打开 Witness 建模界面，参考上个案例，通过 Designer Elements 窗口拖动上表中对应类型的元素对象在布局窗口新建座椅组装流程所需的元素，并进行布局的简单调整，获得初步设计界面如图 9-33 所示。

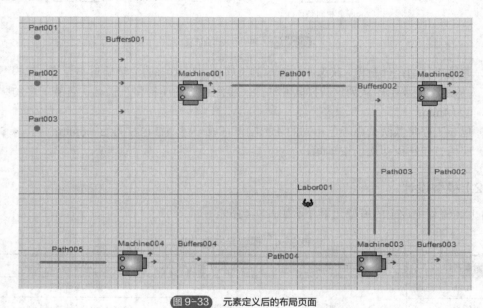

图 9-33　元素定义后的布局页面

注：为方便下文的相关设计，对各元素的命名还需按照表 9-4 内元素名称进行修改。

② 元素可视化设计。模型中即将使用到的椅面、椅背、椅腿及组装完工的座椅在 Witness 图库中没有对应的图标，需要自行绘制，因此首先选择菜单栏中的 View 下拉菜单中的 Graphical Editing 项，进行这四个图标的绘制。

a. 绘制座椅图标。选择系统菜单 View/Picture Gallery，选中一个没有图标的位置，此处选择 49 号位置；鼠标右击 49 号绘图位置，选择弹出快捷菜单中的 Editor 菜单项，将弹出 Icon Editor 窗口，然后通过单击绘图按钮和颜色选项，在右侧绘图区域绘制成如图 9-34 所示的椅子的形状；选定单色 Monochrome 选项前的复选框，使得该图标可以有系统属性 Pen 值，改变图标的颜色；单击 OK 按钮确认，完成椅子图标的绘制。

b. 绘制椅面、椅背和椅腿图标。按照同样的方法，选择黑色底面的图标，更改图标完成绘图位置上的椅面、椅背、椅腿图标的绘制。

c. 更新 Seat、Back、Legs 元素的可视化图标。在布局区 Seat 元素原有图标上点右键，在弹出的菜单中选择 Update，将弹出 Seat 显示风格 Style 的可视化编辑框；选中 52 号图标后，并选择该图标的显示颜色为蓝色，然后单击 Update 按钮，完成 Seat 的可视化图标设计。

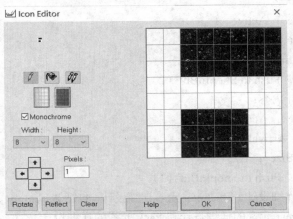

图 9-34　座椅图标绘制示意图

依次按照上述方法，将 Back 和 Legs 的可视化图标更改为绘制后的图标。

d. 机器图标更新。参考上述图标更新的方式，依次将本座椅组装作业流程中的四个工序的机器图标设定为其相对应的图标。

③ 元素细节设计。

a. Part 元素细节设计。三类 Part 类型元素 Back、Seat、Legs 是主动到达装配车间的，到达时间间隔为 2min，到达批量为 1，到达车间后暂存于车间对应的存放区，即模型中的 ShopInBuf（1）、ShopInBuf（2）和 ShopInBuf（3）。具体设置为依次在布局区双击这三个元素的图标，在弹出的细节设计对话框中完成如下设置。

Seat 元素细节设计，内容如图 9-35 所示：

• 到达类型（Type）：Active。

• 时间间隔（Inter Arrival Time）：2。

• 到达批量（Lot Size）：1。

• 输出规则（To）：Push to ShopInBuf（1）。

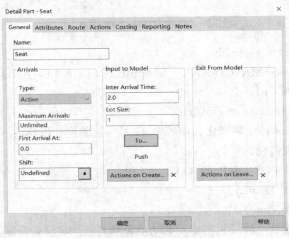

图 9-35　Seat 元素细节设计图

参考 Seat 元素的细节设计过程，对余下 Back、Legs 两类 Part 元素进行细节内容设计。

Back 元素细节设计内容：

- 到达类型（Type）：Active。
- 时间间隔（Inter Arrival Time）：2。
- 到达批量（Lot Size）：1。
- 输出规则（To）：Push to ShopInBuf（2）。

Legs 元素细节设计内容：

- 到达类型（Type）：Active。
- 时间间隔（Inter Arrival Time）：2。
- 到达批量（Lot Size）：1。
- 输出规则（To）：Push to ShopInBuf（3）。

b. Machine 元素详细设计。Machine 元素详细设计，包括 Assembly 元素的详细设计、Paint 元素的详细设计、Inspect 元素的详细设计和 Pack 元素的详细设计。

Assembly 元素的详细设计：组装机器 Assembly 需要实现的功能是从 ShopInBuf（1）、ShopInBuf（2）、ShopInBuf（3）中各取一个部件（一个椅面 Seat、一个椅背 Back 和一套椅腿 Legs），然后进行 2min 的组装，组装完毕后将成品件的图标转换为座椅的图标（绘制的图库中的第 49 号图标），然后将座椅通过路径运送到油漆工序前的队列暂存区中。为了实现该功能，需要对 Assembly 机器进行如下项目的设定，设定内容如图 9-36 所示。

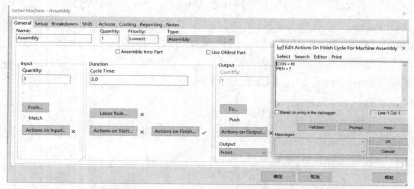

图 9-36　机器 Assembly 元素细节设计示意图

- 机器类型（Type）：Assembly。
- 输入规则（From）：MATCH/ANY　ShopInBuf（1）#（1）AND ShopInBuf（2）#（1）ANDShopInBuf（3）#（1）。
- 加工结束活动（Actions on Finish）：

ICON=65（组装成品件图标转化为图库中 49 号位置的座椅图标）；

PEN= 7（图标变成白色）。

- 输出规则（To）：PUSH to Paint_Q Using Path。
- 输入数量（Input Quantity）：3。
- 周期时间（Cycle Time）：2。

Paint 元素的详细设计：油漆机器实现的功能是从其缓冲区（暂存区）中每次提取一个座椅进行油漆作业，作业时间为 2min，而且每次随机将座椅油漆成红、黄、绿三种颜色中的一种，并送到检测工序前的缓冲区中，因此其细节设计如下：

- 输入规则（From）：Pull from Paint_Q。
- 输出规则（To）：PUSH to Inspect_Q Using Path。
- 加工结束活动（Actions on Finish）：PEN=IUNIFORM（1，3）（随机着色）。

加工结束活动中，通过一个 [1，3] 的整数均匀分布随机将 1，2，3 这三个数赋给当前机器加工完毕的部件的系统属性 Pen，进而使得完工部件呈现为红、黄、绿三种颜色中的一种。

Inspect 元素的详细设计：检测机器（工作台）实现的功能是从其缓冲区中提取一个座椅进行油漆合格性检查，而检查作业需要工人辅助，同时检查结束将有 10% 座椅不合格，需要工人搬运至油漆缓冲区排队进行重新油漆，另 90% 直接送往包装工序进行包装，因此其细节设计如下：

- 输入规则（From）：Pull from Inspect_Q。
- 劳动者规则（Labor Rule）：Inspector#1（实现每次作业必须有一个 Inspector 方可开工）。
- 输出规则（TO）：PERCENT /122 Paint_Q With Inspector#（1）Using Path 10.00 ，Pack_Q Using Path 90.00（该工序 10% 不合格品需处理）。

Pack 元素的详细设计：Pack 元素实现将其前面的缓冲区中的 4 把相同颜色的座椅打成一包发送出去，该功能实现需要在 Pack 元素的细节设计对话框中进行如下设计。

- 机器类型（Type）：Assembly。
- 输入数量（Input Quantity）：4（表示一包是由 4 把椅子捆扎而成的）。
- 输入规则（From）：MATCH/ATTRIBUTE PEN Pack_Q#（4）（表示根据系统属性 PEN 选择相同属性的 4 个椅子进行捆扎）。
- 输出规则（TO）：Push to Ship。

c．Buffer 元素详细设计。该模型中使用了 4 个 Buffer 类型的元素，其中除了 Pack_Q 需要设定其 OutputOption 为 Any，ShopInBuf 需要设定其 Quantity 为 3 之外，其他元素保留缺省设置即可。

d．Path 元素详细设计。该模型中有 5 个 Path 元素，用于连接不同工位之间的物料运输通道，下面以 AssToPaint 的设置界面为例进行相关设置项目的介绍。AssToPaint 元素是连接组装工位和油漆工位的路径，其详细设计如图 9-37 所示。其中：

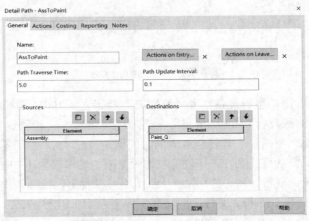

图 9-37　AssToPaint 元素细节设计示意图

- 通过时间（Path Traverse Time）：5.0，即设定路径通过时间，表示零件从端移动到另一端所需的时间；

• 间隔（Path Update Interval）：0.1，即设定路径的图形刷新率，数字越小，刷新越频繁，图形显示越连续；

• 原点元素（Sources Element）：Assembly，即设定 AssToPaint 的起始元素为机器 Assembly；

• 终点元素（Destinations Element）：Paint_Q，即设定 AssToPaint 的目的地元素为缓冲区 Paint_Q。

其他四个 Path 元素根据各自的功能，细节设计如表 9-5 所示。

表 9-5 Path 元素的细节设计

元素名称	通过时间	刷新间隔	原点元素	终点元素
PaintToInspect	4	0.1	Paint	Inspect_Q
InspectToPaint	4	0.1	Inspect	Paint_Q
InspectToPack	4	0.1	Inspect	Pack_Q
PackToShip	3	0.1	Pack	Ship

（3）模型运行

将仿真模型运行至预定时间（此处设定为 4800），分别对相关元素进行统计，可以获得所需要的绩效指标数据。

① 机器元素统计报告如图 9-38 所示。

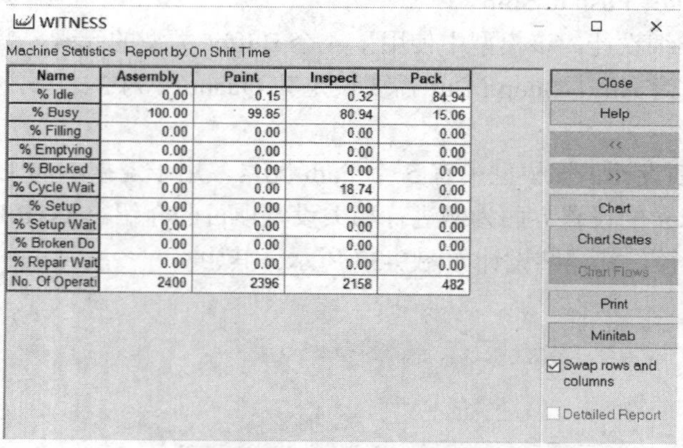

Name	Assembly	Paint	Inspect	Pack
% Idle	0.00	0.15	0.32	84.94
% Busy	100.00	99.85	80.94	15.06
% Filling	0.00	0.00	0.00	0.00
% Emptying	0.00	0.00	0.00	0.00
% Blocked	0.00	0.00	0.00	0.00
% Cycle Wait	0.00	0.00	18.74	0.00
% Setup	0.00	0.00	0.00	0.00
% Setup Wait	0.00	0.00	0.00	0.00
% Broken Do	0.00	0.00	0.00	0.00
% Repair Wait	0.00	0.00	0.00	0.00
No. Of Operati	2400	2396	2158	482

图 9-38 机器元素统计报告

从仿真结果可以看出，组装设备忙率（繁忙率）最高达到 100%，即该工序没有空闲时间，不断进行组装工作；油漆设备 Paint 忙率也非常高，达到 99.85%；检测设备 Inspect 的忙率虽然相对较低，为 80.94%，但是加上其等待工人的时间比例 18.74%，总的零件占用时间比例也达到了 99.68%；整个系统中的工位只有打包工位相对空闲，忙率仅为 15.06%。

② 缓冲区元素统计报告如图 9-39 所示。从图中可以看出，检测工序和油漆工序前的存量非常大，当前存量分别为 235 和 225 件，平均存量分别为 119.10 和 112.72 件。结合设备的忙闲状态统计，可以初步断定这两个工位的能力不足，如果希望提高系统产能，则需要对这两个工位的作业过程进行改善和优化。

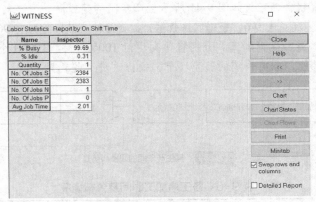

图 9-39　缓冲区元素统计报告

③ 劳动者元素统计报告如图 9-40 所示。

图 9-40　劳动者元素统计报告

可以看见工人 Inspector 的忙率达到 99.69%，可以看出工人既需要进行检测工作，又需要进行缺陷品的搬运工作，工作负荷较高。

 本章小结

　　本章介绍了仿真技术的发展状况，仿真软件的发展经历的六个阶段。随着计算机科学的不断进步，目前仿真软件开始向三维动画转变，并提供虚拟现实的仿真建模与运行环境。

　　分析了常用仿真软件 Flexsim、Arena、AutoMod 和 Plant Simulation 的特点及功能；阐述了 Witness 仿真软件的功能及应用。Witness 软件不仅广泛应用于生产和物流系统运营管理与优化、流程改进、工厂物流模拟与规划、供应链建模与优化等，还可评估装备与流程设计的多种可能性、提高工厂与资源的运行效率、减少库存、缩短产品上市时间、提高生产线产量、优化资本投资等。

　　介绍了 Witness 的主要特点和主要模块，对 Witness 的系统界面如标题栏、菜单栏、工具栏、元素选择窗口、状态栏、用户元素窗口和系统布局窗口的操作方法进行叙述。对 Witness 的建模元素，如离散型元素、连续型元素、运输逻辑型元素、逻辑型元素、图形元素、规则等进行了详细说明。同时对 Witness 软件的使用方法结合应用案例展开介绍，可以提升学生实践应用能力。

　　随着智能制造时代的来临，智能制造系统的发展和应用离不开工业级仿真软件。

思考题与习题

1. 制造系统建模与仿真软件系统可以分为哪几种类型？分别分析它们的特点及应用领域。

2. 选择制造系统仿真软件时需要考虑哪些因素？

3. 简述常用系统建模与仿真软件的类型、功能、特点及其使用步骤。

4. 建立制造系统仿真模型的基本步骤是什么？需要采集哪些数据？

5. Witness 软件中的建模元素有哪些？简要分析它们的定义、功能及其参数设置。

6. 简述采用 Witness 软件进行系统建模与仿真的步骤。

7. Witness 建模过程中，需要修改布局窗口的名称和背景颜色，可以通过怎样的菜单操作完成？简要说明操作步骤。

8. 简要说明劳动者规则中的 MATCH 规则的语法。

9. 利用 Witness 软件，完成如图 9-41 所示生产车间的建模和仿真。其中，各工序加工时间单位为 min，其分布情况见表 9-6。根据以往数据，抛光后的产品经检验有 90%合格直接出厂，其余 10%需要重新加工进行抛光加工。分别将仿真运行 1000 小时、10000 小时和 100000 小时，统计各工位及系统性能，分析系统的瓶颈环节，提出改进和优化意见。

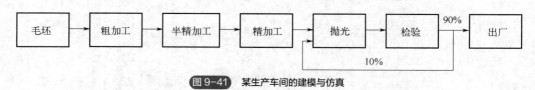

图 9-41 某生产车间的建模与仿真

表 9-6 各工序加工时间及分布情况

工序	毛坯	粗加工	半精加工	精加工	抛光	检验
值	20	指数分布 exp60	正态分布 $N(36,5)$	正态分布 $N(20,4)$	均匀分布 $U(18,4)$	10

10. 在超市入口有一台银行 ATM 机，用于客户提取现金，假设需要提取现金的客户到达时间间隔服从均值为 2min 的指数分布，客户提取现金所需的时间服从均值为 1.8min 的负指数分布。模拟一天 12 小时的时间，以下四种情况下，完成取款的人数、取款顾客平均等待时间、最大队列长度、没有完成取款的人数、第（3）和（4）种情况下进入超市购物的人数等。

（1）客户到达 ATM 机，不论队列有多长，都会等待直至完成取款；

（2）客户到达 ATM 机，如果已经有 4 个人在排队了，他将自动离开，不再取款；

（3）客户到达 ATM 机，如果发现已经有 4 个人在排队了，他将先进入超市购物，购物时间服从[3，20]min 的均匀分布，购物完毕后，他再来取款，此时他将不再考虑队列长度，直至完成取款；

（4）客户到达 ATM 机，如果发现已经有 4 个人在排队了，40%的顾客选择先进入超市购物，购物时间服从[3，20]min 的均匀分布，购物完毕后，他们再来取款，此时他们不再考虑队列长度，直至完成取款；30%顾客选择直接离开；30%的顾客选择直接排队，不在乎排队等待时间长短。

参考文献

[1] 国家制造强国建设战略咨询委员会，中国工程院战略咨询中心.智能制造[M]. 北京：电子工业出版社，2016.

[2] 制造强国战略研究项目组. 制造强国战略研究：智能制造专题卷[M]. 北京：电子工业出版社，2015.

[3] 周济，李培根. 智能制造导论[M]. 北京：高等教育出版社，2021.

[4] 李培根，高亮. 智能制造导论[M]. 北京：清华大学出版社，2021.

[5] 陈明，梁乃明. 智能制造之路：数字化工厂[M]. 北京：机械工业出版社，2017.

[6] Kusiak A. Intelligent Manufacturing Systems [M]. New York：Prentice-Hall，1990.

[7] Wright P K，Bourne D A. Manufacturing intelligence [M]. New York：Addison-Wesley，1988.

[8] 刘敏. 严隽敏. 智能制造理念、系统与建模方法[M]. 北京：清华大学出版社，2019.

[9] Fuchs E R H. Global manufacturing and the future of technology [J]. Science，2014，345(6196)：519-520.

[10] 赛迪研究院. 世界级先进制造业集群白皮书 [EB/OL]. （2020-09-14）[2023-10-18]. http：/www.199it. com/archives/1121499.html.

[11] 孙巍伟，卓奕君，唐凯，等. 面向工业 4.0 的智能制造技术与应用[M]. 北京：化学工业出版社，2022.

[12] 朱文海，郭丽琴. 智能制造系统中的建模与仿真[M]. 北京：清华大学出版社，2021.

[13] 赖朝安. 智能制造——模型体系与实施路径[M]. 北京：机械工业出版社，2020.

[14] 谭建荣，刘振宇. 智能制造关键技术与企业应用[M]. 北京：机械工业出版社，2017.

[15] 周俊. 先进制造技术[M]. 2 版. 北京：清华大学出版社，2021.

[16] 葛英飞. 智能制造技术基础[M]. 北京：机械工业出版社，2019.

[17] 张根宝. 自动化制造系统[M]. 北京：机械工业出版社，2019.

[18] 王爱民. 制造系统工程[M]. 北京：北京理工大学出版社，2017.

[19] 顾启泰. 离散事件系统建模与仿真[M]. 北京：清华大学出版社，1999.

[20] 苏春. 制造系统建模与仿真[M]. 3 版. 北京：机械工业出版社，2019.

[21] 李培根. 制造系统性能分析建模——理论与方法[M]. 武汉：华中科技大学出版社，1998.

[22] Banks J，Carson Ⅱ J S，Nelson B L. Discrete-Event System Simulation [M]. 4th ed. Cambridge：Pearson Education，Inc.，2005.

[23] Harrell C，Chosh B K，Bowden R. Simulation Using ProModel [M]. 2nd ed.New York：McGraw- Hill Companies，Inc.，2004.

[24] 赵雪岩，李卫华，孙鹏. 系统建模与仿真[M]. 北京：国防工业出版社，2015.

[25] 刘飞，张晓东，杨丹.制造系统工程 [M]. 北京：国防工业出版社，2000.

[26] 齐欢，王小平. 系统建模与仿真[M]. 北京：清华大学出版社，2004.

[27] 谭毅荣，冯毅雄. 设计知识建模、演化与应用[M]. 北京：国防工业出版社，2007.

[28] 刘兴堂. 现代系统建模与仿真技术[M]. 修订版. 西安：西北工业大学出版社，2010.

[29] 肖田元，范文慧. 离散事件系统建模与仿真[M]. 北京：电子工业出版社，2011.

[30] 周泓，邓修权，高德. 生产系统建模与仿真[M]. 北京：机械工业出版社，2012.

[31] 罗亚波. 生产系统建模仿真[M]. 武汉：华中科技大学出版社，2014.

[32] 郑永前. 生产系统工程[M]. 北京：机械工业出版社，2011.

[33] 唐敦兵，朱海华. 智能制造系统及关键使能技术[M]. 北京：电子工业出版社，2022.

[34] 庞国锋，徐静，沈旭昆. 离散型制造模式[M]. 北京：电子工业出版社，2019.

[35] 王谦，李波. 离散系统仿真与优化[M]. 北京：机械工业出版社，2016.

[36] 刘兴堂，周自全，李为民，等. 仿真科学技术及工程[M]. 北京：科学出版社，2013.

[37] 孙毅，高彦伟，张静. 大学数学——随机数学[M]. 3 版. 北京：高等教育出版社，2014.

[38] 马明，冶建华，张申贵，等. 随机数学建模方法及其应用[M]. 北京：科学出版社，2013.

[39] 唐幼纯，范君晖. 系统工程方法与应用[M]. 北京：清华大学出版社，2011.

[40] 茆诗松. 概率论与数理统计[M]. 北京：中国统计出版社，2000.

[41] 刘宝宏. 面向对象建模与仿真[M]. 北京：清华大学出版社，2011.

[42] 包晓露，赵晓玲，叶天军. UML 面向对象设计基础[M]. 唐亚东，译. 北京：人民邮电出版社，2012.

[43] 工业 4.0 参考架构[EB/OL]. （2016-10-16）[2023-10-18] .www.innovation4.cn/library/r3738.

[44] 刘超，张莉. 可视化面向对象建模技术[M]. 北京：清华大学出版社，2001.

[45] 陈禹六. IDEF 建模分析设计方法[M]. 北京：清华大学出版社，1999.

[46] 袁崇义. Petri 网原理[M]. 北京：电子工业出版社，1998.

[47] 林闯. 随机 Petri 网和系统性能评价[M]. 北京：清华大学出版社，2000.

[48] 张洁，高亮，李培根. 多 Agent 技术在先进制造中的应用[M]. 北京：科学出版社，2004.

[49] 张洁. 基于 Agent 的制造系统调度与控制[M]. 北京：国防工业出版社，2013.

[50] 胡运权，郭耀煌. 运筹学教程 [M]. 北京：清华大学出版社，2003.

[51] 王进峰. 智能制造系统与智能车间[M]. 北京：化学工业出版社，2020.

[52] 张映锋. 智能物联制造系统与决策[M]. 北京：机械工业出版社，2018.

[53] 王晓原. 智能技术的数学基础[M]. 北京：电子工业出版社，2021.

[54] 杜宝江. 虚拟制造[M]. 上海：上海科学技术出版社，2012.

[55] 闵庆飞，卢阳光. 面向智能制造的数字孪生构建方法与应用[M]. 北京：科学出版社，2022.

[56] 胡东方. 虚拟制造技术及其应用研究[M]. 北京：中国水利水电出版社，2018.

[57] 陈宇晨，王大中，吴建民，等. 数字制造与数字装备[M]. 上海：上海科学技术出版社，2011.

[58] 何涛，杨竞，范云. 先进制造技术[M]. 北京：北京大学出版社，2006.

[59] 中国电子技术标准化研究院. 智能制造标准化[M]. 北京：清华大学出版社，2019.

[60] 黄培，许之颖，张荷芳. 智能制造实践[M]. 北京：清华大学出版社，2021.

[61] 河南省工业和信息化厅. 智能制造 31 例[M]. 北京：机械工业出版社，2020.

[62] 陶飞，戚庆林，张萌，等. 数字孪生及车间实践[M]. 北京：清华大学出版社，2021.

[63] 吴澄. 现代集成制造系统导论——概论、方法、技术和应用[M]. 北京：清华大学出版社，2002.

[64] Rehg J A，Kraebber H W. 计算机集成制造[M]. 夏链，韩江，等，译. 3 版. 北京：机械工业出版社，2007.

[65] 严隽琪，范秀敏，马登哲. 虚拟制造的理论、技术基础与实践[M]. 上海：上海交通大学出版社，2003.

[66] 中国电子技术标准化研究院. 信息物理系统（CPS）典型应用案例集[M]. 北京：电子工业出版社，2019.

[67] 于秀明，孔宪光，王程安. 信息物理系统（CPS）导论[M]. 武汉：华中科技大学出版社，2022.

[68] 谢勇，李仁发. CPS 建模、设计和优化——以汽车 CPS 为例[M]. 武汉：武汉理工大学出版社，2020.

[69] 韩忠华，夏兴华，高治军. 信息物理融合系统（CPS）技术及其应用[M]. 北京：北京工业大学出版社，2021.

[70] 张明建. 基于 CPS 的智能制造系统功能架构研究[J]. 宁德师范学院学报（自然科学版），2016，28（2）：138-142.

[71] 周祖德，娄平，萧筝. 数字孪生与智能制造[M]. 武汉：武汉理工大学出版社，2020.

[72] 饶运清. 制造执行系统技术及应用[M]. 北京：清华大学出版社，2021.

[73] 刘怀兰，孙海亮. 智能制造生产线运营与维护[M]. 北京：机械工业出版社，2020.

[74] 张开富，程晖，骆彬. 智能装配工艺与装备[M]. 北京：清华大学出版社，2023.

[75] 王国强. 虚拟样机技术及其在 ADAMS 上的实现[M]. 西安：西北工业大学出版社，2002.

[76] 王子才，张冰，杨明. 仿真系统的校核、验证和验收[VV&A]：现状与未来 [J]. 系统仿真学报，1999，11（5）：321-325.

[77] Balci O. Verification，Validation and Accreditation [C]//Medeiros D J，Waton E F，Carson J S，et al. Proceedings of the 1998 Winter Simulation Conference. [S.l.：s.n.]，1998：41-48.

[78] Tchako J F N. Modeling with colored timed Petri nets and simulation of a dynamic and distributed management system for a manufacturing cell [J]. Computer Integrated Manufacturing，1994，7（6）：323-339.

[79] Emilia V，Pascal J C，Miyagi P E，et al. A Petri net-based object oriented approach for the modelling of hybrid productive systems [J]. Nonlinear Analysis，2005. 62（2）：1394-1418.

[80] 康风举，杨惠珍，高立娥，等. 现代仿真技术与应用[M]. 2 版.北京：国防工业出版社，2006.

[81] 齐欢，代建民，吴义明. HLA 仿真与 UML 建模[M].北京：科学出版社，2006.

[82] 王行仁. 建模与仿真技术的若干问题探讨[J]. 系统仿真学报，2004，16（9）：1896-1897，1909.

[83] 刘兴堂，王青歌. 仿真系统置信度评估中的辨识方法[J]. 计算机仿真，2003，2（3）：25-26，35-39.

[84] 李伯虎，柴旭东，朱文海，等，现代建模与仿真技术发展中的几个焦点[J]. 系统仿真学报，2004，16(9)：1871-1878.

[85] 陈森发.复杂系统建模理论与方法[M]. 南京：东南大学出版社，2005.

[86] 范苗苗，范玉顺，黄双喜. 面向锻造操作机系统的设计与仿真支撑平台[J]. 机械工程学报，2010，46(11)：76-82.